高等职业教育本科教材

机械设计基础

时彦林 李爽 刘浩 主编

第二版

THE SECOND EDITION

化学工业出版社
·北京·

内 容 简 介

本教材共11章，主要介绍机械设计基础知识，内容包括绪论、平面机构运动简图及自由度、常用机构、齿轮与蜗杆传动、轮系、带与链传动、螺纹连接、轴及其连接件、轴承、机械装置的润滑与密封和TRIZ创新原理。书后结合关键知识点设计了各章综合练习题共1383道，并配有参考答案以及电子教案和课件，供教师和学习者参考。

本教材考虑了现代职业本科对教材的要求，以职业能力和技术创新能力培养为重点，充分体现职业性、实践性和创新性。本教材具有挖掘思政元素，突出育人功能、突出学生主体，培养创新能力、对接职业标准，设计教学内容、融合理论实践，提升培养质量、互联网＋教育，线上线下融合等特色。

本教材可作为高等职业院校、普通高等院校、职工大学、非脱产学院、成人教育学院等机械类、机电类、冶金类、汽车类、化工类等相关专业教材，也可供工程技术工作人员参考。

图书在版编目（CIP）数据

机械设计基础 / 时彦林，李爽，刘浩主编. -- 2 版.
北京 : 化学工业出版社，2025. 8. --（高等职业教育本科教材）. -- ISBN 978-7-122-48206-8

Ⅰ. TH122

中国国家版本馆 CIP 数据核字第 2025K7X274 号

责任编辑：熊明燕　提　岩　　　文字编辑：张　宇
责任校对：田睿涵　　　　　　　　装帧设计：王晓宇

出版发行：化学工业出版社
　　　　　（北京市东城区青年湖南街 13 号　邮政编码 100011）
印　　装：三河市双峰印刷装订有限公司
787mm×1092mm　1/16　印张 18½　字数 473 千字
2025 年 10 月北京第 2 版第 1 次印刷

购书咨询：010-64518888　　　　　售后服务：010-64518899
网　　址：http://www.cip.com.cn
凡购买本书，如有缺损质量问题，本社销售中心负责调换。

定　价：52.00 元　　　　　　　　　版权所有　违者必究

前言

依据《国家职业教育改革方案》的有关要求，围绕深化职业教育"三教"改革和"互联网＋教育"的发展要求，基于高等职业教育本科人才培养目标，我们对《机械设计基础》教材进行了修订。

1. 本教材由机械设计基础知识、TRIZ 创新原理、故事汇和综合练习题及参考答案组成。

① "机械设计基础知识"主要介绍机械原理、机械零件的基础知识。该栏目将视频、动画以二维码形式置于相关知识点，学生通过扫描二维码学习微课、现场视频、图片等颗粒化教学资源，便于学习和理解。

② "TRIZ 创新原理"栏目，内容包括 TRIZ 创新原理介绍和应用 TRIZ 创新原理实例，培养学生动手和设计创新能力。

③ "故事汇"栏目，内容包括先驱人物、大国重器、清洁能源、世界最长的跨海大桥、警钟长鸣等相关故事，能激发学生的民族自豪感与自信心，增强学生使命感，树立绿色发展的理念。

④ "综合练习题及参考答案"栏目，设计了 1383 道综合练习题，并给出了参考答案。同时问答题、计算题和分析题附有详细的解题步骤。

2. 本教材考虑了现代职业本科对教材的要求，以职业能力和技术创新能力培养为重点，充分体现职业性、实践性和创新性。教材具有以下特色：

① 挖掘思政元素，突出育人功能：本教材充分体现了习近平新时代中国特色社会主义思想和党的二十大精神进教材的要求。在讲授专业内容的同时，注意体现劳动光荣、技能宝贵、创造伟大的理念，注重培养学生的劳动精神、劳模精神和工匠精神；在培养专业知识、能力、技能的同时，落实德技兼修，融入思政元素，积极引导学生树立正确价值观、人生观。

② 突出学生主体，培养创新能力：本教材贯彻落实国家职教本科教育文件要求，突出学生主体性，满足学生职业发展和个性发展需求，将"故事汇"内容进行有机融合，注重培养学生的批判性和创造性思维，增强学生使命感和创新驱动发展的理念。鼓励学生创新设计，激发学生文化创新创造活力，增强实现中华民族伟大复兴的精神力量。

③ 对接职业标准，设计教学内容：本教材依据专业教学标准和职业标准制定，教材内容与机电设备点检 1＋X 证书标准相对接，课程内容适应机械行业转型升级，并紧跟机械行业发展趋势，将新技术、新工艺、新规范纳入教学内容。实现了"岗、课、赛、证"融通，将设备点检员岗位技能要求、国家职业技能等级证书内容有机地融入教材。

④ 融合理论实践，提升培养质量：本教材重视技能、强化实训，教材中增加创新设计内容。通过讲授创新理论，有助于学生创新设计的高效开展和技能提高。通过学生创新技能实训，促进理论知识的运用和理解。

⑤ 互联网＋教育，线上线下融合：新形态融媒体教材，实现线上线下融合。教材配套建设职教云、慕课等网络课程资源。教材配有电子教案和课件，可登录化学工业出版社教学资源网查询。

本教材由时彦林、李爽、刘浩担任主编，李鹏飞、胡向阳、王真担任副主编，亓俊杰、石永亮、张晓杰、付菁媛、张保玉、秦凤婷、郝赳赳、韩立浩参编。本教材由时彦林统稿，崔衡主审。

在教材编写过程中，编者参考了很多相关的资料和书籍，在此向有关资料和书籍的作者表示感谢。

限于编者的水平和经验，教材中难免有不足之处，恳请广大读者批评指正。

2025 年 3 月

第一版前言

机械设计基础是机械类、机电类、冶金类、汽车类、化工类专业的一门重要的专业基础课，在高职高专人才培养中占有十分重要的地位。本书是在编写团队几年来课程教学改革实践基础上，依据高职高专人才培养要求及学生特点编写而成的。

本教材在编写过程中遵循了理论教学以应用为主，以必需、够用为度，加强了实用性内容，突出了理论和实践相结合，使教材内容尽量体现"宽、浅、用、新"，在教材结构和叙述方式上遵循由浅入深、循序渐进的认知规律。

本教材共分 10 章，主要介绍了常用机构、传动类零件、连接类零件、轴类零件、机械装置的润滑与密封等基础知识。

本教材以机械设计为主线，将机械原理、机械零件等课程的主要内容进行精选，优化组合，使其成为一门完整系统的综合化课程。学习者通过本课程的学习，能够掌握常用机构和通用零件的基本理论和基本知识，具备初步的机械分析、设计能力。

本教材最后还设计了 1358 道综合练习题，并配有参考答案供学习者自主学习时参考。另外本书配有电子教案和课件，可登录化学工业出版社教学资源网 www.cipedu.com.cn 免费下载。

本教材由时彦林、李爽、袁建路担任主编，张士宪、石永亮担任副主编。参与本书编写的还有张欣杰、黄伟青、刘燕霞、高宝玉、韩立浩。本书由北京科技大学崔衡教授担任主审。

在本教材的编写过程中，编者参考了很多相关的资料和书籍，在此向有关资料和书籍的编者表示感谢。

限于编者的水平和经验有限，书中难免有不足之处，恳请广大读者批评指正。

编　者
2020 年 5 月

目录

二维码资源目录

序号	二维码编码	资源名称	资源类型	页码
29	4.4	外啮合斜齿圆柱齿轮传动	动画	050
30	4.5	人字齿圆柱齿轮传动	动画	050
31	4.6	蜗杆传动	动画	050
32	4.7	直齿锥齿轮传动	动画	050
33	4.8	斜齿锥齿轮传动	动画	050
34	4.9	仿形法加工	动画	056
35	4.10	插刀加工	视频	056
36	4.11	滚刀加工	视频	057
37	4.12	闭式齿轮传动	视频	058
38	4.13	开式齿轮传动	视频	059
39	5.1	平面定轴轮系	动画	090
40	5.2	空间定轴轮系	动画	090
41	5.3	行星轮系	动画	090
42	5.4	复杂行星轮系	动画	091
43	5.5	汽车差速器转弯	视频	094
44	5.6	汽车差速器走直线	视频	094
45	6.1	同步带传动	视频	097
46	6.2	链传动	动画	106
47	8.1	转动心轴	动画	125
48	8.2	光轴	动画	126
49	8.3	曲轴	动画	126
50	8.4	圆螺母	动画	128
51	8.5	周向固定	图片	129
52	9.1	滚动轴承的分解	动画	153
53		综合练习题参考答案	pdf	197

第1章 绪论

1.1 本课程研究的对象、内容

机械广泛应用于生产、生活各个领域，机械设计和制造水平已经成为衡量一个国家科学技术水平和现代化水平的重要标志。在工业生产中，机械工程学是最基本的技术科学之一，其中，机械设计又是机械工程学的基础。

"机械设计基础"课程是一门培养学生具有一定机械设计能力的技术基础课。

1.1.1 本课程的研究对象

本课程研究的对象是机械。机械是机器和机构的统称。

在生产实践和日常生活中，广泛地使用着各种机器，如自行车、拖拉机、汽车、起重机、机床等。机器的种类繁多，用途千差万别，但都有着共同的特性。

机器的作用是实现能量转换或完成有用的机械功，用以减轻或代替人的劳动。一台机器无论用途如何，内部结构多么复杂，一般都由四部分组成：动力系统、传动系统、执行系统和控制系统。

机器都具有以下特征：都是组合实体，各部分分别制造，再经装配组成机器；各实体间必须具有确定的相对运动；可实现能量和信息的转化，完成有用的机械功。

什么是机构呢？从研究机器的工作原理、运动特点和设计机器的角度看，机器可视为若干机构的组合，机构可以看成机器当中的传动系统。

单缸内燃机如图1-1所示。当燃气推动活塞4做往复移动时，通过连杆3使曲柄2做连续转动，从而将燃气的压力能转换为曲柄的机械能；通过齿轮、凸轮和推杆的运动规律按时开闭阀门，以吸入燃气和排出废气。这种内燃机可视为下列三种机构的组合：

① 曲柄滑块机构，由活塞4、连杆3、曲柄2和机架1构成，作用是将活塞的往复移动转换为曲柄的连续转动。

② 齿轮机构，由齿轮9、10和机架1构成，作用是改变转速的大小和转动的方向。

③ 凸轮机构，由凸轮8、推杆7和机架1构成，作用是将凸轮的转动变为推杆的往复移动。

上述曲柄滑块机构、凸轮机构和齿轮

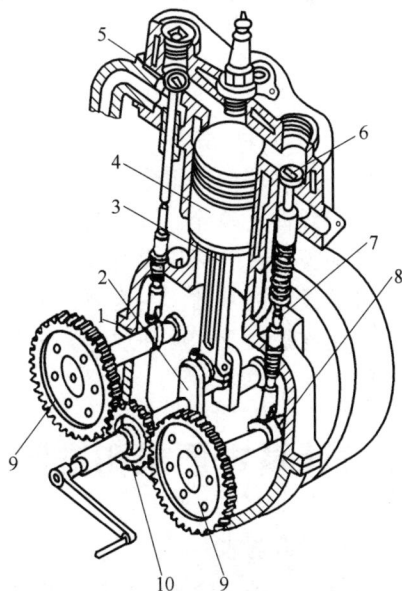

1.1 单缸内燃机

1.2 内燃机配气机构

图1-1 单缸内燃机

1—机架（气缸体）；2—曲柄；3—连杆；
4—活塞；5—进气阀；6—排气阀；
7—推杆；8—凸轮；9,10—齿轮

机构在机器中的作用是传递运动和力,实现运动形式或速度的变化。机构必须满足两点要求:首先是若干构件的组合;其次是这些构件均有确定的相对运动。

所谓构件,是指机构的基本运动单元。它可以是单一的零件,或者几个零件连接而成的运动单元。构件可以定义为由若干零件通过无相对运动的刚性连接组成。如图 1-1 所示的内燃机连杆,就是如图 1-2 所示的连杆体 1、螺栓 2、螺母 3、开口销 4、连杆盖 5、轴瓦 6 和轴套 7 等多个零件构成的一个构件;又如图 1-3 中的齿轮-凸轮轴,则是由凸轮轴 1、齿轮 2、键 3、轴端挡圈 4 和螺钉 5 等零件构成的。显然,零件是制造的基本单元。

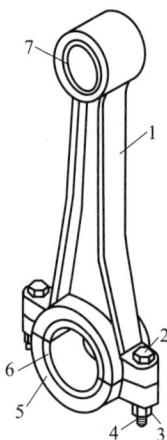

1.3 连杆组分解

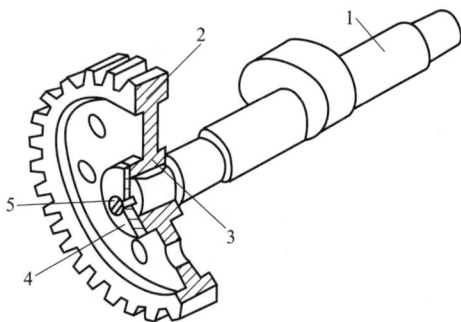

图 1-2　内燃机连杆
1—连杆体;2—螺栓;3—螺母;4—开口
销;5—连杆盖;6—轴瓦;7—轴套

图 1-3　齿轮-凸轮轴
1—凸轮轴;2—齿轮;3—键;
4—轴端挡圈;5—螺钉

1.1.2　本课程的主要内容

机械中经常使用的机构称为常用机构,如平面连杆机构、凸轮机构、齿轮机构和间歇运动机构等。

机械中普遍使用的零件称为通用零件,如齿轮、轴、螺钉和弹簧等。只在某一类型机械中使用的零件称为专用零件,如汽轮机的叶片、内燃机的活塞等。

通用零件可以按照零件的作用分成以下类型:传动类零件,例如齿轮、带、链等;连接类零件,例如螺钉、螺柱、螺栓、键、销等;轴类零件,主要包括轴、轴承以及轴上的联轴器、离合器等;其他类零件,例如弹簧等。

本课程作为机械设计的基础,主要介绍机械中常用机构和通用零件的工作原理、运动特性、结构特点、使用维护以及标准和规范。这些内容是机械设计的基本内容,在各种机械设计中是普遍适用的。

1.2　机械设计基本要求和准则

1.2.1　机械设计的基本要求

机械的种类很多,用途、结构、性能差别很大,但设计的基本要求大致相同。基本要求如下。

(1) 使用要求

使用要求即满足使用功能和适应环境,如运动形式、速度、精度、工作振动的稳定性和所传递的功率以及寿命等。

（2）制造工艺性和经济性要求

制造工艺性和经济性要求是在满足使用要求的前提下，使结构简单、便于加工和维护，即零件的加工工艺性和装配工艺性好，以降低设计和制造成本，使产品质优价廉，具有市场竞争力。

（3）通用性要求

通用性要求即满足标准化、通用化、系列化的要求。我国现行的标准分为国家标准（GB）、专业标准和行业标准。新产品和出口产品应优先采用国际标准，国家标准也将和国际标准逐渐接轨。

（4）可靠性要求

可靠性要求是指在规定的使用期（寿命）内和预定的环境条件下，机械能够正常工作的一定概率。机械的可靠性是机械的一种重要属性。

（5）其他特殊要求

对于不同的用户，设计的机械产品还应满足一些特殊的要求。例如：对机床有长期保持精度的要求；对流动使用的机器有便于安装和拆卸的要求；对大型机器有便于起重运输的要求等；随着人们审美观念不断提高，还要满足装潢美学要求，即造型美观大方、简洁流畅等。

1.2.2 机械零件的选用与工艺性要求

（1）机械零件的选用

① 根据使用要求选用。使用要求一般包括：零件的工作和受载情况；对零件尺寸和质量的限制；零件的重要程度等。

② 根据制造零件的工艺性选用。由于制造零件的工艺不同，同一材料制造的零件内力和应力不同，即材料的力学性能不同。因此，材料的制造工艺对零件的选用很重要。

③ 按经济要求选用。经济性首先表现为零件的相对价格。相同的材料加工同种规格的零件，其加工工艺不同，相对价格也就不同。影响经济性的因素还有材料的利用率等。

（2）机械零件的工艺性

在一定的生产条件下，加工费用和工时最少的零件，就认为具有良好的工艺性。但是不能把零件的工艺性和整个机器的工艺性分割开来。单个零件要具有良好的工艺性，而且要使整机便于安装和维修。工艺性的基本要求如下。

① 与生产条件、批量大小及获得毛坯的方法相适应。单件或小批量生产的零件，应充分利用现有的生产条件。以齿轮为例，当直径较大（$D > 600\text{mm}$）时，用一般的锻压设备难以锻造，采用焊接件较为合理；若批量较大，则可采用铸件。

② 造型简单化。形状愈复杂，制造愈困难，产品成本亦愈高。在可能范围内，应采用最简单的表面及其组合，同时力求减小加工面积和减少数量。

③ 加工的可能性、方便性、精确性和经济性。画出来的零件不一定能够制造，即使能加工，也不一定满足加工方便和精度要求，不满足精度要求即为废品。

1.2.3 机械设计的基本准则

机械设计除基本要求外，还需有设计准则。在此，需要首先理解"失效"的概念。机械零件丧失工作能力或达不到工作要求时称为失效。失效并不单纯意味着破坏，例如带传动出现打滑现象，使传动不能顺利进行，即传动失效，但传动带不一定遭到破坏。失效分为永久性失效和暂时性失效。常见的失效形式有：强度不足而断裂；刚度不够而产生过大的弹性和塑性变形；磨损、打滑或过热使运动精度达不到要求，振动稳定性及可靠性差等。机械设计的准则，就是根据零件的失效形式做出原因分析，针对性地进行强度或刚度设计计算，以保证机械或零件在使用期限（寿命）内不失效。

1.2.4 机械设计方法的发展

机械设计方法是伴随着现代科学技术的发展、社会的进步、生产力的高速增长而产生的。设计吸收了当代各种先进的科学方法，逐渐形成了研究现代设计规律、方法、程式等的多元性的新兴交叉科学体系——现代设计方法。现代设计方法具有创造性、探究性、优化性、综合性等特点。现代设计方法实质上是科学方法论在工程设计中的应用。它的形成使设计领域产生了突破性的变革。

传统的设计方法是静态的、经验的、手工的，是被动地重复分析产品的性能；而现代设计方法是动态的、科学的、计算机化的，是主动地、创造性地设计产品参数，其目的是使设计过程自动化、合理化，从而设计出高质量、低成本的技术产品，以满足社会的需求。

现代机械设计方法是一门广义的综合性学科，所用方法较多。下面就机械设计中目前常用的方法加以简要介绍。

（1）设计方法学

设计方法学属系统论方法，是研究产品设计的程序、规律及设计中的思维和工作方法的一门新型综合性学科。

（2）相似性设计

相似性设计属对应论方法，是相似理论在产品系列化设计中的应用。它是在具有相同功能、相同结构方案、相同或相似加工工艺的产品中，选定某一中档的产品为基型，通过最佳方案的设计，确定其材料、参数和尺寸，再按相似理论设计出不同参数和尺寸的其他产品，从而构成不同规格的系列化产品。

（3）最优化设计

最优化设计属优化论方法，是根据最优化原理，采用最优化数学方法，以人机配合方式或自动搜索方式，在计算机上应用计算程序进行半自动或自动设计，选出工程设计中最佳设计方案的一种现代设计方法。

（4）可靠性设计

可靠性设计属功能论方法，其设计的正确性在很大程度上决定了零部件或系统等产品在正常使用条件下的工作是否长期可靠、性能是否长期稳定的特性，即可靠性。

（5）计算机辅助设计

计算机辅助设计属智能论方法，简称 CAD。它是利用计算机辅助设计人员进行产品设计，以实现最佳设计效果的一门涉及图形处理、数据分析等多学科高度集合的新技术。

（6）有限单元法

有限单元法属离散论方法，是将连续体简化为有限个单元组成的离散化模型，再对这一模型进行数值求解的一种实用有效的方法。

1.3 本课程的特点和学习方法

机械设计基础是机械类专业基础课程，有很强的实践性，建议学生在学前、学后和学习期间多到制造类企业参观实习，以加深对课程内容的认识。

另外，课程内容涉及范围广、各章节知识点多也是困扰初学者的问题。但只要牢牢抓住课程"一个研究对象——机械，两个基本内容——常用机构、通用零件"的主线，参照《机械设计手册》中的内容，多研究，多思考，就不难取得较好的学习效果。

故事汇

我国著名科学家——钱伟长

钱伟长（1912 年 10 月 9 日—2010 年 7 月 30 日），江苏无锡人，我国著名科学家、教育家。他参与创建了我国大学里第一个力学专业——北京大学力学系；出版了我国第一本《弹性力学》专著；创建了上海市应用数学与力学研究所；开创了理论力学的研究方向和非线性力学的学术方向。他为我国的机械工业、土木建筑、航空航天和军工事业建立了不朽的功勋，被称为我国近代"力学之父"。

钱伟长生于江苏无锡一个书香家庭。在 18 岁那年，他以中文和历史两个 100 分的成绩考进了清华大学。钱伟长属于"偏科生"，但正是这样一个在文史上极具禀赋、数理上毫无兴趣的学生，却在进入历史系的第二天作出了一个勇敢的决定：弃文从理。1931 年 9 月 18 日，日本发动了震惊中外的"九一八事变"。从收音机里听到了这个新闻后，钱伟长拍案而起，他说："我不读历史系了，我要学造飞机大炮，祖国的需要，就是我的专业！"起初，物理系主任根本不收他，经他软磨硬泡才勉强批准他试学一段时间。为了能尽早赶上课程，他早起晚睡，极度用功。到毕业时，钱伟长成为物理系最优秀的学生之一。

1940 年 3 月，钱伟长到加拿大多伦多留学，主攻弹性力学。当他第一次和导师辛格见面时，辛格得知钱伟长正在研究薄板薄壳的统一方程，感到非常高兴，这是当时世界亟待攻克的科学难点。辛格对钱伟长的研究所取得的初步成果表示肯定。辛格说，他正在从宏观上进行这方面的研究，虽然与钱伟长研究的角度不同，但可以将它分为宏观和微观两个部分，合成一篇论文，这样更有价值和意义了。听了辛格的提议，钱伟长高兴地答应了。就这样，钱伟长开始了微观的弹性力学方面的研究。最后，这篇题为《薄板薄壳的内禀理论》的论文，由钱伟长写成初稿，辛格修改后，发表在为纪念美国著名科学家冯·卡门 60 岁寿辰的论文集里。这篇论文，是世界上第一篇有关板壳内禀的理论，具有极高的科学价值，被称为"钱伟长一般方程"和"圆柱壳的钱伟长方程"。爱因斯坦看了钱伟长的论文，曾惊叹道："太伟大了，他解决了一直困扰我的问题。"

1946 年，钱伟长回国，到清华大学任教，之后参与筹建了中国科学院力学研究所和自动化研究所。钱伟长同钱学森、钱三强一起于 1956 年共同制定了中国第一次 12 年科学规划，毛泽东主席戏称他们为"三钱"。20 世纪 70 年代，钱伟长创立了中国力学学会理性力学和力学中的数学方法专业组。1980 年又创办了中国最早的学术期刊《应用数学和力学》，促进了力学研究成果的国际学术交流，为我国的力学事业和中国力学学会的发展作出了重要贡献。

从义理到物理，从固体到流体，顺逆交替，委屈不曲，荣辱数变，老而弥坚，这就是他人生的完美力学！无名无利无悔，有情有义有祖国。

第2章 平面机构运动简图及自由度

2.1 运动副

机器和机构由许多构件组合而成，这些构件彼此不是孤立的，一个构件总是以一定方式与其他构件相互连接。这种使两构件直接接触并能产生相对运动的活动连接，称为运动副。

运动副有平面运动副和空间运动副之分。

两构件只能在同一平面相对运动的运动副称为平面运动副。两构件之间一般通过点、线、面来实现接触，按照两构件间的接触特性，平面运动副分为低副和高副两类。

空间运动副的接触形式是空间曲面，例如螺纹副和球面副等。

2.1.1 低副

两构件通过面接触组成的运动副称为低副。其根据构成低副的两构件间相对运动的特点，可分为转动副和移动副。

2.1 空间副

（1）转动副

若组成运动副的两个构件只能在一个平面内做相对转动，这种运动副称为转动副或铰链。图2-1（a）中轴1与轴承2两个构件组成转动副，其中轴承2是固定的，此类转动副称为固定铰链。图2-1（b）中构件3与构件4也组成转动副，它的两个构件都未固定，故称为活动铰链。

（2）移动副

移动副是两个构件只沿某一轴线做相对移动的运动副。图2-2中滑块1与导轨2以平面接触而形成移动副。导轨2限制了滑块1沿垂直方向的移动和相对于导轨2的转动，只允许滑块1沿导轨2相对移动。

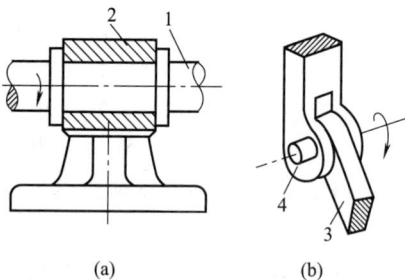

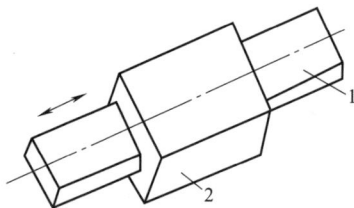

(a)　　　　(b)

图2-1　转动副

1—轴；2—轴承；3,4—构件

2.2 转动副

图2-2　移动副

1—滑块；2—导轨

2.3 移动副

2.1.2 高副

两构件通过点或线接触组成的运动副称为高副。图2-3（a）所示为凸轮副，凸轮1与顶杆2为点接触。图2-3（b）中的轮齿3与轮齿4为线接触。轮齿3、4的相对运动是绕A点转动和沿切线 $t\text{-}t$ 方向的移动，限制了沿A点公法线 $n\text{-}n$ 方向的移动。

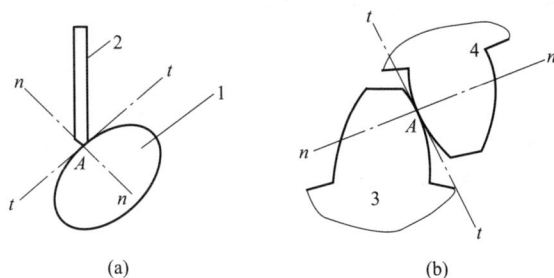

图 2-3　高副

1—凸轮；2—顶杆；3,4—轮齿

2.2　平面机构的运动简图

2.2.1　机构运动简图的概念

研究机械中各机构以及整个机械的运动时，如果以实际结构图表示，不但绘制烦琐，而且由于图形复杂，分析不便。为了使问题简化，可不考虑构件和运动副的实际结构，只考虑与运动有关的构件数目、运动副类型及相对位置，仅用简单线条和规定符号表示构件和运动副，并按一定比例确定各运动副的相对位置及与运动有关的尺寸，这种表明机构的组成和各构件间相对运动关系的简单图形，称为机构运动简图。只定性地表明机构的组成及运动原理而不严格按比例绘制的机构运动简图称为示意图。

（1）构件的分类

机构中的构件可分为以下三类。

① 固定件（机架）。它用来支承活动构件，是在机构中相对固定不动的构件，通常作为参考坐标系。在一个机构中，机架可以有若干个（至少一个），但它们本质相同，即认为都连接在地面上固定，所以可以认为一个机构中所有的机架是同一个构件。

② 原动件。它是机构中作用有驱动力或运动规律已知的活动构件，它的运动规律由外界给定，一般与机架相连。在机构运动简图中，在原动件上标注箭头。一个机器或机构中可以有一个或几个原动件。

③ 从动件。机构中除原动件以外，其余所有运动的构件均称为从动件。它们由原动件驱动。

（2）构件的表示方法

如图 2-4 所示，不同形式的连杆［图 2-4 （a）、（b）］和曲轴［图 2-4 （c）］各具有两个转动副。虽然它们的外形和截面尺寸各不相同，但都可以用图 2-4 （d）所示的简单线条和符号表示。

机构运动简图常用的符号见表 2-1。

2.2.2　机构运动简图的绘制方法

绘制机构运动简图时，要仔细观察机构的运动情况，分析机构的结构特点，具体步骤如下。

① 分清三类构件。找出机构的原动件、从动件和机架。

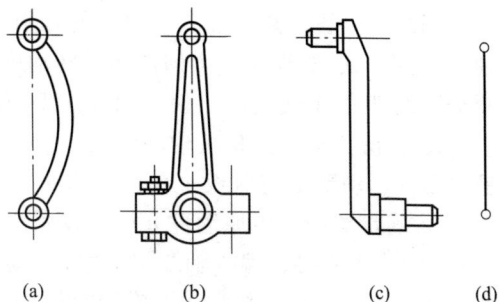

图 2-4　构件转动副的表示方法

表 2-1 机构运动简图常用的符号 (GB/T 4460—2013)

名称		简图符号	名称		简图符号
构件	轴、杆		机架	机架	
	三元素构件	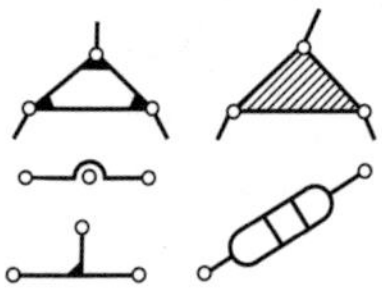		机架是转动副的一部分	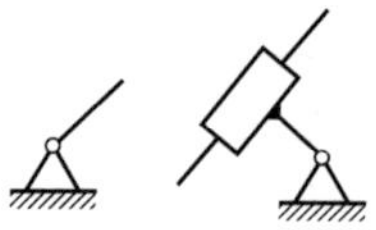
	构件的永久连接	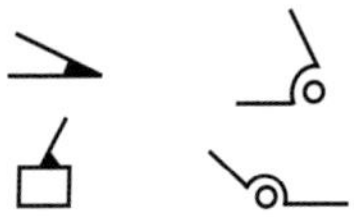		机架是移动副的一部分	
平面低副	转动副		平面高副	齿轮副 外啮合 内啮合	
	移动副			凸轮副	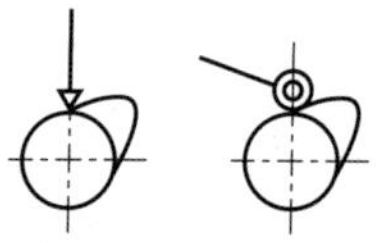

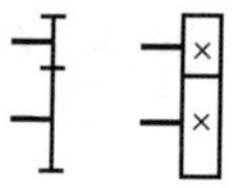

② 确定运动副类型。从原动件开始,沿着传动顺序,弄清运动是如何由原动件传递到执行件的。根据构件间的接触情况,每两个构件,都会形成一个运动副,仔细确定运动副的类型、数目及构件的数目,并测出各运动副间的相对位置。

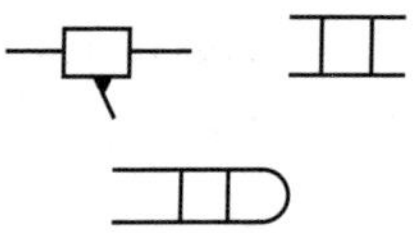

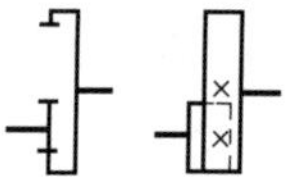

③ 选择合适的投影面。选择最能清楚地表达构件运动关系的投影面,构件之间不应层叠。

④ 选择恰当的比例尺。根据各运动副的相对位置,采用规定的符号绘制机构运动简图。用字母标注各转动副,用阿拉伯数字表示各构件,用箭头标明机构的原动件。长度比例尺为:

$$\mu = \frac{构件实际长度(mm)}{构件图示长度(mm)}$$

为方便学习,以上绘制机构运动简图的步骤可以总结为口诀:"分清三类,确定类型,定投影面,选比例尺,符号绘图。"

[例 2-1] 绘制图 2-5 (a) 所示颚式破碎机主体机构的运动简图。

[解] 分析思路:颚式破碎机的功用是将矿石轧碎。机器的主体机构是由机架 1、偏心轴 2、动颚 3、肘板 4 四个构件通过转动副连接而成的。当偏心轴 2 在与它固连的带轮 5 的驱动下绕轴心 A 转动时,使动颚 3 作平面运动,从而将矿石轧碎。

① 分清三类。分析机构的运动,找出机架、原动件和从动件。构件 1 是机架,偏心轴 2 是原动件,动颚 3 与肘板 4 都是从动件。

② 确定类型。由原动件开始,按照传递顺序,确定构件的数目及运动副的种类和数目。偏心轴 2 与机架 1、偏心轴 2 与动颚 3、动颚 3 与肘板 4、肘板 4 与机架 1 之间的相对运动都是转动。由此可知,机构中共有四个构件,组成 A、B、C、D 四个转动副 [图 2-5 (b)]。

③ 定投影面。选定适当的视图平面,定出各运动副的相对位置,用构件和运动副的规

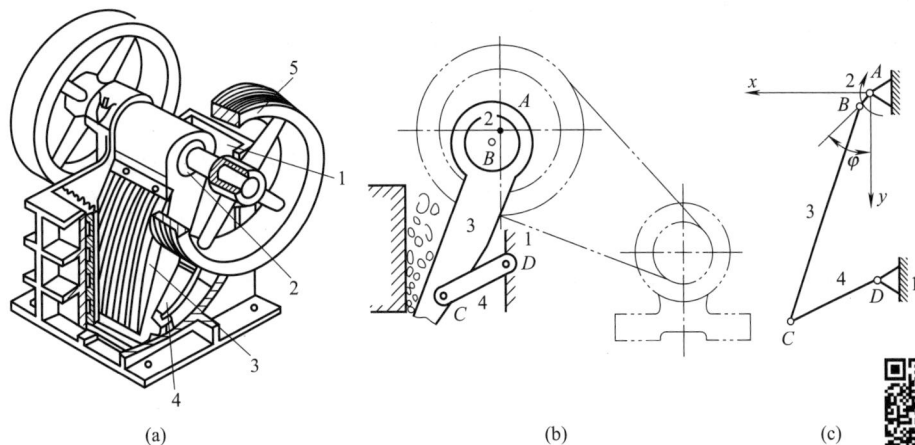

图 2-5　颚式破碎机

1—机架；2—偏心轴；3—动颚；4—肘板；5—带轮

定符号绘制机构运动简图。

④ 选比例尺。根据图纸的大小和实际构件的尺寸，选择比例尺。在图 2-5（c）中，先画出偏心轴 2 与机架 1 组成转动副的中心 A，再根据 D 与 A 的相对位置，画出肘板 4 与机架 1 组成的转动副中心 D。过机架 A、D 两点作坐标系 xOy，后画出以 A、B、C、D 为中心点的各转动副。各转动副的距离分别为构件的实际长度除以长度比例尺。偏心轴 2 的位置可自行决定。用简单线条连接构件 2、3、4 和机架 1，在偏心轴 2 上标注箭头，便得到图 2-5（c）所示的机构运动简图。

2.3　平面机构的自由度

做平面运动的构件相对于指定参考系所具有的独立运动的数目称为构件的自由度。任意做平面运动的自由构件在组成机构前有 3 个独立的运动，如图 2-6 所示，在 xOy 坐标系中，构件 S 可沿 x 轴与 y 轴方向移动和在 xOy 平面内转动。即它具有 3 个自由度，自由度（freedom degree）常用 F 标示。

2.3.1　平面机构自由度的计算

一个做平面运动的自由构件具有 3 个自由度。当两个构件组成运动副之后，它们之间的相对运动受到约束，相应的自由度数目减少。不同类型的运动副，由于引入的约束数目不同，保留的自由度也不相同。如转动副（图 2-7）约束了沿 x、y 轴方向的两个移动，只保留一个转动自由度；而移动副（图 2-2）只保留沿一轴向移动的自由度；高副（图 2-3）则

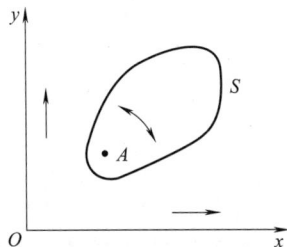

图 2-6　自由度

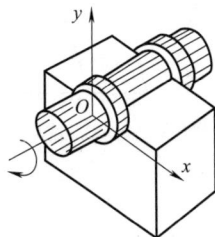

图 2-7　转动副

约束了沿接触处公法线 n-n 方向移动的自由度，保留绕接触处的转动和沿接触处公切线 t-t 方向移动的两个自由度。综上所述，在平面机构中，每个低副引入两个约束，保留了一个自由度；每个高副引入一个约束，保留了两个自由度。

如果一个平面机构由 N 个构件组成，那么它将具有 $N-1$ 个活动构件（机架除外），设 $n=N-1$，n 为活动构件数目。在未用运动副连接之前，这些活动构件的自由度总数为 $3n$。当用运动副将构件连接起来组成机构后，机构中各构件具有的自由度数则随之减少。用 P_L 表示机构中低副的数目，P_H 表示高副的数目，则机构中全部运动副所引入的约束总数为 $2P_L+P_H$，因此，整个机构的自由度应为活动构件的总自由度数减去运动副引入的约束总数，即

$$F=3n-2P_L-P_H \qquad (2\text{-}1)$$

由此可知，机构自由度 F 取决于活动构件的数目以及运动副的类型（低副或高副）和数目。

机构要想运动，它的自由度必须大于零。由于每个原动件具有一个自由度（如电动机转子具有一个独立转动，内燃机活塞具有一个独立移动），因此，当机构自由度等于 1 时，需要有一个原动件；当机构自由度等于 2 时，就需要有两个原动件。也就是说，机构具有确定运动的条件是：机构的原动件数目必须等于机构的自由度数，即 $W=F\neq0$。

由于机构原动件的运动是由外界给定的，属已知条件，所以只需算出该机构的自由度，就可判断机构的运动是否确定。

[例 2-2] 试计算图 2-5 (c) 所示颚式破碎机主体机构的自由度。

[解] 在颚式破碎机的主体机构中，有 3 个活动构件，即 $n=3$；组成的运动副是 4 个转动副，$P_L=4$；没有高副，$P_H=0$。所以由式 (2-1) 可计算机构的自由度为：

$$F=3n-2P_L-P_H=3\times3-2\times4-0=1$$

该机构只有 1 个自由度，此机构原动件（偏心轴 2）的数目与机构的自由度相等，故运动是确定的。当偏心轴绕轴心 A 转动时，动颚 3 与肘板 4 就能按照一定的规律运动。

再来分析原动件数目和自由度数目不相等时的情况。

当算得的机构自由度等于 0 时，说明机构中活动构件的自由度总数与运动副引入的约束总数相等，自由度全部被抵消，构件之间不可能存在任何相对运动，它们与固定件形成一刚性桁架。

在图 2-8 (a) 中，5 个构件用 6 个转动副相连，其机构自由度为 0（$F=3n-2P_L-P_H=3\times4-2\times6=0$）。显然，它是一个静定的桁架。图 2-8 (b) 所示的三脚架其自由度也等于 0；而图 2-8 (c) 所示的机构，其自由度 $F=3n-2P_L-P_H=3\times3-2\times5=-1$，说明该机构约束过多，称为超静定桁架。

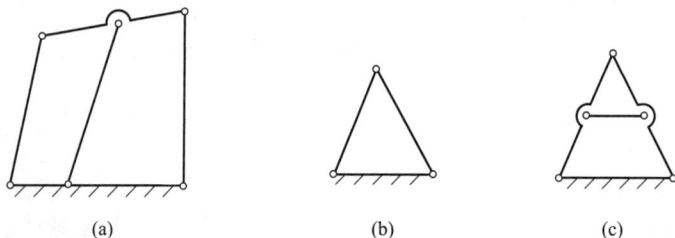

图 2-8 桁架

当自由度数目大于原动件数目时，机构运动不确定，构件的运动没有规律。例如五杆机构只有一个原动件的情况，自由度 $F=2$，而原动件数目为 1。

当自由度数目小于原动件数目时，机构不能进行传动，将发生破坏。例如四杆机构有两个原动件的情况，机构中的构件易发生破坏。

2.3.2　自由度计算中的三类问题

计算机构自由度时，必须注意下述三种情况。

（1）复合铰链

两个以上构件在同一处以同轴线的转动副相连，称为复合铰链。例如图 2-9（a）所示三个构件在 B 处即构成复合铰链。由图 2-9（b）可知，它们由构件 3 与构件 4、构件 2 与构件 4 共组成两个转动副。同理当 K 个构件用复合铰链相连接时，其组成的回转副数目应等于 $(K-1)$ 个。在计算机构的自由度时，应特别注意是否存在复合铰链，以确定运动副的数目。

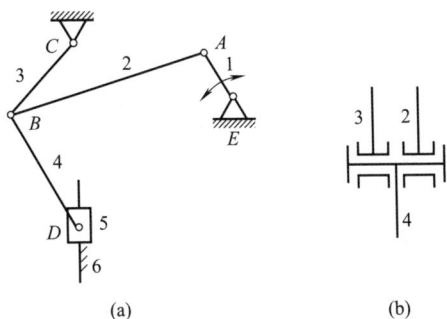

[**例 2-3**]　计算图 2-9（a）所示机构的自由度。

[**解**]　机构中有 5 个活动构件，即 $n=5$。在 A、B、C、D、E 处组成 6 个转动副和 1 个移动副，其中 B 处为复合铰链，是两个转动副，即 $P_L=7$，高副数 $P_H=0$。按式（2-1）计算得机构的自由度为：

图 2-9　复合铰链

$$F=3n-2P_L-P_H=3\times5-2\times7=1$$

即此机构只有一个自由度，该机构的原动件数与其自由度数相等，满足机构具有确定运动的条件。

（2）局部自由度

与机构运动无关的构件独立运动称为局部自由度。在计算机构自由度时局部自由度应除去不计。图 2-10（a）所示为一滚子从动件凸轮机构，当原动件凸轮 2 转动时，通过滚子 3 驱使从动件 4 以一定运动规律在机架 1 中做往复运动。不难看出：在这个机构中，无论滚子 3 绕其轴是否转动或转动快慢，都丝毫不影响从动件 4 的运动。因此，滚子绕其中心的转动是一个局部自由度。为了在计算时去掉这个局部自由度，可设想将滚子与从动件焊成一体（转动副也随之消失），则图 2-10（a）简化成图 2-10（b）所示。在图 2-10（b）中，$n=2$，$P_L=2$，$P_H=1$。该机构的自由度为：

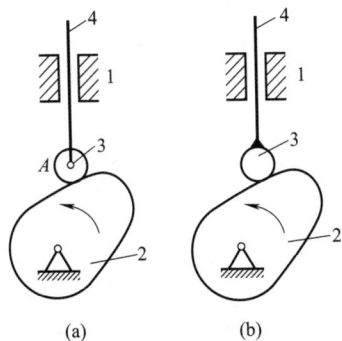

图 2-10　滚子从动件凸轮机构
1—机架；2—凸轮；3—滚子；4—从动件

$$F=3n-2P_L-P_H=3\times2-2\times2-1=1$$

局部自由度虽然不影响整个机构的运动，但可使高副接触处的滑动摩擦变成滚动摩擦，减少磨损，所以在实际机械中常常会有局部自由度出现。

（3）虚约束

在运动副引入的约束中，有些约束对机构自由度的影响是重复的，这些重复的约束称为虚约束，应当除去不计。例如图 2-11（a）所示的机构，其自由度为 $F=3\times4-2\times6=0$。

按照上述计算认为这类机构不能运动，但实际上机构能够产生运动，因为这里出现了虚

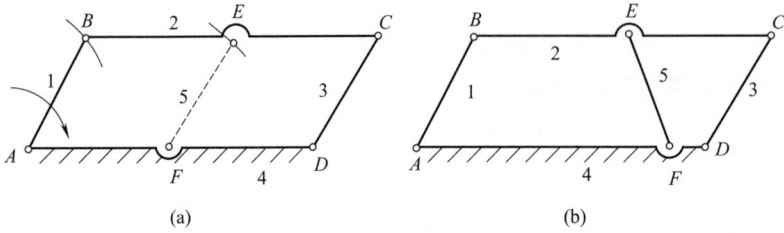

图 2-11　虚约束比较
1~3,5—构件；4—机架

约束。当 $AB/\!/EF/\!/CD$ 且相等时，平行四边形 $ABEF$ 或 $ABCD$ 以 AB 为原动件、A 点为圆心做圆周运动时，构件 EF 和 CD 必然分别以 F、D 点为圆心做等同的圆周运动，同时构件 BC 做平动，其上任一点的轨迹形状相同。由于构件 5 及转动副 E、F 是否存在对整个机构的运动都不产生影响，所以构件 5 和转动副 E、F 引入的约束不起限制作用，是虚约束。除去虚约束之后，$n=3$，$P_L=4$，$P_H=0$，计算得该机构的自由度为 1。

如果构件 5 不平行于构件 1 和构件 3，如图 2-11 （b） 所示，则 EF 杆是真实约束，此时的自由度为零，即机构不能动。

上述是虚约束的一种情况：因运动轨迹重叠而产生虚约束。在下述情况中也会出现虚约束。

① 两个构件组成同一导路或多个导路平行的移动副时，只有一个移动副起作用，其余都是虚约束。例如图 2-12 中构件 1 与构件 2 组成三个移动副 A、B、C，有两个虚约束，因为只需一个约束，压板就能沿其导路运动。

② 两个构件之间组成多个轴线重合的转动副，而只有一个转动副起作用，其余都为虚约束。如两个轴承支承一根轴只能看作一个转动副。如图 2-13 所示，构件 1 只需一个转动副的约束就能绕其轴线转动。

③ 机构中对传递运动不起独立作用的对称部分。例如图 2-14 所示的行星轮系，中心轮 1 通过两个完全相同的行星齿轮 2 和 2′驱动内齿轮 3，但行星齿轮 2 或 2′中只有一个齿轮起传递运动的独立作用，另一个没有此作用，是虚约束。

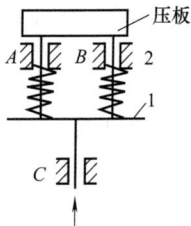

图 2-12　虚约束示例 （一）
1,2—构件

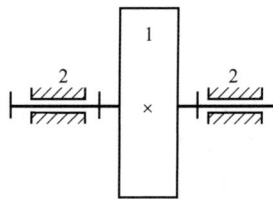

图 2-13　虚约束示例 （二）
1,2—构件

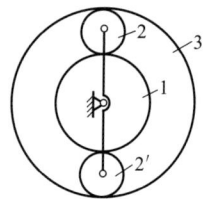

图 2-14　行星轮系
1—中心轮；2,2′—行星齿轮；3—内齿轮

由以上分析可知，虚约束对机构的运动不起作用，但它可以增强构件的刚性和使构件受力均衡，让机构运转平稳。但在计算机构自由度时，必须除去虚约束。

[例 2-4]　计算图 2-15 （a） 所示筛料机构的自由度。

[解]　机构中滚子的自转为局部自由度；顶杆 DF 与机架组成两导路重合的移动副 E、E'，故其中之一为虚约束；C 处为复合铰链。去除局部自由度和虚约束，按图 2-15 （b） 所

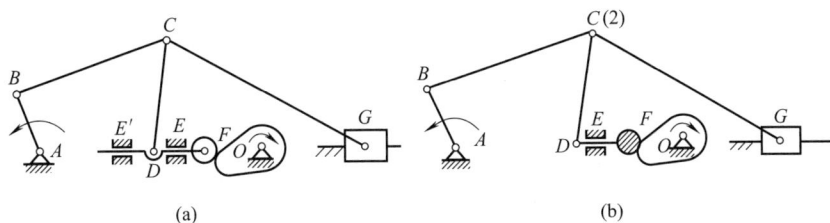

图 2-15　筛料机构

示机构计算自由度，机构中 $n=7$，$P_L=9$，$P_H=1$，其自由度为 $F=3n-2P_L-P_H=3\times 7-2\times 9-1=2$。

📖 故事汇

北京科技大学牢记嘱托，努力培养新时代的钢铁脊梁
——百炼成钢攀高峰

因钢而生、依钢而兴、靠钢而强。寥寥 12 字，是对北京科技大学七十余载办学历史的生动注解。

"如今，中国已经成为世界上当之无愧的钢铁强国，北科大对此贡献很大。我们 15 位老教授联名写信，就是想把好成绩和新发展汇报给习近平总书记。"谈及在建校七十周年之际给习近平总书记写信的缘由，中国工程院院士、北京科技大学老教授蔡美峰脸上露出了笑容。"我们最大的愿望是继续为中国钢铁事业作出更大贡献，培养更多人才，培养出一批栋梁之材、领军之才。"

2022 年 4 月 21 日，习近平总书记给老教授们回信，希望老教授们继续发扬严谨治学、甘为人梯的精神，坚持特色、争创一流，培养更多听党话、跟党走、有理想、有本领、具有为国奉献钢筋铁骨的高素质人才，促进钢铁产业创新发展、绿色低碳发展，为铸就科技强国、制造强国的钢铁脊梁作出新的更大的贡献！

嘱托牢牢记心间，北科大聚焦习近平总书记回信中提到的"铸就科技强国、制造强国的钢铁脊梁"的时代课题，切实承担起为党育人、为国育才的历史使命，在服务高水平科技自立自强的道路上不断实现新跨越。

钢铁雄心：为国而生，兴钢铁之大业

"北京科技大学自成立以来，为我国钢铁工业发展作出了积极贡献。"习近平总书记的充分肯定，有着深刻的历史背景。

"一辆汽车、一架飞机、一辆坦克、一辆拖拉机都不能造。"对于 1949 年诞生的中华人民共和国而言，要从落后的农业国变为强大的工业国，何其难。彼时，在工业化的赛道上，美、英等西方国家已经遥遥领先，中国还在起点徘徊。

发展工业首先要发展钢铁工业。为培养专门冶金人才，服务新中国工业发展所需，1952年，北京科技大学（原北京钢铁工业学院）由天津大学、清华大学等高校的矿冶系科组建而成。由此，我国第一所钢铁工业院校拔地而起。

这所应国家之需而生的高校，带着"举矿冶之星火，抚百年之国殇"的印记，注定要与

中国的钢铁工业一同壮大变强。"'为国而生、与国同行'是北科大自诞生之日起就不变的初心使命，'钢铁强国、科教兴邦'也早已熔铸到每一位北科人的血脉。"北京科技大学校长杨仁树说。

七十余载日夜兼程、步履不停。一代代钢筋铁骨逐梦人，面向世界科技前沿，锚定国家重大需求，创造出一个个"第一"：研制发明世界第一台弧形连铸机，我国第一台大型电渣炉、第一台国产机器人、第一颗人造地球卫星"东方红一号"和第一枚洲际运载导弹的壳体材料……

七十余载立德树人、培育英才。北科大让一代代钢铁青年在"钢铁摇篮"中淬炼成长，为钢铁工业之崛起提供数十万名"钢小伙""铁姑娘"，其中包括 41 位两院院士、一大批冶金企业总经理和总工程师，为国民经济建设尤其是冶金、材料行业的发展壮大立下不朽功劳。

"习近平总书记对北科大建校以来工作的肯定，是对我国钢铁工业的重视。我们很受鼓舞，决心在促进钢铁产业创新发展、绿色低碳发展等方面把钢铁工业做得更大、更强、更好。"抚今追昔，老教授蔡美峰感慨之余，更是心潮澎湃。

展望未来，年轻一代正接过时代的接力棒。北京科技大学冶金与生态工程学院大四学生吴晨豪表示，要奋勇前行，努力锤炼本领，为科技支撑碳达峰碳中和贡献一份力量。

钢铁脊梁：求实鼎新，奉科技以自强

"材料也有'生老病死'，我们设法给材料'延年益寿'。"北京科技大学国际合作与交流处处长、教授张达威喜欢将自己的工作概括为"给材料看病"。

针对"一带一路"沿线区域高温、高湿、高盐、多雨等造成的材料腐蚀防护难题，张达威带领团队开展钢铁材料腐蚀与防护数据积累共享工作，为"中国制造"走出国门提供关键数据和技术支撑。"北科大是材料腐蚀研究的发源地之一，在这个关键领域我们已经做到世界领先。"张达威对此颇感自豪。

"促进钢铁产业创新发展、绿色低碳发展"，这是习近平总书记的殷切期望，也是新时代给北科大出的新课题。

如何回答新课题？答案就藏在北科大"求实鼎新"的校训里。在张达威看来，"求实"是根，意味着实用为先；"鼎新"为魂，意味着创新为要。

立足于解决实际问题，"求实"的北科人坚持把论文写在中国大地上。在北科大，学生随便侃几句都能切到学科中的实际问题，进而延伸到学术的交流探讨；在北科大，许多教授的科研项目，瞄准的就是我国关键领域的"卡脖子"难题。

面对各类亟待解决的科研问题，北科人不墨守成规，而是与时俱进、革故鼎新。北京科技大学材料科学与工程学院 2020 级博士研究生汪鑫聚焦国家"双碳"目标，参与研发了适配我国能源产业的新型迭代催化制氢装备。而他的导师张跃教授则瞄准关键基础材料领域的"卡脖子"问题，紧抓后摩尔时代集成电路发展的重要机遇，致力于建立与硅基技术融合的新型关键基础材料发展技术路线，推动我国集成电路关键材料产业从受制于人向战略反制变革性发展。

"求实鼎新"更体现在北科大的学科建设方面。学校面向国家战略和行业发展明确科研方向，主动承担重大科研任务，面向新兴行业和重点领域实体化成立智能科学与技术学院、矿产资源战略研究院等机构。积极布局"新工科"建设，凝练智能采矿、低碳智慧冶金、新材料、智能制造等学科交叉方向。

为鼓励科研人员勇挑重担，北科大还持续完善"评、晋、聘"三位一体的职称职级岗聘体系，对承担关键核心技术攻关任务，取得重大基础研究和前沿技术突破，解决重大工程技术难题，促进钢铁产业创新发展、绿色低碳发展的教师，允许破格参加职称评聘。

钢铁摇篮：立德树人，育强国之栋梁

北京科技大学材料科学与工程学院学生刘旭东。在校期间，他积极参与和科研相关的竞赛并多次获奖。谈及参与科研的起点，刘旭东认为是大二参加的大学生科研训练计划（SRTP）让自己"小试牛刀"，尝到了做科研的甜头。

刘旭东在本科生导师郑裕东的指导下，申报"可注射型壳聚糖基复合水凝胶的制备改性与性能调控"项目，制备一种可治疗牙髓感染的根管充填材料。"导师郑裕东对我的指导，让我亲身感受到科研从理论变成实践的魅力。"刘旭东说。

郑裕东是刘旭东的本科生导师，不仅指导科研训练，还帮助他规划成长路径。北京科技大学材料科学与工程学院党委副书记王进表示，学院通过辅导员、班主任、本科生导师、引航学长"四位一体"的育人模式，实现全程育人。其中，本科生导师队伍是最贴近学生的育人力量。

本科生全程导师制是北科大常态化推进"三全育人"综合改革的"关键一招"。每名本科生从入学开始，就配备有一位全程导师，围绕学生生涯规划、学业辅导、创新能力等进行全程指导，引导本科生早进课题组、早进实验室、早进科研团队，尽早明确学业发展目标、提升学术科研能力。

打造"钢铁摇篮"，培育更多的栋梁之材，需要一支"严谨治学、甘为人梯"的高水平教师队伍。北京科技大学坚持"两手抓"：一是抓实师德师风建设，将"严谨治学、甘为人梯"精神作为北科大教师精神风范，将其融入教师荣誉表彰体系，积极选树师德先进典型；二是抓好高层次教师队伍建设，坚持引育并举，延揽钢铁行业技术领军人才加盟学校，同时长期稳定支持在钢铁冶金等领域取得标志性成果和突出业绩的优秀青年教师。

为让人才培养更好地服务于国家发展所需，学校深化产教融合，实施"一生双师百企千人"人才培养模式改革，拓宽行业企业与学校的双向人才交流渠道。同时，学校加快推进"新工科"建设和卓越工程师培养，为钢铁行业关键核心领域培养急需紧缺的高层次人才。

深挖"钢筋铁骨"内涵，北科大还深化以"大国钢铁"公开课、学科论坛、课程思政示范课为主的 3 个层次课程思政育人体系建设，组建学生党员、辅导员和校友宣讲团，开展老教授精神系列寻访活动，对学生开展立体式的思想政治教育。

新时代新征程，北科大正砥砺奋进。"北京科技大学将以习近平新时代中国特色社会主义思想和习近平总书记重要回信精神为指引，心怀'国之大者'，抓好'立德树人、科教兴邦'具体实践，促进钢铁产业创新发展、绿色低碳发展，为实现中华民族伟大复兴的中国梦作出新贡献。"北京科技大学党委书记武贵龙说。

第3章　常用机构

在各种机器中，需用不同类型的机构把原始运动和动力传递给传动装置和执行装置，实现运动形式的转换。本章将介绍一些常用机构的工作原理、特点、应用场合和设计方法。

3.1　平面四杆机构

由若干刚性构件通过低副连接而成的机构称为平面连杆机构，又称为平面低副机构。

平面连杆机构的特点是：

① 低副为面接触，传力时压力小、磨损少，易于加工并保证较高的制造精度；

② 具有运动可逆性（可以任意构件为原动件或执行构件），能实现多种运动形式的转换；

③ 可方便地实现转动、摆动和移动等基本运动形式及其相互转换；

④ 能实现多种运动轨迹和运动规律，满足不同的工作要求。

因此，平面连杆机构在各种机械设备和仪器仪表中应用十分普遍。平面连杆机构中结构最简单、应用最广泛的是四杆机构，它是组成多杆机构的基础。

3.1.1　平面四杆机构的基本类型

平面四杆机构可分为铰链四杆机构和滑块四杆机构两大类。

3.1.1.1　铰链四杆机构

在平面四杆机构中，四个构件全部由转动副连接而成的机构，称为铰链四杆机构，是四杆机构的基本形式。

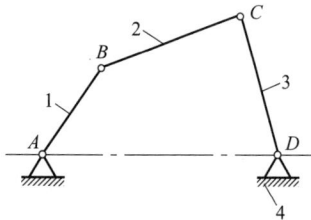

图 3-1　铰链四杆机构

1,3—连架杆；2—连杆；4—机架

如图 3-1 所示，机构中固定不动的构件 4 称为机架；与机架相对的构件 2 称为连杆，连杆做复杂的平面运动；分别与机架和连杆相连的两构件 1、3 称为连架杆，其中能绕机架做整周回转的连架杆称为曲柄，否则称为摇杆。

根据铰链四杆机构中两连架杆是否有曲柄存在，铰链四杆机构有三种基本形式。

（1）曲柄摇杆机构

两个连架杆一个为曲柄，另一个为摇杆的铰链四杆机构称为曲柄摇杆机构。在曲柄摇杆机构中，当曲柄为原动件时，可将曲柄的匀速转动变为摇杆的往复摆动，如图 3-2 所示的破碎机构；或利用连杆的复杂运动实现所需的运动轨迹，如图 3-3 所示的搅拌器机构。当摇杆为原动件时，可将摇杆的往复摆动变为曲柄的整周转动，如图 3-4 所示的缝纫机踏板机构。

（2）双曲柄机构

两个连架杆均为曲柄的铰链四杆机构，称为双曲柄机构。

在双曲柄机构中，通常主动曲柄做匀速转动，从动曲柄既可做同向匀速转动，也可做变速转动，以满足机器的不同要求。图 3-5 为惯性筛机构，主动曲柄 AB 匀速转动，通过连杆 BC 带动从动曲柄 CD 做周期性变速转动，并通过构件 CE 的连接，使筛子变速往复移动。

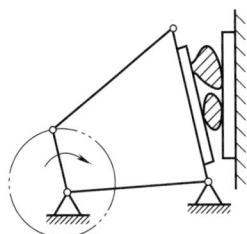

图 3-2 破碎机构　　　　　　　　　图 3-3 搅拌器机构　　　　　　　　图 3-4 缝纫机踏板机构

3.1 搅拌器机构

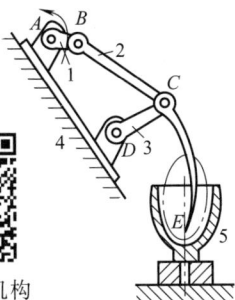

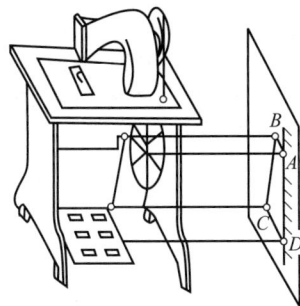

在双曲柄机构中，若相对的两构件长度分别相等，则称为平行双曲柄机构或平行四边形机构。它有正平行双曲柄机构和反平行双曲柄机构两种形式，如图 3-6 所示。

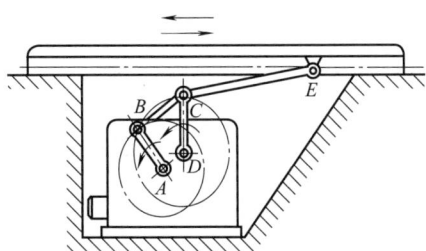

图 3-5 惯性筛机构

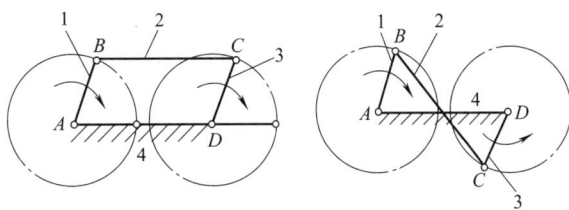

(a) 正平行双曲柄机构　　　　　(b) 反平行双曲柄机构

图 3-6 平行双曲柄机构

正平行双曲柄机构的运动特点是：两曲柄的回转方向相同，角速度相等。应用实例如机车驱动轮联动机构 [图 3-7 (a)] 和摄影车座斗机构 [图 3-7 (b)]。反平行双曲柄机构的运动特点是：两曲柄的回转方向相反，角速度不等。应用实例如车门启闭机构 [图 3-7 (c)]，它使两扇车门朝相反的方向转动，从而保证两扇门能同时开启或关闭。

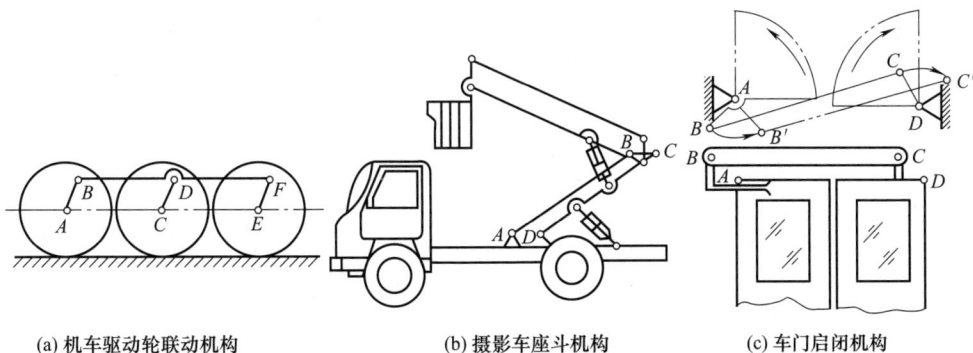

(a) 机车驱动轮联动机构　　　　(b) 摄影车座斗机构　　　　　(c) 车门启闭机构

图 3-7 双曲柄机构的应用

（3）双摇杆机构

两个连架杆均为摇杆的铰链四杆机构，称为双摇杆机构。

在双摇杆机构中，两摇杆可分别作为原动件，通常两摇杆的摆角不等，常用于操纵机构、仪表机构等。

图 3-8 (a) 所示的港口起重机是双摇杆机构在生产中的实际应用。在日常生活中，双摇杆机构的应用也很广泛，如折叠椅 [图 3-8 (b)]、折叠桌 [图 3-8 (c)] 及折叠躺椅 [图 3-8 (d)]，都是运用双摇杆机构的原理制成的。

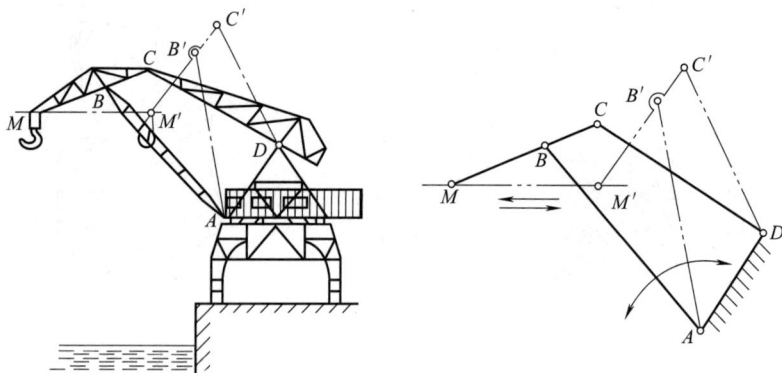

(a) 港口起重机及机构运动简图

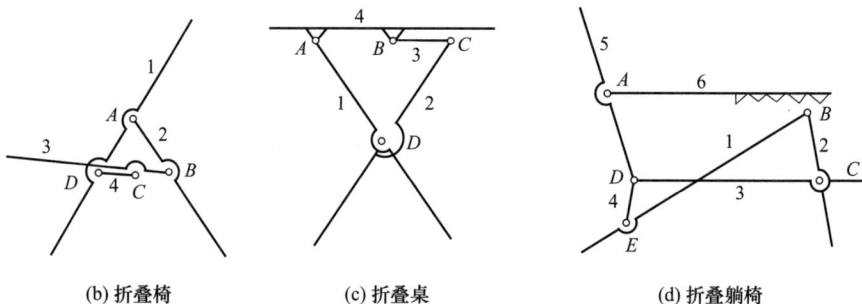

(b) 折叠椅 (c) 折叠桌 (d) 折叠躺椅

图 3-8 双摇杆机构应用

3.1.1.2 滑块四杆机构

在平面连杆机构中，含有移动副的四杆机构，称为滑块四杆机构，它是铰链四杆机构的演化机构。滑块四杆机构的基本类型有四种，如图 3-9 所示。

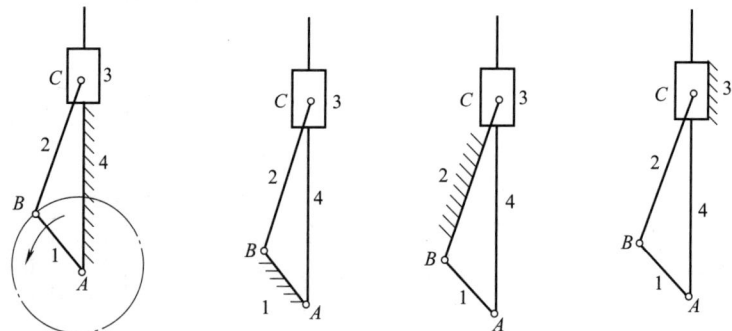

(a) 曲柄滑块机构 (b) 导杆机构 (c) 摇块机构 (d) 定块机构

图 3-9 滑块四杆机构

（1）曲柄滑块机构

由图 3-10 可知，当曲柄摇杆机构的摇杆长度趋于无穷大时，C 点的轨迹将从圆弧演变为直线，摇杆 CD 转化为沿直线导路 $m-m$ 移动的滑块，成为曲柄滑块机构。在曲柄滑块机构中，当曲柄为原动件连续转动时，通过连杆带动滑块做往复直线运动；反之，当滑块为原动件做往复直线运动时，也可通过连杆带动曲柄做整周连续转动。

曲柄滑块机构根据滑块 3 的导路中心线是否通过曲柄的转动中心 A，可分为对心曲柄滑块机构（图 3-10）和偏置曲柄滑块机构（图 3-11，其中 e 称为偏心距）。

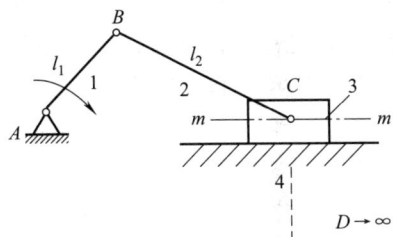

图 3-10　对心曲柄滑块机构

1—曲柄；2—连杆；3—滑块；4—机架

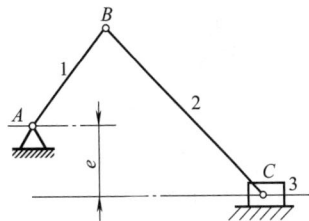

图 3-11　偏置曲柄滑块机构

1—曲柄；2—连杆；3—滑块

曲柄滑块机构广泛应用于活塞式内燃机、空气压缩机、冲床等机械设备中。在实际应用中，有时将曲柄做成偏心轮或偏心轴的形式，以简化结构，提高曲柄的强度和刚度，其通常称为偏心轮机构，偏心距 e 等于原曲柄的长度，如图 3-12 所示。

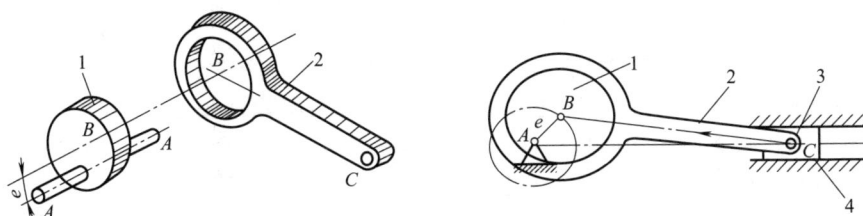

图 3-12　偏心轮机构

1—偏心轮；2—连杆；3—滑块；4—机架

（2）导杆机构

在曲柄滑块机构中，若以不同的构件为机架便可得到导杆机构。若将图 3-9（a）所示曲柄滑块机构的构件 1 取为机架，即得到图 3-9（b）所示的导杆机构。在该导杆机构中，构件 4 对滑块 3 的运动起导向作用，故称其为导杆，通常取构件 2 为原动件。当构件长度 $l_{AB} < l_{BC}$ 时，构件 2 与导杆 4 均能绕机架做整周转动，则构成转动导杆机构；当构件长度 $l_{AB} > l_{BC}$ 时，构件 2 能做整周转动，导杆 4 只能在一定角度内摆动，则形成摆动导杆机构。

导杆机构具有很好的传力性能，常用于插床、牛头刨床和送料装置等机器中。图 3-13 所示为牛头刨床中摆动导杆机构的应用实例。

（3）摇块机构

若将图 3-9（a）所示曲柄滑块机构的构件 2 取为机架，则得到图 3-9（c）所示的摇块机构。构件 1 可做整周转动，滑块 3 只能绕机架往复摆动，称为摇块。摇块机构常用于摆缸式

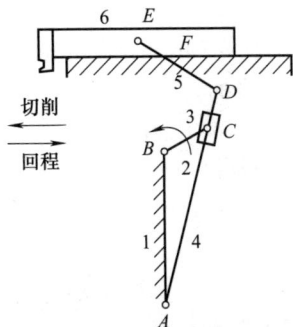

图 3-13　牛头刨床中摆动导杆机构的应用实例

1—机架；2—曲柄；3—滑块；4—导杆；5—连杆

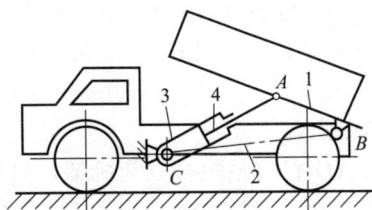

图 3-14　汽车自动卸料机构

1—曲柄（车厢）；2—机架；3—摇块（液压缸）；4—连杆（活塞杆）

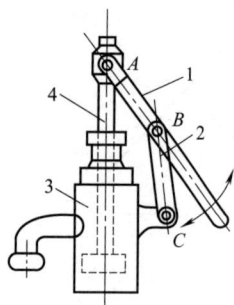

图 3-15　手动抽水唧筒
1—手柄；2—连杆；
3—机架；4—压杆

原动机和气、液压驱动装置中，如图 3-14 所示的汽车自动卸料机构。当液压缸 3 中的压力油推动活塞杆 4 运动时，车厢便绕转动中心 B 倾动；当达到一定角度时，物料就自动卸下。

（4）定块机构

若将图 3-9（a）所示曲柄滑块机构的构件 3 取为机架，则得到图 3-9（d）所示的定块机构。这种机构常用于抽油机和手摇抽水泵，图 3-15 所示手摇抽水唧筒就是定块机构的应用实例。

3.1.2　平面四杆机构的工作特性

3.1.2.1　铰链四杆机构曲柄存在的条件

铰链四杆机构的基本类型有三种，其区别在于机构中是否有曲柄存在，而曲柄存在的条件为：

① 最长构件与最短构件长度之和小于或等于其余两构件长度之和；

② 机架与连架杆之一为最短构件。

由此可见，机构中是否有曲柄存在，取决于机构中各构件的相对长度和机架的选取。

① 当最长构件与最短构件长度之和小于或等于其余两构件长度之和时，取最短构件相邻的构件为机架，则此机构为曲柄摇杆机构；取最短构件为机架，则此机构为双曲柄机构；取最短构件相对的构件为机架，则此机构为双摇杆机构。

② 当最短构件与最长构件长度之和大于其余两构件长度之和时，则不论取何构件为机架，均构成双摇杆机构。

铰链四杆机构基本类型的判别见表 3-1。

表 3-1　铰链四杆机构基本类型的判别

$l_{max} + l_{min} \leqslant l' + l''$			$l_{max} + l_{min} > l' + l''$
曲柄摇杆机构	双曲柄机构	双摇杆机构	双摇杆机构
最短构件相邻的构件为机架	取最短构件为机架	最短构件相对的构件为机架	任意构件为机架

[**例 3-1**]　设铰链四杆机构各杆长 $a = 120mm$、$b = 10mm$、$c = 50mm$、$d = 60mm$，问以哪个构件为机架时才会有曲柄？

[**解**]　由于 $l_{max} + l_{min} = 120mm + 10mm = 130mm > l' + l'' = 50mm + 60mm = 110mm$，因此该机构为双摇杆机构，所以无论以哪个构件为机架，均无曲柄。

[**例 3-2**]　铰链四杆机构 ABCD 的各杆长度如图 3-16 所示（单位为 mm）。说明分别以 AB、BC、CD 和 DA 各杆为机架时，其属于何种机构？

[**解**]　由于 $l_{max} + l_{min} = 50mm + 20mm = 70mm < l' + l'' = 30mm + 45mm = 75mm$，因此：

① 以 AD 杆（最短杆）为机架，机构为双曲柄机构；

② 以 AB 杆或 CD 杆（最短杆 AD 邻杆）为机架，机构为曲柄摇杆机构；

③ 以 BC 杆（最短杆 AD 的对边杆）为机架，机构为双摇杆机构。

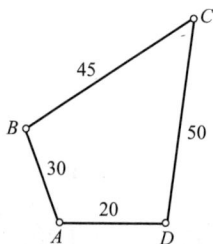

图 3-16　例 3-2 图

3.1.2.2　急回特性

图 3-17 所示为曲柄摇杆机构，曲柄 AB 转动一周，有两次与连杆 BC 共线，即图中 B_1C_1 和 B_2C_2 两个位置。此时，铰链中心 A 与 C 之间的距离 AC_1 和 AC_2 分别为最短和最长（$l_{AC_1}=l_{BC}-l_{AB}$，$l_{AC_2}=l_{BC}+l_{AB}$），摇杆 C_1D 和 C_2D 为两极限位置。两极限位置的夹角 ψ 称为最大摆角。从动摇杆处于极限位置时，曲柄对应两位置所夹的锐角 θ 称为极位夹角。

当曲柄 AB 由位置 AB_1 顺时针旋转到位置 AB_2 时，转过 $\varphi_1=180°+\theta$ 角，这时，摇杆 CD 由极限位置 C_1D 摆到另一极限位置 C_2D，摆角为 ψ，这一过程为工作行程——克服生产阻力对外做功；当曲柄 AB 顺时针转过角度

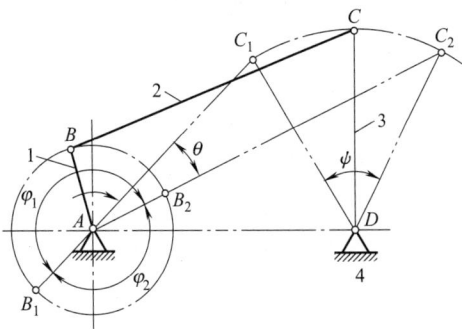

图 3-17　曲柄摇杆机构的急回特性分析

$\varphi_2=180°-\theta$ 时，摇杆 CD 由位置 C_2D 摆回到位置 C_1D，摆角仍为 ψ，这一过程为空回行程——克服运动副中的摩擦阻力。设 C 点在工作行程和空回行程的平均速度分别为 v_1 和 v_2，与曲柄转角 φ_1 和 φ_2 相对应的时间为 t_1 和 t_2。虽然摇杆摆动的角度相同，但做匀速转动的曲柄，其转角不等（$\varphi_1>\varphi_2$），则 $t_1>t_2$，$v_2>v_1$。这种机构的空回行程速度大于工作行程速度的特性称为急回特性。在生产中，将慢行程作为工作行程，将快行程作为空回行程，以保证加工质量，缩短非生产时间，提高生产率。

为了反映从动件的急回特性，常用行程速比系数 k 表示：

$$k=\frac{t_1}{t_2}=\frac{\varphi_1}{\varphi_2}=\frac{180°+\theta}{180°-\theta} \tag{3-1}$$

由式（3-1），可得极位夹角的计算公式：

$$\theta=180°\frac{k-1}{k+1} \tag{3-2}$$

由式（3-1）可知，机构的急回程度取决于极位夹角 θ 的大小，θ 越大，则 k 值越大，机构的急回作用越明显；当 $\theta=0$ 时，则 $k=1$，机构没有急回特性。

对于一些要求具有急回特性的机械，如牛头刨床、往复式运输机等，常常根据需要先确定 k 值，然后根据式（3-2）算出极位夹角 θ，再确定机构各杆的尺寸。

除曲柄摇杆机构外，摆动导杆机构（图 3-18）、偏置曲柄滑块机构（图 3-19）等也具有

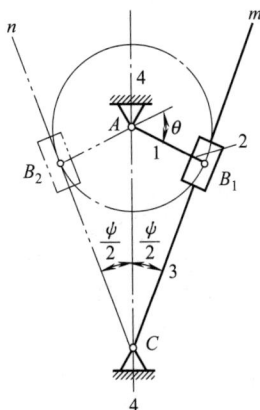

图 3-18　摆动导杆机构的急回特性分析

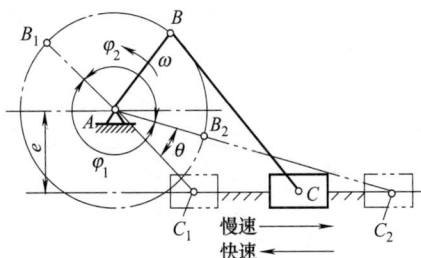

图 3-19　偏置曲柄滑块机构的急回特性分析

急回特性。而对心曲柄滑块机构、平行双曲柄机构则不具有急回特性。

3.1.2.3 压力角和传动角

在生产中，不仅要求连杆机构保证实现预定的运动规律，而且希望运转轻便省力，效率高，具有良好的传力性能。

（1）压力角 α

图 3-20 所示的曲柄摇杆机构，若忽略各杆的质量和运动副中的摩擦，原动件曲柄 AB 通过连杆 BC（二力杆）作用在从动摇杆 CD 上的力 F 沿 BC 方向。将力 F 分解为沿 CD 杆方向的力 F_r 和垂直于 CD 杆的力 F_t。作用于从动件上的力 F 与力作用点绝对速度 v_C 所夹的锐角 α 称为压力角。力 F 的分力为：

$$F_t = F\cos\alpha \tag{3-3}$$

$$F_r = F\sin\alpha \tag{3-4}$$

显然，分力 F_t 可推动摇杆 CD 转动，称为有效分力；而分力 F_r 通过回转中心 D，不能推动摇杆转动，并使摇杆产生拉力，是有害分力。

由式（3-3）可知，压力角 α 越小，有效分力越大，机构的传力性能越好。所以压力角是衡量机构传力性能好坏的重要指标。

（2）传动角 γ

在实际应用中，为了度量方便，通常以压力角 α 的余角 γ（即连杆与从动摇杆之间所夹的锐角）来判断机构的传力性能，γ 称为传动角。从图 3-20 可知，两角度的关系为 $\alpha + \gamma = 90°$，故 α 越小，γ 越大，机构的传力性能就越好。因此传动角也是衡量机构传力性能好坏的指标。机构在运动过程中，传动角是变化的，为了保证机构正常工作，规定 $\gamma_{min} \geqslant [\gamma]$，通常 $[\gamma] = 40° \sim 50°$，传动功率大时，传动角 γ 应取大些；而在一些控制机构、仪器仪表机构中，γ 可取 $40°$。

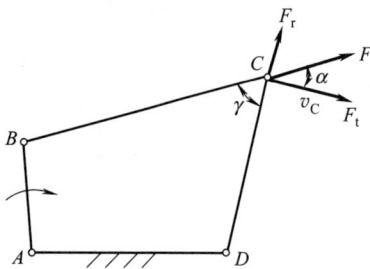

图 3-20 曲柄摇杆机构的受力分析

（3）最小传动角 γ_{min} 位置的确定

① 曲柄摇杆机构。曲柄摇杆机构的最小传动角 γ_{min} 出现在曲柄与机架共线的位置 B_1 或 B_2 处（图 3-21），取两个位置中的较小值为该机构的最小传动角。

② 曲柄滑块机构。对心曲柄滑块机构和偏置曲柄滑块机构的最小传动角位置不同，对心曲柄滑块机构在曲柄垂直于滑块的导路时，滑块 C 的压力角 α 最大，即传动角 γ 最小，如图 3-22 所示；偏置曲柄滑块机构最小传动角位置在曲柄垂直于滑块的导路并远离导路的位置，如图 3-23 所示。

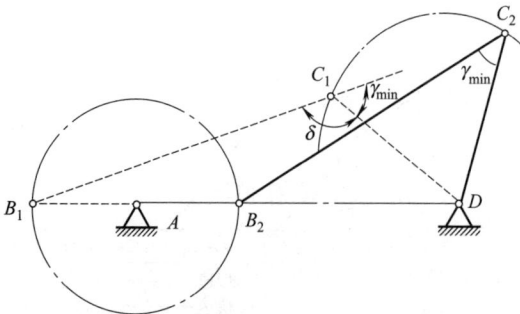

图 3-21 曲柄摇杆机构 γ_{min} 的位置

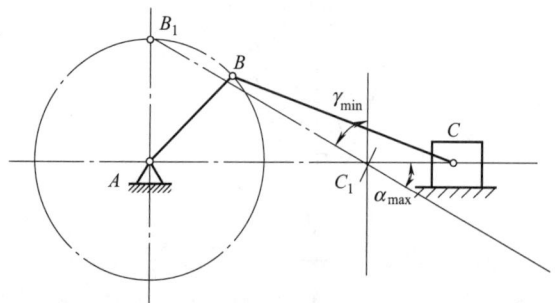

图 3-22 对心曲柄滑块机构 γ_{min} 的位置

③ 导杆机构。如图 3-24 所示，当曲柄为原动件时，由于摆动导杆机构的滑块 2 对导杆 3 的作用力 F 始终垂直于导杆，并与作用点的速度方向一致，所以，传动角始终等于 90°，传力性能最好。

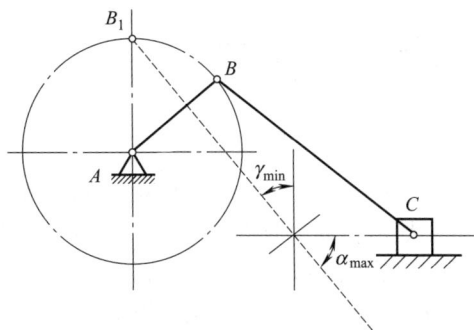

图 3-23　偏置曲柄滑块机构 $\gamma_{\min}$ 的位置

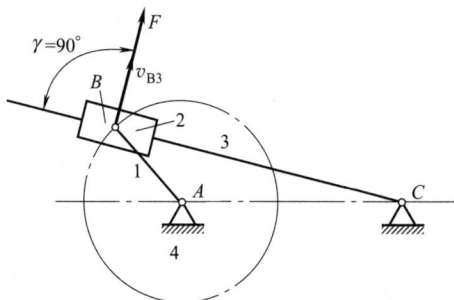

图 3-24　导杆机构 $\gamma_{\min}$ 的位置

3.1.2.4　死点位置

图 3-25 所示曲柄摇杆机构，若以摇杆 CD 为主动件，曲柄 AB 为从动件，当摇杆摆到极限位置 C_1D 或 C_2D 时，连杆 BC 与曲柄 AB 两次共线。这时连杆给曲柄的力通过铰链中心 A，此力对 A 点不产生力矩，因此不能使曲柄转动。此时压力角 $\alpha = 90°$，传动角 $\gamma = 0°$，机构处于停滞的位置，该位置称为死点位置。

图 3-26 所示曲柄滑块机构，若滑块为主动件时连杆 BC 与曲柄 AB 共线（见图中的 B_1 和 B_2 点），此时 $\gamma = 0°$，机构处于死点位置。

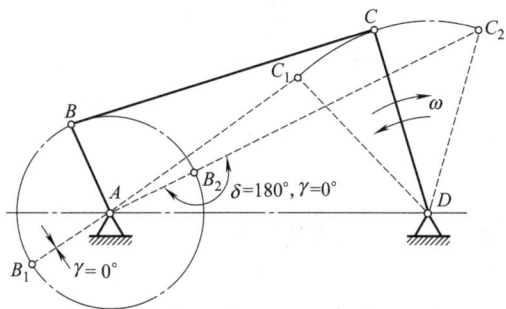

图 3-25　曲柄摇杆机构的死点位置

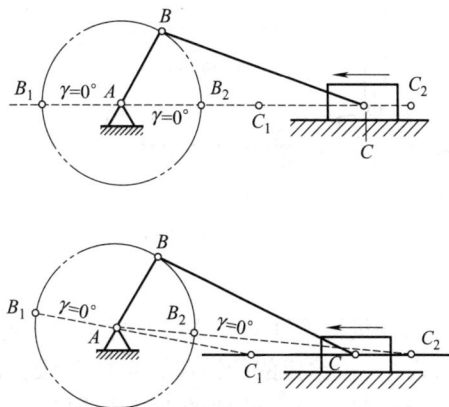

图 3-26　曲柄滑块机构的死点位置

对于传动机构，死点位置是有害的，它使机构的从动件出现卡死或运动不确定现象。为了消除死点位置的影响，使机构能够正常通过死点位置而运转，通常借助飞轮的惯性来越过机构的死点位置。如缝纫机主轴右端的带轮做得较大，它除了传递运动外，还兼有储存能量的飞轮的作用；也可采用两组相同机构错位排列，使两组机构的死点位置错开 90°，以保证机构顺利通过死点位置，如图 3-27 所示的蒸汽机车轮联动机构。

在工程实践中，可利用死点位置来实现某些特定的工作要求。图 3-28 所示为飞机起落架机构，当飞机将要着陆时，主动杆 CD 与连杆 BC 成一直线，使从动杆 AB 处于死点位置，即使机轮承受很大的力，起落架也不会反转。图 3-29 所示为夹紧机构，利用机构的死点位置固定工件。把工件 2 放到被夹紧的位置，用力 F 按下手柄 1，使夹具上的 B、C、D

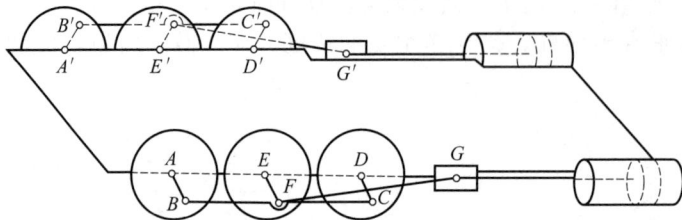

图 3-27 蒸汽机车轮联动机构

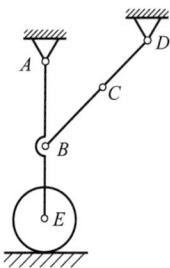

图 3-28 飞机起落架

三点处于一条直线上，此时机构处于死点位置，工件被夹紧。无论工件 2 的反作用力 F_N 有多大，都不会使夹具自动松脱，保证了夹紧工件的牢固性。如要卸下工件，只要抬起手柄 1，机构脱离死点位置，工件即可轻松卸下。图 3-30 （a）所示为折叠椅机构，其简图见图 3-30 （b），靠背 AD 可视为机架，靠背脚 AB 可视为原动件，连杆 BC 与从动件 CD 位于同一直线上，因而机构位于死点位置，折叠椅不会自动松开或合拢。

3.1.3 平面四杆机构的设计

四杆机构的设计是根据给定的工作条件，确定机构运动简图中各构件的尺寸参数。为使机构设计得可靠合理，往往还应满足一些几何条件和运动条件。

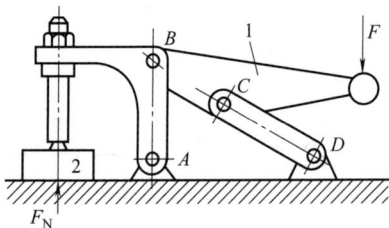

图 3-29 夹紧机构
1—手柄；2—工件

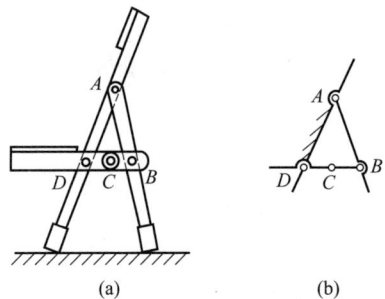

(a)　　　　　(b)

图 3-30 利用死点位置的折叠椅

四杆机构设计的方法有解析法、图解法和实验法。本节只介绍图解法。

3.1.3.1 按给定的行程速比系数 k 设计四杆机构

设计具有急回特性的四杆机构时，需要根据实际运动要求选定行程速比系数 k 的数值，然后根据机构极限位置的几何特点，结合其他辅助条件，确定机构运动简图的尺寸参数。

（1）曲柄摇杆机构

设已知行程速比系数 k、摇杆 CD 的长度 l_{CD}、最大摆角 ψ。试设计该曲柄摇杆机构。

根据已知条件设计曲柄摇杆机构，关键在于确定铰链中心 A 点的位置，然后确定其他三个构件尺寸 l_{AB}、l_{BC} 和 l_{AD}。具体设计步骤如下：

① 计算极位夹角 θ。根据给定的行程速比系数 k，按式（3-2）计算 θ。

$$\theta = 180° \frac{k-1}{k+1}$$

② 作出摇杆的两个极限位置。任选一点作为固定铰链中心 D 的位置，按一定的比例尺

μ_1，根据已知的 l_{CD} 及最大摆角 ψ 绘出摇杆的两个极限位置 C_1D、C_2D，如图 3-31 所示。

③ 连接 C_1、C_2 两点，过 C_1 点作 $C_1M \perp C_1C_2$，过 C_2 点作直线 C_2N，且 $\angle C_1C_2N = 90° - \theta$，直线 C_1M 与 C_2N 交于 P 点，显然 $\angle C_1PC_2 = \theta$。以 PC_2 为直径作直角三角形 C_1PC_2 的外接圆。

④ 确定铰链中心 A 的位置。在外接圆上，任取一点 A 为铰链中心，连接 AC_1 和 AC_2，$\angle C_1AC_2 = \angle C_1PC_2 = \theta$（同弧所对的圆周角相等），则 AC_1 和 AC_2 为曲柄与连杆共线的两个位置。

⑤ 确定各构件的长度。在 A 点确定后，量取 AC_1 和 AC_2 的长度并乘以比例尺 μ_1，由公式计算各构件的长度：

$$l_{AB} = \frac{\mu_1(AC_2 - AC_1)}{2}$$

$$l_{BC} = \frac{\mu_1(AC_2 + AC_1)}{2}$$

$$l_{AD} = \mu_1 AD$$

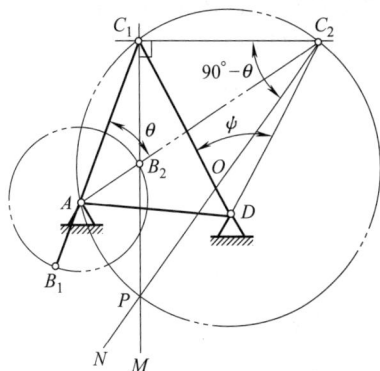

图 3-31　按 k 值图解法设计曲柄摇杆机构

由于 A 点可以在外接圆上任选（除 C_1C_2 弧及 ψ 角反向对应弧外），可得无数个解。但是，当给定一些其他辅助条件时，如机架长度 l_{AD}、最小传动角等，则有唯一的解。

（2）摆动导杆机构

给定行程速比系数 k 和机架长度 l_{AC}，试设计摆动导杆机构。设计方法及步骤与曲柄摇杆机构类似，如图 3-32 所示。根据行程速比系数 k 计算极位夹角 θ，由几何关系可知，导杆的摆角 ψ 与极位夹角 θ 相等。任选一点 C 作为铰链中心，绘出导杆的两个极限位置 Cn 和 Cm，根据一定的比例尺 μ_1，确定机架的长度和铰链中心 A 的位置。过 A 点作 $AB_1 \perp Cm$（或 $AB_2 \perp Cn$），则 AB 就是曲柄，其长度为 $l_{AD} = \mu_1 AB_1$，画出滑块即可。

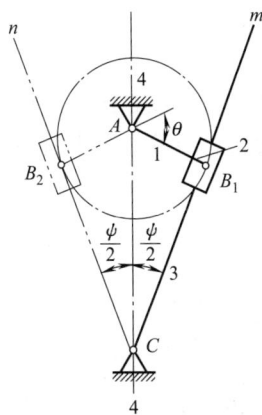

图 3-32　按 k 值图解法设计摆动导杆

3.1.3.2　按给定的连杆位置设计四杆机构

已知连杆 BC 的长度 l_{BC} 及连杆的两个位置 B_1C_1、B_2C_2，试设计此四杆机构。

设计的关键问题是根据已知条件确定铰链中心 A 和 D 的位置。由于给定了连杆 BC 上铰链中心 B 和 C 的位置，根据铰链四杆机构的运动情况可知，B、C 两点的轨迹分别在以 A 和 D 为圆心的圆弧上，因此找到两个圆弧的圆心，即可求得铰链四杆机构。

设计步骤如图 3-33 所示。

① 选取比例尺 μ_1，按给定的连杆位置作出 B_1C_1 和 B_2C_2。

② 分别连接 B_1B_2 和 C_1C_2，作 B_1B_2 的中垂线 b_{12}，作 C_1C_2 的中垂线 c_{12}。

③ 在 b_{12} 上任取一点 A，在 c_{12} 上任取一点 D，作

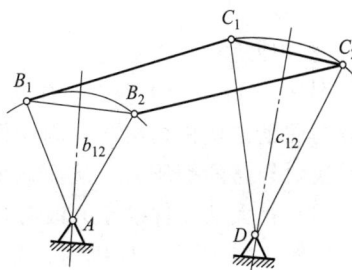

图 3-33　按给定的连杆位置设计四杆机构

为机架的两个铰链中心，显然 B_1B_2 必在以 A 为圆心、以 AB_1 为半径的圆弧上；C_1C_2 必在以 D 为圆心、以 C_1D 为半径的圆弧上。

④ 连接 AB_1C_1D（或 AB_2C_2D），即为所求的铰链四杆机构。由图上量取 AB、CD、AD 的长度，乘以相应的比例尺 μ_1，便可求出构件的实际长度：

$$l_{AB} = \mu_1 AB_1$$
$$l_{CD} = \mu_1 C_1D$$
$$l_{AD} = \mu_1 AD$$

注意：在已知连杆两个位置的情况下，由于 A、D 两点可以在 b_{12}、c_{12} 上任选，因此可得出无数组解。在实际设计时常常给出一些辅助条件，如机架的长度及其位置等，就可得出唯一的解。

如果给定连杆的长度及三个位置，则固定铰链 A 和 D 的位置是唯一的。在此不再赘述。

3.1.4 多杆机构简介

在生产实际中，四杆机构有时很难满足生产要求，需在四杆机构的基础上，添加一个或几个平面连杆机构组合构成多杆机构。下面仅就多杆机构的特点、应用作简要介绍。

（1）扩大从动件的行程

图 3-34 所示冷床运输机中的六杆机构，可使热轧钢料在运输过程（行程 s）中逐渐冷却。该机构由曲柄摇杆机构 AB_1C_1D、杆和滑块所组成。显然，滑块的行程 s 比曲柄摇杆机构 AB_1C_1D 中摇杆 C_1D 上 C_1 点的行程 C_1C_2 要大得多，而该机构的横向尺寸则要比采用对心曲柄滑块机构获得同样行程时小得多。

（2）增大输出构件的作用力

图 3-35 所示为手动冲床机构。该机构为六杆机构，可视为由四杆机构 $ABCD$ 与滑块机构 $DEFG$ 组合而成。根据杠杆原理，经过摇杆 2 和 4，使作用于手柄的力经两次放大后传到冲杆 6，从而增大了冲杆 6 的作用力，以满足冲压要求。

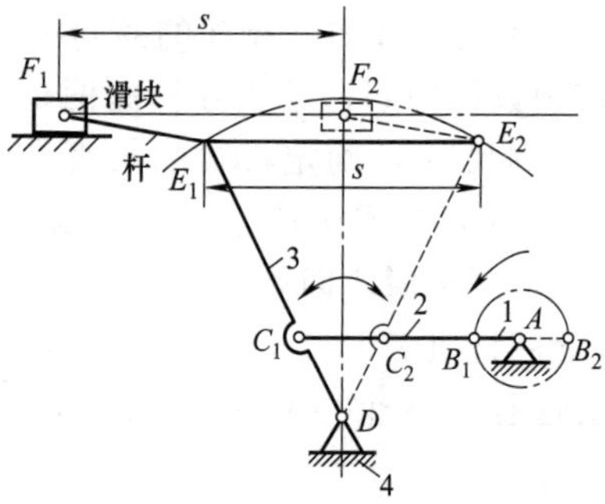

图 3-34　冷床运输机中的六杆机构

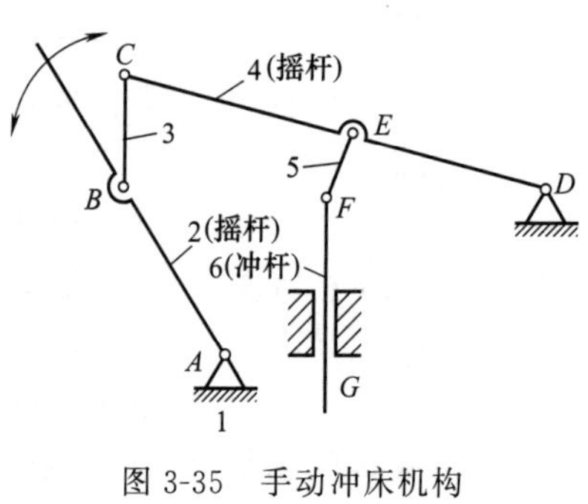

图 3-35　手动冲床机构

（3）使机构受力均匀

图 3-36 所示为大型双点压床机构。该机构为六杆机构，由两组尺寸相同且左、右对称布置的曲柄滑块机构组成，因而作用在滑块上的力，其水平分力大小相等、方向相反，可消除滑块对导路的侧压力，从而减少了摩擦损失。

（4）扩大从动件摆角并改善传动性能

如图 3-37 所示六杆机构，在曲柄摇杆机构 $ABCD$ 中，传动角 γ' 可保证运转中的传力性能，但从动摇杆 3 的摆角较小，不能满足预定要求。为扩大从动件摆角并保证传力性能，则可通过一个反向四杆机构 $DEFG$，使输出杆 6 的摆角较杆 3 的摆角增大，且传动角 γ 比原

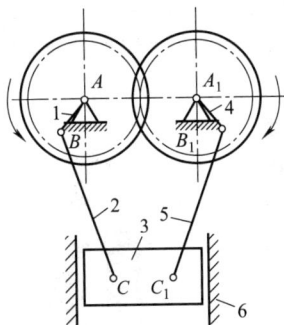

图 3-36　双点压床机构

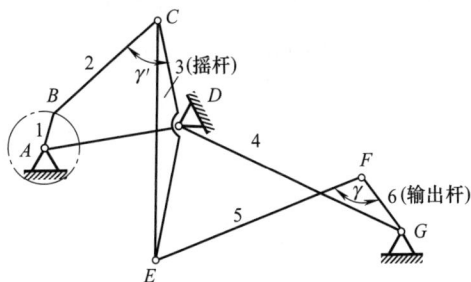

图 3-37　改善传动性能的六杆机构

曲柄摇杆机构的传动角 γ' 大，从而既满足了从动件摆角扩大的要求，又改善了传力特性。

（5）改善从动件的运动特性

如图 3-38（a）所示组合压力机机构，由双曲柄机构与六杆机构组合而成。原压力机机构由双曲柄机构带动滑块（冲头）。组合压力机机构与原压力机机构的位移曲线如图 3-38（b）所示。比较两位移曲线可看出，组合压力机机构比原压力机机构在其滑块 7 下降行程的低速工作段的速度要低得多，从而满足了某些压力机在工作过程（滑块下降行程）中需要较低速度的要求。

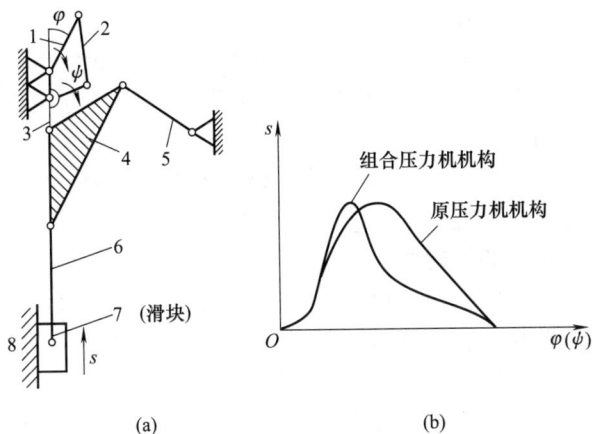

(a)　　　　　　　　　(b)

图 3-38　压力机机构

3.2　凸轮机构

在机械传动中，当要求从动件的位移、速度、加速度按照预定的规律变化时，常用凸轮机构来实现。凸轮机构通过凸轮与从动件之间的接触来传递运动和动力，是一种常用的高副机构，只要能加工出合适的凸轮轮廓，就可以实现从动件预定的复杂运动规律。因此，凸轮机构得到广泛的应用。

3.2.1　凸轮机构的应用和分类

3.2.1.1　凸轮机构的组成及特点

如图 3-39 所示，凸轮机构主要由凸轮 1、从动件 2 和机架 3 三个构件所组成。凸轮是一个具有控制从动件运动规律的曲线轮廓或凹槽的主动件，它与从动件之间为高副连接。

图 3-40 所示为内燃机配气机构。凸轮 1 连续转动,驱动气阀杆 2 往复移动,从而控制气阀的开启或闭合,完成配气要求。气阀开启或闭合时间的长短及运动的速度和加速度的变化规律,取决于凸轮轮廓曲线的形状。

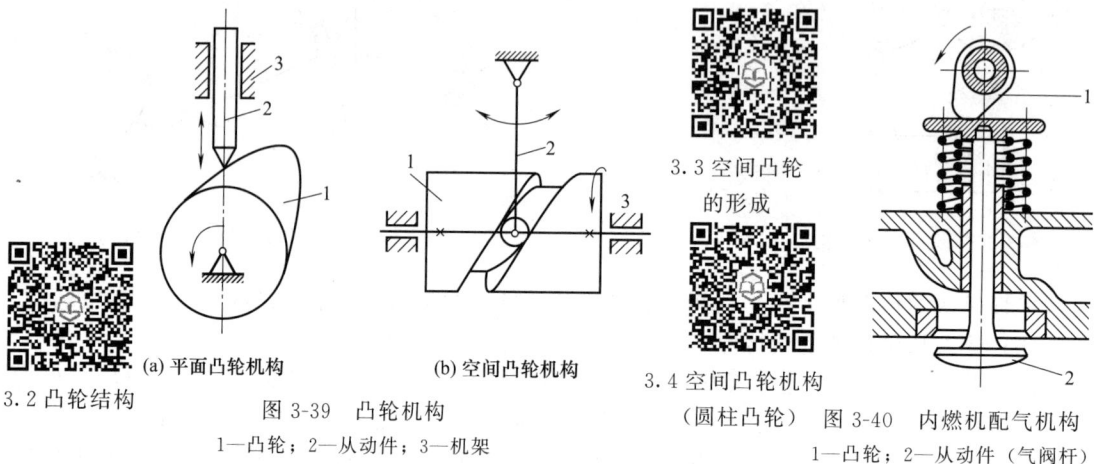

3.3 空间凸轮的形成

3.4 空间凸轮机构（圆柱凸轮）

3.2 凸轮结构

(a) 平面凸轮机构　　(b) 空间凸轮机构

图 3-39　凸轮机构
1—凸轮；2—从动件；3—机架

图 3-40　内燃机配气机构
1—凸轮；2—从动件（气阀杆）

图 3-41 所示为自动车床刀架进给机构。当凸轮 1 转动时,其轮廓迫使从动件 2 往复摆动,从动件上固定有扇形齿轮 3,带动刀架下部的齿条,使刀架 4 完成进刀或退刀运动。

图 3-42 所示为缝纫机挑线机构。当圆柱凸轮 1 转动时,嵌在凹槽内的滚子 A 迫使从动件 2（挑线杆）绕 O 点往复摆动,从而完成挑线运动。

图 3-43 所示为仿形刀架。当刀架 3 水平移动时,凸轮 1（靠模）的轮廓驱使从动件 2 带动刀头按相同的轨迹移动,从而切出与靠模轮廓相同的旋转曲面。

从以上例子可以看出,凸轮通常为主动件并做等速转动或移动,借助其曲线轮廓（或凹槽）使从动件做相应的运动（摆动或移动）。改变凸轮轮廓的外形,可使从动件实现各种运动规律。

与四杆机构相比,凸轮机构的主要优点是:只要设计出凸轮轮廓曲线,就可以使从动件实现任意预定的运动规律,结构简单、紧凑、工作可靠,应用广泛。其主要缺点是:凸轮与从动件之间为高副接触,易磨损,因此凸轮机构多用于传力不大的自动机械、仪表、控制机构及调节机构中。

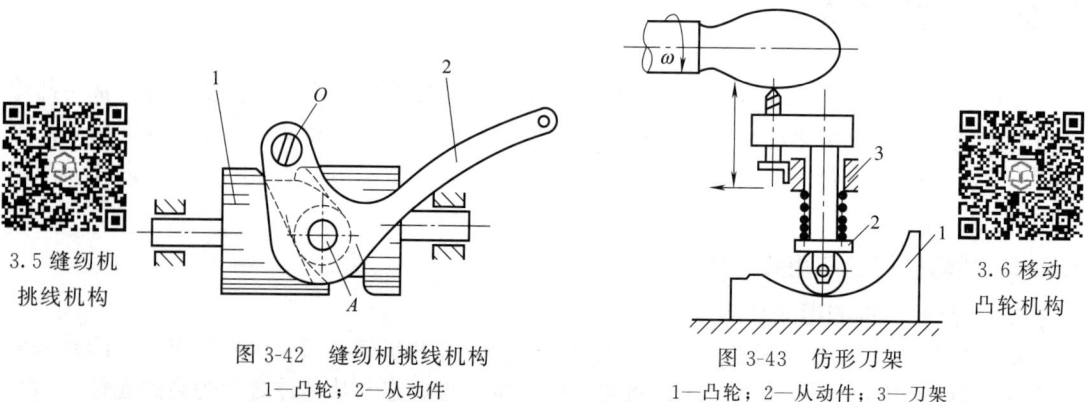

图 3-41　自动车床刀架进给机构
1—凸轮；2—从动件；
3—扇形齿轮；4—刀架

3.5 缝纫机挑线机构

3.6 移动凸轮机构

图 3-42　缝纫机挑线机构
1—凸轮；2—从动件

图 3-43　仿形刀架
1—凸轮；2—从动件；3—刀架

3.2.1.2　凸轮机构的分类

（1）按凸轮形状分类

① 盘形凸轮。具有变化向径的盘形构件，是凸轮机构的基本形式，如图 3-39（a）所示。

② 圆柱凸轮。圆柱体外表面上开有曲线凹槽或在圆柱端面上制出曲线轮廓的构件，如图 3-39（b）所示。圆柱凸轮与从动件的相对运动不在同一平面内，故又称为空间凸轮机构。

③ 移动凸轮。凸轮外形呈平板状，可视为转动中心在无穷远的盘形凸轮，如图 3-43所示。

（2）按从动件的型式分类

根据从动件的端部结构形状，凸轮机构可分为尖顶、滚子和平底三种类型，每种类型中从动件的运动形式又分为直动和摆动两种。凸轮机构的主要类型及运动简图见表 3-2。

表 3-2　凸轮机构的主要类型及运动简图

类型		直动从动件		摆动从动件
	从动件	对心	偏置	
盘形凸轮机构	尖顶从动件	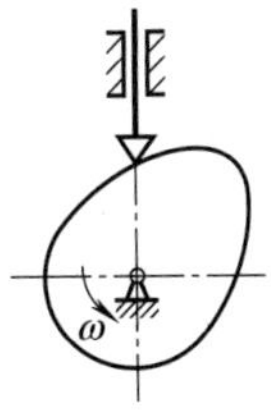	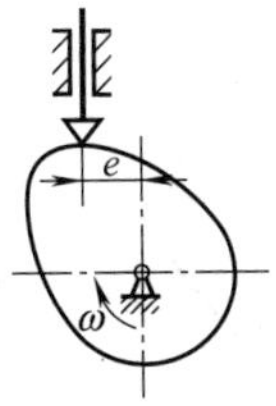	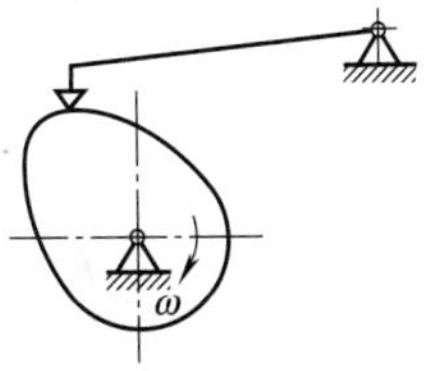
	滚子从动件	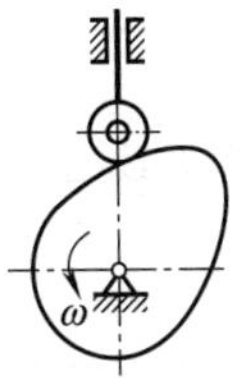	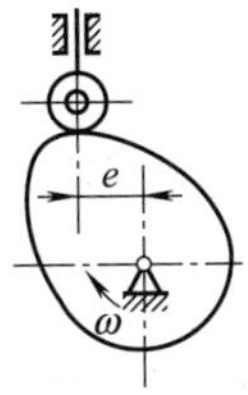	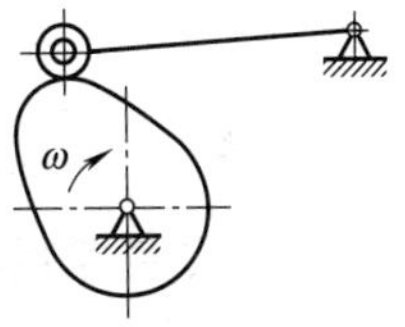
	平底从动件	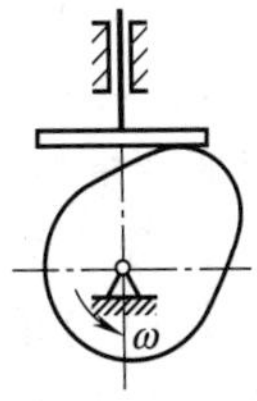	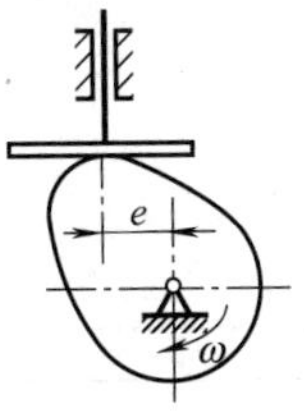	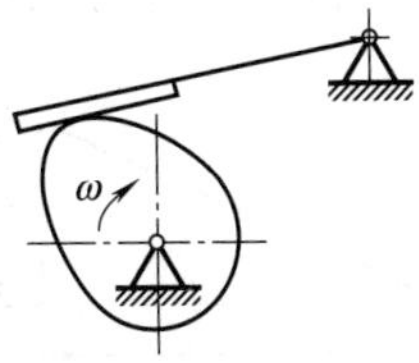
移动凸轮机构		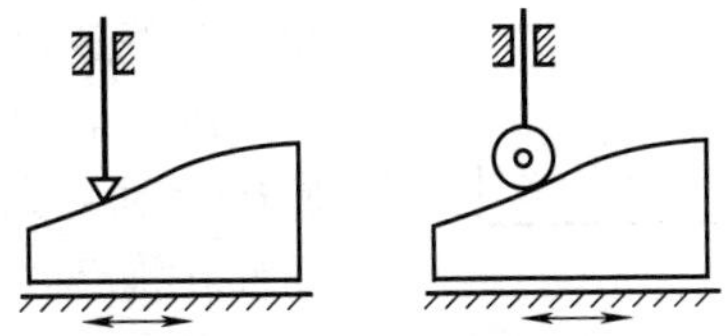		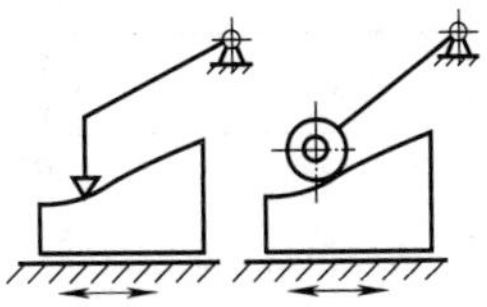
圆柱凸轮机构		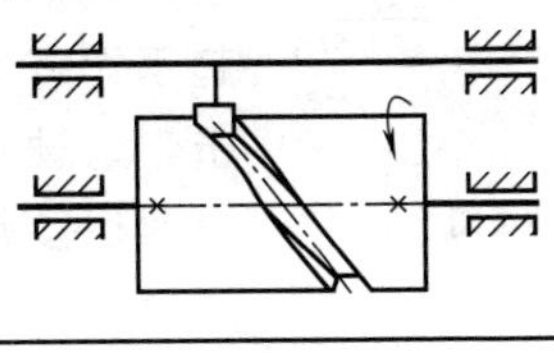		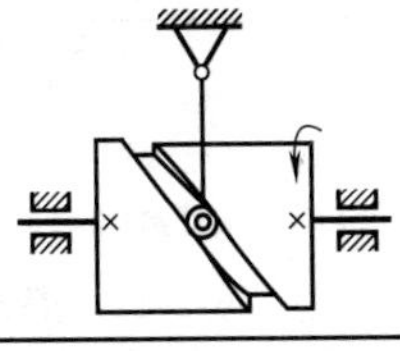

3.2.2　从动件的常用运动规律

3.2.2.1　凸轮机构的基本尺寸和运动参数

图 3-44（a）所示为尖顶对心直动从动件盘形凸轮机构。以凸轮轮廓的最小向径 r_b 为半径所作的圆，称为凸轮的基圆，r_b 称为基圆半径。在图示位置，尖顶与凸轮轮廓在 A 点接触，当凸轮逆时针转动时，从动件处于上升的起始位置。当凸轮以匀角速度 ω 转过 δ_0 角时，从动件尖顶被凸轮轮廓推至最远的位置 B' 点，这个过程称为推程，对应的凸轮转角 δ_0 称为推程运动角，从动件上升的最大距离 h 称为升程（或行程）。当凸轮继续转过 δ_s 角时，因为轮廓 BC 段的向径不变，所以从动件停在最远位置 B' 点不动，此过程称为远停程，对应的凸轮转角 δ_s 称为远停程角。当凸轮继续转过 δ'_0 角时，从动件便从最远位置回到起始位置，该过程称为回程，δ'_0 称为回程运动角。当凸轮继续转过角 δ'_s 时，从动件在最低位置停止不动，此过程称为近停程，δ'_s 称为近停程角。这时凸轮刚好转过一周，从动件完成了"升-停-降-停"的运动规律。当凸轮继续转动时，从动件又开始下一轮的运动循环。

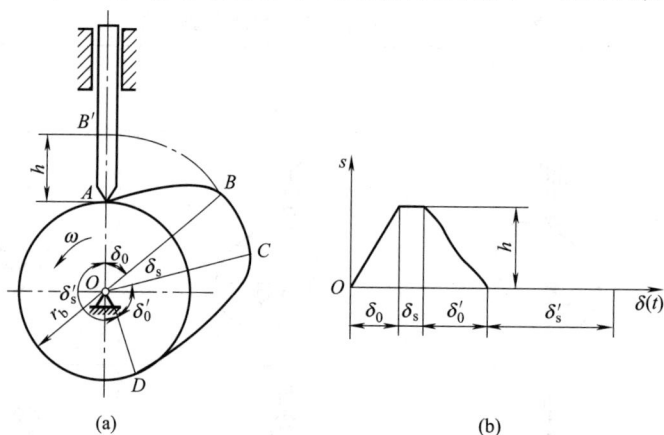

(a) (b)

图 3-44　凸轮机构的工作过程和从动件位移线图

3.2.2.2　从动件常用运动规律

从动件的运动规律，是指从动件的位移 s、速度 v 和加速度 a 随时间（或凸轮转角 δ）的变化规律。从动件运动规律以函数表示称为从动件的运动方程；用线图表示叫从动件的运动线图，包括位移线图 s-δ、速度线图 v-δ 和加速度线图 a-δ。

（1）等速运动规律

凸轮以匀角速度 ω 转动，从动件推程和回程的速度为一常数的运动规律称为等速运动规律。

图 3-45（a）为从动件在推程做等速运动时的运动线图。由图可知，从动件在推程的始点和终点位置速度突变，其瞬时加速度及惯性力在理论上趋于无穷大，致使机构产生极大的冲击，这种冲击称为刚性冲击。因此，等速运动规律只适用于低速、轻载的场合。

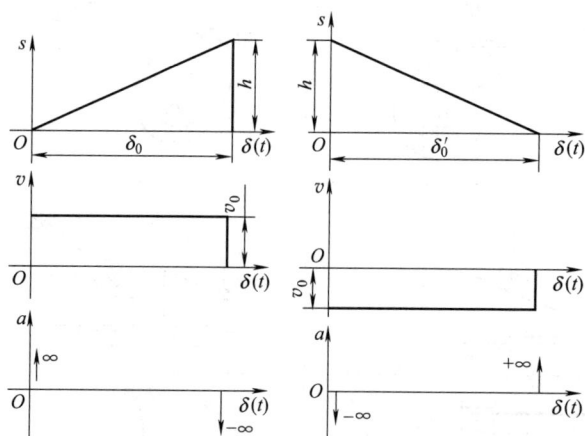

(a) 推程运动线图　　(b) 回程运动线图

图 3-45　等速运动规律的运动线图

当凸轮以匀角速度 ω 转动，推程运动角为 δ_0，从动件的升程为 h 时，从动件在推程的运动方程为：

$$\left.\begin{array}{l} s=\dfrac{h}{\delta_0}\delta \\[3mm] v=\dfrac{h}{\delta_0}\omega \\[3mm] a=0 \end{array}\right\} \tag{3-5}$$

（2）等加速等减速运动规律

凸轮以匀角速度 ω 转动，从动件前半升程为等加速运动、后半升程为等减速运动，且加速度的绝对值相等，这种运动规律称为等加速等减速运动规律。

图 3-46 为等加速等减速运动规律的运动线图，其位移线图为抛物线，可用作图法绘出。由图可知，等加速等减速运动规律在推程的 0、4、8 点处加速度发生了有限值的突变，机构因而产生一定的冲击，这种冲击称为柔性冲击。柔性冲击比刚性冲击要小得多，但也会对机器有一定的破坏，所以等加速等减速运动规律适用于中速、中载凸轮机构。

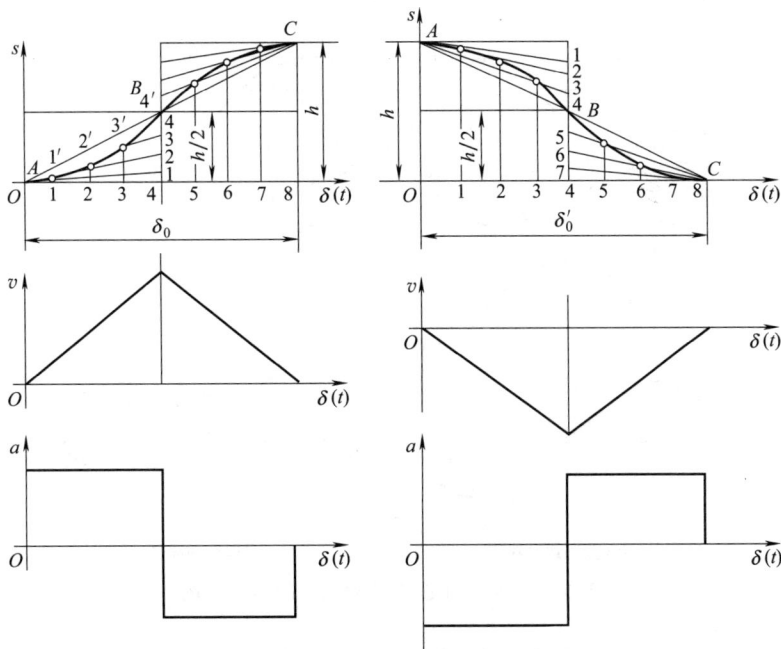

(a) 推程运动线图　　　　　　(b) 回程运动线图

图 3-46　等加速等减速运动规律的运动线图

当凸轮以匀角速度 ω 转动，凸轮转角为 δ，并考虑到初始条件，则从动件在前半推程等加速运动时的运动方程为：

$$\left.\begin{array}{l} s=\dfrac{2h}{\delta_0^2}\delta^2 \\[3mm] v=\dfrac{4h\omega}{\delta_0^2}\delta \\[3mm] a=\dfrac{4h\omega^2}{\delta_0^2} \end{array}\right\} \quad (0<\delta<\delta_0/2) \tag{3-6}$$

后半推程为等减速运动，其运动方程为：

$$
\left.\begin{aligned}
s &= h - \frac{2h}{\delta_0^2}(\delta_0 - \delta)^2 \\
v &= \frac{4h\omega}{\delta_0^2}(\delta_0 - \delta) \\
a &= -\frac{4h\omega^2}{\delta_0^2}
\end{aligned}\right\} (\delta_0/2 < \delta < \delta_0) \tag{3-7}
$$

（3）余弦加速度运动规律（简谐运动规律）

凸轮以匀角速度 ω 转动，从动件在推程和回程中，加速度按余弦规律变化，这种运动规律称为余弦加速度运动规律。

余弦加速度运动规律的运动线图如图 3-47 所示，其位移线图可用作图法绘出。由其加速度线图可知，余弦加速度运动规律在推程和回程的开始位置和终点位置产生柔性冲击，因此适用于中速凸轮机构。但从动件按升-降-升规律做运动循环时，加速度曲线可保持连续光滑，无柔性冲击，可用于高速场合。

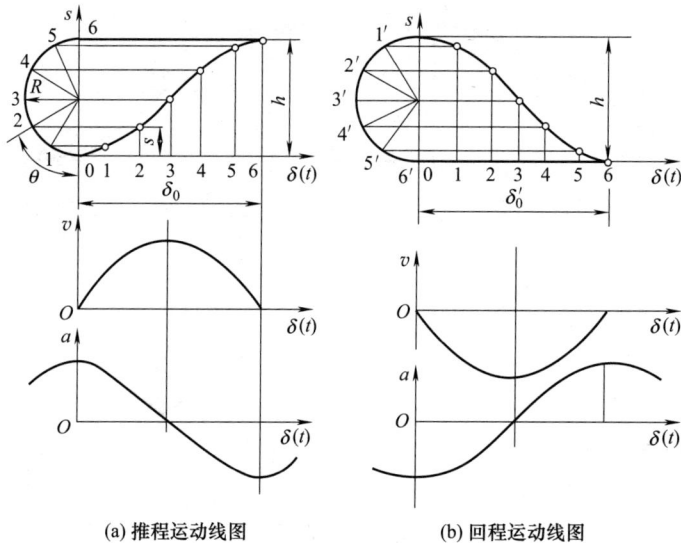

(a) 推程运动线图   (b) 回程运动线图

图 3-47　余弦加速度运动规律的运动线图

从动件在推程中做余弦加速度运动规律的运动方程为：

$$
\left.\begin{aligned}
s &= \frac{h}{2}\left[1 - \cos\left(\frac{\pi}{\delta_0}\delta\right)\right] \\
v &= \frac{\pi h\omega}{2\delta_0}\sin\left(\frac{\pi}{\delta_0}\delta\right) \\
a &= \frac{\pi^2 h\omega^2}{2\delta_0^2}\cos\left(\frac{\pi}{\delta_0}\delta\right)
\end{aligned}\right\} \tag{3-8}
$$

除上述几种运动规律外，工程上还应用正弦加速度、复杂多项式等运动规律。在选择从动件的运动规律时，应从机器的工作要求、凸轮机构的运动特性、凸轮轮廓的加工性三个方面加以考虑。为避免冲击或获得更好的运动性能，还可将几种基本运动规律组合起来应用。

3.2.3　凸轮轮廓设计与凸轮结构尺寸的确定

在确定了凸轮机构的类型、从动件的运动规律、基圆半径和凸轮转动方向后，便可设计凸轮的轮廓曲线了。凸轮轮廓设计方法有图解法和解析法两种。图解法简便直观，常用于设计精度要求不高的凸轮轮廓。本节只介绍图解法。

3.2.3.1　凸轮轮廓曲线绘制的"反转法"原理

图 3-48（a）所示为对心尖顶直动从动件盘形凸轮机构。设凸轮以匀角速度 ω 绕 O 点做逆时针转动，尖顶从动件在导路中按给定的运动规律移动。为了在图纸上画出静止的凸轮轮廓，常采用"反转法"。假想给整个凸轮机构加上一个绕 O 点的公共角速度（$-\omega$），这时从动件与凸轮间的相对运动关系并不改变，而凸轮处于静止状态，从动件一方面随机架以角速度（$-\omega$）绕 O 点转动，另一方面按原给定的运动规律在导路中往复移动，如图 3-47（b）所示。由于从动件的尖顶始终与凸轮轮廓接触，所以在反转过程中，尖顶的运动轨迹就是凸轮的轮廓。这便是凸轮轮廓设计的"反转法"原理。

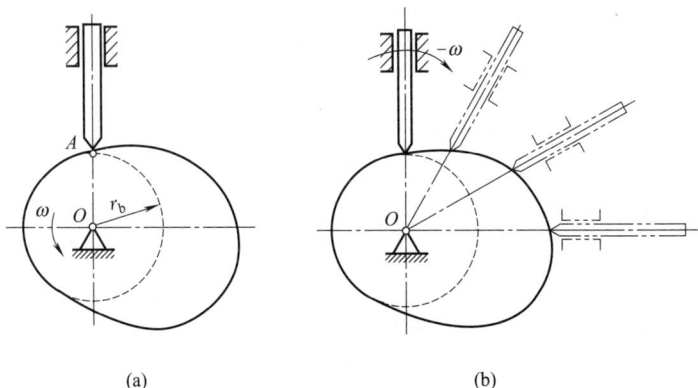

图 3-48　凸轮轮廓曲线绘制原理

（1）对心直动尖顶从动件盘形凸轮轮廓的绘制

已知条件：从动件的运动规律、凸轮的基圆半径 r_b、凸轮以等角速度 ω 顺时针转动。绘制此凸轮轮廓曲线。

作图步骤如下。

① 选择适当的长度比例尺 μ_1（mm/mm），绘制出从动件的位移曲线图，如图 3-49（b）

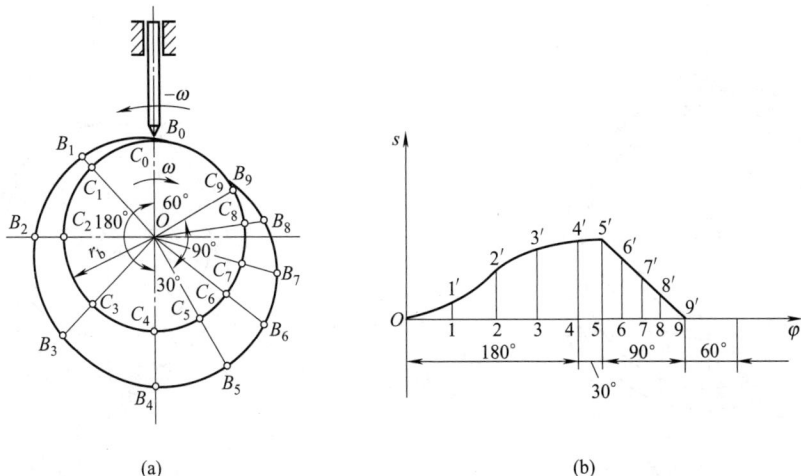

图 3-49　对心直动尖顶从动件盘形凸轮轮廓曲线的绘制

所示。

② 确定从动件的相应位移量。将位移线图中 δ_0 和 δ_0' 所对应的横坐标轴等分若干等份，确定出各等分点的相应位移量 $11'$、$22'$、$33'$……［图 3-49（b）］。

③ 确定从动件的起始位置。选取与位移线图相同的长度比例尺 μ_1，以 O 为圆心、r_b 为半径作基圆。基圆与导路的交点 B_0（C_0）为从动件的起始位置。

④ 确定从动件的尖顶相对凸轮的各个位置。在基圆上，自 OC_0 开始，沿（$-\omega$）方向依次取 δ_0、δ_s、δ_0'、δ_s'，并将推程运动角 δ_0 和回程运动角 δ_0' 分成与位移线图相同的等份，得 C_1、C_2、C_3……各点，连接 OC_1、OC_2、OC_3……各径向线并延长，便是从动件导路在反转过程中的一系列位置线。沿位置线自基圆向外分别量取 $C_1B_1 = 11'$、$C_2B_2 = 22'$、$C_3B_3 = 33'$……，得 B_1、B_2、B_3……各点，即为反转后从动件尖顶的一系列位置。

⑤ 绘制凸轮轮廓曲线。将 B_0、B_1、B_2、B_3……各点连接成光滑的曲线，即为凸轮轮廓曲线，如图 3-49（a）所示。

（2）对心直动滚子从动件盘形凸轮轮廓曲线的绘制

若上述条件不变，从动件为滚子从动件，滚子半径为 r_T，则绘制凸轮轮廓曲线的方法与前相似，可分为两步：

① 滚子中心看作尖顶从动件的尖顶，按照前述步骤作出尖顶从动件盘形凸轮轮廓曲线 η_0。η_0 为凸轮理论轮廓曲线，是滚子中心相对于凸轮的运动轨迹。

② 理论轮廓曲线 η_0 上的各点为圆心，以 r_T 为半径作一系列滚子圆（取与基圆相同的长度比例尺），再作这些圆的包络线 η。η 为凸轮的实际轮廓曲线，是凸轮和滚子的工作轮廓，如图 3-50 所示。

（3）对心直动平底从动件盘形凸轮轮廓曲线的绘制

若将尖顶从动件改为平底从动件，其他条件不变，则凸轮轮廓曲线的作图（图 3-51）与滚子从动件相似，步骤如下。

① 平底与导路中心线的交点 B_0 视为尖顶从动件的尖顶，按对心直动尖顶从动件盘形凸轮作图步骤，作出尖顶所处的各个位置 B_1、B_2、B_3……各点（图中理论轮廓线未画出）。

② 过 B_1、B_2、B_3……各点，作一系列代表平底各个位置的直线（与径向线垂直），然

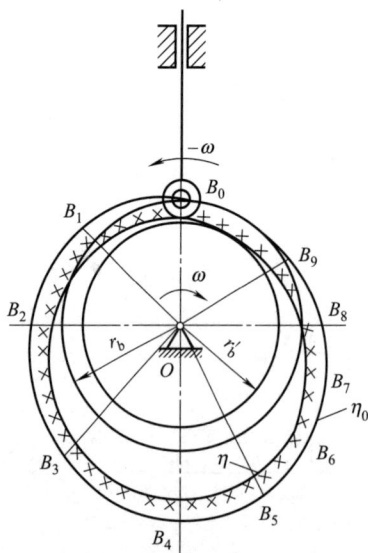

图 3-50　对心直动滚子从动件
盘形凸轮轮廓曲线的绘制图

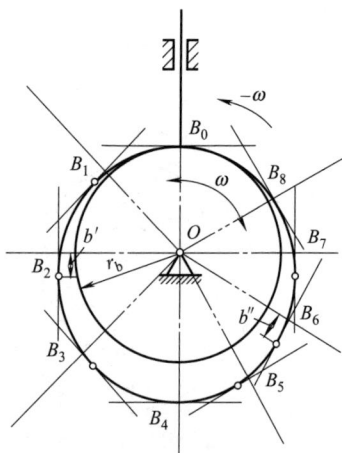

图 3-51　对心直动平底从动件盘
形凸轮轮廓曲线的绘制图

后作与这些直线相切的包络线，即得凸轮的实际轮廓，如图 3-51 所示。

应当指出，对于平底从动件盘形凸轮机构，工作时其平底与实际轮廓的接触点是变化的，因而平底左右两侧距导路中心的尺寸，应分别大于导路中心线距平底左右两侧最远接触点的距离，一般大 2～5mm。因为内凹的轮廓无法与平底接触，所以凸轮轮廓必须外凸。

3.2.3.2　凸轮结构尺寸的确定

设计凸轮机构，实质上是根据从动件的运动规律，设计出凸轮轮廓线，此时，还要求机构具有良好的传力性能和紧凑的结构。凸轮机构要满足这些要求，与凸轮的压力角、基圆半径及滚子半径等基本尺寸的选择有关。

（1）压力角 α

忽略从动件与凸轮接触处的摩擦时，凸轮对从动件的作用力 F_n 沿接触点的法线方向。力 F_n 与力作用点的速度方向间所夹的锐角，称为凸轮机构的压力角，用 α 表示，如图 3-52 所示。凸轮机构在工作过程中，其压力角是变化的。

把 F_n 分解成互相垂直的两个分力 F_x 和 F_y。$F_x = F_n \sin\alpha$，$F_y = F_n \cos\alpha$，F_y 为有效分力，推动从动件运动；F_x 为有害分力，使导路受压，摩擦力增大。显然 α 越小，有效分力 F_y 越大，有害分力 F_x 越小，则传力性能越好；反之，传力性能则差。当 α 大到一定数值时，无论法向力 F_n 有多大，都不能使从动件产生运动，凸轮机构将发生自锁。因此，设计凸轮机构时，应限制压力角的大小，使最大压力角 α_{max} 不超过其许用值 $[\alpha]$，即 $\alpha_{max} < [\alpha]$。

推程许用压力角 $[\alpha]$ 的推荐值：移动从动件 $[\alpha] = 30° \sim 40°$；摆动从动件 $[\alpha] = 40° \sim 50°$；回程一般不会自锁，故取 $[\alpha] = 70° \sim 80°$。

对于平底从动件凸轮机构，凸轮对从动件的法向作用力始终与从动件的速度方向平行，故压力角恒等于 0，机构的传力性能最好。

如果 $\alpha_{max} > [\alpha]$，可采用增大基圆半径或改对心凸轮机构为偏置凸轮机构的方法。

同样情况下，偏置凸轮机构 2 比对心凸轮机构 1 有较小的压力角，但应使从动件导路偏离的方向与凸轮的转动方向相反。若凸轮逆时针转动，则从动件的导路应偏向轴心的右侧；若凸轮顺时针转动，则从动件的导路应偏向轴心的左侧，如图 3-53 所示。偏距 e 的大小，一般取 $e < r_b/4$。

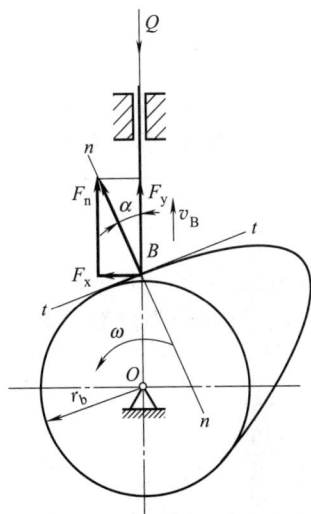

图 3-52　凸轮机构的压力角　　图 3-53　偏置凸轮机构可减小压力角　　图 3-54　基圆半径对压力角的影响

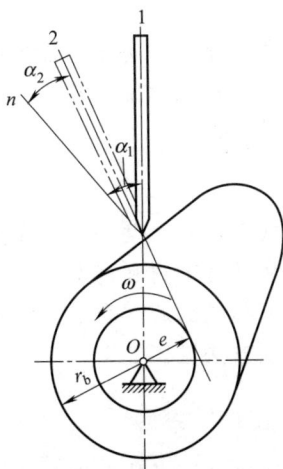

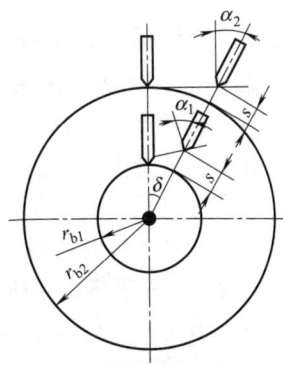

（2）基圆半径 r_b 的选择

设计凸轮轮廓时，必须先确定基圆半径 r_b，而基圆半径的大小会影响压力角。基圆半径越小，凸轮机构越紧凑，但压力角会越大。如图 3-54 所示为两个基圆半径不同的凸轮，当凸轮转过相同的角度 δ 时，从动件有相同的位移 s，基圆半径小的凸轮轮廓较陡，压力角 α_1 较大；而基圆半径大的凸轮轮廓较平缓，压力角 α_2 较小。故在设计凸轮机构时，可以通过增加基圆半径来获得较小的压力角。

凸轮基圆半径的选择需综合考虑，通常按经验公式确定：

$$r_b = 1.8r_s + (7\sim10)$$

式中 r_s——凸轮轴的半径，mm。

（3）滚子半径 r_T 的选择

当凸轮机构采用滚子从动件时，如果滚子大小选择不当，将使从动件不能准确实现给定的运动规律，这种情况称为运动失真。

滚子半径 r_T 的选择受到凸轮理论轮廓线最小曲率半径 ρ 的限制，如图 3-55 所示为滚子半径影响盘形凸轮轮廓的三种情况。当 $\rho>r_T$ 时，凸轮实际轮廓曲线光滑，运动不失真；当 $\rho=r_T$ 时，凸轮实际轮廓的最小曲率半径等于 0，轮廓在该点变尖，尖点极易磨损，磨损后使从动件的运动规律改变；当 $\rho<r_T$ 时，实际轮廓曲线相交，相交部分在实际加工中将被切掉，这部分的运动规律就无法实现，导致运动失真。因此，为了保证从动件的运动不失真，就必须使滚子半径 r_T 小于凸轮理论轮廓外凸部分的最小曲率半径 ρ_{min}，通常 $r_T \leqslant 0.8\rho_{min}$。

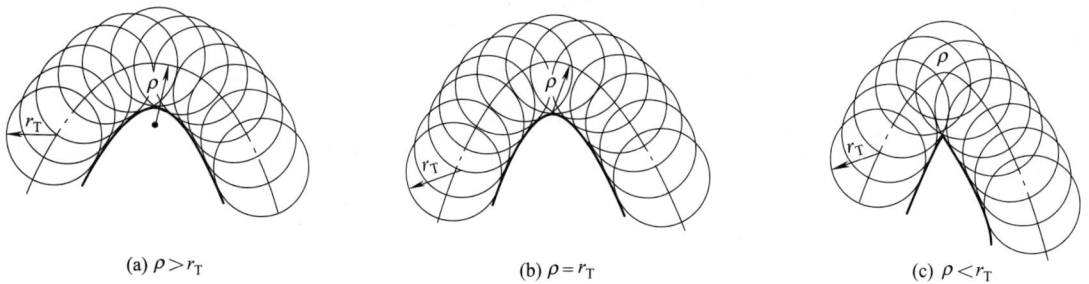

图 3-55　滚子半径对凸轮实际轮廓的影响

但是，从滚子的结构和强度方面来考虑，滚子半径不能过小。所以为了保证从动件运动不失真，又使滚子不致过小，可以适当增加基圆半径 r_b 以增大理论轮廓的最小曲率半径 ρ。

3.2.4　凸轮机构的材料、结构和精度

3.2.4.1　凸轮机构的材料

凸轮机构属于高副机构，接触处有相对运动并承受反复作用的接触应力，其主要失效形式是磨损和疲劳点蚀。因此凸轮和从动件的材料应具有足够的硬度、抗疲劳强度和耐磨性，对于承受冲击载荷的凸轮机构还要求凸轮的芯部有足够的韧性。

凸轮和从动件常用材料及热处理方法见表 3-3。

3.2.4.2　凸轮机构的结构

（1）滚子从动件的结构

从动件的端部形式很多，这里仅讨论滚子从动件的结构。滚子从动件的滚子可以是专门制造的圆柱体，如图 3-56（a）、（b）所示；也可以采用滚动轴承，如图 3-56（c）所示，要保证滚子相对从动件的自由转动。

表 3-3　凸轮和从动件常用材料及热处理方法

工作条件	凸轮		从动件	
	材料	热处理	材料	热处理
速度较低、载荷不大的一般场合	45	调质 230～260HBS	45	表面淬火 40～45HRC
	HT200,HT250,HT300	170～250HBS		
	QT600-2	190～270HBS		
速度较高、载荷较大的重要场合	45,40Cr	表面淬火 40～50HRC 高频淬火 52～58HRC	20Cr	渗碳淬火,渗碳层深 0.8～1mm,55～60HRC
	20Cr,20CrMnTi	渗碳淬火 56～62HRC		
	38CrMoAl,35CrAl	渗氮＞60HRC	T8,T10,T12	淬火 58～62HRC

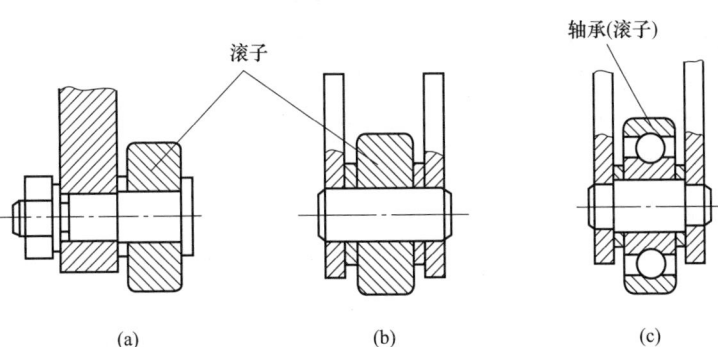

3.7 滚子结构

3.8 凸轮轴

图 3-56　滚子从动件的结构

（2）凸轮的结构

整体式凸轮如图 3-57 所示，尺寸较小的凸轮一般均采用这种结构。凸轮的尺寸较大时，采用套装式，即将凸轮与轴分开制造，而后装配在一起。凸轮与轴常见的固定方式有键连接、销连接和弹性开口锥套双螺母连接，如图 3-58 所示。

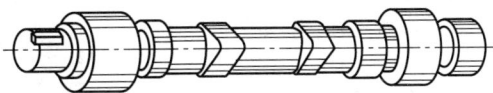

图 3-57　整体式凸轮

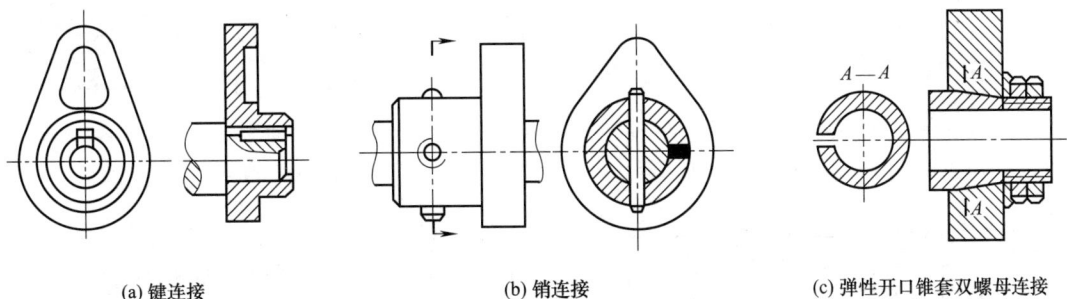

(a) 键连接　　　　(b) 销连接　　　　(c) 弹性开口锥套双螺母连接

图 3-58　套装式凸轮的固定方式

（3）凸轮的精度

凸轮的精度主要包括凸轮的尺寸公差和表面粗糙度。低速凸轮、操纵用凸轮等，精度可低些。只要求保证从动件行程大小的凸轮，往往只需控制起始点和终止点的向径公差，而且公差值可取得大些。对于要求较高的凸轮，如精密仪器中的凸轮、高速凸轮，由于轮廓曲线的误差对凸轮机构的动力特性影响很大，因此精度要求应高些。对于向径在 300～500mm 以下的凸轮，其公差和表面粗糙度可参考表 3-4 确定。

表 3-4　凸轮的公差和表面粗糙度

凸轮精度	极限偏差			表面粗糙度/μm	
	向径公差/mm	槽式凸轮槽宽	基准孔	盘状凸轮	槽式凸轮
高精度	±(0.05～0.1)	H7(H8)	H7	0.4	0.8
一般精度	±(0.1～0.2)	H8	H7(H8)	0.8	1.6
低精度	±(0.2～0.5)	H8(H9)	H8	1.6	1.6

3.3　螺旋机构

　　螺旋机构由螺杆、螺母和机架组成（一般把螺杆和螺母之一做成机架），主要功用是将旋转运动变为直线移动，以传递运动和动力。它是机械和仪器中广泛应用的一种传动机构。

　　螺旋机构结构简单、制造方便、工作平稳、承载能力强、传递运动准确，但摩擦损失大、传动效率低，因此一般用来传递不大的功率。

3.3.1　螺纹的基本知识

3.3.1.1　螺纹的形成

　　如图 3-59 所示，将一直角三角形 abc 绕在直径为 d_2 的圆柱体表面上，使三角形底边 ab 与圆柱体的底边重合，则三角形的斜边 amc 在圆柱体表面形成一条空间螺旋线 am_1c_1。三角形 abc 的斜边与底边的夹角 ψ，称为螺旋升角。若取一平面图形，使其平面始终通过圆柱体的轴线并沿着螺旋线运动，则这个平面图形在空间形成一个螺旋形体，称为螺纹。

　　根据螺旋线绕行的方向，螺纹可分为右旋螺纹和左旋螺纹，如图 3-60 所示。常用右旋螺纹，特殊需要时才采用左旋螺纹。

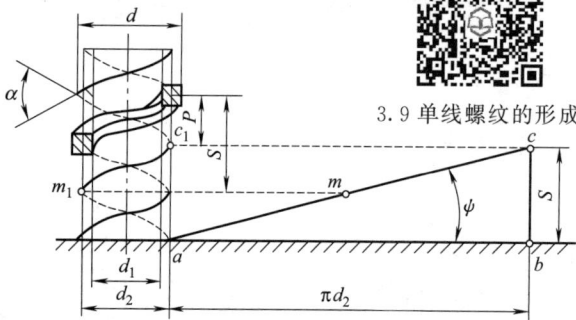

3.9 单线螺纹的形成

图 3-59　螺纹的形成原理

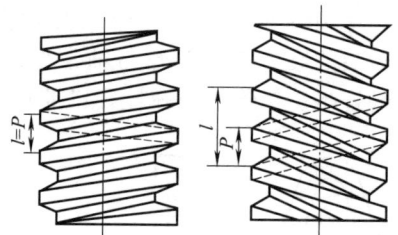

(a) 右旋、单线　　　(b) 左旋、双线

图 3-60　螺纹的旋向和线数

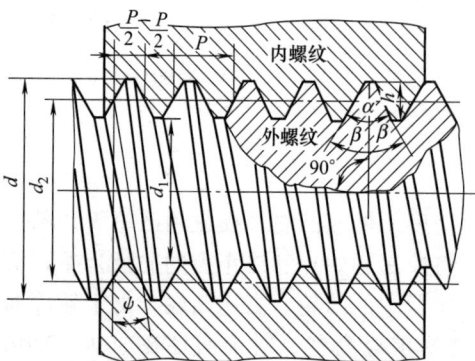

图 3-61　螺纹的主要参数

　　螺纹按线数（头数），可分为单线螺纹［图 3-60（a）］、双线螺纹［图 3-60（b）］和多线螺纹。由于加工制造的原因，多线螺纹的线数一般不超过 4。

3.3.1.2　螺纹的主要参数

　　在圆柱体表面上形成的螺纹称为外螺纹，在圆柱孔壁上形成的螺纹称为内螺纹，内外螺纹旋合在一起则构成螺旋副。螺纹的主要参数如图 3-61 所示。

　　（1）大径（d、D）

它是螺纹的最大直径，标准中规定为螺纹的公称直径。外螺纹记为 d，内螺纹记为 D。

（2）小径（d_1、D_1）

它是螺纹的最小直径，也是螺杆强度计算时危险剖面的直径。外螺纹记为 d_1，内螺纹记为 D_1。

（3）中径（d_2、D_2）

它是一个假想圆柱的直径，该圆柱母线上的螺纹牙厚等于牙间宽。外螺纹记为 d_2，内螺纹记为 D_2。

（4）螺距 P

它是指相邻两牙在中径线上对应两点间的轴向距离。

（5）线数 n

它是指螺纹线数。

（6）导程 S

它是指同一条螺旋线上相邻两牙在中径线上对应点之间的轴向距离。导程、螺距和线数的关系为 $S = nP$。

（7）螺旋升角 ψ

它是指在中径圆柱上，螺旋线的切线与垂直于螺纹轴线的平面的夹角，用来表示螺旋线倾斜的程度。

$$\psi = \arctan\left[nP/(\pi d_2)\right] \tag{3-9}$$

（8）牙形角 α

它是指在轴向剖面内螺纹牙形两侧边的夹角。牙形侧边与径向线间的夹角 β，称为牙侧角。

根据螺纹轴向剖面的形状，常用的螺纹牙形有三角形、矩形、梯形和锯齿形等，如图 3-62 所示。三角形螺纹主要用于连接；梯形及锯齿形螺纹则广泛应用于螺旋传动机构中；矩形螺纹难以精确制造，故应用较少。

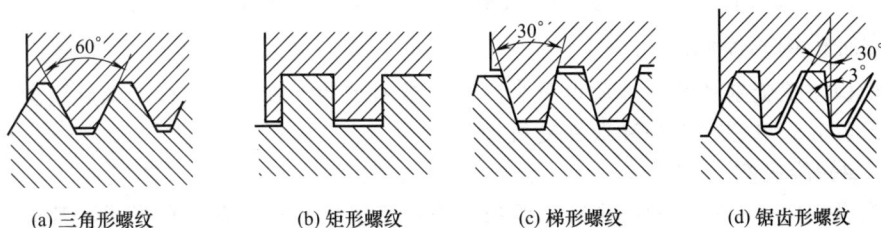

| (a) 三角形螺纹 | (b) 矩形螺纹 | (c) 梯形螺纹 | (d) 锯齿形螺纹 |

图 3-62　螺纹的牙形

3.3.1.3　螺旋副的受力分析

将螺旋副中的螺杆沿中径 d_2 展开，并将螺母简化为滑块，旋紧螺母的过程相当于推动滑块沿斜面上升的过程，如图 3-63 所示。滑块承受轴向载荷 Q 和水平驱动力 F，当滑块上升时，则有：

$$F = Q\tan(\psi + \varphi) \tag{3-10}$$

当滑块下降时，则有：

$$F = Q\tan(\psi - \varphi) \tag{3-11}$$

式中　φ——摩擦角，$\varphi = \arctan f$；

　　　f——摩擦系数。

（1）自锁条件

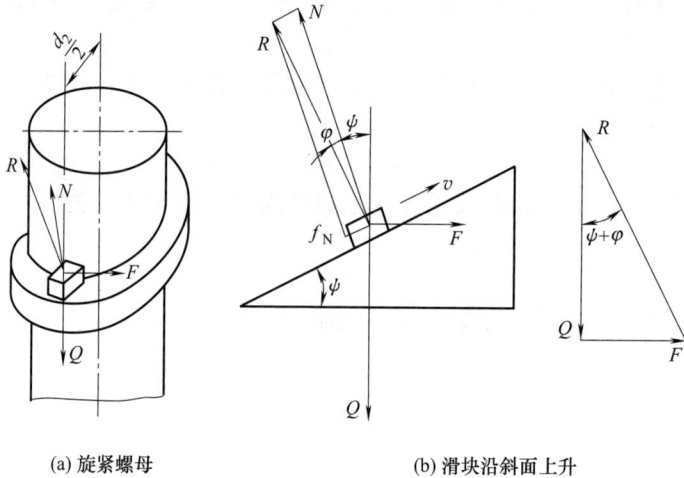

(a) 旋紧螺母   (b) 滑块沿斜面上升

图 3-63 螺旋副的受力分析

由式（3-10）可知，当 $\psi < \varphi$ 时，F 为负值，即 F 力反方向推滑块，滑块才会下滑；否则即使载荷 F 再大，滑块也不下滑，这种现象称为自锁。螺旋副自锁条件为：

$$\psi < \varphi \tag{3-12}$$

（2）效率

效率是有效功与输入功之比。由图 3-63 可知，当 F 力推动螺母转动一圈（2π）时，螺母克服载荷 Q 上升一个导程 S，所做的有用功为 QS，则螺旋副的效率为：

$$\eta = \frac{\tan\psi}{\tan(\psi+\varphi)} \tag{3-13}$$

传动用的螺旋副要求效率高，由式（3-13）知，螺旋升角 ψ 越大，摩擦角 φ 越小，则效率 η 越高。但 ψ 过大时，难以制造，且效率提高不多，所以通常 $\psi < 25°$。

3.3.2 螺旋机构的传动形式

螺旋机构按螺旋副的摩擦性质可分为滑动螺旋和滚动螺旋。按螺杆上螺旋副的数目，滑动螺旋机构可分为单螺旋机构和双螺旋机构。

3.3.2.1 单螺旋机构

单螺旋机构由一个螺杆和一个螺母组成。单螺旋机构常用的有三种形式，其运动形式及特点见表 3-5。

不论是哪一种传动形式的单螺旋机构，螺杆或螺母的移动方向均可由左（右）手定则判定。螺母、螺杆相对位移的距离可由式（3-14）计算：

$$L = \frac{\varphi S}{2\pi} \tag{3-14}$$

式中 L——螺母、螺杆相对位移的距离，mm；

    φ——螺母、螺杆相对转动的角度，rad；

    S——螺纹的导程，mm。

3.3.2.2 双螺旋机构

螺杆 1 上有两段不同导程的螺纹，分别与螺母组成两个螺旋副，这种螺旋机构称为双螺旋机构，如图 3-64 所示。根据双螺旋机构中两段螺旋的旋向是否相同，双螺旋机构可分为以下几种。

表 3-5　常用单螺旋机构传动形式及特点

	基本传动形式	示意图	特点和应用
1	螺母固定、螺杆转动并轴向移动		可获得较高的传动精度,适用于行程较小的场合,如螺旋千斤顶、压力机、钳工虎钳
2	螺杆相对机架转动,螺母移动		结构紧凑、刚性好,适用于行程较大的场合,如车床的丝杠进给机构
3	螺母相对机架转动,螺杆移动		结构较复杂,用于仪器调节机构,如螺纹千分尺的微调机构

螺杆移动方向的判别:左(右)手定则——四指弯曲方向代表螺杆的转动方向,拇指指向代表螺杆的移动方向;右旋螺纹用右手,左旋螺纹用左手

（1）差动螺旋机构

若两螺旋副中的螺纹旋向相同时,该机构称为差动螺旋机构。如图 3-64 所示,当螺杆 1 转动时,可动螺母 2 相对机架移动的距离 L 为:

$$L = \frac{|S_A - S_B|}{2\pi}\varphi \tag{3-15}$$

式中　φ——螺杆的转角,rad。

当 S_A、S_B 相差很小时,位移 L 可以很小,利用这一特性,可将差动螺旋机构用于各种微调装置,如测微器、分度机构、调节机构等。图 3-65 为应用差动螺旋机构的微调镗刀。

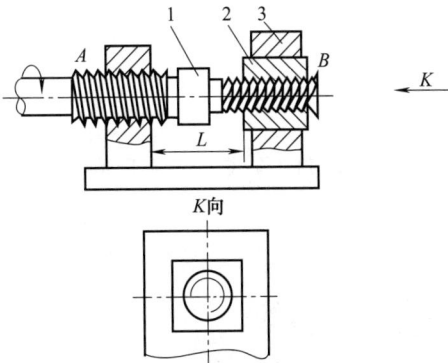

图 3-64　双螺旋机构

1—螺杆;2—方螺母;3—机架

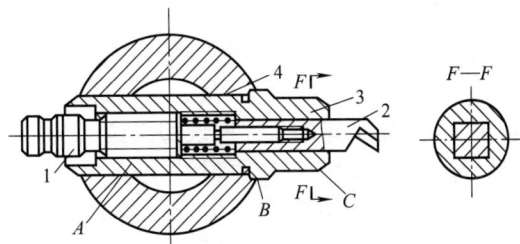

图 3-65　差动式微调镗刀杆

1—螺杆;2—镗刀;3—刀套;4—镗杆

（2）复式螺旋机构

当两螺旋副中的螺纹旋向相反时,该机构称为复式螺旋机构。如图 3-64 所示,当螺杆 1 转动时,方螺母 2 相对机架移动的距离 L 为:

$$L = \frac{S_A + S_B}{2\pi}\varphi$$

复式螺旋机构中的螺母能产生很大的位移，多用于快速移动或调整两构件相对位置的装置中。若要求两构件同步移动，只需 $S_A = S_B$ 即可。如图 3-66 所示的铣床快动夹紧装置和图 3-67 所示的弹簧圆规两脚开合机构，都是复式螺旋机构的应用。

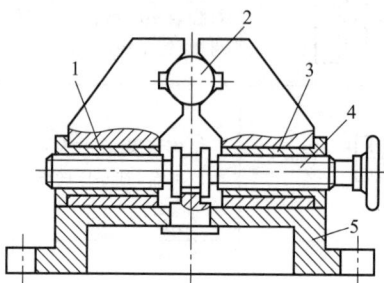

图 3-66 铣床快动夹紧装置

1—左螺母；2—棒料；3—右螺母；4—螺杆；5—机架

图 3-67 弹簧圆规两脚开合机构

3.10 滚动螺旋

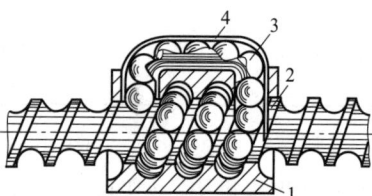

图 3-68 滚动螺旋机构

1—螺母；2—丝杠；3—滚珠；4—滚珠螺旋装置

（3）滚动螺旋机构

上述滑动螺旋机构中，由于螺旋副存在的摩擦为滑动摩擦，所以摩擦损耗大、磨损严重，传动效率低。为了提高效率并减轻磨损，可采用以滚动摩擦代替滑动摩擦的滚珠螺旋机构。如图 3-68 所示，滚珠螺旋机构主要由螺母 1、丝杠 2、滚珠 3 和滚珠螺旋装置 4 等组成。滚珠螺旋机构具有启动转矩小、传动平稳、传动效率高、动作灵敏等优点，其缺点是结构复杂、尺寸大、制造技术要求高、抗冲击能力差，目前主要用于数控机床和精密机床的进给机构、重型机械的升降机构、精密测量仪器以及各种自动控制装置中。

3.4 间歇运动机构

3.4.1 棘轮机构

棘轮机构是利用棘爪推动棘轮上的棘齿和可从棘齿背上滑过的方式，来实现周期性间歇运动的机构。

3.4.1.1 棘轮机构的工作原理和类型

（1）棘轮机构的工作原理

棘轮机构主要由棘轮、棘爪、摇杆和机架组成，如图 3-69 所示。棘轮 2 与传动轴固连，驱动棘爪 3 铰接于摇杆 1 上，摇杆 1 空套在棘轮轴 4 上，可以绕其转动。当摇杆 1 逆时针方向摆动时，与它相连的驱动棘爪 3 插入棘轮的齿槽内，推动棘轮转过一定的角度。当摇杆顺时针方向摆动时，便驱动棘爪 3 在棘轮齿背上滑过。这时，片簧 6 迫使制动棘爪 5 插入棘轮的齿间，阻止棘轮顺时针方向转动，故棘轮静止。因此，当摇杆往复摆动时，棘轮做单向的间歇运动。

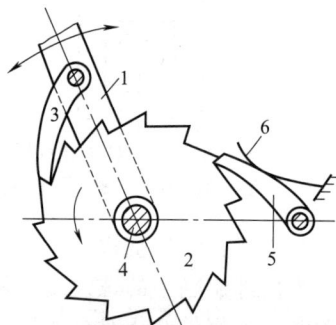

图 3-69 棘轮机构工作原理

1—摇杆；2—棘轮；3,5—棘爪；4—棘轮轴；6—片簧

（2）棘轮机构的类型

按结构特点，棘轮机构可分为齿式棘轮机构和摩擦式棘轮机构两大类。

① 齿式棘轮机构。齿式棘轮机构有外啮合（图 3-69）、内啮合两种形式。棘轮齿形可分为锯齿形齿（图 3-69、图 3-70）和矩形齿（图 3-71）两种，矩形齿用于双向转动的棘轮机构。其按运动形式可分为三类：

3.11 双动式棘轮机构 1   3.12 双动式棘轮机构 2

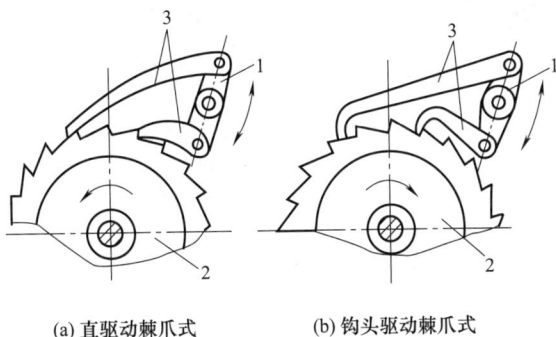

（a）直驱动棘爪式 （b）钩头驱动棘爪式

图 3-70 双动式棘轮机构
1—摇杆；2—棘轮；3—棘爪

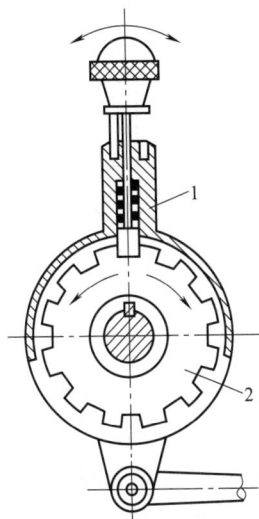

图 3-71 矩形齿棘轮机构
1—棘爪；2—棘轮

  a. 单动式棘轮机构。如图 3-69 所示，这种机构的特点是摇杆 1 逆时针摆动时，棘爪 3 驱动棘轮 2 沿同一方向转过一定的角度；摇杆顺时针摆动时，棘轮静止。

  b. 双动式棘轮机构。如图 3-70 所示，这种机构的特点是摇杆 1 往复摆动时，两个棘爪交替推动棘轮 2 沿同一方向转动，这种机构又称为快动棘轮机构。驱动棘爪 3 可制成平头的［图 3-70（a）］或钩头的［图 3-70（b）］。

  以上两种机构的棘轮均采用锯齿形齿。

  c. 变向棘轮机构。图 3-71 是控制牛头刨床工作台进与退的棘轮机构。棘轮齿为矩形齿，棘轮 2 可双向间歇转动，从而实现工作台的往复移动。需要变向时，只要提起棘爪 1，并将棘爪转动 180° 后再放下就可以了。变向也可用图 3-72 所示的转动棘爪机构来实现，其棘爪 1 设有对称爪端，转动棘爪至双点划线位置，棘轮 2 即可实现反向的间歇运动。

  ② 摩擦式棘轮机构。为减少棘轮机构的冲击及噪声，并实现转角大小的无级调节，可采用图 3-73 所示的摩擦式棘轮机构。它由摩擦轮 3 和摇杆 1 及其铰接的驱动偏心楔块 2、止动楔块 4 和机架 5 组成。当摇杆逆时针方向摆动时，通过驱动偏心楔块 2 与摩擦轮 3 之间的摩擦力，使摩擦轮逆时针方向转动。当摇杆顺时针方向摆动时，驱动偏心楔块在摩擦轮上滑过，而止动楔块与摩擦轮之间的摩擦力使楔块与摩擦轮卡紧，从而使摩擦轮静止，以实现间歇运动。

  由于摩擦式棘轮机构是依靠驱动偏心楔块与摩擦轮之间的摩擦力来推动摩擦轮转动的，所以摩擦力应足够大。

3.4.1.2 棘轮转角的调节

  根据工作需要，棘轮转角大小调节的方法有以下两种。

（1）改变摇杆摆角的大小

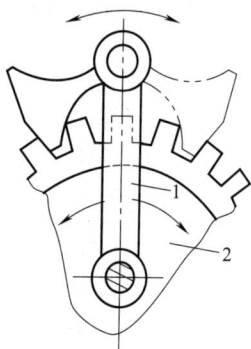

图 3-72　变向棘轮机构

1—棘爪；2—棘轮

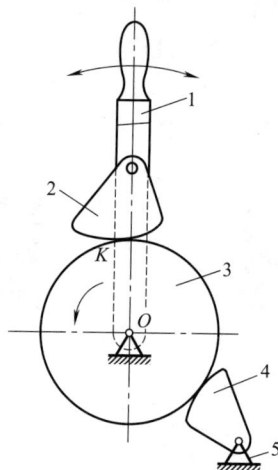

图 3-73　摩擦式棘轮机构

1—摇杆；2—驱动偏心楔块；3—摩
擦轮；4—止动楔块；5—机架

如图 3-74 所示，棘轮机构可以通过改变曲柄的长度 O_1A 来改变摇杆的摆角。

（2）用覆盖罩调节转角

如图 3-75 所示，在棘轮外面加覆盖罩，在摇杆摆角 φ 不变的情况下，通过改变覆盖罩的位置，可使棘爪行程的一部分在其上滑过而不与棘轮齿接触，从而改变棘轮转角的大小。

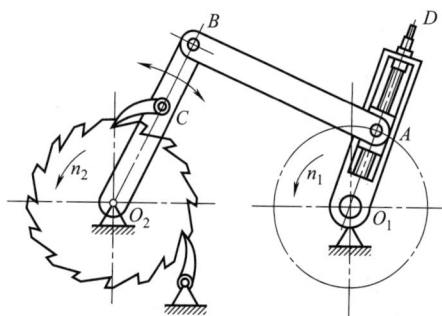

图 3-74　调节曲柄长度改变摇杆摆角

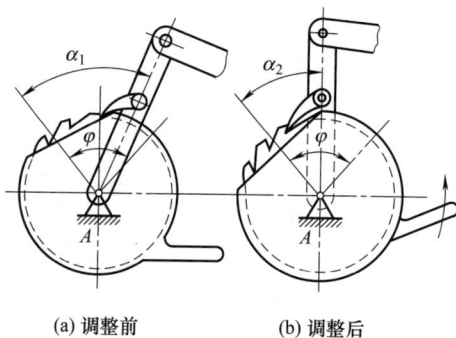

(a) 调整前　　　　(b) 调整后

图 3-75　用覆盖罩调节转角

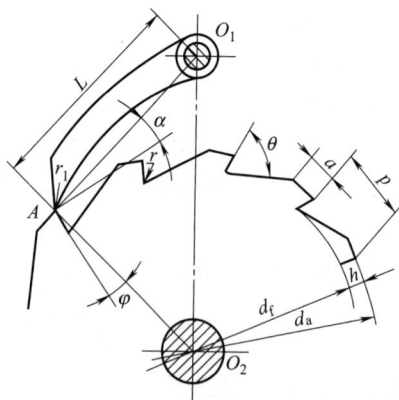

3.4.1.3　棘轮机构的主要参数和几何尺寸

（1）棘轮机构的结构要求

应使棘轮机构驱动力矩最大，棘爪能顺利插入棘轮槽内。如图 3-76 所示：棘爪为二力杆件，驱动力沿 O_1A 方向且与向径 O_2A 垂直时，驱动力矩最大。齿面与向径间的夹角 φ，称为齿倾角。当齿倾角 φ 大于摩擦角时，棘爪能顺利插入棘轮齿。齿倾角 φ 取 $15°\sim20°$ 为宜。

图 3-76　棘轮机构的几何参数

（2）棘轮机构的主要参数

① 棘轮齿数 z 和棘爪数 J。棘轮齿数 z 主要根据工作要求的转角选定。此外，还应当考虑载荷的大小，对于传递轻载的进给机构，齿数可取多一些，

$z \leqslant 250$；传递载荷较大时，应考虑到轮齿的强度及安全，齿数取少一些，如某些起重机械的制动器取 $z = 8 \sim 30$。棘轮机构的驱动棘爪数通常取 $J = 1$。但在载荷较大且受棘轮尺寸限制，齿数只能很少时，摇杆每次摆动的角度可能小于棘轮齿距角（相邻两齿所夹的圆心角），使棘爪无法进入棘轮齿槽而拨动棘轮，这种情况下，可采用多个棘爪驱动。

② 周节 p 和模数 m。棘轮齿顶圆上相邻两齿对应点间的弧长称为周节，用 p 表示。令 $m = p/\pi$，m 称为模数，单位为 mm。模数已标准化，常用值为：1、1.5、2、2.5、3、3.5、4、5、6、8、10、12、14、16、18、20、22、24、26、30。

③ 棘轮的齿形。常见的棘轮齿形为不对称梯形（图 3-76），当棘轮承受载荷不大时，为便于加工可选用三角形齿形（图 3-70）。双向驱动用的棘轮机构，常选用对称矩形（图 3-71）。

（3）几何尺寸计算

棘轮齿数 z 和模数 m 确定后，不对称梯形棘轮机构主要几何尺寸可按表 3-6 中公式计算。

表 3-6　棘轮机构主要几何尺寸计算公式

名称	符号	计算公式	名称	符号	计算公式
齿顶圆直径	d_a	$d_a = mz$	齿槽圆角半径	r	$r = 1.5m$
齿高	h	$h = 0.75m$	齿槽夹角	θ	$\theta = 60°$ 或 $55°$
齿根圆直径	d_f	$d_f = d_a - 2h$	棘爪长度	L	$L = 2p$
周节	p	$p = \pi m$	棘爪工作高度	h_1	$m \leqslant 2.5$ 时，$h_1 = h + (2 \sim 3)$
齿宽	b	铸钢 $b = (1.5 \sim 4)m$ 铸铁 $b = (1 \sim 2)m$			$m = 3 \sim 5$ 时，$h_1 = (1.2 \sim 1.7)m$ $m = 6 \sim 14$ 时，$h_1 = m$
齿顶厚	a	$a = m$	棘爪尖顶圆角半径	r_1	$r_1 = 2mm$

3.4.1.4　齿式棘轮机构的应用

齿式棘轮机构在机械中常用来实现送进、输送、制动和超越等工作。

（1）送进和输送

图 3-71 所示的矩形齿棘轮机构，常用于牛头刨床工作台横向进给（图 3-77），棘轮机构 1 实现正反间歇转动，然后通过丝杠、螺母带动工作台 2 作横向间歇送进运动。

图 3-78 所示为浇铸式流水线的砂型输送装置。它由压缩空气为原动力的气缸带动摇杆摆动，通过齿式棘轮机构使自动线的输送带作间歇输送运动，输送带不动时，进行自动浇铸。

（2）制动

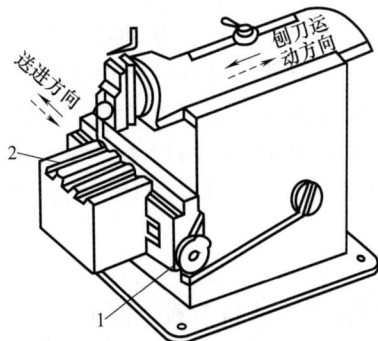

图 3-77　牛头刨床工作台横向进给机构

1—棘轮机构；2—工作台

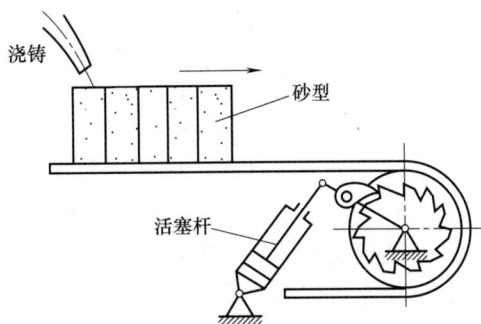

图 3-78　浇铸式流水线的砂型输送装置

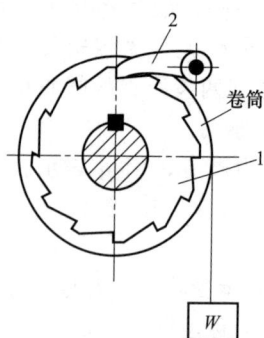

图 3-79　起重设备
中的棘轮制动器
1—棘轮；2—棘爪

图 3-79 所示为起重设备中的棘轮制动器。当提升重物时，棘轮逆时针转动，棘爪 2 在棘轮 1 齿背上滑过；当需使重物停在某一位置时，棘爪及时插入棘轮的相应齿槽中，防止棘轮在重力 W 作用下顺时针转动使重物下落，以实现制动。

（3）超越

图 3-80 所示为自行车后轴上的棘轮机构。当脚蹬踏板时，经链轮 1 和链条 2 带动内圈具有棘齿的链轮 3 顺时针转动，再经过棘爪 4 推动后轮轴 5 顺时针转动，从而驱使自行车前进。当自行车下坡或歇脚不蹬踏时，踏板不动，后轮轴 5 借助下滑力或惯性超越链轮 3 而转动。此时棘爪 4 在棘轮齿背上滑过，产生从动件转速超越主动件转速的超越运动，从而实现不蹬踏板的滑行。能实现超越运动的组件称为超越离合器，超越离合器在机械上广泛应用，并已形成系列产品。

3.4.2　槽轮机构

3.4.2.1　槽轮机构的工作原理和基本形式

槽轮机构也是一种间歇运动机构，可分为外槽轮机构和内槽轮机构，如图 3-81 所示。

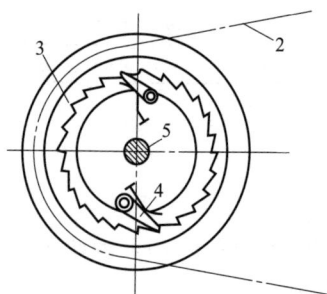

图 3-80　自行车后轴上的棘轮机构
1,3—链轮；2—链条；4—棘爪；5—后轮轴

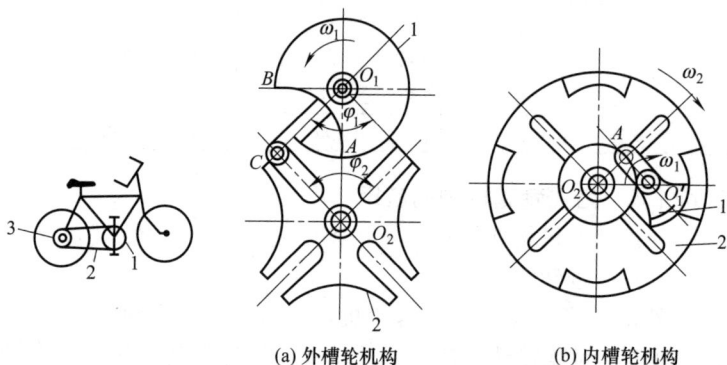

(a) 外槽轮机构　　　　(b) 内槽轮机构

图 3-81　槽轮机构
1—主动拨盘；2—从动槽轮

（1）槽轮机构的工作原理

槽轮机构由带圆柱销的主动拨盘 1、具有径向槽的从动槽轮 2 和机架所组成。主动拨盘 1 匀速转动，通过圆柱销与槽的啮入，推动从动槽轮做间歇转动。为防止从动槽轮在生产阻力下转动，拨盘与槽轮之间设有锁止弧。当拨盘上的圆销 C 未进入槽轮的径向槽时，拨盘上的凸圆弧转入槽轮的凹圆弧，槽轮因受凹凸两圆弧锁合，故静止不动；当拨盘的凸圆弧上点 A 刚好处于槽轮凹圆弧的中点时，凹凸两圆弧的锁止作用中止，而圆销恰好进入径向槽驱动槽轮转动；当圆销开始脱离径向槽时，拨盘上的凸圆弧又开始将槽轮锁住，槽轮又静止不动，从而实现了槽轮单向间歇转动的目的。

（2）槽轮机构的基本形式

根据槽轮机构中圆销的数目，外槽轮机构又有单圆销、双圆销和多圆销槽轮机构之分。单圆销外槽轮机构拨盘转一周，槽轮反向转动一次；双圆销外槽轮机构拨盘转一周，槽轮反向转动两次。内槽轮机构槽轮的转动方向与拨盘转向相同。

3.4.2.2　槽轮的主要参数和几何尺寸

（1）槽轮的槽数 z

如图 3-82 所示，为避免槽轮在启动和停止时产生冲击，应使圆销在进槽和退槽时的瞬时速度方向沿径向槽的方向。为保证槽轮能做间歇运动，轮槽数 z 必须等于或大于 3。当 $z=3$ 时，槽轮转动的角速度变化太大，易引起机构的冲击和振动，故常取 $z=4\sim8$。

（2）圆销数 k 的确定

圆销数的多少直接影响槽轮的转动和停止时间，当槽轮的槽数 $z=3$ 时，圆销数 $k=1\sim8$；当 $z=4$、5 时，$k=1\sim3$；当 $z\geqslant6$ 时，$k=1\sim2$。总之，槽轮机构的槽数和圆销数越多，则槽轮的运动时间越长，停止时间越短。

（3）槽轮机构的尺寸计算

在槽数 z 和圆销数 k 确定后，除了中心距 a 与拨盘圆销半径 r 取决于槽轮机构的强度要求及允许的安装尺寸外，其余主要尺寸计算公式见表 3-7。

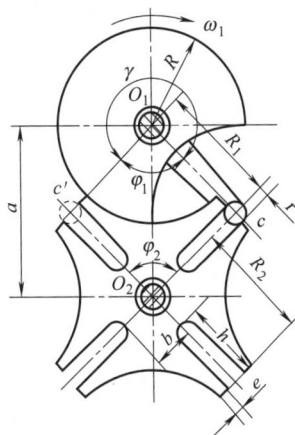

图 3-82　外槽轮机构的几何参数

表 3-7　槽轮机构主要尺寸计算公式

名称	符号	计算公式
圆销回转半径	R_1	$R_1=a\sin(\pi/z)$
圆销半径	r	$r\approx R_1/6$
槽轮半径	R_2	$R_2=a\cos(\pi/z)$
槽底高	b	$b=a-(R_1+r)-(3\sim5)$
槽深	h	$h=R_2-b$ $h=R_2-b$
锁止弧半径	R_x	$R_x=R_1-r-e$，e 为槽顶一侧壁厚， 推荐 $e=(0.6\sim0.8)r$，但 e 必须大于 $3\sim5$mm

3.4.2.3　槽轮机构的特点和应用

（1）槽轮机构的特点

槽轮机构结构简单、转位迅速、工作可靠、外形尺寸小、机械效率高，且运动平稳。但是槽轮转角不能调整，转动时也有冲击，故槽轮机构一般应用于转速较低、无须调节转角大小的间歇转动。

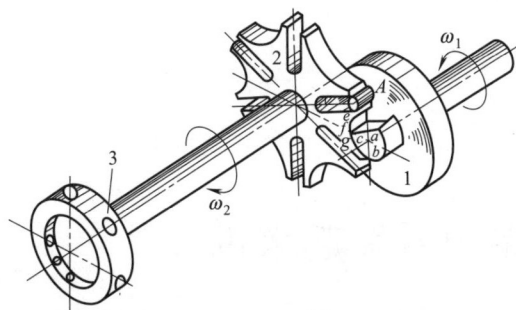

图 3-83　刀架转位槽轮机构

1—拨盘；2—槽轮；3—刀架

（2）槽轮机构的应用

图 3-83 所示为六角车床刀架的转位槽轮机构。刀架 3 与槽轮 2 固连，并可装六把刀具，拨盘 1 上装有一个圆柱销 A，拨盘每转 1 周，圆柱销进入槽轮一次，驱使槽轮（即刀架）转 60°，从而将待用刀具转换到工作位置。

图 3-84 所示为电影放映机卷片机构，槽轮 2 具有四个径向槽，当拨盘 1 转一周时，槽轮 2 转 90°，影片移动一个画面，并

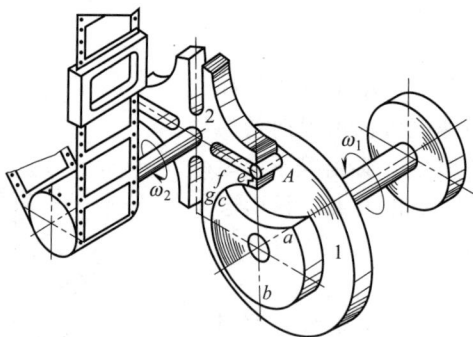

3.15 电影卷片

图 3-84 电影放映机卷片槽轮机构

1—拨盘；2—槽轮

停留一定时间（即放映一个画面）。拨盘继续转动，重复上述运动。利用人眼的视觉暂留特性，当每秒钟放映 24 幅画面时即可使人看到连续的画面。

3.4.3 不完全齿轮机构

不完全齿轮机构是一种由渐开线齿轮机构演变而成的间歇运动机构。

（1）不完全齿轮机构的工作原理

不完全齿轮机构如图 3-85 所示，是由具有一个或几个不完全齿的主动轮 1、具有正常轮齿和锁止弧的从动轮 2 及机架组成。当轮 1 匀速连续转动时，轮 1 上的轮齿与轮 2 的正常齿相啮合，轮 1 驱动从动轮 2 转动；当轮 1 的锁止弧 S_1 与轮 2 的锁止弧 S_2 接触时，则从动轮 2 停止不动，从而实现周期性的单向间歇运动。

不完全齿轮机构有外啮合［图 3-85（a）］和内啮合［图 3-85（b）］两种形式。外啮合不完全齿轮机构的主动轮与从动轮的转向相反；内啮合则使主动轮与从动轮的转向相同。

（2）不完全齿轮机构的特点

不完全齿轮机构的结构简单，工作可靠，传递动力大，从动轮停歇的次数、时间和转角的大小不受机构结构的限制；但不完全齿轮机构加工工艺复杂，且从动轮在转动开始和终止时，角速度有突变，冲击较大，故一般只用于低速、轻载场合。其在自动机械和半自动机械中，用于工作台的间歇转位机构、间歇进给机构及计数装置中。

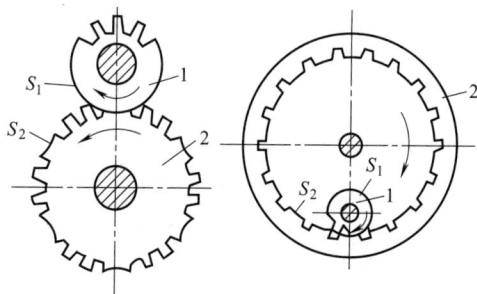

(a) 外啮合　　　　(b) 内啮合

图 3-85　不完全齿轮机构

1—主动轮；2—从动轮

3.16 外啮合齿轮机构

3.17 内啮合齿轮机构

故事汇

大国重器——"泰山号"起重机

石油是全球经济的血液，我国有丰富的海洋石油资源，但是深水海上钻井平台的建造一直是我国开采海洋石油的瓶颈。以前，新加坡和韩国凭借多年积累的技术实力和项目经验，一直在全球高端海工装备市场占据着重要位置。建造同样的深水海上钻井平台，国内企业的工期要长出不少。想要"弯道超车"，必须进行革命性创新。钻井平台的传统生产方式，是将物料自下而上像搭积木那样一点点叠加起来，特别是半潜式钻井平台上半部分船体的甲板盒，要拆分成十几个 1000t 左右的构件，再吊上去进行高空组合作业。如果将设备的上、下船体同步建造，靠重型起吊设备一步合拢，则可以大大简化程序，从而大大缩短项目工期。

工欲善其事，必先利其器。中集来福士集团联合大连重工用一年半的时间，研制出一台超级起重机——"泰山号"。凭借其超强的起重能力，"泰山号"起重机在 2008 年 4 月完成了 20133t 的起吊重量，一举创造了吉尼斯世界纪录，并保持至今。

"泰山号"起重机在设计上综合了结构力学、材料力学等学科知识，采用高低双梁结构，设备总体高度为 118m，主梁跨度为 125m，起升高度分别为 113m 和 83m。这台起重机共有 12 个卷扬机构，整机共有 48 个吊点，每个吊点的起重能力为 420t，单根钢丝绳达到了 4000m，最大起升重量达 20160t，是目前世界上起重量最大、跨度最大、起升高度最大的桥式起重设备，也是当今世界上技术难度最高的大型起重设备。此前，国内外还未出现过起重超过万吨的设备。

我国经济的高速发展，离不开这些"大国重器"，而自主设计研发并进行革命性创新，是我国在科技领域对发达国家实现"弯道超车"的必由路径。党的十八大明确提出实施创新驱动发展战略，科技创新是提高社会生产力和综合国力的战略支撑，而科技创新的基础，则是同学们正在学习的这些基础理论课程。"泰山号"起重机就是综合了力学、材料科学、结构工程等多个基础学科的知识，并在此基础上进行创新而设计成功的。所以，"仰望星空，脚踏实地"，同学们打好扎实的基础，必然能在今后的生活与工作中，绽放出自己的光芒！

第4章　齿轮与蜗杆传动

4.1　概述

4.1.1　齿轮传动的特点及应用

齿轮传动用于传递空间任意两轴间的运动和动力，具有传动比准确、承载能力强、效率高、寿命长、工作可靠以及适用的速度和功率范围广等优点，故齿轮传动在机械中得到广泛应用。

4.1.2　齿轮传动的分类

齿轮传动的类型很多。按照两齿轮轴线间的相互位置，主要类型如图 4-1 所示。

4.1 外啮合直齿圆柱齿轮传动

4.2 内啮合直齿圆柱齿轮传动

4.3 直齿齿轮齿条传动

4.4 外啮合斜齿圆柱齿轮传动

4.5 人字齿圆柱齿轮传动

4.6 蜗杆传动

4.7 直齿锥齿轮传动

4.8 斜齿锥齿轮传动

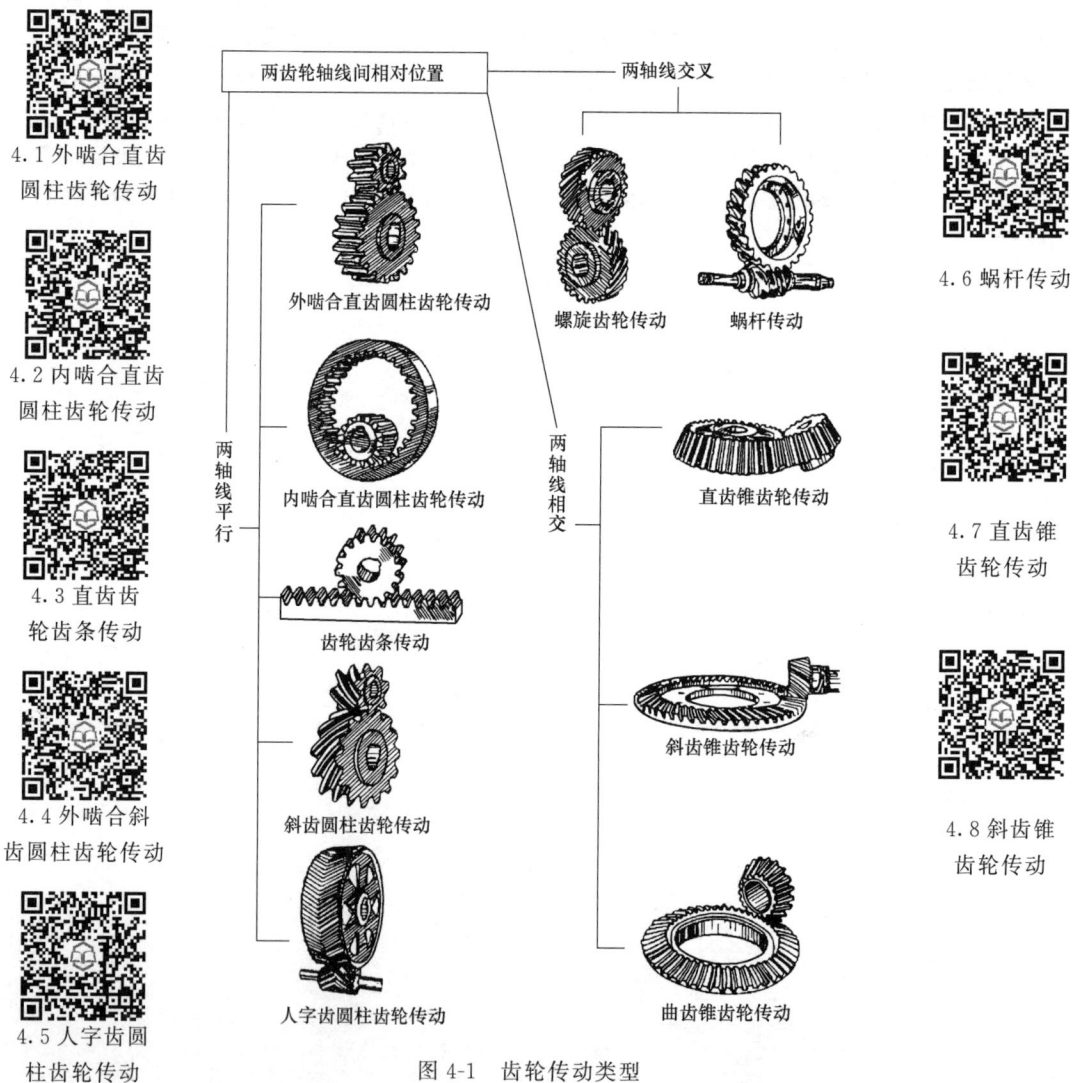

两齿轮轴线间相对位置

两轴线交叉

两轴线平行

两轴线相交

外啮合直齿圆柱齿轮传动

内啮合直齿圆柱齿轮传动

齿轮齿条传动

斜齿圆柱齿轮传动

人字齿圆柱齿轮传动

螺旋齿轮传动

蜗杆传动

直齿锥齿轮传动

斜齿锥齿轮传动

曲齿锥齿轮传动

图 4-1　齿轮传动类型

按照齿廓曲线分类，常用的有渐开线齿轮、摆线齿轮和圆弧齿轮。其中渐开线齿轮制造容易、便于安装、互换性好，因而应用广泛。

4.2　渐开线的性质和参数方程

如图 4-2 所示，当直线 NK 沿一圆做纯滚动时，该直线上任意点 K 的轨迹 $\overset{\frown}{AK}$ 即为该圆的渐开线。此圆称为渐开线的基圆，其半径用 r_b 表示，直线 NK 称作渐开线的发生线，角 θ_K 称作渐开线 AK 段的展角。

4.2.1　渐开线的性质

① 发生线沿基圆滚过的长度等于基圆上被滚过的弧长，即 $NK = \overset{\frown}{AN}$。

② 渐开线上任一点的法线恒切于基圆。

③ 渐开线齿廓上任一点 K 的法线与该点的速度方向线所夹的锐角 α_K 称为该点的压力角。渐开线各点的压力角不等。r_K 越大（即 K 点离圆心 O 越远），其压力角越大；反之越小，基圆上的压力角越趋于零。

④ 渐开线形状取决于基圆的大小。如图 4-3 所示，基圆越小，渐开线越弯曲；基圆越大，渐开线越平直，当基圆趋于无穷大时，渐开线变为直线。齿条的齿廓即为直线。

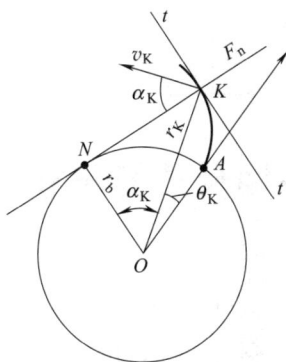

图 4-2　渐开线的形成

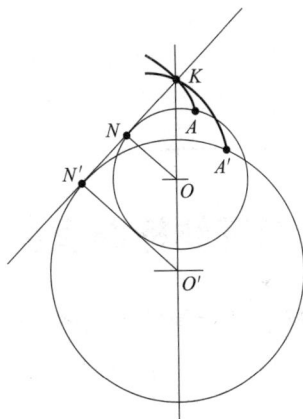

图 4-3　基圆大小对渐开线的影响

4.2.2　渐开线极坐标参数方程

如图 4-2 所示，取圆心 O 为极点，以渐开线起始点 A 与 O 点的连线为极轴，而渐开线上任意点 K 的展角 θ_K 和向径 r_K 可如下求出。

因为 $\tan\alpha_K = \dfrac{NK}{r_b} = \dfrac{r_b(\theta_K + \alpha_K)}{r_b} = \theta_K + \alpha_K$

故有 $\theta_K = \tan\alpha_K - \alpha_K$，工程上用 $\mathrm{inv}\alpha_K$ 表示 θ_K，它又称为 α_K 的渐开线函数。于是渐开线极坐标参数方程为：

$$\left.\begin{array}{l} \theta_K = \mathrm{inv}\alpha_K = \tan\alpha_K - \alpha_K \\[2mm] r_K = \dfrac{r_b}{\cos\alpha_K} \end{array}\right\} \tag{4-1}$$

式（4-1）中，若 α_K 已知即可求出 θ_K，反之亦然。为方便计算，列出渐开线函数表如表 4-1 所示。

表 4-1 渐开线函数表 $(\theta_K = \tan\alpha_K - \alpha_K)$

$\alpha/(°)$	次	0′	5′	10′	15′	20′	25′	30′	35′	40′	45′	50′	55′
16	0.0	07493	07613	07735	07857	07982	08107	08234	08362	08492	08623	08756	08889
17	0.0	09025	09161	09299	09439	09580	09722	09866	10012	10158	10307	10456	10608
18	0.0	10760	10915	11071	11228	11387	11547	11709	11873	12038	12205	12373	12543
19	0.0	12715	12888	13063	13240	13418	13598	13779	13963	14148	14334	14523	14713
20	0.0	14904	15098	15293	15490	15689	15890	16092	16296	16502	16710	16920	17132
21	0.0	17345	17560	17777	17996	18217	18440	18665	18891	19120	19350	19583	19817
22	0.0	20054	20292	20533	20775	21019	21266	21514	21765	22018	22272	22529	22788
23	0.0	23049	23312	23588	23845	24114	24386	24660	24936	25214	25495	25778	26062
24	0.0	26350	26639	26931	27225	27521	27820	28121	28424	28729	29037	29348	29660
25	0.0	29975	30293	30613	30935	31260	31587	31917	32249	32583	32920	33260	33602
26	0.0	33947	34294	34644	34997	35352	35709	36069	36432	36798	37166	37537	37910
27	0.0	38287	38666	39047	39432	39819	40209	40602	40997	41395	41797	42201	42607
28	0.0	43017	43430	43845	44262	44685	45110	45537	45967	46400	46837	47276	47718
29	0.0	48164	48612	49064	49518	49976	50437	50901	51368	51838	52312	52788	53268
30	0.0	53751	54238	54728	55221	55717	56217	56720	57226	57736	58249	58765	59285
31	0.0	59809	60335	60866	61400	61937	62478	63022	63570	64122	64677	65236	65798
32	0.0	66364	66934	67507	68084	68665	69250	69838	70430	71026	71626	72230	72838
33	0.0	73449	74064	74684	75307	75934	76566	77200	77839	78483	79130	79781	80437
34	0.0	81097	81760	82428	83101	83777	84457	85142	85832	86525	87223	87925	88631
35	0.0	89342	90058	90777	91502	92230	92963	93701	94443	95190	95942	96698	97459

4.3 渐开线标准直齿圆柱齿轮各部分名称及几何尺寸

4.3.1 标准直齿圆柱齿轮各部分的名称

图 4-4 所示为一直齿圆柱齿轮的一部分。齿轮上用于啮合的突起部分称为齿。一个齿轮轮齿总数称为齿数，用 z 表示。其他各主要部分名称如下：

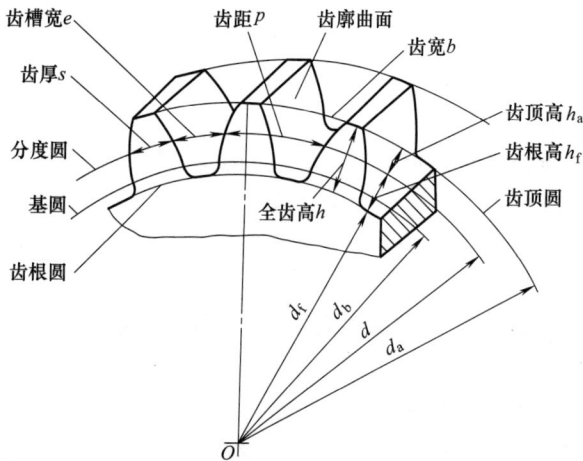

图 4-4 渐开线标准直齿圆柱齿轮

齿顶圆——过所有齿顶的圆，用 d_a 和 r_a 表示其直径和半径。

齿根圆——过所有齿根的圆，用 d_f 和 r_f 表示其直径和半径。

基圆——形成渐开线的圆，用 d_b 和 r_b 表示其直径和半径。

分度圆——为了便于齿轮各部分尺寸计算，在齿轮上选择一个圆作为计算标准，称该圆为齿轮的分度圆，用 d 和 r 表示其直径和半径。

齿高——齿顶圆与齿根圆之间的径向距离称为全齿高，用 h 表示；齿顶圆与分度圆之间的径向距离称为齿顶高，用 h_a 表示；齿根圆与分度圆之间的径向距离称为齿根高，用 h_f 表示。

齿厚——在齿轮任意直径 d_K 圆周上轮齿两侧齿廓之间的弧长，称为齿厚，用 s_K 表示，分度圆上齿厚用 s 表示。

齿槽宽——在齿轮任意直径 d_K 圆周上齿槽两侧齿廓之间的弧长，称为齿槽宽，用 e_K 表示，分度圆上齿槽宽用 e 表示。

齿距——在齿轮任意直径 d_K 圆周上相邻两齿同侧齿廓之间的弧长，称为齿距，用 p 表示，显然 $p = s_\mathrm{K} + e_\mathrm{K}$，在分度圆上 $s = e$。

4.3.2　标准直齿圆柱齿轮的主要参数

（1）齿数 z

齿轮大小和渐开线齿廓形状均与齿数有关。

（2）模数 m

由图 4-4 可知，齿轮分度圆的周长 $\pi d = pz$，由此可得分度圆直径 $d = \dfrac{p}{\pi} z$，式中含有无理数 π，显然计算不便，故人为规定 $m = \dfrac{p}{\pi}$，并规定了一系列标准值，m 称为齿轮的模数，其单位为 mm，则分度圆直径 $d = mz$。显然，齿数相同的齿轮，模数越大，其尺寸越大。由于齿轮不同圆周上的齿距是变化的，所以模数也是变化的，规定分度圆上的模数为标准模数。我国采用的模数标准值见表 4-2。

表 4-2　标准模数（摘自 GB/T 1357—2008）　　　　　单位：mm

第一系列	1　1.25　1.5　2　2.5　3　4　5　6　8　10　12　16　20　25　32　40　50
第二系列	1.125　1.375　1.75　2.25　2.75　3.5　4.5　5.5　(6.5)　7　9　11　14　18　22　28　36　45

注：1. 本表适用于渐开线圆柱齿轮。对于斜齿轮，是指法向模数 m_n。

2. 优先采用第一系列，括号内的模数尽可能不用。

（3）压力角 α

由渐开线性质可知，在不同直径的圆周上，齿廓各点的压力角也是不同的。我国规定分度圆上的压力角（简称压力角）为标准值，$\alpha = 20°$。因而，分度圆也可定义为具有标准模数和标准压力角的圆。

（4）齿顶高系数 h_a^{*} 和顶隙系数 c^{*}

一对齿轮啮合时，为避免一齿轮齿顶圆与另一齿轮齿根圆相碰，并储存润滑油，利于齿轮传动，留有顶隙。我国对齿顶高系数 h_a^{*} 和顶隙系数 c^{*} 也规定了标准值，如表 4-3 所示。

表 4-3　渐开线圆柱齿轮的齿顶高系数 h_a^{*} 和顶隙系数 c^{*}

名称	齿顶高系数 h_a^{*}	顶隙系数 c^{*}
正常齿制	1.0	0.25
短齿制	0.8	0.3

4.3.3　标准直齿圆柱齿轮的几何尺寸计算

标准齿轮指模数 m、压力角 α、齿顶高系数 h_a^{*} 和顶隙系数 c^{*} 均为标准值且其齿厚等于齿槽宽，即 $s = e$ 的齿轮。

渐开线标准直齿圆柱齿轮几何尺寸计算公式见表 4-4。

表 4-4 渐开线标准直齿圆柱齿轮几何尺寸计算公式

名称	符号	计算公式	名称	符号	计算公式
齿距	p	$p = \pi m = s + e$	分度圆直径	d	$d = mz$
齿厚	s	$s = \pi m / 2$	齿顶圆直径	d_a	$d_a = d \pm 2h_a = m(z \pm 2h_a^*)$
齿槽宽	e	$e = \pi m / 2$	齿根圆直径	d_f	$d_f = d \mp 2h_f = m(z \mp 2h_a^* \mp 2c^*)$
齿顶高	h_a	$h_a = h_a^* m$	基圆直径	d_b	$d_b = d \cos\alpha = mz \cos\alpha$
齿根高	h_f	$h_f = (h_a^* + c^*) m$	中心距	a	$a = m(z_2 \pm z_1)/2$
全齿高	h	$h = (2h_a^* + c^*) m$			

注：表中计算公式的上边算符适用于外齿轮、外啮合，下边算符适用于内齿轮、内啮合。

4.4 渐开线直齿圆柱齿轮的啮合传动

4.4.1 正确啮合条件

一对渐开线齿轮要正确啮合，必须满足一定条件。

如图 4-5 所示，一对渐开线齿轮在任何位置啮合时，齿廓的啮合点都应在啮合线 $\overline{N_1 N_2}$ 上。前一对轮齿在啮合线上的 K 点啮合时，后一对轮齿必须正确地在啮合线上的 K' 点进入啮合。$\overline{KK'}$ 既是齿轮 1 的法向齿距，又是齿轮 2 的法向齿距。两齿轮要想正确啮合，它们的法向齿距必须相等。法向啮距与基圆齿距相等，基圆齿距用 p_b 表示。于是得：

$$p_{b1} = p_{b2}, \quad p_1 \cos\alpha_1 = p_2 \cos\alpha_2,$$

$$\pi m_1 \cos\alpha_1 = \pi m_2 \cos\alpha_2, \quad m_1 \cos\alpha_1 = m_2 \cos\alpha_2$$

由于模数和压力角已标准化，所以应有 $m_1 = m_2 = m$、$\alpha_1 = \alpha_2 = \alpha$。即渐开线齿轮正确啮合的条件是：两齿轮的模数和压力角分别对应相等。

由此，一对齿轮的传动比可表示为：

$$i = \frac{\omega_1}{\omega_2} = \frac{d_2}{d_1} = \frac{z_2}{z_1} = \frac{d_{b2}}{d_{b1}} \tag{4-2}$$

4.4.2 连续传动条件

一对齿轮啮合传动时，当啮合到一定位置将会中止。要使齿轮连续传动，就必须在前一对轮齿尚未脱离啮合时，后一对轮齿能及时进入啮合，否则无法保证连续传动。

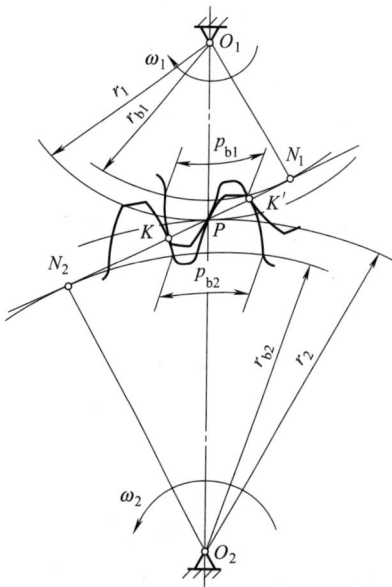

图 4-5 渐开线齿轮的正确啮合条件

图 4-6 所示为一对互相啮合的齿轮。轮齿的啮合是由主动轮 1 的齿根部推动从动轮 2 的齿顶部开始的，因此，从动轮齿顶圆与啮合线 $\overline{N_1 N_2}$ 的交点 A 即为一对轮齿进入啮合的开始点。随着轮 1 的转动，推动着轮 2 转动，两齿轮的啮合点沿着啮合线移动，当啮合点移动到主动轮 1 的齿顶部与从动轮 2 的齿根部，即齿顶圆与啮合线的交点 E 时，则两齿轮啮合终止。由此可见，线段 $\overline{AE}$ 为啮合点的实际轨迹，故称 $\overline{AE}$ 为实际啮合线段。由于基圆内无渐开线，因此 $\overline{N_1 N_2}$ 为理论上可能到达的最大啮合线段，称为理论啮合线段。

要想连续传动，必须保证前一对轮齿在终止点 E 处啮合时，后一对轮齿刚好在 A 点开

始啮合或已经进入 $\overline{AE}$ 线段内。为此要求实际啮合线段 $\overline{AE}$ 大于或等于齿轮的法向齿距 EK（EK 大小等于基圆齿距 p_b）。通常把 $\overline{AE}$ 与 p_b 的比值 ε 称为重合度。因此，齿轮连续传动的条件是：

$$\varepsilon = \frac{\overline{AE}}{p_b} \geqslant 1 \qquad (4\text{-}3)$$

理论上，当 $\varepsilon = 1$ 时，刚好满足齿轮连续传动条件。但实际上，考虑制造、安装误差及齿轮受载变形等因素，必须使 $\varepsilon > 1$，才能满足齿轮连续传动条件。重合度越大，同时参与啮合的轮齿越多，传动平稳性越好，每对轮齿所分担的载荷越小，相对地提高了齿轮的承载能力。

4.4.3　中心距和啮合角

图 4-7（a）所示为一对渐开线标准齿轮的外啮合情况。由图可以看出，两轮的分度圆相切，其中中心距 a 等于两轮分度圆半径之和。

$$a = r_1 + r_2 = \frac{z_1 + z_2}{2} m \qquad (4\text{-}4)$$

图 4-6　轮齿啮合过程

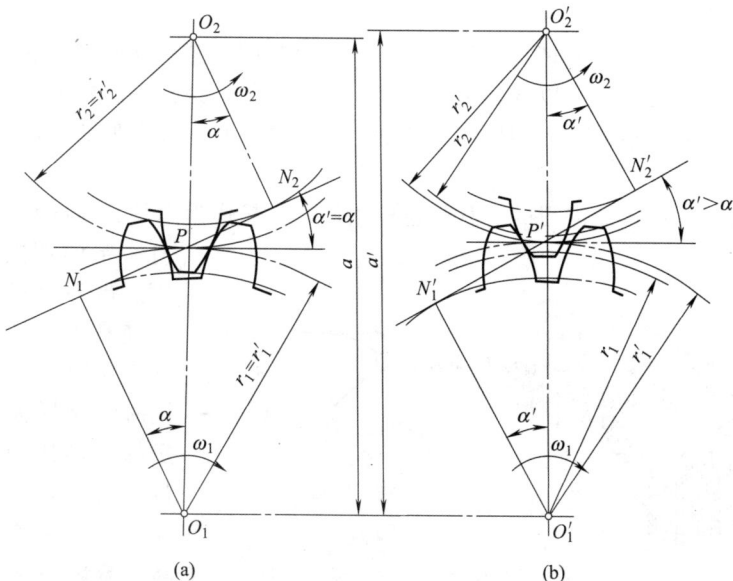

此中心距称为标准中心距。

一对齿轮啮合时，两轮的中心距总是等于两轮节圆半径之和。

啮合线和两轮节圆的公切线之间的夹角称为啮合角 α'。在此应指出，一对标准齿轮按标准中心距安装时，节圆和分度圆重合。对于单独一个齿轮而言，只有分度圆而无节圆。只有一对齿轮相互啮合时，有了节点之后才有节圆。同样对于单独一个齿轮而言，只有压力角而无啮合角，只有一对齿轮相互啮合时才有啮合角。标准齿轮标准安装时，其啮合角 α' 等于分度圆上的压力角 α。

由于种种原因，齿轮的实际中心距 a' 与标准中心距 a 不相等，如图 4-7（b）所示。两

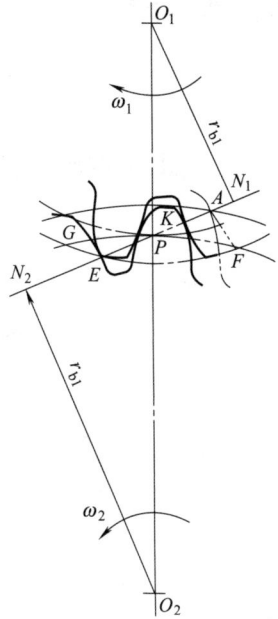

（a）　　　　　　　　　　　　（b）

图 4-7　外啮合齿轮传动的中心距与啮合角

轮的分度圆不再相切，节圆与分度圆不再重合。实际中心距为：

$$a' = r_1' + r_2' \tag{4-5}$$

当齿轮的实际中心距 a' 大于标准中心距 a 时，啮合角 α' 大于分度圆上的压力角 α。

4.5 渐开线圆柱轮齿的切齿原理与根切现象

轮齿切削加工方法有仿形法和范成法两种。

4.5.1 仿形法

仿形法是利用与齿槽形状相近的刀具对齿坯进行加工。所用的刀具有圆盘铣刀、指状铣刀、样板刨刀、拉刀等，如图 4-8 所示。

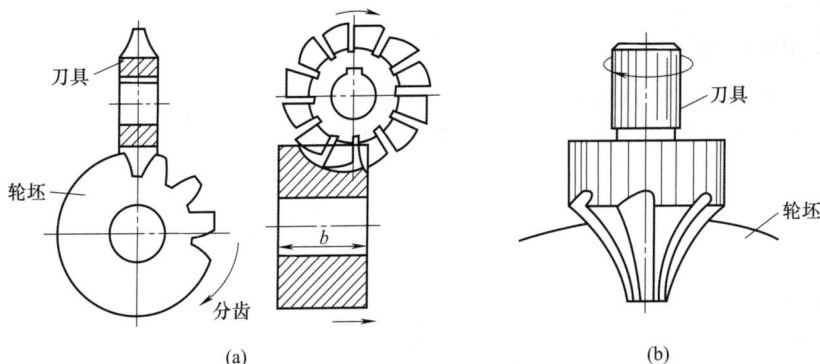

(a)　　　　　　　　　　　　　(b)　　4.9 仿形法加工

图 4-8　仿形法切齿

图 4-8（a）所示为盘形铣刀切齿，图 4-8（b）所示为指状铣刀切齿，刀具的轴剖面形状与被切齿轮的齿槽形状基本相同。切齿时，铣刀转动，同时齿轮坯沿齿宽方向移动，每铣完一个齿槽后，齿坯退回原位，然后借助分度头转过 $360°/z$ 的角度（z 为被铣齿轮的齿数），再依次铣齿，直至铣出一个完整齿轮。

4.5.2 范成法

范成法加工齿轮的基本原理是在切削和进给的过程中，分别强制刀具和齿坯按渐开线齿轮啮合的运动关系进行切齿，以保证齿形正确且分齿均匀，这是当前较完善的切齿方法，应用甚广。与仿形法加工相比，它的生产率和加工精度高。其中最常见的是插齿和滚齿。

（1）插齿

如图 4-9（a）所示，插齿刀的形状与齿轮相似，当然作为刀具其强度和硬度较高，并具有一定的切削角度。在加工时插齿刀沿齿坯的轴线方向迅速往复上下运动，向下运动为切削，向上运动为退刀；同时强制插齿刀与齿坯以一定的传动比做对滚运动，就像一对齿轮相互啮合传动一样。此外为了逐步切出全齿高，齿坯还必须做连续的径向进给运动，用这种方法加

4.10 插刀加工

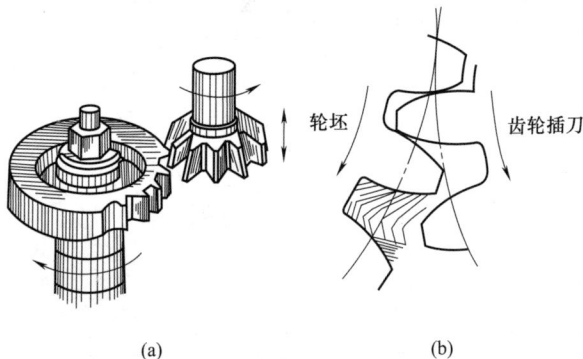

(a)　　　　　　　　　(b)

图 4-9　插齿

工所得的齿廓为插刀刃在各个位置的包络线。如图 4-9（b）所示，如果刀刃是渐开线形状，那么被切齿廓也必定是渐开线形状。

（2）滚齿

最常用的滚刀为阿基米德滚刀，如图 4-10 所示，滚刀貌似一个带有刀刃的梯形螺纹的螺杆，其轴向剖面的刃形为齿条齿廓。因此，滚刀加工齿轮就相当于用齿条刀加工齿轮。加工时分别强制滚刀与齿坯以一定的传动比回转，同时，滚刀沿齿坯轴向进给，切至全齿宽为止。

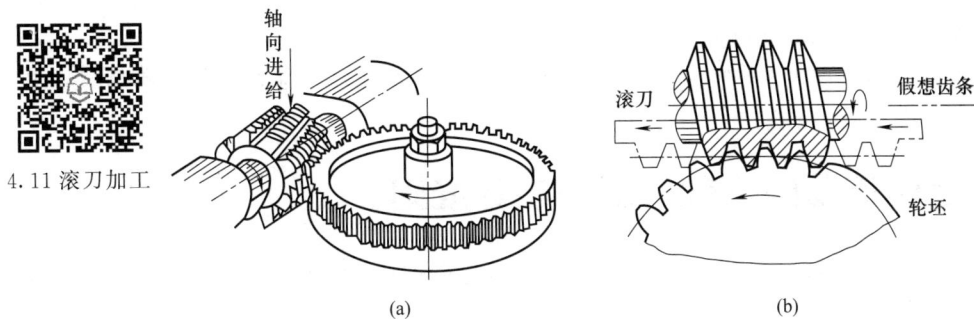

图 4-10　滚齿

滚齿与插齿相比，生产率较高，因为它没有插齿的退刀空行程。但其加工精度较插齿低，因为在滚刀螺纹法剖面内的刃形不是精确的直线形齿廓。

以上两种方法切出的齿廓实际上并不是一条圆滑而准确的渐开线，而是由许多折线或许多曲线包络而成，因此范成法亦称为包络法或展成法。

4.5.3　根切现象和最少齿数

用范成法加工齿轮时，若刀具的顶部将轮齿根部的渐开线齿廓切去一部分，这种现象称为轮齿的根切，如图 4-11 所示。轮齿被根切不仅削弱其抗弯强度，而且降低齿轮传动的重合度。

要避免根切就必须使刀具的齿顶线不超过啮合线极点 N_1，若超过了啮合线极点 N_1，则必将发生根切，如图 4-12 所示。当用标准刀具切制标准齿轮时，刀具的分度线应与被切齿轮的分度圆相切，即应满足 $\overline{N_1E} \geqslant h_a^* m$。根据几何关系得：

$$z \geqslant \frac{2h_a^*}{\sin^2\alpha} \tag{4-6}$$

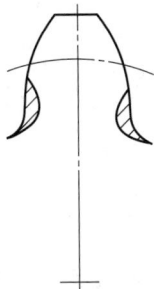

图 4-11　轮齿根切现象

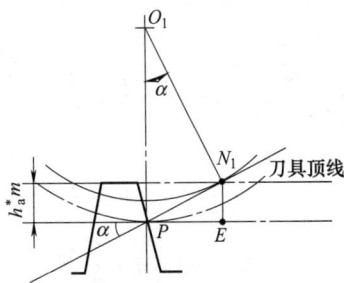

图 4-12　z_{min} 的确定

避免标准齿轮产生根切的极限齿数称为最少齿数，以 z_{min} 表示：

$$z_{min} = \frac{2h_a^*}{\sin^2\alpha} \tag{4-7}$$

当 $\alpha = 20°$，$h_a^* = 1$ 时，$z_{min} = 17$；当 $\alpha = 20°$，$h_a^* = 0.8$ 时，$z_{min} = 14$。允许少量根切时，根据经验，正常齿的最少齿数为 14。

4.5.4　变位齿轮

如前所述，轮齿根切的根本原因，在于加工时刀具的齿顶线超过了被切齿轮的啮合极点 N_1，显然改变切制刀具与轮坯间的相对位置，轮齿根切问题可得到解决，这种方法称为变位修正法并得到广泛应用。用此法切制的齿轮称为变位齿轮。

切制刀具所移动的距离 xm 称为变位量，x 称为变位系数。当刀具远离轮坯时变位系数为正，相反为负，相应的变位分别称为正变位和负变位。

变位齿轮不仅可加工 $z < z_{min}$ 的齿轮而不发生根切，还可用于非标准中心距场合，以提高小齿轮的弯曲强度。

4.6　齿轮传动的失效形式和设计准则

齿轮传动的失效主要发生在轮齿部分，通常有轮齿折断、齿面点蚀、齿面胶合、齿面磨损及塑性变形等。

4.6.1　齿轮的失效形式

（1）轮齿折断

轮齿折断常有两种情况：一种是轮齿在长期交变的弯曲应力和应力集中作用下，受拉一侧的齿根处将产生疲劳裂纹，并逐渐扩展，致使轮齿根部发生全齿疲劳折断，如图 4-13（a）所示；另一种是突然严重过载或冲击载荷引起的过载折断。齿宽较小的直齿轮往往发生全齿折断，齿宽较大的直齿或斜齿则容易发生轮齿局部折断，如图 4-13（b）所示。

改善材料力学性能、增大齿根过渡圆角半径、降低表面粗糙度值、减轻加工损伤、采用表面强化处理等，都有助于提高轮齿的抗疲劳折断能力。

（2）齿面点蚀

轮齿在啮合过程中，齿面啮合处的接触应力是交变的，当齿轮工作一定的时间后，首先在节线附近的根部齿面上产生细微的疲劳裂纹，并逐渐扩展导致金属剥落，产生齿面点蚀，如图 4-14 所示。

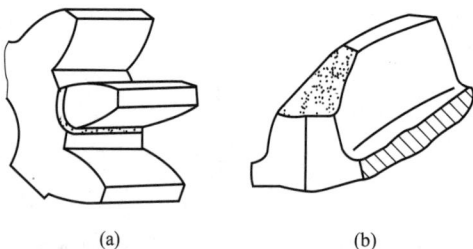

图 4-13　轮齿折断

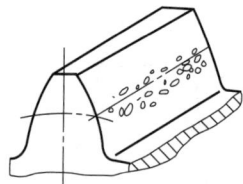

图 4-14　齿面点蚀

点蚀的出现，使齿面不再是完整的渐开线齿面，从而影响轮齿的正常啮合，产生振动和噪声，影响传动的平稳性。

点蚀是润滑良好的闭式软齿面齿轮传动的主要失效形式。开式齿轮传动由于磨损快，表面疲劳裂纹还没出现或扩展就被磨损，所以见不到点蚀现象。

提高齿面硬度、采用黏度较高的润滑油均可增强齿面抗疲劳点蚀的

4.12 闭式齿轮传动

能力。

（3）齿面胶合

高速重载的齿轮传动，由于轮齿齿面为高副接触，接触面积小、压力大，接触点附近温度升高，使油膜破裂，两金属表面直接接触，产生黏附，随着齿轮的相对运动，软齿面上的金属被撕下，在轮齿工作表面上形成与滑动方向一致的沟纹（图 4-15），这种现象称为齿面胶合。

图 4-15 齿面胶合

提高齿面硬度、降低齿面粗糙度、采用抗胶合能力强的润滑油等，均可防止或减轻齿面的胶合。

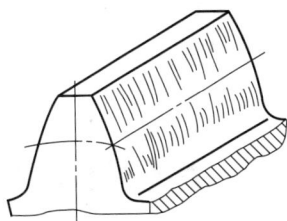

（4）齿面磨损

齿面磨损有两种情况：一种是齿轮啮合时齿面间有相对滑动，滑动摩擦作用下引起磨损；另一种是落入灰尘、铁屑等硬颗粒引起磨损。磨损后，渐开线齿廓失真，如图 4-16 所示，齿厚变薄，齿侧间隙加大从而引起振动、噪声，甚至发生轮齿折断。

磨损是开式齿轮传动的主要失效形式。

采用闭式齿轮传动、保持良好的润滑并适时更换脏油、合理提高齿面强度均可减轻齿面的磨损。

4.13 开式齿轮传动

（5）塑性变形

齿面较软的齿轮，在低速重载条件下工作时，由于齿面压力过大，在摩擦力的作用下，齿面产生局部塑性变形，从而破坏了正确的齿形，如图 4-17 所示。当齿轮受到较大短期过载或冲击载荷时，较软材料做成的齿轮可能发生轮齿整体歪斜变形，称为齿体塑性变形。

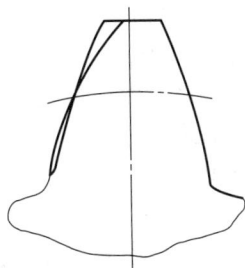

图 4-16 齿面磨损

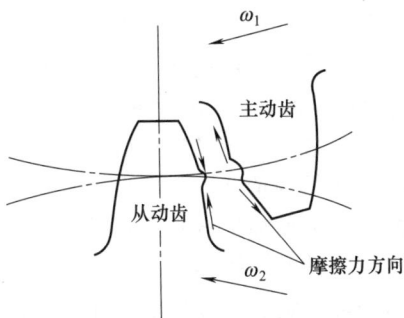

图 4-17 齿面塑性变形

适当地提高齿面硬度和润滑油的黏度，有助于防止齿面塑性变形。

4.6.2 设计准则

齿轮承载能力的计算方法取决于齿轮可能出现的失效形式。因此，应针对各种失效形式，分别确定相应的设计准则，以保证齿轮传动在工作寿命期间内具有足够的承载能力而不失效。由于磨损和塑性变形尚未建立成熟的计算方法，因此，一般只做齿根弯曲疲劳强度和齿面接触疲劳强度计算。

① 对于闭式齿轮传动，当一对齿轮或其中之一为软齿面时（硬度≤350HBW），主要失效形式是齿面点蚀。设计计算时通常按齿面接触疲劳强度设计，确定主要尺寸，然后再做齿根弯曲疲劳强度校核。

② 当一对齿轮均为硬齿面时（硬度＞350HBW），主要失效形式是轮齿折断。设计计算时按齿根弯曲疲劳强度设计，确定模数，再做齿面接触疲劳强度校核。对于高速、大功率的

齿轮传动，还需要按齿面抗胶合能力的准则进行计算。

③ 对于开式齿轮传动，主要失效形式是齿面磨损。由于磨损机理比较复杂，还没有成熟的设计计算方法，通常只需按齿根弯曲疲劳强度计算出模数，并将其适当加大 10％～20％，以补偿磨损的影响。

④ 当一对齿轮均为铸铁制造时，一般只需做轮齿弯曲疲劳强度设计计算。

至于齿轮抗胶合能力的计算，国家标准有推荐方法，必要时可参照有关手册进行。

4.7 齿轮材料和齿轮传动精度

4.7.1 齿轮材料及热处理方式

在选择齿轮材料及热处理时，应使齿面具有足够的硬度和耐磨性，以防止齿面点蚀、胶合、磨损和塑性变形失效；同时轮齿根部应具有足够的强度和韧性，以防止齿轮折断。

制造齿轮的材料最常用的是钢，也可使用球墨铸铁、灰铸铁和非金属等材料。

（1）钢

钢可分为锻钢和铸钢两类。由于锻钢较同样材料的铸钢性能优越，因此一般选用锻钢。常用的是碳含量为 0.15％～0.6％ 的碳钢或合金钢。

制造齿轮的锻钢按热处理方式和齿面硬度不同分为两类：

① 软齿面齿轮。这种齿轮用经过正火或调质处理后的锻钢切齿而成，其齿面硬度不超过 350HBW。由于硬度低，其承载能力受到限制，但容易切齿，成本低。它常用于中载、中速及对结构尺寸不加限制场合。最常用的钢材有 45、35SiMn、40Cr 等。由于在啮合过程中小齿轮的啮合次数比大齿轮多，为了使相啮合的大、小齿轮寿命接近，应使小齿轮齿面硬度比大齿轮齿面硬度高 30～50HBW。

② 硬齿面齿轮。这种齿轮一般用锻钢切齿后经表面硬化处理（表面淬火、渗碳淬火、渗氮等）而成。齿轮经淬火后（特别是渗碳淬火）变形大，一般都要经过磨齿等精加工，以保证齿轮所需的精度。这类齿轮常用于高速、重载、要求结构紧凑的场合。

随着硬齿面加工技术的发展，国内硬齿面齿轮的应用也越来越多。

（2）铸铁及球墨铸铁

铸铁的铸造性能和切削性能好，抗点蚀和抗胶合能力强，且价廉，但弯曲强度低，冲击韧性差，常用来制造工作平稳、低速、功率不大和对尺寸与重量无严格要求的开式齿轮。

球墨铸铁的力学性能及抗冲击性能远比灰铸铁高，故获得了越来越多的应用。

（3）非金属材料

非金属材料（夹布胶木、尼龙等）的弹性模量小，在承受同样载荷情况下，其接触应力小。但它的硬度、接触强度和弯曲强度低，因此常用于高速、小功率和精度不高的齿轮传动中，与其配对的齿轮应采用钢或铸铁制造，以利于散热。

常用的齿轮材料、热处理方法及其力学性能如表 4-5 所示。

4.7.2 齿轮传动精度

我国国家标准 GB/T 10095.1—2022，对渐开线圆柱齿轮规定了 11 个精度等级，从 1 级到 11 级精度依次降低，最高等级为 1 级。其中 6～8 级为中等精度等级，应用最广。

GB/T 10095 系列标准包括两部分内容。第一部分：齿面偏差的定义和允许值，通过齿距偏差、齿廓偏差和螺旋线偏差等项目控制齿廓精度。第二部分：径向综合偏差的定义和允许值，用于控制齿轮传动的精度。

表 4-5　常用的齿轮材料、热处理方法及其力学性能

类别	材料牌号	热处理方法	抗拉强度 σ_b/MPa	屈服强度 σ_s/MPa	硬度（HBW 或 HRC）
优质碳素钢	35	正火	500	270	150～180HBW
		调质	550	294	190～230HBW
	45	正火	588	294	169～217HBW
		调质	647	373	229～286HBW
		表面淬火			40～50HRC
	50	正火	628	373	180～220HBW
合金结构钢	40Cr	调质	700	500	240～258HBW
		表面淬火			48～55HRC
	35SiMn	调质	750	450	217～269HBW
		表面淬火			45～55HRC
	40MnB	调质	735	490	241～286HBW
		表面淬火			45～55HRC
	20Cr	渗碳淬火	637	392	56～62HRC
	20CrMnTi	后回火	1079	834	56～62HRC
	38CrMoAlA	渗氮	980	834	＞850HV
铸钢	ZG310-570	正火	580	320	156～217HBW
	ZG340-640		650	350	169～229HBW
灰铸铁	HT300		300		185～278HBW
	HT350		350		202～304HBW
球墨铸铁	QT600-3		600	370	190～270HBW
	QT700-2		700	420	225～305HBW
非金属	夹布胶木		100		25～35HBW

　　齿轮精度等级应根据传动的用途、使用条件、传递功率、圆周速度、技术要求等选定。5 级已是高精度等级，一般机械常用 7、8 级，对于精度要求不高的低速齿轮可用 9 级。表 4-6 所示为机械中常用齿轮传动的精度等级。

表 4-6　齿轮传动精度等级及其应用

精度等级	圆周速度 v/(m/s)			应用举例
	直齿圆柱齿轮	斜齿圆柱齿轮	直齿锥齿轮	
6	≤15	≤30	≤9	高速重载的齿轮传动，如机床、汽车和飞机的重要齿轮，分度机构的齿轮，高速减速器的齿轮
7	≤10	≤20	≤6	高速重载或中速重载的齿轮传动，如标准系列减速器的齿轮、机床和汽车变速箱中的齿轮等
8	≤5	≤9	≤3	一般机械中的齿轮传动，如机床、汽车和拖拉机中一般的齿轮，起重机械中的齿轮等
9	≤3	≤6	≤2.5	低速重载的齿轮、低精度机械中的齿轮等

4.8　直齿圆柱齿轮传动的强度计算

4.8.1　受力分析

　　为了计算轮齿强度，首先应对齿轮进行受力分析。这也为设计轴和轴承提供了数据。

　　如图 4-18 所示为一对标准直齿圆柱齿轮传动，图中 T_1 为作用于主动轮上的驱动转矩，T_2 为作用于从动轮的外界阻力矩。略去齿面上的摩擦力，受力分析时，以作用在齿宽中点

（节点）的一个集中力代替轮齿上全部作用力。轮齿上的法向力 F_n 可分解为两个互相垂直的分力：圆周力 F_t 和径向力 F_r。

$$圆周力 \quad F_t = \frac{2T_1}{d_1}$$

$$径向力 \quad F_r = F_t \tan\alpha \tag{4-8}$$

式中　T_1——主齿轮传递的名义转矩，N·mm，$T_1 = 9.55 \times 10^6 \dfrac{P_1}{n_1}$；

$\qquad P_1$——主动轮传递的功率，kW；

$\qquad n_1$——主动轮转速，r/min；

$\qquad d_1$——小齿轮节圆直径，mm；

$\qquad \alpha$——分度圆上的压力角，$\alpha = 20°$。

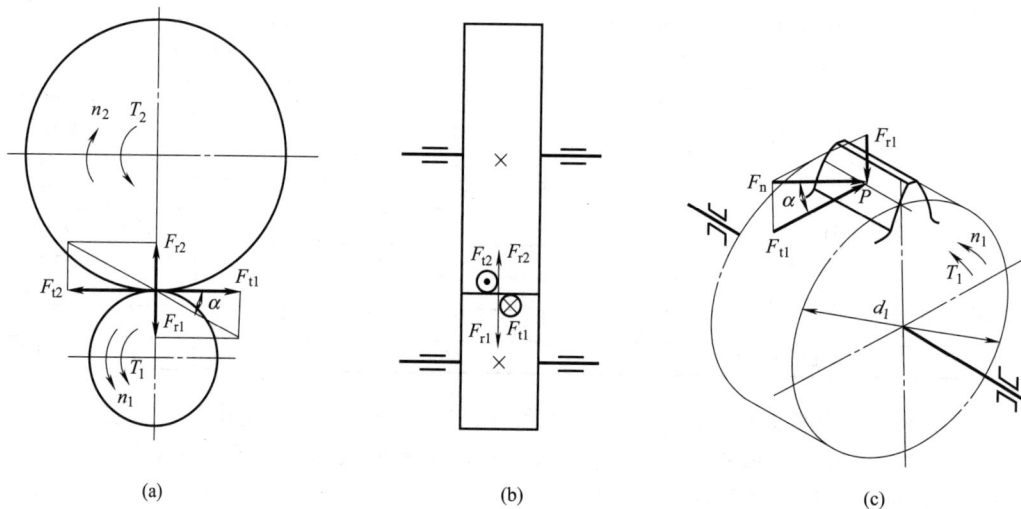

图 4-18　直齿圆柱齿轮传动的受力分析

根据作用力与反作用力的关系，作用在主动轮和从动轮上的各对力等值反向。各分力的方向：

① 圆周力 F_t，主动轮上的圆周力 F_{t1} 的方向与主动轮的回转方向相反，从动轮上的圆周力 F_{t2} 的方向与从动轮的回转方向相同；

② 径向力 F_r，径向力 F_{r1} 和 F_{r2} 分别指向各自轮心（外啮合齿轮）。

4.8.2　计算载荷

作用在轮齿上的法向力 F_n 为名义载荷，理论上 F_n 应沿齿宽均匀分布。实际上，由于轴与轴承的变形，传动装置的制造、安装误差等因素，载荷沿齿宽的分布并非均匀而是出现载荷集中现象。此外，各种原动机和工作机的载荷变化、齿轮制造误差和轮齿变形等原因，还会引起附加动载荷。因此，在进行强度计算时，常引入载荷系数 K 来补偿上述因素对载荷的影响，即按计算载荷 F_{nc} 进行计算。

$$F_{nc} = KF_n \tag{4-9}$$

式中　K——载荷系数，可由表 4-7 查取。

4.8.3　齿面接触疲劳强度计算

在预定的使用寿命内，齿面不发生疲劳点蚀失效的强度条件为 $\sigma_H \leqslant [\sigma_H]$。一对齿轮啮

表 4-7　载荷系数 K

原动机	工作机的载荷特性		
	均匀	中等冲击	大的冲击
电动机	1.0～1.2	1.2～1.6	1.6～1.8
单缸内燃机	1.2～1.6	1.6～1.8	1.9～2.0
多缸内燃机	1.6～1.8	1.8～2.0	2.2～2.4

注：斜齿、圆周速度低、精度高、齿宽系数小时，取小值。直齿、锥齿、圆周速度高、精度低、齿宽系数大时，齿轮在两轴承之间对称布置时，取小值；不对称或悬臂布置时，取大值。

合时，可将齿廓啮合点的曲率半径 ρ_1 和 ρ_2 视为两个接触圆柱体的半径，见图 4-19（a）。在载荷接触区的最大接触应力可按弹性力学的赫兹公式计算：

$$\sigma_H = \sqrt{\frac{F_n}{\pi b} \times \frac{\dfrac{1}{\rho_1} \pm \dfrac{1}{\rho_2}}{\dfrac{1-\mu_1^2}{E_1} + \dfrac{1-\mu_2^2}{E_2}}} = \sqrt{\frac{1}{\pi\left(\dfrac{1-\mu_1^2}{E_1} + \dfrac{1-\mu_2^2}{E_2}\right)} \times \frac{F_n}{b} \times \frac{1}{\rho}} = Z_E\sqrt{\frac{F_n}{b} \times \frac{1}{\rho}} \quad (4\text{-}10)$$

式中　b——两圆柱体的接触宽度；

ρ_1, ρ_1——两圆柱体接触处各自的曲率半径；

"$\pm$"——分别表示外接触和内接触；

μ_1, μ_2——两圆柱体材料的泊松比；

ρ——综合曲率半径，$1/\rho = 1/\rho_1 \pm 1/\rho_2$；

F_n/b——单位接触长度上的载荷；

Z_E——配对齿轮的材料系数，$Z_E = \sqrt{\dfrac{1}{\pi\left(\dfrac{1-\mu_1^2}{E_1} + \dfrac{1-\mu_2^2}{E_2}\right)}}$，见表 4-8。

表 4-8　配对齿轮的材料系数　　　　　　单位：$\sqrt{N/mm^2}$

小齿轮材料	大齿轮材料			
	钢	铸钢	铸铁	球墨铸铁
钢	189.8	188.9	162.0	181.4
铸钢	188.9	188.0	161.4	180.5

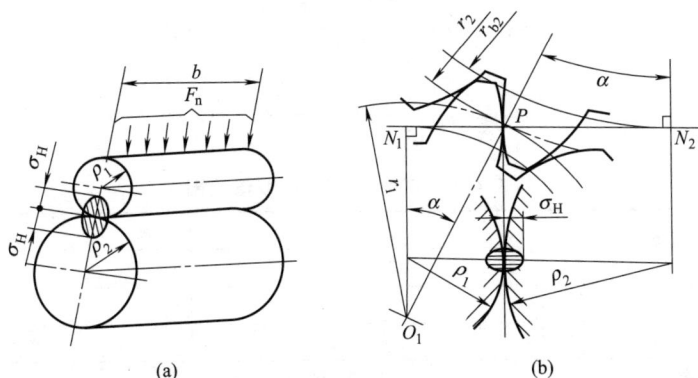

(a)　　　　　　　　(b)

图 4-19　节点处的曲率半径与接触应力

轮齿在啮合过程中，各接触点曲率半径不同，接触应力也不相同，如图 4-19（b）所示。轮齿在节点接触时，点蚀往往首先在节线以下靠近齿根的表面处出现。因此，接触疲劳强度通常是以节点为计算点。

将 $\rho_1 = \overline{N_1P} = \dfrac{d_1}{2}\sin\alpha$、$\rho_2 = \overline{N_2P} = \dfrac{d_2}{2}\sin\alpha$ 代入式（4-10），推导简化得到齿面接触应力为：

$$\sigma_H = Z_E Z_H \sqrt{\frac{F_t}{bd_1} \times \frac{u \pm 1}{u}} \tag{4-11}$$

将 $F_t = 2T_1/d_1$ 代入式（4-11）并引入载荷系数 K，得到齿面接触疲劳强度校核公式为：

$$\sigma_H = Z_E Z_H \sqrt{\frac{2KT_1}{bd_1^2} \times \frac{u \pm 1}{u}} = Z_E Z_H \sqrt{\frac{2KT_1}{\psi_d d_1^3} \times \frac{u \pm 1}{u}} \leqslant [\sigma_H] \tag{4-12}$$

将式（4-12）变换，得到齿面接触疲劳强度设计公式为：

$$d_1 \geqslant \sqrt[3]{\frac{2KT_1}{\psi_d} \times \left(\frac{Z_E Z_H}{[\sigma_H]}\right)^2 \times \frac{u \pm 1}{u}} \tag{4-13}$$

式中　Z_H——节点啮合系数，$Z_H = \sqrt{\dfrac{2}{\sin\alpha\cos\alpha}}$，反应节点处齿廓形状对接触应力的影响，其值可查图 4-20；

　　　u——两齿轮齿数比；

　　　ψ_d——齿宽系数，$\psi_d = b/d_1$，其值可参考表 4-9；

　　　$[\sigma_H]$——接触疲劳许用应力，因配对齿轮的接触应力相等，$\sigma_{H1} = \sigma_{H2}$，但配对齿轮的材料和热处理方法不尽相同，即两轮的许用接触疲劳应力不同，因此应用式（4-12）和式（4-13）时，取两轮中 $[\sigma_{H1}]$、$[\sigma_{H2}]$ 数值较小的代入计算。

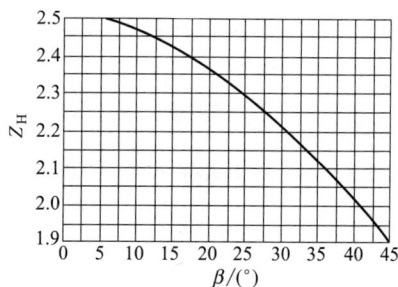

图 4-20　标准圆柱齿轮传动节点啮合系数 Z_H

对于一对钢制标准直齿圆柱齿轮传动，可查得 $Z_H = 2.5$，$Z_E = 189.9\sqrt{\text{N/mm}^2}$，代入式（4-12）和式（4-13）中，可得：

校核公式　　　　　$$\sigma_H = 671\sqrt{\frac{KT_1}{\psi_d d_1^3} \times \frac{u \pm 1}{u}} \leqslant [\sigma_H] \tag{4-14}$$

设计公式　　　　　$$d_1 \geqslant \sqrt[3]{\left(\frac{671}{[\sigma_H]}\right)^2 \times \frac{KT_1}{\psi_d} \times \frac{u \pm 1}{u}} \tag{4-15}$$

表 4-9　齿宽系数 ψ_d 的取值范围

齿轮相对于轴承	齿面硬度	
	$\leqslant$350HBW	$\geqslant$350HBW
对称布置	0.8～1.4	0.4～0.9
非对称布置	0.6～1.2	0.3～0.6
悬臂布置	0.3～0.4	0.2～0.25

注：直齿圆柱齿轮宜取较小值，斜齿可取大值；载荷稳定、轴刚性大时，取较大值；变载荷、轴刚性较小时，宜取较小值。

齿轮的接触疲劳许用应力 $[\sigma_H]$ 按下式计算：

$$[\sigma_H] = \frac{\sigma_{Hlim}}{S_H} \tag{4-16}$$

式中　σ_{Hlim}——失效概率为 1% 时齿轮的接触疲劳极限应力，MPa，查图 4-21；

　　　S_H——接触强度安全系数，其值查表 4-10 可得。

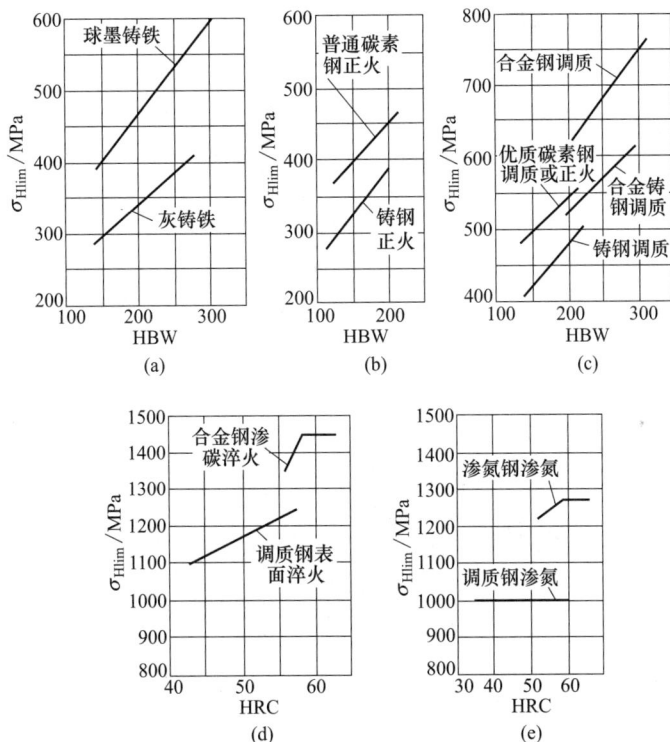

图 4-21　齿轮接触疲劳极限应力线图

表 4-10　安全系数 S_H、S_F

安全系数	软齿面(硬度≤350HBW)	硬齿面(硬度＞350HBW)	重要传动($R^①$≥0.999)
S_H	1.0～1.1	1.1～1.2	1.3～1.6
S_F	1.25～1.4	1.4～1.6	1.6～2.2

① R 为可靠度。

4.8.4　齿根弯曲疲劳强度计算

齿轮在啮合过程中，显然重合度大于 1，但由于齿轮加工和安装误差的影响，通常设定载荷全部由一对齿轮承受。显然当载荷作用在齿顶时，齿根所受的弯曲应力最大。

受载的轮齿可看作宽度为 b 的悬臂梁，齿根危险截面的位置可用 30°切线法确定（图 4-22）：作与轮齿对称中心线成 30°角的两条直线，并与齿根过渡曲线相切，通过两切点作平行于齿轮轴线的截面即为危险截面。

作用于齿顶的法向力 F_n 可以分解为互相垂直的两个力：$F_n\cos\alpha_F$ 和 $F_n\sin\alpha_F$。径向分力 $F_n\sin\alpha_F$ 使齿根产生压应力 σ_c，切向分力 $F_n\cos\alpha_F$ 使齿根产生弯曲应力 σ_F

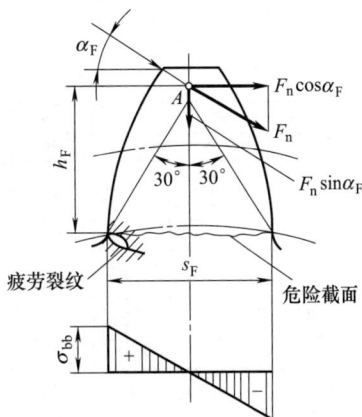

图 4-22　齿根弯曲疲劳折断危险截面的应力

和切应力 τ。由于压应力 σ_c 与切应力 τ 影响很小，可以忽略不计，因此按切向分力 $F_n\cos\alpha_F$ 所产生的弯矩进行弯曲强度计算。齿根危险截面的弯曲应力为：

$$\sigma_F=\frac{M}{W}=\frac{F_n\cos\alpha_F h_F}{bs_F^2/6}=\frac{6F_n\cos\alpha_F h_F}{bs_F^2}=\frac{6F_t\cos\alpha_F h_F}{bs_F^2\cos\alpha}=\frac{F_t}{bm}\times\frac{6\cos\alpha_F h_F/m}{(s_F/m)^2\cos\alpha}$$

式中　s_F——危险截面处的齿厚；

　　　b——齿宽；

　　　m——模数。

令 $Y_F=\dfrac{6\cos\alpha_F h_F/m}{(s_F/m)^2\cos\alpha}$，称为齿形系数，将 F_t 用 KF_t 代替，得到：

$$\sigma_F=\frac{KF_t}{bm}Y_F \tag{4-17}$$

为了便于计算，将 $b=\psi_d d_1$、$F_t=2T_1/d_1$、$d_1=mz_1$ 代入式（4-17），得到弯曲疲劳强度的校核公式：

$$\sigma_F=\frac{2KT_1}{bmd_1}Y_F\leqslant[\sigma_F] \tag{4-18}$$

或

$$\sigma_F=\frac{2KT_1}{\psi_d z_1^2 m^3}Y_F\leqslant[\sigma_F] \tag{4-19}$$

设计计算时，将式（4-19）改写成弯曲疲劳强度设计公式：

$$m\geqslant\sqrt[3]{\frac{2KT_1}{\psi_d z_1^2}\times\frac{Y_F}{[\sigma_F]}} \tag{4-20}$$

式中　z_1——主动轮 1 的齿数；

　　　$[\sigma_F]$——弯曲疲劳许用应力。

齿形系数 Y_F 只与轮齿齿廓形状有关，与齿轮的大小（模数 m）无关。标准齿轮，齿形主要与齿数 z 有关，齿数越少，Y_F 越大，弯曲强度越低。齿形系数 Y_F 可按图 4-23 查取。

在一般齿轮传动中，大、小齿轮的齿数不同，两齿轮的齿形系数 Y_F 不同，又由于两齿轮材料或热处理可能不同，因而许用应力 $[\sigma_F]$ 不同，应分别校核两个齿轮的弯曲强度。

设计时，大、小齿轮的轮齿弯曲强度可能不同，应取弯曲强度较弱的进行计算，即将 $\dfrac{Y_{F1}}{[\sigma_{F1}]}$、$\dfrac{Y_{F2}}{[\sigma_{F2}]}$ 两者中大值代入式（4-20）计算。算得的模数再圆整为标准模数。对于传递动力较大的齿轮，为防止意外折断，通常取模数 $m\geqslant2mm$。对于开式齿轮传动，为补偿因磨损而引起轮齿强度的削弱，常将所求得的模数加大 $10\%\sim20\%$。

齿轮的弯曲疲劳许用应力 $[\sigma_F]$ 按下式计算：

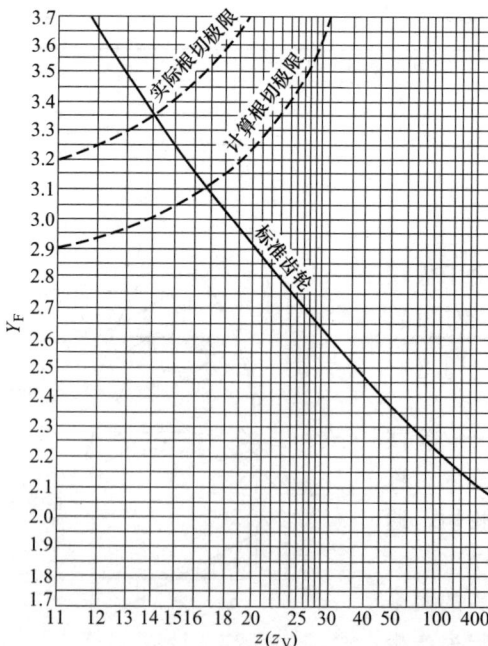

图 4-23　齿形系数 Y_F

$$[\sigma_F] = \frac{\sigma_{Flim}}{S_F} \qquad (4-21)$$

式中　σ_{Flim}——失效概率为 1% 时齿轮的弯曲疲劳极限应力，MPa，查图 4-24；

　　　S_F——弯曲强度安全系数，其值查表 4-10 可得。

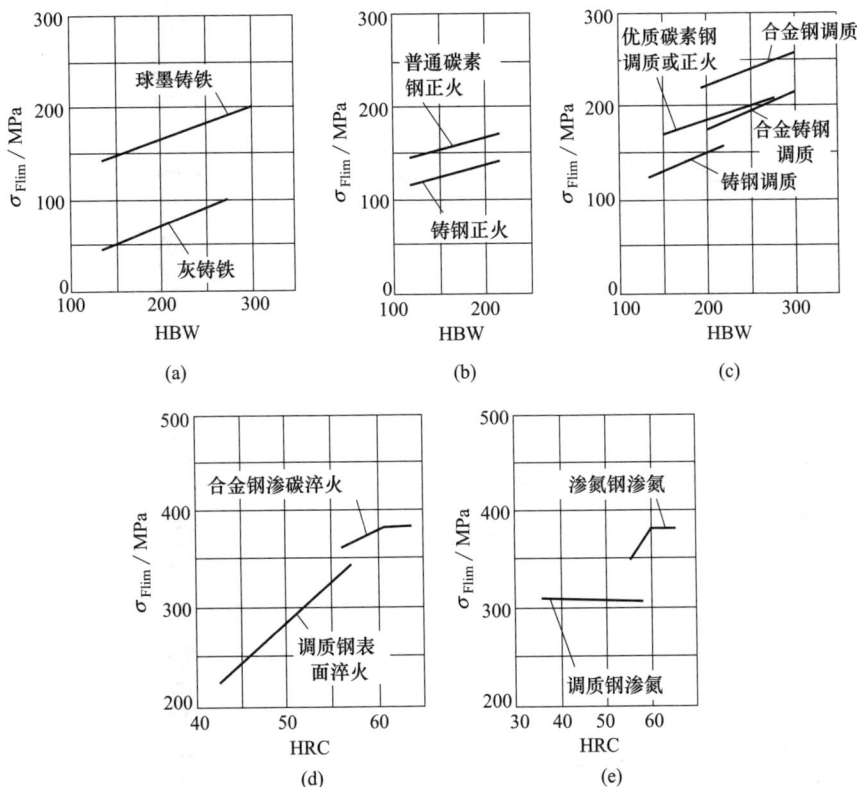

图 4-24　齿根弯曲疲劳极限应力线图

4.8.5　圆柱齿轮传动参数选择和设计步骤

　　影响齿轮传动齿面接触承载能力的因素，除了齿轮材质外，主要参数是分度圆直径 d 或中心距 a。从齿面接触承载能力出发进行设计时，首先按照式（4-15）求出小齿轮直径或中心距，然后确定其他参数，并校核轮齿弯曲承载能力。

　　同样，影响轮齿弯曲承载能力的主要参数是模数 m。因此，从轮齿弯曲承载能力出发进行设计时，首先按照式（4-20）求出齿轮模数，然后确定其他参数，并校核齿面接触承载能力。

　　（1）主要参数选择

　　① 齿数 z：当中心距（分度圆）确定时，齿数增多，模数可以减小，重合度增大，能提高传动的平稳性，降低摩擦磨损，提高传动效率。因此，对于软齿面的闭式传动，在满足弯曲疲劳强度的条件下，宜采用较多齿数，一般 $z_1 = 20 \sim 40$。

　　对于硬齿面的闭式传动及开式齿轮传动，为了保证轮齿有足够的弯曲疲劳强度，宜适当减少齿数，增大模数，但要避免发生根切，一般不少于 17，可取 $z_1 = 17 \sim 20$。

　　② 模数 m：模数影响轮齿的弯曲强度，一般在满足轮齿弯曲疲劳强度的条件下，宜采用较小模数，以利于增多齿数，减少切齿量。对于传递动力的齿轮，可按 $m = (0.007 \sim 0.02)a$，但应保证模数 $m \geqslant 2$。

③ 齿宽系数 ψ_d：增大齿宽系数，可减小齿轮传动装置的径向尺寸，降低齿轮的圆周速度。但齿宽系数过大则需提高结构刚度，否则会导致载荷分布严重不均，一般机械的齿宽系数可按表 4-9 选取。

为了确保强度要求，同时利于装配和调整，常将小齿轮齿宽加大 5～10mm。

（2）设计步骤

根据圆柱齿轮的强度计算方法，直齿圆柱齿轮传动设计计算的一般步骤如下：

① 选择齿轮材料和热处理方法。齿轮材料和热处理方法的选择可参考表 4-5 和 4.7 节有关内容，结合考虑取材的方便性和经济性的原则。

② 确定齿轮传动的精度等级。齿轮传动的精度等级的选择可参考表 4-6，在满足使用要求的前提下选择尽可能低的精度等级可减小加工难度，降低制造成本。

③ 简化设计计算。按 4.6 节所确定的设计计算准则，进行设计计算并确定齿轮传动的主要参数。例如，对于软齿面的闭式传动，可按齿面接触疲劳强度确定 d_1 或中心距 a，再选择合适的 z 或 m，最后校核齿根弯曲疲劳强度；而对于硬齿面的闭式传动，则可按齿根弯曲疲劳强度确定模数 m，再选择合适的 z 或 ψ_d，最后校核齿面接触疲劳强度。

④ 计算齿轮的几何尺寸。按表 4-4 所列公式计算齿轮的几何尺寸。

⑤ 确定齿轮的结构形式。齿轮的结构由轮缘、轮毂和轮辐三部分组成。根据齿轮毛坯制造的工艺方法，齿轮可分为锻造齿轮和铸造齿轮。

⑥ 绘制齿轮工作图。齿轮工作图可按机械制图标准中规定的简化画法表达。其实例见图 4-25。

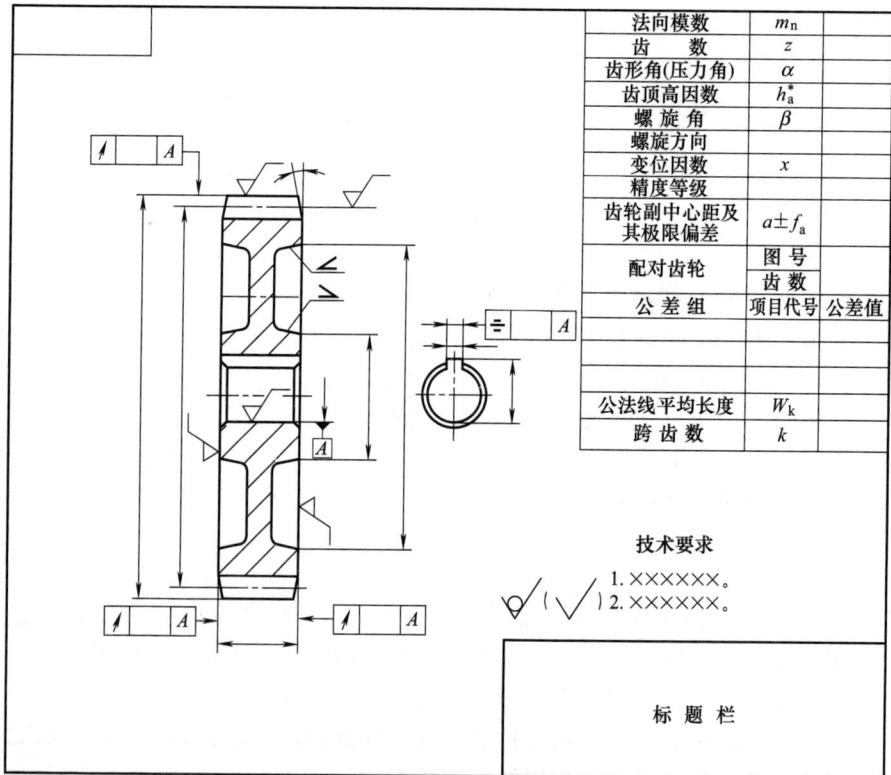

图 4-25　圆柱齿轮工作图

[**例 4-1**]　某带式输送机减速器的高速级圆柱齿轮传动，已知：传递功率 $P=5kW$，小齿轮转速 $n_1=1440r/min$，传动比 $i=4.6$，工作寿命为 10 年，单班制工作，每班 8h，工作

平稳，单向运转。试设计该齿轮传动。

[解]　① 选择材料和热处理方式。所设计的齿轮传动属于闭式传动，通常采用钢制齿轮，查表 4-5，选用易加工且价廉的材料：小齿轮材料为 45 钢，调质处理，硬度为 260HBW；大齿轮材料也为 45 钢，正火处理，硬度为 215HBW，硬度差为 45HBW 较合适。

② 选择精度等级。因运输机为一般工作机械，速度不高，故选用 8 级精度。

③ 按齿面接触疲劳强度设计。本传动为闭式传动、软齿面，主要失效形式为疲劳点蚀，应根据齿面接触疲劳强度设计，根据式（4-15）：

$$d_1 \geqslant \sqrt[3]{\left(\frac{671}{[\sigma_H]}\right)^2 \times \frac{KT_1}{\psi_d} \times \frac{u \pm 1}{u}}$$

a. 选定载荷系数 K。查表 4-7，取 $K = 1.2$。

b. 计算小齿轮传递的转矩 T_1。$T_1 = 9.55 \times 10^6 P/n = 9.55 \times 10^6 \times 5/1440 = 33159.7$（N·mm）。

c. 计算接触疲劳许用应力 $[\sigma_H]$。按式（4-16）$[\sigma_H] = \dfrac{\sigma_{Hlim}}{S_H}$ 计算。

查图 4-21 得疲劳极限应力：$\sigma_{Hlim1} = 600$MPa，$\sigma_{Hlim2} = 560$MPa。

查表 4-10 得安全系数：$S_H = 1.1$。

于是可得：$[\sigma_{H1}] = \dfrac{600}{1.1} = 545$（MPa），$[\sigma_{H2}] = \dfrac{560}{1.1} = 509$（MPa）。

d. 计算小齿轮分度圆直径 d_1。查表 4-9，取 $\psi_d = 1.1$，则有：

$$d_1 \geqslant \sqrt[3]{\left(\frac{671}{[\sigma_H]}\right)^2 \times \frac{KT_1}{\psi_d} \times \frac{u+1}{u}} = \sqrt[3]{\left(\frac{671}{509}\right)^2 \times \frac{1.2 \times 33159.7}{1.1} \times \frac{4.6+1}{4.6}} = 42.46(\text{mm})$$

取 $d_1 = 45$mm。

e. 计算圆周速度 v。$v = \dfrac{\pi n_1 d_1}{60 \times 1000} = \dfrac{3.14 \times 1440 \times 45}{60 \times 1000} = 3.39(\text{m/s})$

速度 $v < 5$m/s，取 8 级精度合适。

④ 确定主要参数，计算主要几何尺寸。

a. 齿数。取 $z_1 = 20$，则 $z_2 = z_1 i = 20 \times 4.6 = 92$。

b. 模数 m。$m = d_1/z_1 = 45/20 = 2.25$（mm），优先选择第一系列标准模数，取 $m = 2.5$mm。

c. 分度圆直径。$d_1 = mz_1 = 2.5 \times 20 = 50$（mm），$d_2 = mz_2 = 2.5 \times 92 = 230$（mm）。

d. 中心距 a。$a = (d_1 + d_2)/2 = (50 + 230)/2 = 140$(mm)。

e. 齿宽 b。$b = \psi_d d_1 = 1.1 \times 50 = 55$(mm)，$b_2 = 55$（mm），$b_1 = b_2 + 5 = 60$（mm）。

⑤ 校核弯曲疲劳强度。根据式（4-18）：

$$\sigma_F = \frac{2KT_1}{bmd_1}Y_F \leqslant [\sigma_F]$$

a. 齿形系数 Y_F。查图 4-23 得：$Y_{F1} = 2.90$，$Y_{F2} = 2.22$。

b. 弯曲疲劳许用应力 $[\sigma_F]$。按式（4-21）$[\sigma_F] = \dfrac{\sigma_{Flim}}{S_F}$ 计算。

查图 4-24 得疲劳极限应力：$\sigma_{Flim1} = 205$MPa，$\sigma_{Flim2} = 168$MPa。

查表 4-10 得安全系数：$S_F = 1.3$。

于是可得：$[\sigma_{F1}]=\dfrac{205}{1.3}=158$（MPa），$[\sigma_{F2}]=\dfrac{168}{1.3}=129$（MPa）。

c. 校核计算。

$$\sigma_{F1}=\frac{2KT_1}{b_1md_1}Y_{F1}=\frac{2\times1.2\times33159.7}{60\times2.5\times50}\times2.9=30.8（MPa）<[\sigma_{F1}]$$

$$\sigma_{F2}=\frac{2KT_1}{b_2md_1}Y_{F2}=\frac{2\times1.2\times33159.7}{55\times2.5\times50}\times2.22=25.8（MPa）<[\sigma_{F2}]$$

所以弯曲疲劳强度足够。

⑥ 结构设计与工作图（略）。

4.9 斜齿圆柱齿轮机构

4.9.1 斜齿圆柱齿轮齿面的形成和啮合特点

前面讨论直齿圆柱齿轮时，仅就端面加以研究。实际上轮齿有一定厚度，如图 4-26（a）所示，当平面 S 在基圆柱上做纯滚动时，其上任一平行于母线的直线 KK 将展成一渐开面。轮齿沿全齿宽同时进入啮合和脱离啮合，容易产生冲击、振动和噪声。

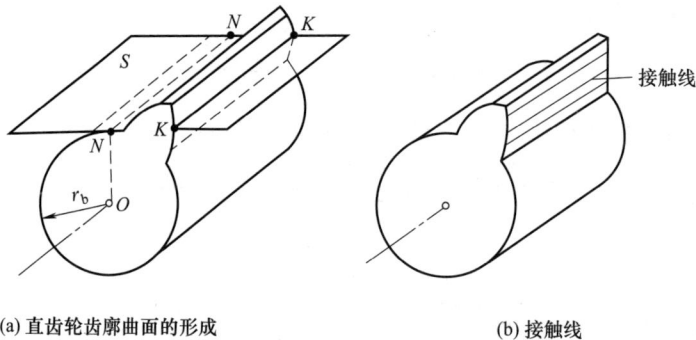

(a) 直齿轮齿廓曲面的形成　　　　　　　　　(b) 接触线

图 4-26　直齿轮的齿面的形成及接触线

斜齿轮齿面的形成过程与直齿轮相似，所不同的是形成渐开线齿面的直线 KK 不再与基圆柱轴线平行，而是与轴线方向倾斜一 β_b 角，称为基圆上的螺旋角。整个直线 KK 的轨迹为一螺旋渐开面，即斜齿轮的齿廓曲面，如图 4-27（a）所示。

当斜齿轮的一端进入啮合时，其另一端滞后一个角度才能进入啮合。相较于直齿轮，斜齿轮轮齿啮合时间延长，重合度增大，而且是两轮齿沿齿宽方向逐渐进入啮合，逐渐脱离啮合。与直齿轮传动相比，斜齿轮能够减小冲击、振动和噪声，从而提高传动的强度和平稳性。

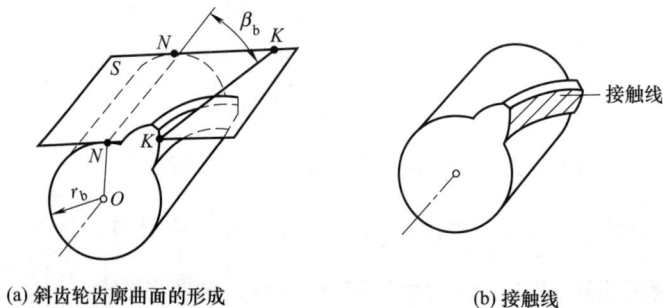

(a) 斜齿轮齿廓曲面的形成　　　　　　　　　(b) 接触线

图 4-27　斜齿轮的齿面的形成及接触线

4.9.2　斜齿圆柱齿轮的几何尺寸计算

斜齿圆柱齿轮的轮齿是螺旋形的，其几何参数可从端面（垂直于轮齿轴线的平面）和法向（垂直于螺旋线方向）来度量。因此，在斜齿圆柱齿轮中必须区分端面（参数加下角标 t）与法向（参数加下角标 n），见图 4-28（a）。图 4-28（b）所示为斜齿轮端面与法向参数的关系。分度圆柱上的螺旋角为 β 时，则有：

齿距 $\qquad\qquad\qquad\qquad\qquad p_n = p_t \cos\beta$ (4-22)

模数 $\qquad\qquad\qquad\qquad\qquad m_n = m_t \cos\beta$ (4-23)

压力角 $\qquad\qquad\qquad\qquad \tan\alpha_n = \tan\alpha_t \cos\beta$ (4-24)

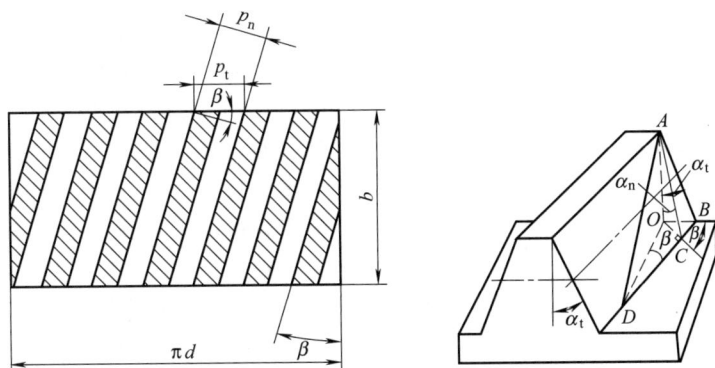

(a) 斜齿轮分度圆柱展开图　　　　　　(b) 斜齿条

图 4-28　斜齿轮端面与法向参数关系

规定以斜齿轮的法向参数为标准值，计算时需将斜齿轮的法向参数换算成端面参数之后代入相应的直齿轮的计算式。渐开线标准斜齿轮几何尺寸的计算公式见表 4-11。

表 4-11　外啮合标准斜齿圆柱齿轮几何尺寸计算公式

各部分名称	代号	公式
法向模数	m_n	由强度计算获得
分度圆直径	d	$d_1 = m_t z_1 = \dfrac{m_n z_1}{\cos\beta}$；$d_2 = m_t z_2 = \dfrac{m_n z_2}{\cos\beta}$
齿顶高	h_a	$h_a = h_{an}^* m_n \ (h_{an}^* = 1)$
齿根高	h_f	$h_f = (h_{an}^* + c_n^*) m_n \quad (c_n^* = 0.25)$
全齿高	h	$h = h_a + h_f = 2.25 m_n$
齿顶圆直径	d_a	$d_{a1} = d_1 + 2h_a$；$d_{a2} = d_2 + 2h_a$
齿根圆直径	d_f	$d_{f1} = d_1 - 2h_f$；$d_{f2} = d_2 - 2h_f$
中心距	a	$a = \dfrac{d_1 + d_2}{2} = \dfrac{m_t(z_1 + z_2)}{2} = \dfrac{m_n(z_1 + z_2)}{2\cos\beta}$

从表中可以看出，斜齿轮传动的中心距与螺旋角 β 有关。当一对斜齿轮的模数、齿数一定时，可以通过改变螺旋角 β 来配凑中心距。

4.9.3　斜齿轮传动的正确啮合条件和重合度

（1）正确啮合条件

一对斜齿轮的正确啮合条件，除与直齿轮正确啮合的条件等同之外，它们的螺旋角还必须相匹配，故其正确啮合的条件为：

① 当为外啮合时，两齿轮的螺旋角 β 应大小相等、方向相反，即 $\beta_1 = -\beta_2$；当为内啮合时，两齿轮的螺旋角 β 应大小相等、方向相同，即 $\beta_1 = \beta_2$。

② 两斜齿轮的法向模数相等，即 $m_{n1} = m_{n2}$，$\alpha_{n1} = \alpha_{n2}$。

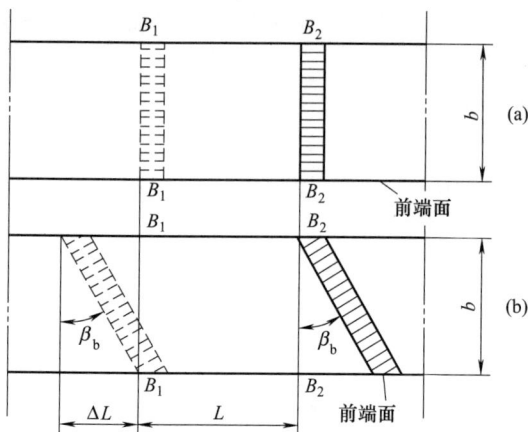

图 4-29 斜齿轮传动的重合度

（2）斜齿轮传动的重合度

图 4-29（a）和（b）分别为直齿轮和斜齿轮传动的啮合面，直线 B_2B_2 表示一对轮齿进入啮合的位置，B_1B_1 表示脱离啮合的位置，该两位置之间的区域为轮齿的啮合区。

对于斜齿轮来说，其轮齿在 B_2B_2 进入啮合时，不是沿整个齿宽同时进入啮合，而是逐渐沿齿宽接触。而在 B_1B_1 处脱离啮合时，轮齿是从一端逐渐脱离，直至图中虚线位置时，这对齿轮才完全脱离啮合，斜齿轮的啮合区比直齿轮增大了 ΔL。所以斜齿轮传动的重合度为：$\varepsilon = \varepsilon_\alpha + \varepsilon_\beta = L / p_{bt} + \Delta L / p_{bt}$。式中，$\varepsilon_\alpha$ 为斜齿轮传动的端面重合度；ε_β 为斜齿轮传动的轴向重合度。

显然，斜齿轮传动的重合度 ε 比直齿轮的大，强度和平稳性也比直齿轮传动好。β 增大，轴向重合度随之增大。

4.9.4 斜齿圆柱齿轮的当量齿数

在进行强度计算和用成形法加工选择刀具时，必须知道斜齿圆柱齿轮的法向齿形。

如图 4-30 所示，过斜齿轮分度圆柱上齿廓的任一点 P 作轮齿螺旋线的法面 nn，此法面与斜齿分度圆柱面的交线为一椭圆，椭圆长轴半径 $a = d/2\cos\beta$，短轴半径 $b = d/2$。椭圆在 P 点的曲率半径：$\rho = a^2 / b = d/2\cos^2\beta$，以 ρ 为半径作圆，以斜齿轮的法向模数为模数、以斜齿轮法向压力角为压力角的直齿轮，其齿形近似于斜齿轮的法向齿形。这一虚拟的直齿轮称为斜齿轮的当量齿轮，其齿数为当量齿数，其值为：

$$z_V = \frac{2\rho}{m_n} = \frac{d}{m_n\cos^2\beta} = \frac{z}{\cos^3\beta} \qquad (4\text{-}25)$$

由上式可知，当量齿数 z_V 大于斜齿轮的实际齿数。由于当量齿数是虚拟齿轮，因此 z_V 不一定是整数。

正常齿压力角 $\alpha = 20°$ 的标准斜齿轮，其不产生根切的最少齿数 z_{min} 是根据其最少当量齿数 $z_{Vmin} = 17$，运用式（4-25）求得的，即 $z_{Vmin} = z_{min}/\cos^3\beta = 17$，则 $z_{min} = z_{Vmin}\cos^3\beta = 17\cos^3\beta$。

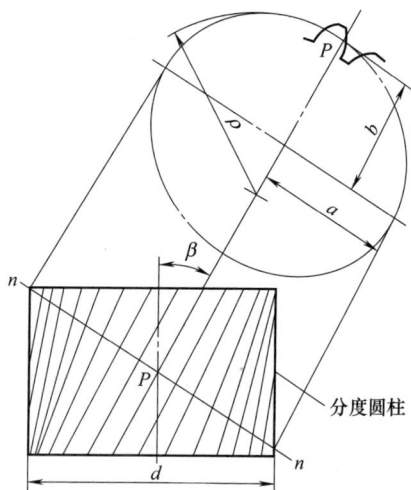

图 4-30 斜齿轮的当量齿轮

若取螺旋角 $\beta = 15°$，其不发生根切的最少齿数为 $z_{min} \approx 15.3$，取 $z = 16$。

由此可知，标准斜齿轮不发生根切的最少齿数比标准直齿轮少，其结构比直齿轮紧凑。

4.9.5 斜齿轮传动的特点

与直齿轮传动相比，斜齿轮传动具有以下特点。

① 齿廓接触线是斜线，在啮合过程中轮齿沿齿宽逐渐接触，逐渐退出，故传动平稳，冲击和噪声小。

② 不产生根切的 z_{min} 较直齿轮的少，故传动结构比直齿轮紧凑。

③ 重合度大，且接触线总长较直齿轮长，每对轮齿的平均载荷减小，从而提高齿轮的承载能力，适合高速运转。

④ 斜齿轮传动时会产生轴向力，虽然可用人字齿轮消除轴向力，但后者制造比较麻烦。

4.9.6　斜齿轮传动受力分析及强度计算

（1）斜齿轮受力分析

对于斜齿圆柱齿轮传动，若忽略工作齿面间的摩擦力，则可将作用于齿面上的法向 F_n 分解为三个互相垂直的分力，如图 4-31 所示。

由力矩平衡条件可得：

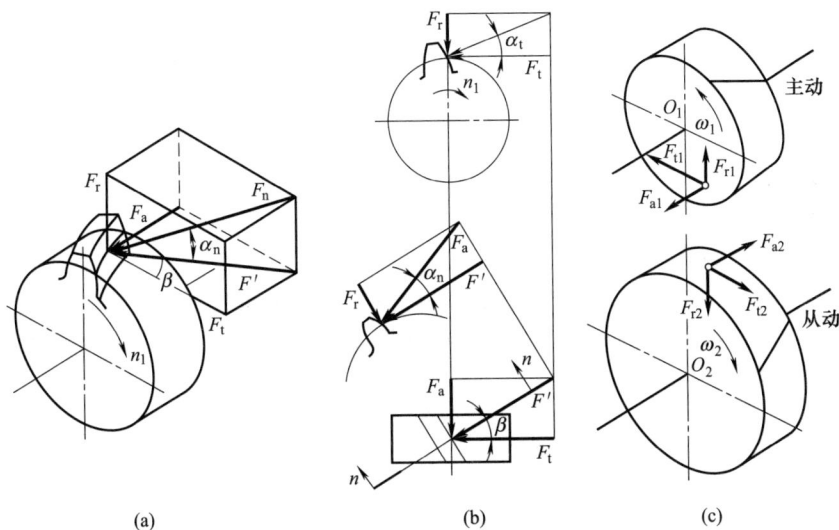

图 4-31　斜齿圆柱齿轮传动受力分析

圆周力
$$F_t = \frac{2T_1}{d_1} \tag{4-26}$$

径向力
$$F_r = \frac{F_t \tan\alpha_n}{\cos\beta} \tag{4-27}$$

轴向力
$$F_a = F_t \tan\beta \tag{4-28}$$

法向力
$$F_n = \frac{F_t}{\cos\alpha_n \cos\beta} \tag{4-29}$$

式中　α_n——法向压力角，$\alpha_n = 20°$；

　　　β——分度圆上的螺旋角，（°）；

　　　T_1——主动轮传递转矩，N·mm；

　　　d_1——主动轮分度圆直径，mm。

螺旋角 β 引起轴向力 $F_a = F_t \tan\beta$，β 越大，则 F_a 越大，对传动不利；β 太小，斜齿轮的优点不明显，所以 β 既不能太大，也不能太小，一般取 $\beta = 8°\sim20°$。对于人字齿轮，因轴向力可相互抵消，可取 $\beta = 8°\sim40°$。

作用于主动轮和从动轮上的各对应力等值反向。①主动轮上的圆周力 F_{t1} 的方向与主动轮回转方向相反，从动轮上的圆周力 F_{t2} 的方向与从动轮回转方向相同；②两轮的径向力 F_{r1}、F_{r2} 分别指向各自的轮心；③轴向力 F_{a1}、F_{a2} 的方向取决于轮齿的螺旋向和齿轮的回转方向，可用主动轮"左、右手定则"判断：当主动轮为左旋时，用左手；当主动轮右旋时，用右手。四指的弯曲方向表示主动轮的转向，拇指的指向即为主动轮承受轴向力 F_{a1} 的方向，从动轮上轴向力 F_{a2} 的方向与主动轮相反。如图 4-32 所示。注意：上述"左、右手定则"仅适用于主动轮。

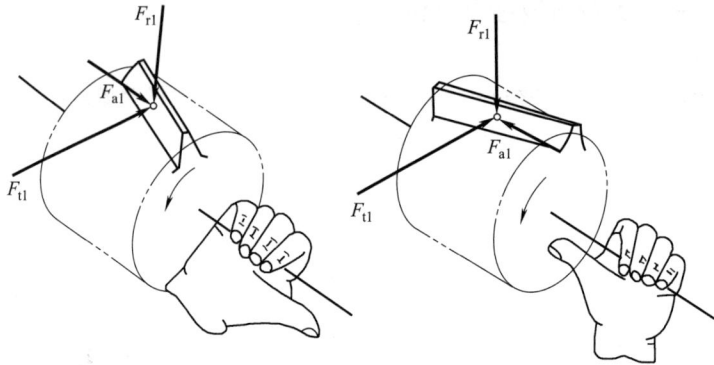

图 4-32　主动斜齿轮轴向力方向的判定

（2）齿面接触疲劳强度计算

斜齿圆柱齿轮传动的齿面接触疲劳强度，按齿轮上的法面当量直齿圆柱齿轮计算。由于螺旋角 β 的作用，其齿面接触疲劳强度高于相同模数和齿数的直齿轮。斜齿轮齿面接触疲劳强度的校核公式和设计公式分别为：

校核公式：
$$\sigma_H = 590\sqrt{\frac{KT_1}{\psi_d d_1^3} \times \frac{u \pm 1}{u}} \leqslant [\sigma_H] \tag{4-30}$$

设计公式：
$$d_1 \geqslant \sqrt[3]{\left(\frac{590}{[\sigma_H]}\right)^2 \times \frac{KT_1}{\psi_d} \times \frac{u \pm 1}{u}} \tag{4-31}$$

式中各符号所代表的意义、单位及确定方法，均与直齿圆柱齿轮相同。

（3）齿根弯曲疲劳强度计算

斜齿圆柱齿轮传动的齿根弯曲疲劳强度计算，也按齿轮上的法面当量直齿圆柱齿轮计算。由于螺旋角 β 的影响，齿根弯曲疲劳折断的危险剖面较厚。所以，在相同的条件下，斜齿轮的齿根弯曲疲劳强度高于直齿轮。斜齿轮齿根弯曲疲劳强度的校核公式和设计公式分别为：

校核公式：
$$\sigma_F = \frac{1.6KT_1\cos\beta}{bm_n^2 z_1}Y_F \leqslant [\sigma_F] \tag{4-32}$$

设计公式：
$$m_n \geqslant \sqrt[3]{\frac{1.6KT_1\cos^2\beta}{\psi_d z_1^2} \times \frac{Y_F}{[\sigma_F]}} \tag{4-33}$$

式中，Y_F 为齿形系数，应根据当量齿数 z_V 确定，如图 4-23 所示；其他各符号所代表的意义、单位及确定方法，均与直齿圆柱齿轮相同。

［例 4-2］ 将例 4-1 中直齿圆柱齿轮传动设计成斜齿圆柱齿轮传动。

［解］

① 选择材料和热处理方式。同例 4-1，小齿轮材料为 45 钢，调质处理，硬度为 260HBW；

大齿轮材料也为 45 钢，正火处理，硬度为 215HBW，硬度差为 45HBW 较合适。

② 选择精度等级为 8 级。

③ 按齿面接触疲劳强度设计。根据式（4-31）：

$$d_1 \geqslant \sqrt[3]{\left(\frac{590}{[\sigma_H]}\right)^2 \times \frac{KT_1}{\psi_d} \times \frac{u \pm 1}{u}}$$

a. 选定载荷系数 K。查表 4-7，同例 4-1，取 $K = 1.2$。

b. 计算小齿轮传递的转矩 T_1。同例 4-1，$T_1 = 33159.7 N \cdot mm$。

c. 计算接触疲劳许用应力 $[\sigma_H]$。同例 4-1，$[\sigma_{H1}] = 545 MPa$，$[\sigma_{H2}] = 509 MPa$。

d. 计算小齿轮分度圆直径 d_1。同例 4-1，取 $\psi_d = 1.1$，则有：

$$d_1 \geqslant \sqrt[3]{\left(\frac{590}{[\sigma_H]}\right)^2 \times \frac{KT_1}{\psi_d} \times \frac{u+1}{u}} = \sqrt[3]{\left(\frac{590}{509}\right)^2 \times \frac{1.2 \times 33159.7}{1.1} \times \frac{4.6+1}{4.6}} = 38.97 (mm)$$

取 $d_1 = 40 mm$。

④ 确定主要参数，计算主要几何尺寸。

a. 齿数。取 $z_1 = 21$，则 $z_2 = z_1 i = 21 \times 4.6 = 96.6$，取 $z_2 = 97$。

b. 验算传动比误差。$\Delta i = 0.4\% < 5\%$，合适。

c. 初选螺旋角 β_0。$\beta_0 = 15°$。

d. 确定模数 m_n。$m_n = d_1 \cos\beta_0 / z_1 = 40 \times \cos 15° / 21 = 1.8$（mm），优先选择第一系列标准模数，取 $m_n = 2 mm$。

e. 计算中心距 a。$d_2 = d_1 i = 40 \times 4.6 = 184$（mm）

初定中心距 $a_0 = (d_1 + d_2)/2 = (40 + 184)/2 = 112$（mm），最终取 $a = 120 mm$。

f. 计算螺旋角 β。$\cos\beta = m_n(z_1 + z_2)/2a = 2 \times (21 + 97)/(2 \times 120) = 0.9833$，得到实际螺旋角 $\beta = 10°28'30''$，在 $8° \sim 20°$，故合理。

g. 计算传动主要尺寸。

分度圆直径：　　　$d_1 = m_n z_1 / \cos\beta = 2 \times 21 / 0.9833 = 42.71$（mm）

$d_2 = m_n z_2 / \cos\beta = 2 \times 97 / 0.9833 = 197.29$（mm）

齿宽 b：　　　　　$b = \psi_d d_1 = 1.1 \times 42.71 = 16.98$（mm）

取 $b_2 = 50 mm, b_1 = b_2 + 5 = 55$（mm）

⑤ 计算圆周速度 v_1。$v_1 = \dfrac{\pi n_1 d_1}{60 \times 1000} = \dfrac{3.14 \times 1440 \times 42.71}{60 \times 1000} = 3.22$（m/s）

速度 $v < 9 m/s$，取 8 级精度合适。

⑥ 校核弯曲疲劳强度。根据式（4-32）：

$$\sigma_F = \frac{1.6 KT_1 \cos\beta}{b m_n^2 z_1} Y_F \leqslant [\sigma_F]$$

a. 齿形系数 Y_F。$z_{V1} = z_1 / \cos^3\beta = 21 / 0.9833^3 = 22.09$

$z_{V2} = z_2 / \cos^3\beta = 97 / 0.9833^3 = 102.03$

查图 4-23 得：$Y_{F1} = 2.85$，$Y_{F2} = 2.18$。

b. 弯曲疲劳许用应力 $[\sigma_F]$。同例 4-1，$[\sigma_{F1}] = 158 MPa$，$[\sigma_{F2}] = 129 MPa$。

c. 校核计算。将上述计算值代入式（4-32）：

$$\sigma_{F1} = \frac{1.6 KT_1 \cos\beta}{b m_n^2 z_1} Y_{F1} = \frac{1.6 \times 1.2 \times 33159.7 \times 2.85 \times 0.9833}{50 \times 2^2 \times 21} = 42.48 (MPa) < [\sigma_{F1}]$$

$$\sigma_{F2} = \sigma_{F1} \frac{Y_{F2}}{Y_{F1}} = \frac{42.48 \times 2.18}{2.85} = 32.49 \text{(MPa)} < [\sigma_{F2}]$$

所以弯曲疲劳强度足够。

⑦ 结构设计与工作图（略）。

4.10 直齿锥齿轮传动

4.10.1 锥齿轮传动的特点和应用

锥齿轮用于传递两相交轴的运动和动力。其传动可看成是两个锥顶共点的节圆锥做纯滚动，如图 4-33 所示。两轴交角一般为 $\delta_1 + \delta_2 = 90°$。

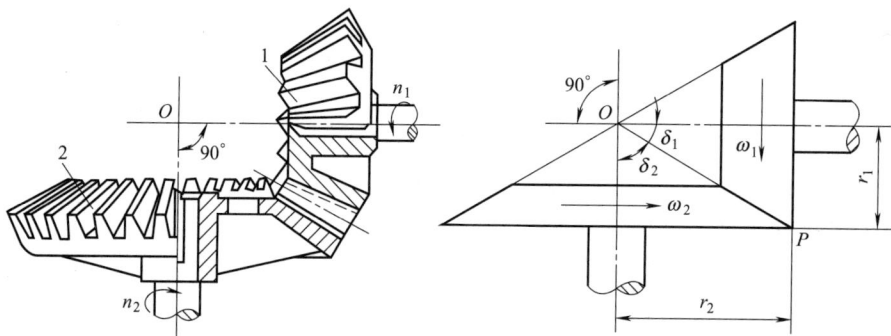

图 4-33 直齿锥齿轮传动

锥齿轮有直齿、斜齿和曲线齿之分，其中直齿锥齿轮最常用。与圆柱齿轮相比，直齿锥齿轮的制造精度较低，工作时振动和噪声都较大，适用于低速轻载传动。本节只讨论标准直齿锥齿轮传动。

4.10.2 锥齿轮的背锥和当量齿轮

直齿锥齿轮齿廓曲线是一条空间球面渐开线，但因球面渐开线无法在平面上展开，给锥齿轮设计和制造带来不便，故常用背锥上的齿廓曲线来代替球面渐开线，采用近似的方法来进行设计和制造。

图 4-34 为一具有球面渐开线齿廓的直齿锥齿轮的背锥。$\triangle OAB$ 表示分度圆锥，过分度圆锥上的点 A 作球面的切线 AO_1，与分度圆锥的轴线交于 O_1，以 OO_1 为轴线，O_1A 为母线作圆锥 O_1AB。此圆锥称为背锥。背锥母线与分度圆锥上的切线交点 a'、b' 与球面渐开线上的点 a、b 非常接近，即背锥上的齿廓曲线和齿轮的球面渐开线很接近。背锥和球面相切于锥齿轮大端分度圆上，背锥展开后的平面渐开线齿廓可代替直齿锥齿轮的球面渐开线，可以用背锥上齿形近似代替锥齿轮的大端齿形。因背锥面可以展成平面，故解决了锥齿轮的设计和制造问题。

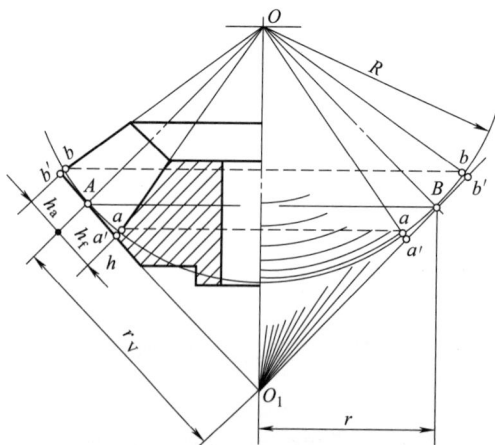

图 4-34 锥齿轮的背锥

如图 4-35 所示，将两背锥展开后得到两个扇形齿轮，分别以 O_1P 及 O_2P 为半径。

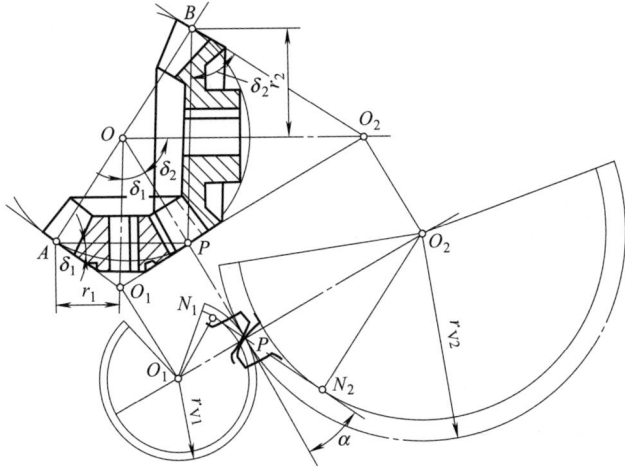

图 4-35　锥齿轮的当量齿轮

锥齿轮的大端模数、压力角为标准模数、压力角。将两扇形齿轮补足为一完整的圆形齿轮，则称其为锥齿轮的当量齿轮。

当量齿数 z_{V1}、z_{V2} 与真实齿数 z_1、z_2 的关系：

$$z_{V1} = z_1/\cos\delta_1 \qquad (4\text{-}34)$$

$$z_{V2} = z_2/\cos\delta_2 \qquad (4\text{-}35)$$

式中，δ_1 和 δ_2 分别为两轮的分度圆锥角。

当量齿轮是虚拟的圆柱齿轮，其齿数不一定为整数。锥齿轮不发生根切的最少齿数 z_{min} 为：

$$z_{min} = z_{Vmin}\cos\delta \qquad (4\text{-}36)$$

由式（4-36）可知，直齿锥齿轮不发生根切的最少齿数比直齿圆柱齿轮少。

4.10.3　锥齿轮的参数和尺寸计算

（1）基本参数的标准值

直齿锥齿轮传动的基本参数及几何尺寸是以轮齿大端为标准的。

规定锥齿轮大端模数 m 与压力角 α 为标准值。大端模数 m 由表 4-12 查取。

表 4-12　锥齿轮模数系列（GB 12368—1990）　　　　　　　单位：mm

0.1	0.35	0.9	1.75	3.25	5.5	10	20	36
0.12	0.4	1	2	3.5	6	11	22	40
0.15	0.5	1.125	2.25	3.75	6.5	12	25	45
0.2	0.6	1.25	2.5	4	7	14	28	50
0.25	0.7	1.375	2.75	4.5	8	16	30	—
0.3	0.8	1.5	3	5	9	18	32	—

当 $m \leqslant 1\text{mm}$ 时，齿顶高系数 $h_a^* = 1$，顶隙系数 $c^* = 0.25$；当 $m > 1\text{mm}$ 时，$h_a^* = 1$，$c^* = 0.2$。

（2）正确啮合条件

直齿锥齿轮的正确啮合条件为两锥齿轮的大端模数和压力角分别相等且等于标准值：

$m_1 = m_2 = m$，$\alpha_1 = \alpha_2 = \alpha$。

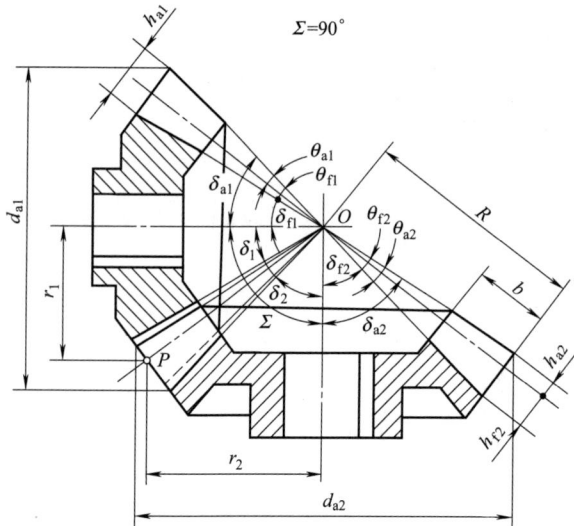

图 4-36 直齿锥齿轮几何尺寸

（3）传动比

如图 4-36 所示，一对标准直齿锥齿轮啮合时，因 $r_1 = OP\sin\delta_1$，$r_2 = OP\sin\delta_2$，故其传动比 i_{12} 为：

$$i_{12} = \frac{\omega_1}{\omega_2} = \frac{z_2}{z_1} = \frac{r_2}{r_1} = \frac{OP\sin\delta_2}{OP\sin\delta_1} = \frac{\sin\delta_2}{\sin\delta_1}$$

当轴交角 $\delta_1 + \delta_2 = 90°$ 时，则传动比：

$$i_{12} = \cot\delta_1 = \tan\delta_2 \qquad (4\text{-}37)$$

（4）几何尺寸计算

如图 4-36 所示为一对不等顶隙收缩齿标准直齿锥齿轮，其齿顶圆锥、齿根圆锥和分度圆锥具有同一个锥顶点 O，其节圆和分度圆重合，轴交角 $\delta_1 + \delta_2 = 90°$，两轮的各部分名称及主要几何尺寸的计算公式见表 4-13。

表 4-13　标准直齿锥齿轮传动（$\delta_1 + \delta_2 = 90°$）的主要几何尺寸计算公式

名　称	代　号	计算公式	
		小齿轮	大齿轮
分锥角	δ	$\delta_1 = \arctan\left(\dfrac{z_1}{z_2}\right)$	$\delta_2 = 90° - \delta_1$
齿顶高	h_a	$h_a = h_a^* m$	
齿根高	h_f	$h_f = (h_a^* + c^*)m$	
分度圆直径	d	$d_1 = mz_1$	$d_2 = mz_2$
齿顶圆直径	d_a	$d_{a1} = d_1 + 2h_a\cos\delta_1$	$d_{a2} = d_2 + 2h_a\cos\delta_2$
齿根圆直径	d_f	$d_{f1} = d_1 - 2h_f\cos\delta_1$	$d_{f2} = d_2 - 2h_f\cos\delta_2$
锥距	R	$R = \dfrac{m}{2}\sqrt{z_1^2 + z_2^2}$	
齿根角	θ_f	$\tan\theta_f = h_f / R$	
顶锥角	δ_a	$\delta_{a1} = \delta_1 + \theta_f$	$\delta_{a2} = \delta_2 + \theta_f$
根锥角	δ_f	$\delta_{f1} = \delta_1 - \theta_f$	$\delta_{f2} = \delta_2 - \theta_f$
顶隙	c	$c = c^* m$	
分度圆齿厚	s	$s = \dfrac{1}{2}\pi m$	

4.10.4　锥齿轮传动受力分析及强度计算

（1）受力分析

作用在齿面的法向力 F_n 可近似地认为集中作用于齿宽中点的分度圆上 P 点，如图 4-37 所示。F_n 可分解为三个相互垂直的分力。由力矩平衡条件可得：

$$\left.\begin{array}{ll}
\text{圆周力} & F_{t1} = \dfrac{2T_1}{d_{m1}} \\[2mm]
\text{径向力} & F_{r1} = F'\cos\delta_1 = F_{t1}\tan\alpha\cos\delta_1 \\[2mm]
\text{轴向力} & F_{a1} = F'\sin\delta_1 = F_{t1}\tan\alpha\sin\delta_1 \\[2mm]
\text{法向力} & F_n = \dfrac{F_{t1}}{\cos\alpha}
\end{array}\right\} \qquad (4\text{-}38)$$

式中，T_1 为主动齿轮传动的转矩；d_{m1} 根据分度圆直径 d_1、锥距 R 和齿宽 b 确定。

$$d_{m1} = \frac{R-0.5b}{R}d_1 = (1-0.5\psi_R)d_1 \tag{4-39}$$

式中，$\psi_R = b/R$ 为齿宽系数，常取 $\psi_R = 0.3$。

力的方向：①圆周力 F_t 方向，主动轮上 F_{t1} 的方向与其回转方向相反；从动轮上 F_{t2} 的方向与其回转方向相同；②径向力 F_r 方向，分别指向各自的轮心；③轴向力 F_a 方向，分别沿各自轴线指向大端。根据作用力和反作用力原理，如图 4-37（c）所示，可得主动轮和从动轮上三个力之间的关系。

$$\left.\begin{aligned} F_{t1} &= -F_{t2} \\ F_{r1} &= -F_{a2} \\ F_{a1} &= -F_{r2} \end{aligned}\right\} \tag{4-40}$$

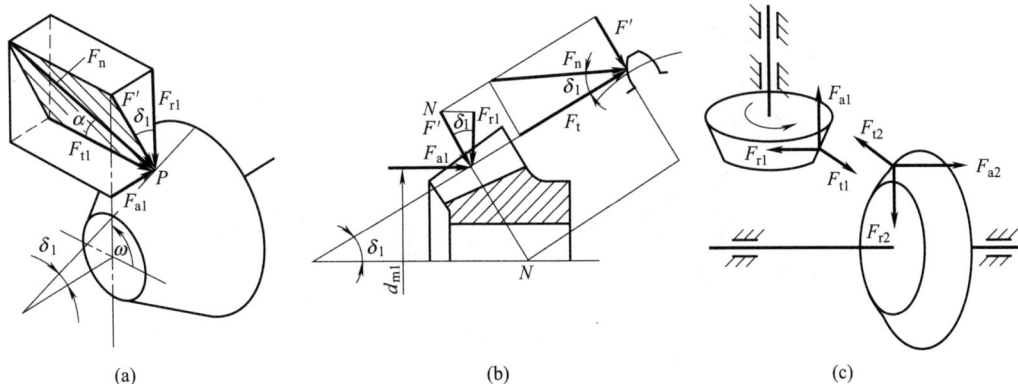

图 4-37　直齿锥齿轮受力分析

（2）齿面接触疲劳强度计算

直齿锥齿轮失效形式及强度计算的依据与直齿圆柱齿轮基本相同，可近似地按齿宽中点的一对当量直齿圆柱齿轮传动来考虑。

将当量齿轮的有关参数代入直齿圆柱齿轮的强度计算公式和设计公式，经整理后得直齿锥齿轮接触疲劳强度的校核公式和设计公式分别为：

校核公式：
$$\sigma_H = \frac{336}{R-0.5b}\sqrt{\frac{KT_1(u^2+1)^3}{ub}} \leqslant [\sigma_H] \tag{4-41}$$

设计公式：
$$d_1 \geqslant 96.6\sqrt[3]{\frac{KT_1}{\psi_R u(1-0.5\psi_R)[\sigma_H]^2}} \tag{4-42}$$

式中，K、T_1、u 与直齿圆柱齿轮相同；$\psi_R = b/R$ 为齿宽系数。

（3）齿根弯曲疲劳强度计算

与齿面接触疲劳强度计算时相同，按齿宽中点的当量直齿圆柱齿轮进行计算，以平均直径处参数代入直齿圆柱齿轮的计算公式，简化后得到齿根弯曲疲劳强度的校核公式和设计公式分别为：

校核公式：
$$\sigma_F = \frac{2KT_1Y_F}{bm^2(1-\psi_R)^2 z_1} \leqslant [\sigma_F] \tag{4-43}$$

设计公式：
$$m \geqslant \sqrt[3]{\frac{4KT_1}{\psi_R z_1^2(1-0.5\psi_R)} \times \frac{Y_F}{[\sigma_F]}} \tag{4-44}$$

式中，Y_F 为齿形系数，按当量齿数 z_V 查图 4-23。按式（4-44）计算时，应取 $\dfrac{Y_{F1}}{[\sigma_{F1}]}$、

$\dfrac{Y_{F2}}{[\sigma_{F2}]}$ 两者中大值代入。

4.11 蜗杆传动

4.11.1 蜗杆传动的类型和特点

蜗杆传动实际上是一对轴交角为 90° 的交错轴斜齿轮传动，用于传递空间交错轴间的运动和动力，由蜗杆和蜗轮组成，如图 4-38 所示。一般情况下，蜗杆为主动件，蜗轮为从动件。蜗杆的齿数（头数）z_1 很小，螺旋角 β_1 很大；蜗轮的齿数 z_2 很大，螺旋角 β_2 很小。

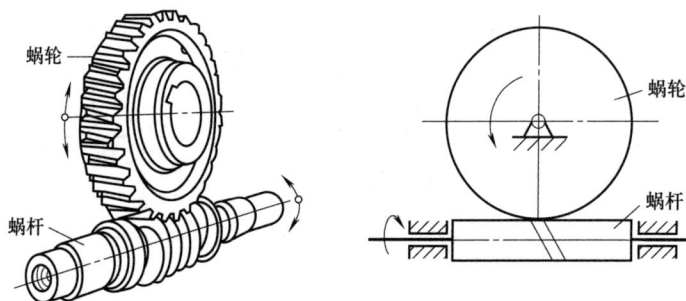

图 4-38 蜗杆传动

蜗杆传动广泛应用在机床、汽车、仪器、起重、冶金及其他机械制造部门。

（1）蜗杆传动类型

① 按蜗杆形状分类：根据蜗杆的形状可分为圆柱蜗杆传动、环面蜗杆传动和锥面蜗杆传动，如图 4-39 所示。圆柱蜗杆传动还由于加工时刀具的位置不同，又可分为阿基米德蜗杆、渐开线蜗杆等多种类型。阿基米德蜗杆加工简单，应用较广，因此，本节只讨论阿基米德蜗杆传动。

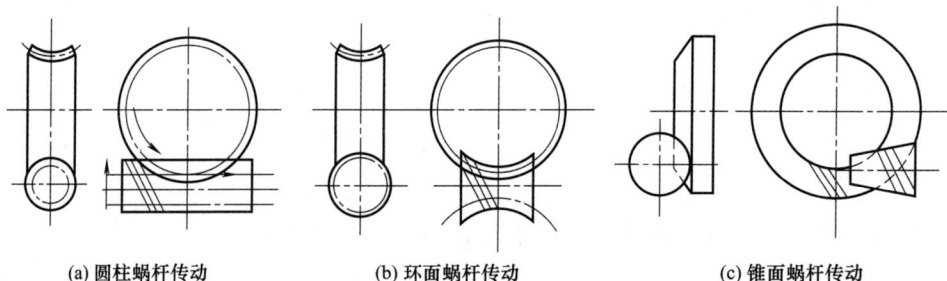

(a) 圆柱蜗杆传动　　　　(b) 环面蜗杆传动　　　　(c) 锥面蜗杆传动

图 4-39 蜗杆传动的类型

② 按蜗杆螺旋线方向不同分类：分为左旋蜗杆传动和右旋蜗杆传动。蜗杆旋向的判定方法和螺纹旋向判定方法相同，常用右旋蜗杆。

③ 按蜗杆工作条件不同分类：分为闭式蜗杆传动和开式蜗杆传动。

（2）蜗杆传动特点

① 传动比大。单级蜗杆传递动力时，$i = 5 \sim 80$，常用的为 $i = 15 \sim 50$，在分度传动时 i 可达 1000 左右，因而结构紧凑。

② 传动平稳。蜗杆形如螺杆，其齿是一条连续的螺旋线，故传动平稳、噪声小。

③ 有自锁性。当蜗杆的导程角小于轮齿间的当量摩擦角时，可实现自锁，即蜗杆能带动蜗轮旋转，而蜗轮不能带动蜗杆旋转。

④ 传动效率低。蜗杆传动因传动中滑动速度大，齿面磨损严重，效率比齿轮传动低，故不适合传递较大功率或长期连续工作，应具备良好的润滑和散热条件。

⑤ 制造成本高。为了降低摩擦，减少磨损，提高齿面抗胶合能力，蜗轮齿圈采用贵重的铜合金制造，成本高。

4.11.2　蜗杆传动基本参数与几何尺寸计算

（1）模数 m 和压力角 α

如图 4-40 所示，通过蜗杆的轴线并垂直于蜗轮轴线的剖面称为中间平面。蜗杆蜗轮的啮合类似于齿条齿轮的啮合，蜗杆传动的正确啮合条件是：

$$\left.\begin{array}{l} m_{a1} = m_{t2} = m \\ \alpha_{a1} = \alpha_{t2} = \alpha \\ \gamma = \beta \end{array}\right\} \tag{4-45}$$

式中　m_{a1}——蜗杆的轴向模数；

　　　m_{t2}——蜗轮的端面模数；

　　　α_{a1}——蜗杆的轴向压力角；

　　　α_{t2}——蜗轮的端面压力角；

　　　γ——蜗杆导程角（蜗杆螺旋角 β_1 余角）；

　　　β——蜗轮螺旋角。

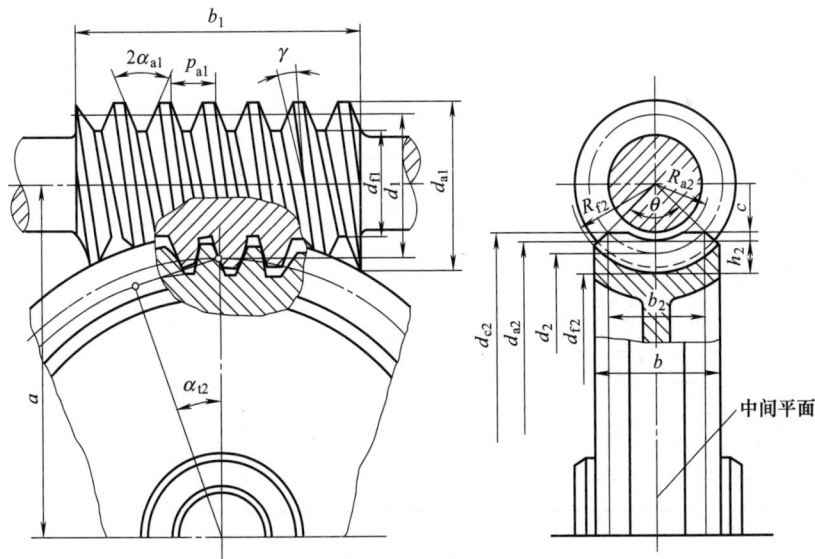

图 4-40　圆柱蜗杆传动

为便于设计和加工，将中间平面内蜗杆的轴向模数 m_{a1} 和压力角 α_{a1} 规定为标准值 $\alpha_{a1} = 20°$。

蜗杆蜗轮的模数已标准化，见表 4-14。

（2）蜗杆分度圆直径 d_1

采用滚动加工蜗轮时，为了保证蜗杆与该蜗轮的正确啮合，所用蜗轮滚刀的直径及齿形参数必须与相啮合的蜗杆相同。如果不做必要限制，滚刀的规格数量太多，会给设计和制造带来不便。所以，为了便于滚刀标准化，规定蜗杆分度圆直径 d_1 为标准值，且与模数 m 相匹配，其对应关系如表 4-15 所示。

表 4-14 蜗杆蜗轮的模数　　　　　单位：mm

第一系列	1	1.25	1.6	2	2.5	3.15	4	5	6.3
	8	10	12.5	16	20	25	31.5	40	
第二系列	1.5		3	3.5	4.5	5.5	6	7	12
	14								

注：优先选第一系列。

表 4-15 蜗杆的模数 m 和分度圆直径 d_1 的匹配值基本参数

模数 m /mm	分度圆直径 d_1/mm	蜗杆头数 z_1	$m^2 d_1$ /mm³	模数 m /mm	分度圆直径 d_1/mm	蜗杆头数 z_1	$m^2 d_1$ /mm³
1	18	1(自锁)	18	6.3	(80)	1,2,4	3175
1.25	20	1	31.25		112	1(自锁)	4445
	22.4	1(自锁)	35	8	(63)	1,2,4	4032
1.6	20	1,2,4	51.2		80	1,2,4,6	5120
	28	1(自锁)	71.68		(100)	1,2,4	6400
2	(18)	1,2,4	72		140	1(自锁)	8960
	22.4	1,2,4,6	89.6	10	(71)	1,2,4	7100
	(28)	1,2,4	112		90	1,2,4,6	9000
	35.5	1(自锁)	142		(112)	1,2,4	11200
2.5	(22.4)	1,2,4	140		160	1	16000
	28	1,2,4,6	175	12.5	(90)	1,2,4	14062
	(35.5)	1,2,4	221.9		112	1,2,4	17500
	45	1(自锁)	281		(140)	1,2,4	21875
3.15	(28)	1,2,4	277.8		200	1	31250
	35.5	1,2,4,6	352.2	16	(112)	1,2,4	28672
	(45)	1,2,4	446.5		140	1,2,4	35840
	56	1(自锁)	556		(180)	1,2,4	46080
4	(31.5)	1,2,4	504		250	1	64000
	40	1,2,4,6	640	20	(140)	1,2,4	56000
	(50)	1,2,4	800		160	1,2,4	64000
	71	1(自锁)	1136		(224)	1,2,4	896000
5	(40)	1,2,4	1000		315	1	126000
	50	1,2,4,6	1250	25	(180)	1,2,4	112500
	(63)	1,2,4	1575		200	1,2,4	125000
	90	1(自锁)	2250		(280)	1,2,4	175000
6.3	(50)	1,2,4	1985		400	1	250000
	63	1,2,4,6	2500				

注：括号中的数字尽可能不采用。

（3）导程角 γ

将蜗杆分度圆展开如图 4-41 所示，蜗杆分度圆上的导程角 γ 为：

$$\tan\gamma = \frac{z_1 p_{a1}}{\pi d_1} = \frac{z_1 m}{d_1} \tag{4-46}$$

式中　p_{a1}——蜗杆轴线齿距，mm；

d_1——蜗杆分度圆直径，mm。

导程角 γ 越大，传动效率越高。γ 的范围为 $3.5°\sim33°$，要求传动效率高时，常取 $\gamma =$

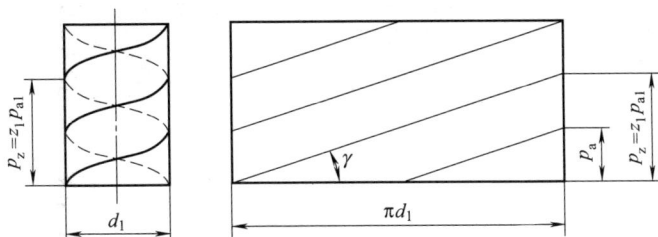

图 4-41 蜗杆导程角

$15°\sim33°$的多头蜗杆；要求自锁时，常取 $\gamma=3°40'$ 的单头蜗杆。

由式（4-46）可得：

$$d_1=m\frac{z_1}{\tan\gamma}=mq \tag{4-47}$$

$q=\dfrac{z_1}{\tan\gamma}$ 称为蜗杆直径系数，当 m 一定时，q 值越大，则蜗杆直径 d_1 增大，蜗杆刚度提高。小模数蜗杆一般有较大的 q 值，以使蜗杆有足够的刚度。

（4）蜗杆头数 z_1、蜗轮齿数 z_2 和传动比 i

蜗杆头数 z_1 即蜗杆螺旋线的线数，通常 $z_1=1\sim4$，最多到 6。单头蜗杆容易切削，导程角小，自锁性好；多头蜗杆则相反。当传动比大于 40 或要求自锁时取 $z_1=1$；当传动功率大时，为提高效率取较大值，但头数多，加工精度难以保证。

蜗轮的齿数一般取 $z_2=27\sim80$。z_2 过少将产生根切，z_2 过大，蜗轮直径增大，与之相应的蜗杆长度增加，刚度减小。z_2 和 z_1 最好互质，以利于磨损均匀。

蜗杆传动比为主动轮的角速度与从动轮的角速度之比值，即

$$i=\omega_1/\omega_2=n_1/n_2=z_2/z_1 \tag{4-48}$$

式中　ω_1，ω_2——主动轮蜗杆和从动轮蜗轮的角速度，rad/s；

　　　n_1，n_2——主动轮蜗杆和从动轮蜗轮的转速，r/min。

在蜗杆传动设计中，传动比的工程值按下列数值选取：5、7.5、10、12.5、15、20、25、30、40、50、60、70、80。其中 10、20、40、80 优先选用。z_1、z_2 可根据传动比 i 按表 4-16 选取。

表 4-16　蜗杆头数 z_1 和蜗轮齿数 z_2 的推荐值

i	$7\sim8$	$9\sim13$	$14\sim24$	$25\sim27$	$28\sim40$	>40
z_1	4	$3\sim4$	$2\sim3$	$2\sim3$	$1\sim2$	1
z_2	$28\sim32$	$27\sim52$	$28\sim72$	$50\sim81$	$28\sim80$	>40

（5）中心距 a

蜗杆轴线与蜗轮轴线之间的垂直距离称为中心距 a。蜗杆传动中，当蜗杆节圆与蜗轮分度圆重合时称为标准传动。为了大批生产，减少箱体类型，对一般蜗杆减速器装置的中心距 a（mm）推荐值为：40、50、63、80、100、125、160、(180)、200、(225)、250、(280)、315、(355)、400、(450)、500。

（6）蜗杆传动几何尺寸计算

蜗杆传动的主要几何尺寸计算公式见表 4-17。

表 4-17　标准圆柱蜗杆传动几何尺寸计算公式

名　　称	计算公式	
	蜗　　杆	蜗　　轮
齿顶高和齿根高	$h_{a1}=h_{a2}=m, h_{f1}=h_{f2}=1.2m$	
分度圆直径	$d_1=mq$	$d_2=mz_2$
齿顶圆直径	$d_{a1}=m(q+2)$	$d_{a2}=m(z_2+2)$
齿根圆直径	$d_{f1}=m(q-2.4)$	$d_{f2}=m(z_2-2.4)$
顶隙	$C=0.2m$	
蜗杆轴向齿距　蜗轮端面齿距	$P_{a1}=p_{f2}=\pi m$	
蜗杆分度圆导程角 蜗轮分度圆螺旋角	$\gamma=\arctan(z_1/q)$	$\beta=\gamma$
中心距	$a=\dfrac{m}{2}(q+z_2)$	
蜗杆螺纹部分长度 蜗轮齿顶圆弧半径	$z_1=1,2, L\geqslant(11+0.06z_2)m$ $z_1=3,4, L\geqslant(12.5+0.09z_2)m$	$r_{a2}=a-\dfrac{1}{2}d_{a2}$
蜗轮外圆直径		$z_1=1, d_{e2}\leqslant d_{a2}+2m$ $z_1=2,3, d_{e2}\leqslant d_{a2}+1.5m$ $z_1=4\sim6, d_{e2}\leqslant d_{a2}+m$
蜗轮轮缘宽度		$z_1=1,2, b\leqslant0.75d_{a1}$ $z_1=4\sim6, b\leqslant0.67d_{a1}$

4.11.3　蜗杆传动的失效形式、常用材料和结构

（1）失效形式

蜗杆传动的主要失效形式是胶合、磨损和点蚀。蜗轮与蜗杆相比，无论是材料或轮齿的结构都较弱，失效一般都发生在蜗轮轮齿上。实践表明，在闭式传动中，蜗轮的失效形式主要是胶合和点蚀；在开始传动中，失效形式主要是磨损；当过载时，会发生轮齿折断。

（2）常用材料

蜗杆传动常采用青铜作蜗轮的齿圈，与淬硬后经磨削的钢制蜗杆相配。

① 蜗杆常用材料：高速重载传动，蜗杆常用低碳合金钢（20Cr、20CrMnTi）经渗碳淬火后，再磨削；中速重载传动，蜗杆常用40Cr、35SiMn等表面经高频淬火后，再磨削。一般蜗杆采用45、40等碳钢调质处理。

② 蜗轮常用材料：高速而重要的蜗杆传动，蜗轮常用铸锡青铜（ZCuSn10P1、ZCuSn5Pb5Zn5）；当滑动速度较低时，可选用价格较低的铝青铜（ZCuAl10Fe3）；低速不重要的传动可采用铸铁材料（HT150、HT200）。

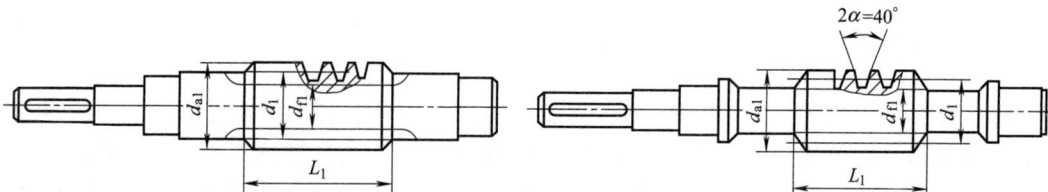

图 4-42　蜗杆结构

③ 蜗杆和蜗轮的结构：蜗杆大多和轴做成一体，称为蜗杆轴，如图 4-42 所示。蜗轮分为整体式和组合式两种，如图 4-43 所示。整体式用于铸铁或小尺寸青铜蜗轮，组合式尺寸

大的蜗轮常采用组合式结构，即齿圈用有色金属而轮心用钢或铸铁制成。青铜齿圈可直接浇铸在轮心上，也可用螺栓连接，还可用压配齿圈式结构。

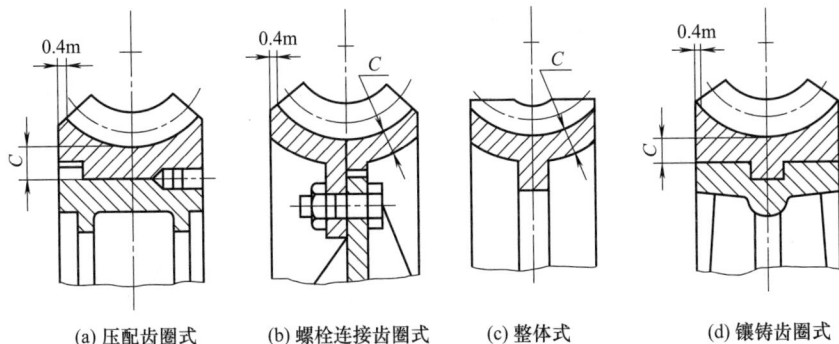

(a) 压配齿圈式　　(b) 螺栓连接齿圈式　　(c) 整体式　　(d) 镶铸齿圈式

图 4-43　蜗轮结构

4.11.4　蜗杆传动受力分析及强度计算

由于蜗杆传动的失效一般都发生在蜗轮齿上，因此，只需对蜗轮的轮齿进行强度计算。

（1）受力分析

蜗杆传动的受力分析和斜齿轮相似，为了简化计算，通常不计摩擦力的影响。假设作用在齿面上的法向力 F_n 集中在节点，将法向力 F_n 分解成三个相互垂直的分力：圆周力 F_t、轴向力 F_a 和径向力 F_r，如图 4-44（a）所示。由于蜗杆和蜗轮轴线交错成 $90°$，根据作用力与反作用力原理，蜗杆圆周力 F_{t1} 与蜗轮轴向力 F_{a2}、蜗杆轴向力 F_{a1} 与蜗轮圆周力 F_{t2}、蜗杆径向力 F_{r1} 与蜗轮径向力 F_{r2} 分别为一对作用力与反作用力，即 F_{t1} 和 F_{a2}、F_{a1} 和 F_{t2}、F_{r1} 和 F_{r2} 三对力的大小相等、方向相反，如图 4-44（c）所示，即

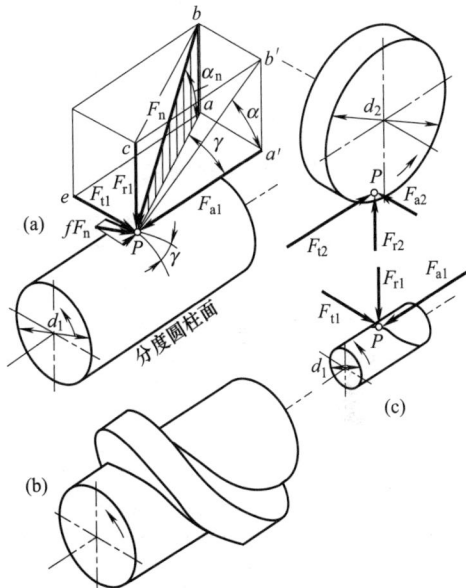

图 4-44　蜗杆受力分析

$$\left.\begin{array}{l} F_{t1} = -F_{a2} = 2T_1/d_1 \\ F_{a1} = -F_{t2} = 2T_2/d_2 \\ F_{r1} = -F_{r2} = F_{t2}\tan\alpha \end{array}\right\} \qquad (4\text{-}49)$$

式中　T_1，T_2——分别为作用在蜗杆和蜗轮上的名义转矩，N·mm，T_1 和 T_2 的关系为 $T_2 = iT_1\eta$；

　　　　η——蜗杆传动效率；

　　d_1，d_2——蜗杆和蜗轮的分度圆直径；

　　　　α——压力角 $\alpha = 20°$。

在判定蜗杆和蜗轮受力方向时，首先判明主动件和从动件（一般蜗杆为主动件），蜗杆、蜗轮螺旋线旋向，蜗杆的转向及其位置。蜗杆的旋向判别与斜齿轮的旋向判别方法相同，蜗轮的旋向与蜗杆相同。

① 蜗杆上的圆周力起阻力作用，与回转方向相反；蜗轮的圆周力起驱动力作用，与回转方向相同。

② 蜗杆和蜗轮上的径向力分别指向各自轮心。

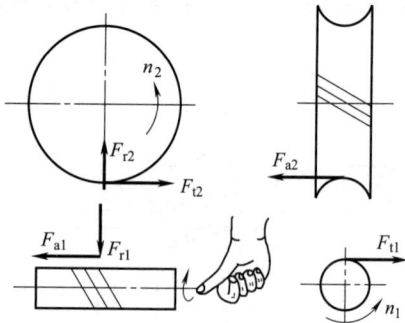

图 4-45 蜗杆传动作用力方向的判定

③ 蜗杆上的轴向力按"左、右手定则"来判定，蜗轮上的轴向力与蜗杆上的圆周力方向相反，如图 4-45 所示。

（2）蜗杆传动的强度计算

由于材料和结构等因素，蜗杆螺旋齿的强度要比蜗轮轮齿的强度高，因而在强度计算中只计算蜗轮的轮齿。蜗轮齿面接触疲劳强度计算公式和斜齿圆柱齿轮相似，也是以节点啮合处的相应参数代入赫兹公式，并考虑到蜗轮轮齿齿形及载荷分布情况，得到蜗轮齿面接触疲劳强度计算公式为：

设计公式：
$$m^2 d_1 \geqslant KT_2 \left(\frac{500}{z_2 [\sigma_H]} \right)^2 \tag{4-50}$$

校核公式：
$$\sigma_H = \frac{500}{z_2 m} \sqrt{\frac{KT_2}{d_1}} \leqslant [\sigma_H] \tag{4-51}$$

式中　T_2——作用在蜗轮上的转矩，N·mm；

K——载荷系数，一般取 $K=1.1 \sim 1.3$，工作载荷平稳时，取小值，否则取大值；

z_2——蜗轮齿数；

m——模数，mm；

d_1——蜗杆分度圆直径，mm；

$[\sigma_H]$——蜗轮许用接触疲劳应力，MPa，可根据表 4-18 和表 4-19 选取。

表 4-18　铸造锡青铜蜗轮的许用接触应力 $[\sigma_H]$　　　　单位：MPa

涡轮材料	铸造方法	适用的滑动速度 v_s/(m/s)	蜗杆齿面硬度	
			$\leqslant 350HBW$	$>45HRC$
ZCuSn10P1	砂型	$\leqslant 12$	180	200
	金属型	$\leqslant 25$	200	220
ZCuSn5Pb5Zn5	砂型	$\leqslant 10$	110	125
	金属型	$\leqslant 12$	135	150

表 4-19　铸造铝青铜及铸铁蜗轮的许用接触应力 $[\sigma_H]$　　　　单位：MPa

涡轮材料	蜗杆材料	滑动速度 v_s/(m/s)						
		0.5	1	2	3	4	6	8
ZCuAl10Fe3	淬火钢[1]	250	230	210	180	160	120	90
HT150、HT200	渗碳钢	130	115	90	—	—	—	—
HT150	调质钢	110	90	70	—	—	—	—

① 蜗杆未经淬火时，需将表中的 $[\sigma_H]$ 值降低 20%。

设计计算时可按 $m^2 d_1$ 值，由表 4-15 确定模数和蜗杆分度圆直径。在多数情况下，由于蜗轮轮齿弯曲强度所限定的承载能力大都超过齿面接触强度所限定的承载能力，因此，只需按照齿面接触疲劳强度计算即可。如需校核，可参考有关文献。

4.11.5　蜗杆传动的效率、润滑和热平衡计算

（1）蜗杆传动的效率

闭式蜗杆传动的总效率由啮合效率、轴承效率和搅油效率三部分组成，其中主要是啮合效率 η_1，轴承效率 η_2 和搅油效率 η_3 损失不大，一般 $\eta_2 \eta_3 = 0.95 \sim 0.97$。所以，当蜗杆主

动时，总效率为：

$$\eta = (0.95 \sim 0.97)\frac{\tan\gamma}{\tan(\gamma + \rho_V)} \tag{4-52}$$

式中　γ——蜗杆导程角，（°）；

　　　ρ_V——当量摩擦角，（°），见表 4-20。

表 4-20　蜗杆传动的当量摩擦角 ρ_V

蜗轮齿圆材料		锡青铜		无锡青铜	灰铸铁	
钢蜗杆齿面硬度		≥45HRC	其他情况	≥45HRC	≥45HRC	其他情况
滑动速度 v_s/(m/s)	0.01	6°17′	6°51′	10°12′	10°12′	10°45′
	0.05	5°09′	5′43′	7°58′	7°58′	9°05′
	0.10	4°34′	5°09′	7°24′	7°24′	7°58′
	0.25	3°43′	4°17′	5°43′	5°43′	6°51′
	0.50	3°09′	3°43′	5°09′	5°09′	5°43′
	1.00	2°35′	3°09′	4°00′	4°00′	5°09′
	1.50	2°17′	2°52′	3°43′	3°43′	4°34′
	2.00	2°00′	2°35′	3°09′	3°09′	4°00′
	2.50	1°43′	2°17′	2°52′		
	3.00	1°36′	2°00′	2°35′		
	4.00	1°22′	1°47′	2°17′		
	5.00	1°16′	1°40′	2°00′		
	8.00	1°02′	1°29′	1°43′		
	10.0	0°55′	1°22′			
	15.0	0°48′	1°09′			
	24.0	0°45′				

当需要初步估算总效率时，可按表 4-21 选取。当蜗杆传动具有自锁性时，蜗杆传动总效率 $\eta < 0.5$。

表 4-21　蜗杆传动的效率

蜗杆头数 z_1	闭式传动		开式传动	
	1	2	4	1、2
传动效率 η	0.70～0.75	0.75～0.82	0.87～0.92	0.60～0.70

（2）蜗杆传动的润滑

蜗轮传动润滑不良，传动效率将显著降低，而且会使轮齿早期发生胶合和磨损。

润滑油的黏度和供油方法，主要是根据相对滑动速度和载荷类型选择的。对于闭式传动，可参考表 4-22。

表 4-22　蜗杆传动的润滑油黏度及润滑方法

蜗杆传动的滑动速率 v_s/(m/s)	<1	<2.5	<5	>5～10	>10～15	>15～25	>25
工作条件	重载	重载	中载	—	—	—	—
运动黏度 $v_{40℃}$/(mm²/s)	1000	680	320	220	150	100	68
润滑方法	浸油润滑			浸油润滑或喷油润滑	喷油润滑及其油压/MPa		
					0.07	0.2	0.3

（3）蜗杆传动的热平衡计算

由于蜗杆传动效率低、发热量大，因此若不及时散热，会引起箱体内油温升高，润滑油失效导致轮齿磨损加剧，甚至产生胶合。因此，对于连续工作的闭式蜗杆传动要进行热平衡计算，以保证油温稳定在规定的范围内。

摩擦损耗的功率所产生的热量 H_1 为：

$$H_1 = 1000P(1-\eta)$$

式中　P——蜗杆传动的功率，W；

　　　η——总效率。

以自然冷却方式，从箱体外壁散发到周围空气中的热量 H_2 为：

$$H_2 = K_d A(t_1 - t_0)$$

式中　K_d——箱体的散热系数，$K_d = 10 \sim 18$，W/(m² · ℃)，当周围空气流通良好时，取大值；

　　　A——散热面积，指内表面被油浸着或能飞溅到，而外表面为周围空气所冷却的箱体表面面积，m²；

　　　t_1——油的工作温度，一般限制在 $60 \sim 70$℃，最高不超过 80℃；

　　　t_0——周围空气温度，一般可取 $t_0 = 20$℃。

按热平衡条件 $H_1 = H_2$ 可求得在既定条件下，润滑油的工作温度为：

$$t_1 = \frac{1000P(1-\eta)}{K_d A} \tag{4-53}$$

当工作油温 t_1 超过允许值时，可采用下列措施增加散热能力：在箱体外增加散热片以增加散热面积 A；可通过改善环境散热条件来提高散热系数，如在蜗杆轴上加装风扇，如图 4-46（a）所示；装设冷却水管以冷却润滑油，如图 4-46（b）所示；采用冷却器进行循环冷却，如图 4-46（c）所示。

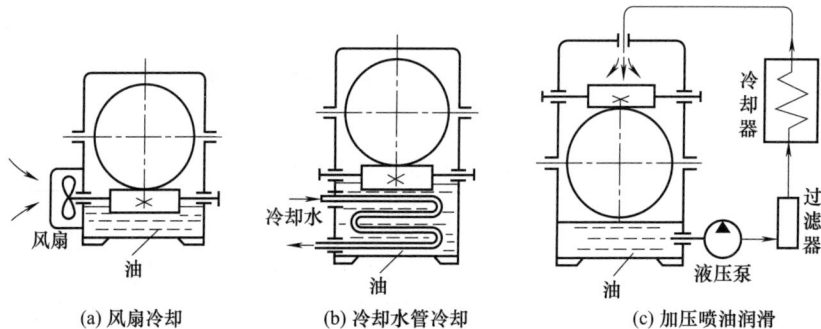

(a) 风扇冷却　　　　　(b) 冷却水管冷却　　　　　(c) 加压喷油润滑

图 4-46　蜗杆传动的冷却方式

故事汇

我国古建筑的力与美探析

在我国古建筑中，砖石和木结构建筑占有很大比重。人们在游览山川名胜时，远望蓝天白云，不时见到掩映在绿树丛中的亭台楼阁和寺院道宫，其景象格外引人注目，或者雍容华丽，或者雄伟庄严，人们不禁为这些巧夺天工的古建筑发出赞叹！其中力与美的结合是何等

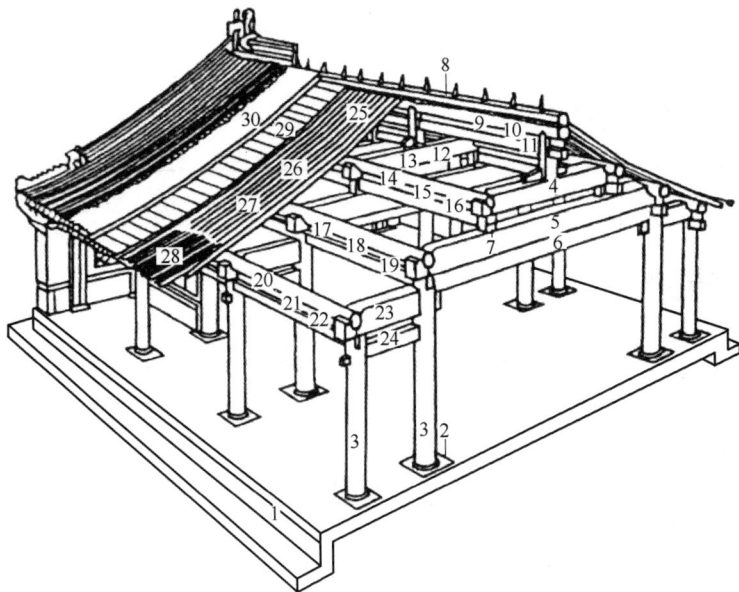

古建筑结构

1—台基；2—柱础；3—柱；4—三架梁；5—五架梁；6—随梁枋；7—瓜柱；8—扶脊木；9—脊檩；
10—脊垫板；11—脊枋；12—脊瓜柱；13—角背；14—上金檩；15—上金垫板；16—上金枋；
17—老檐檩；18—老檐垫板；19—老檐枋；20—檐檩；21—檐垫板；22—檐枋；23—抱头梁；
24—穿插枋；25—脑椽；26—花架椽；27—檐椽；28—飞椽；29—望板；30—苦背

奇妙啊！

一、压杆——沉稳的立柱

古建筑中的立柱，在靠近地面的一端多采用横断面较大的石头作为基座，外观给人以沉稳之感。然而从力学上讲，这显然起到了减小木质立柱横截面压应力的作用。

另外值得注意的是，立柱高与横断面直径的比多为 9:1，这样的长径比，对木质立柱来说，属于小柔度杆，可以不考虑失稳。古代人们并不知道用稳定理论设计木柱，完全是由材料的实际力学性能和外观美，再依据大量的经验来建造房屋的，于是达到了力与美的统一。

二、合理的截面几何形状——檩条、枋子

在木结构建筑中，沿屋顶纵向常用檩条和枋子来联系，而檩条和枋子之间有垫板连接，这实际上使两者结合成了一长梁，以承受屋面传来的垂直载荷，其横截面呈工字形，与现代的工字梁截面很相似，无疑具有良好的承载性能。其中枋子和垫板正面为平面，能方便工匠在上面绘制美丽的彩画，显示了古代劳动者合理利用材料的聪明才智和对建筑的审美素质。

三、拱——优美的古桥

建于公元 606 年前后的河北赵县安济桥，是我国现存最古老的桥，建桥至今 1400 多年来，已经历过无数次各种载荷的考验。又如，北京颐和园的玉带桥，拱洞宽度与高度比为 1:1.2，极有力度感。玉带桥拱顶做得很薄，之所以如此，与拱顶处的弯矩、剪力和轴力较小有关，而且还很省料。这样结构的拱桥，既实现了合理的受力，又显得美观，与周围的自然环境融为一体，实现了力与美的相得益彰。

第5章 轮系

5.1 轮系的分类

在机械中齿轮一般不是一对，而是有多对齿轮传动，这种由多对齿轮所组成的传动系统称为轮系。

（1）定轴轮系

轮系运转时，若其中各齿轮的轴线相对于机架的位置都是固定不变的，则此轮系称为定轴轮系。

完全由平面轴线齿轮组成的定轴轮系，称为平面定轴轮系，如图 5-1 所示。

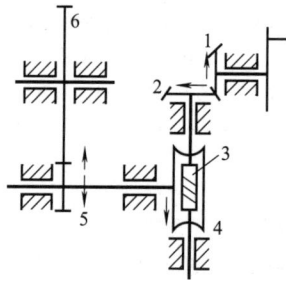

轮系中含有非平行轴线齿轮的定轴轮系，称为空间定轴轮系，如图 5-2 所示。

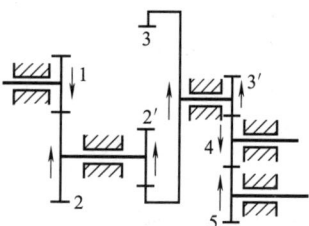

图 5-1 平面定轴轮系 　 5.1 平面定轴轮系 　 图 5-2 空间定轴轮系 　 5.2 空间定轴轮系

（2）行星轮系

轮系运转时，若至少有一个齿轮的几何轴线绕另一齿轮固定轴线转动，则此轮系称作行星轮系，如图 5-3 所示。如图 5-4 所示，齿轮 2 一方面绕自身轴线旋转，另一方面又随着构件 H 绕固定轴线回转，如天体中的行星，有自转和公转。齿轮 2 称为行星齿轮，支承行星齿轮 2 的构件 H 称为行星架或系杆，与齿轮 2 相啮合且轴线固定的齿轮 1 和 3 称为太阳轮，其中外齿太阳轮称为太阳轮，内齿太阳轮称为内齿圈。

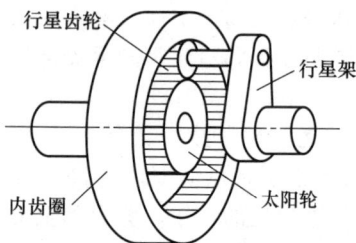

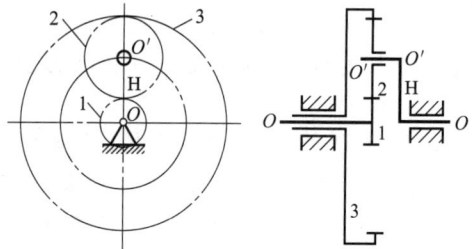

图 5-3 行星轮系结构 　 5.3 行星轮系 　 图 5-4 单级行星轮系的运动简图

① 行星轮系根据结构复杂程度分为单级行星轮系（图 5-4）、多级行星轮系（图 5-5）和复杂行星轮系（图 5-6）。

② 行星轮系根据自由度不同分为差动轮系（自由度为 2，太阳轮不固定，如图 5-4 所示）和简单行星轮系（自由度为 1，有固定的太阳轮，如图 5-7 所示）。

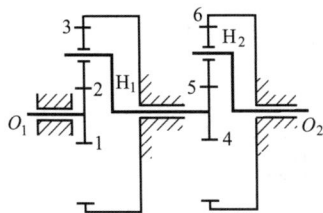

图 5-5 多级行星轮系　　图 5-6 复杂行星轮系　　图 5-7 简单行星轮系

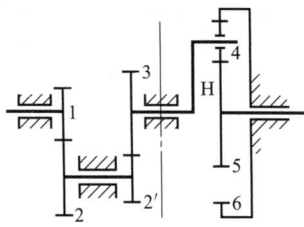

5.4复杂行星轮系

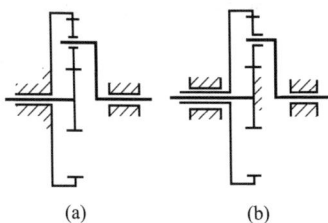

5.2 轮系传动比计算

5.2.1 定轴轮系传动比

定轴轮系中首轮与末轮的转速或角速度之比，称为轮系的传动比，通常用 i 表示。下面以图 5-1 为例，求其传动比 i_{15}。

首先分清该轮系的运动传递路线，并分别求出各对啮合齿轮的传动比。

$$i_{12}=\frac{\omega_1}{\omega_2}=-\frac{z_2}{z_1}\quad\text{（式中负号表示}\omega_1\text{与}\omega_2\text{转向相反，即外啮合）}$$

$$i_{2'3}=\frac{\omega_{2'}}{\omega_3}=+\frac{z_3}{z_{2'}}\quad\text{（式中正号表示}\omega_{2'}\text{与}\omega_3\text{转向相同，即内啮合）}$$

$$i_{3'4}=\frac{\omega_{3'}}{\omega_4}=-\frac{z_4}{z_{3'}}\text{（式中负号表示}\omega_{3'}\text{与}\omega_4\text{转向相反，即外啮合）}$$

$$i_{45}=\frac{\omega_4}{\omega_5}=-\frac{z_5}{z_4}\quad\text{（式中负号表示}\omega_4\text{与}\omega_5\text{的转向相反，即外啮合）}$$

将上式顺序连乘，又因 $\omega_2=\omega_{2'}$，$\omega_3=\omega_{3'}$ 故该轮系的传动比 i_{15} 为：

$$i_{15}=\frac{\omega_1}{\omega_5}=i_{12}i_{2'3}i_{3'4}i_{45}=(-1)^3\frac{z_2z_3z_4z_5}{z_1z_{2'}z_{3'}z_4}=(-1)^3\frac{z_2z_3z_5}{z_1z_{2'}z_{3'}}$$

$$\text{即 } i_{15}=\frac{\omega_1}{\omega_5}=(-1)^3\frac{\text{从动轮齿数乘积}}{\text{主动轮齿数乘积}}$$

若以 m（外啮合数）表示 -1 的指数，j 表示首轮，k 表示末轮，则通式为：

$$i_{jk}=\frac{\omega_j}{\omega_k}=(-1)^m\frac{\text{从动轮齿数乘积}}{\text{主动轮齿数乘积}}\tag{5-1}$$

由此可知：

① 定轴轮系传动比为各对齿轮传动比的连乘积，其值等于各从动轮齿数的乘积与各主动轮齿数的乘积之比。

② 当 m 为偶数时，传动比为正值，表示首末轮转向相同；当 m 为奇数时，传动比为负值，表示首末轮转向相反。

③ 在计算式中齿数 z_4 被消掉。这是由于轮 4 相对轮 $3'$ 来说是从动轮，而相对轮 5 来说是主动轮，它的齿数多少对传动比的绝对值不产生影响，只是增加了啮合数而使从动轮转向变化，这种齿轮称为惰轮或过桥轮。

④ 对于含有锥齿轮、蜗杆蜗轮的轮系，因其主、从动轮的运动平面不平行，故公式中

$(-1)^m$ 不能应用，只能用画箭头的方法来确定各轮的转向，如图 5-8 所示。但这类轮系传动比的绝对值仍可按式（5-1）计算。

[例 5-1] 一提升装置如图 5-9 所示。其中各轮齿数为 $z_1=20$、$z_2=50$、$z_{2'}=16$、$z_3=30$、$z_{3'}=1$、$z_4=40$、$z_{4'}=18$、$z_5=52$。试求 i_{15}，并指出当提升重物时手柄转向。

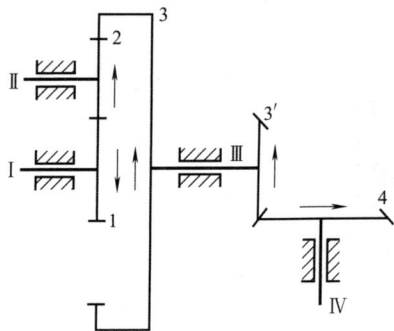

图 5-8　空间定轴轮系

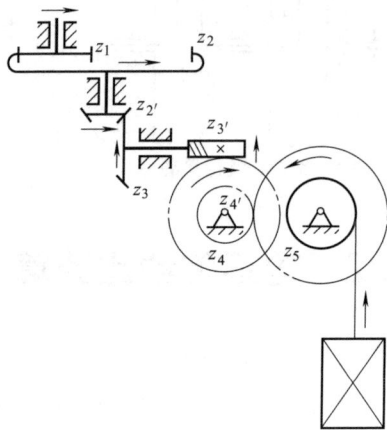

图 5-9　提升装置

[解]　因为轮系中有空间齿轮，所以只能用式（5-1）计算轮系传动比大小：

$$i_{15}=\frac{\omega_1}{\omega_5}=\frac{z_2 z_3 z_4 z_5}{z_1 z_{2'} z_{3'} z_{4'}}=\frac{50\times30\times40\times52}{20\times16\times1\times18}=541.67$$

当提升重物时，主动件 1 的转向用画箭头的方法确定，如图 5-9 中箭头所示。

5.2.2　周转轮系传动比

行星轮系中行星齿轮除绕本身轴线转动外，还随行星架绕固定轴线转动，显然传动比的计算不能直接利用定轴轮系传动比计算公式进行。

为了利用定轴轮系传动比的计算公式，间接求出单级行星轮系的传动比，采用转化机构法。假设给整个单级行星轮系上加上一个与行星架 H 的转速大小相同、方向相反的附加转速"$-n_H$"，根据相对运动原理，此时单级行星轮系中各构件间的相对运动关系不变。反转后行星架的转速为零，原来行星架转化为静止。这样，原来的单级行星轮系转化为一个假想的定轴轮系，可按定轴轮系传动比计算。

图 5-10（a）所示为差动行星轮系，图 5-10（b）所示为其转化轮系。转化前后各构件的转速见表 5-1。表中，n_1^H、n_2^H、n_3^H、n_H^H 分别表示各构件在转化轮系中的转速。

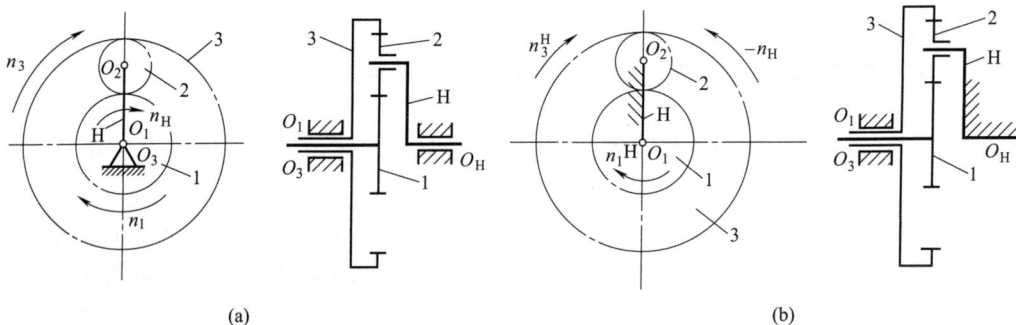

(a)

(b)

图 5-10　行星轮系及其转化轮系

表 5-1　转化前后轮系中各构件的转速

构件	原轮系中转速	转化轮系中转速
1	n_1	$n_1^{\rm H}=n_1-n_{\rm H}$
2	n_2	$n_2^{\rm H}=n_2-n_{\rm H}$
3	n_3	$n_3^{\rm H}=n_3-n_{\rm H}$
H	$n_{\rm H}$	$n_{\rm H}^{\rm H}=n_{\rm H}-n_{\rm H}=0$

由于转化机构为定轴轮系，可按（5-1）式计算其传动比。即

$$i_{13}^{\rm H}=\frac{n_1^{\rm H}}{n_3^{\rm H}}=\frac{n_1-n_{\rm H}}{n_3-n_{\rm H}}=-\frac{z_3}{z_1}$$

若以 j 表示首轮，k 表示末轮，则通式为：

$$i_{jk}=\frac{n_j^{\rm H}}{n_k^{\rm H}}=\frac{n_j-n_{\rm H}}{n_k-n_{\rm H}}=\frac{\omega_j-\omega_{\rm H}}{\omega_k-\omega_{\rm H}}=(-1)^m\frac{转化轮系从动轮齿数乘积}{转化轮系主动轮齿数乘积}\qquad(5\text{-}2)$$

[例 5-2]　如图 5-11 所示为减速器中的行星轮系，$z_1=75$、$z_2=25$、$z_{2'}=40$、$z_3=90$、$n_1=250\text{r/min}$，求 $i_{1\rm H}$ 和 $n_{\rm H}$。

[解]　根据式（5-2），转化机构的传动比为：

$$\frac{n_1-n_{\rm H}}{n_3-n_{\rm H}}=\frac{z_2z_3}{z_1z_{2'}}\quad 因为 n_3=0$$

所以得 $i_{1\rm H}=\dfrac{n_1}{n_{\rm H}}=1-\dfrac{z_2z_3}{z_1z_{2'}}=1-\dfrac{25\times90}{75\times40}=0.75$

$$n_{\rm H}=\frac{n_1}{i_{1\rm H}}=\frac{250}{0.75}=333.3\,(\text{r/min})$$

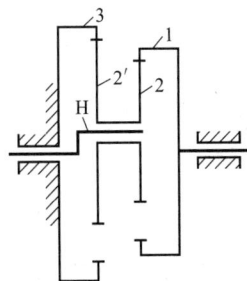

图 5-11　行星轮系

[例 5-3]　图 5-12 所示为混合轮系，其中内齿轮 5 与卷筒（H）为一体，已知各齿轮齿数，求传动比 $i_{15}(i_{1\rm H})$。

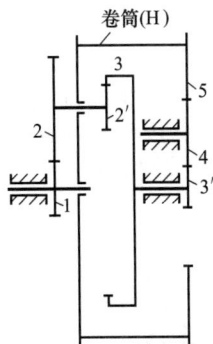

图 5-12　混合轮系

[解]　图中卷筒 H、行星轮 2 和 2′ 以及与行星轮相啮合的齿轮 1 和 3 组成差动轮系，其转化机构传动比为：

$$\frac{n_1-n_{\rm H}}{n_3-n_{\rm H}}=-\frac{z_2z_3}{z_1z_{2'}}\qquad(a)$$

齿轮 3、4、5 的轴线均固定，其定轴轮系的传动比为：

$$i_{3'5}=\frac{n_{3'}}{n_5}=-\frac{z_5}{z_{3'}}\qquad(b)$$

由于 $n_3=n_3'$、$n_{\rm H}=n_5$，将（b）式代入（a）式得：

$$i_{1\rm H}=\frac{n_1}{n_{\rm H}}=1+\frac{z_2z_3}{z_1z_{2'}}\left(1+\frac{z_5}{z_{3'}}\right)$$

总之，用转化机构求周转轮系传动比时，应注意以下几点。

① 转化机构是假想的机构，在计算传动比时，主、从动件可任意选择，其原则以计算方便为准，如图 5-12 所示行星轮系中，以轮 3 作为转化机构的从动件，可使运算方便。

② 在式（5-2）中（$\omega_j-\omega_{\rm H}$）和（$\omega_k-\omega_{\rm H}$）是代数运算式，只能用在两构件的转动轴共线或互相平行的场合。

③ 对于混合轮系的传动比计算，首先划清定轴轮系和周转轮系，然后分别应用各自传动比计算式，最后联立求解。

5.3 轮系的应用

在实际机械传动中，轮系应用非常广泛，主要有以下几个方面。

（1）实现运动的合成和分解

① 运动的合成：如图 5-13 所示，A、B 为电动机，其转速 $n_A = n_B$，两电动机通过齿轮 1、2、3 和 5、4、$3'$、3、2 分别将运动传递给系杆 H，即两个主动件转速 n_A 和 n_B 合成为一个从动件转速 n_H。

② 运动的分解：如图 5-14 所示为汽车后桥差速器，汽车发动机的动力经由变速箱驱动后桥，再经后桥中齿轮 1 和 2 组成的定轴轮系，齿轮 4、3、5 和系杆 H（2）组成的差动轮系，以满足汽车转弯时左、右两后轮有不同的转速，即运动的分解。

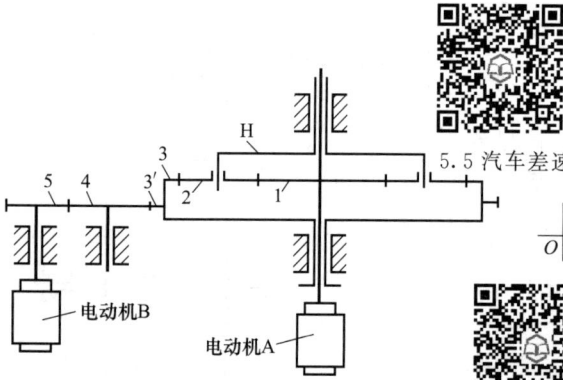

图 5-13 吊车提升机传动轮系

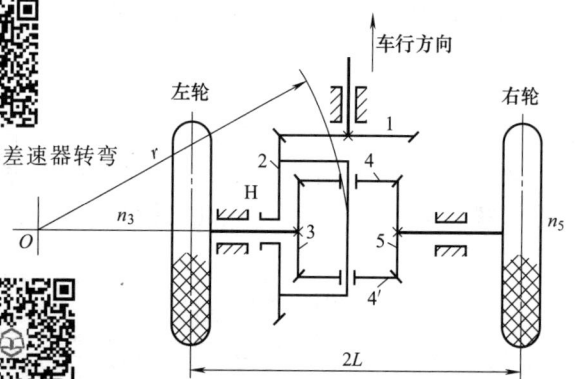

5.5 汽车差速器转弯

5.6 汽车差速器走直线

图 5-14 汽车后桥差速器

（2）传递相距较远的两轴间的运动和动力

当两轴间的距离较大时，若仅用一对齿轮传动，则齿轮尺寸过大，既占空间又浪费材料（图 5-15 中双点划线）。改用轮系传动，则克服上述缺点（图 5-15 中实线）。

（3）实现变速和换向传动

金属切削机床、起重机械、汽车等中，在主轴转速不变的情况下，输出轴需要有多种转速（变速传动），以适应不同工种条件的变化。如图 5-16 所示的汽车变速箱，主动轴 Q_1 转速不变，移动双联齿轮 1-$1'$，使之与从动轴 O_2 上两个齿数不同的齿轮 2、$2'$ 分别啮合，即可使从动轴获得两种不同的转速和方向。

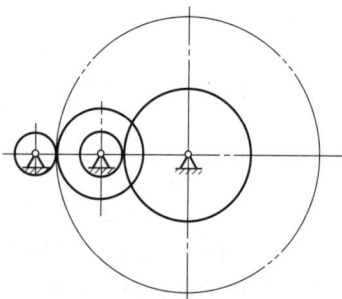

图 5-15 远距离两轴间的传动

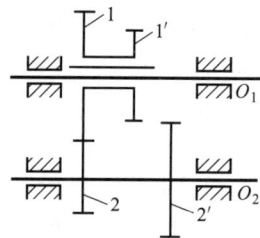

图 5-16 可变速的轮系

（4）获得大的传动比

需要获得较大的传动比时，可利用定轴轮系的多级传动来实现，也可用周转轮系和复合轮系来实现，轮系结构紧凑、体积小、重量轻。

故事汇

绿色清洁能源——风电

2020 年 9 月 22 日，习近平总书记在第 75 届联合国大会上庄严承诺："中国将提高国家自主贡献力度，采取更加有力的政策和措施，二氧化碳排放力争于 2030 年前达到峰值，努力争取 2060 年前实现碳中和。"2021 年 10 月，国务院新闻办发布《中国应对气候变化的政策与行动》白皮书，根据白皮书内容，中国将坚定走绿色低碳发展道路，实施减污降碳协同治理，积极探索低碳发展新模式。

绿色低碳发展正在成为世界各国的共识，要实现碳达峰、碳中和，改变能源结构、减少化石能源的使用、探索绿色新能源是必不可少的。

"过江千尺浪，入竹万竿斜。"看不见摸不到的风，却蕴含着巨大的能量。风电作为最具潜力的能源形式，具有天然绿色的属性，不会产生任何碳排放，发展风电正是实现"双碳"目标的有效途径之一。

我国幅员辽阔，风能资源比较丰富。据中国气象局估算，全国风能密度为 $100W/m^2$，风能资源总储量约 $1.6 \times 10^5\,MW$，特别是沿海区域及附近岛屿、内蒙古和甘肃走廊、东北、西北、华北和青藏高原等地区，每年风速在 $3m/s$ 以上的时间近 4000h，一些地区年平均风速可达 $6 \sim 7m/s$，具有很大的开发利用价值。在很多地区，都可以看到一座座高大的风车矗立于大地上，转动着修长的扇叶，这些就是风力发电机，为我国经济建设源源不断地提供着动力。

风力发电机由机舱、叶片、齿轮轴、齿轮箱、发电机、液压系统、冷却元件、风电塔、风速计及风向标、尾舵等组成。风电塔是一种典型的压杆结构，高一般在 60m 以上，最高可达 160m，它的顶端承受着叶片及各种设备的重力载荷，还有叶片受风载转动时产生的水平载荷。风电塔的稳定性是确保风力发电机安全运行的重要指标。此外，由于自然条件的复杂多变，在力学校核时要充分考虑极端天气下风电塔的受力情况。我国各地风电站每年都会发生一些倒塔事故，造成经济损失。风力发电机中的齿轮轴也是关键受力部件，叶片通常日夜不停地转动，将风能转换为机械能，通过齿轮轴传递给齿轮箱，再输入发电机转换为电能。因此，齿轮轴所受的是高频率、重载荷的交变应力，经常会因疲劳破坏产生故障，甚至断裂。用合理的材料并进行疲劳强度计算，对于风力发电机设计来说至关重要。

目前，我国的风力发电设备已经全部实现国产化，并且开始向其他国家出口。截至 2020 年，我国风电累计装机容量达 262.10GW，累计装机容量处于世界领先地位，新增装机容量位列全球第一。在未来，我国风电规模将继续保持高速增长，助力"双碳"目标的实现。

第6章 带与链传动

挠性传动是一类常见的机械传动形式，主要包括带传动和链传动。

6.1 带传动的组成、类型、特点

6.1.1 带传动的组成

带传动由主动带轮 1、从动带轮 2 和带 3 组成，如图 6-1 所示。在小功率传动中，有些带型还可以交叉传动或半交叉传动。

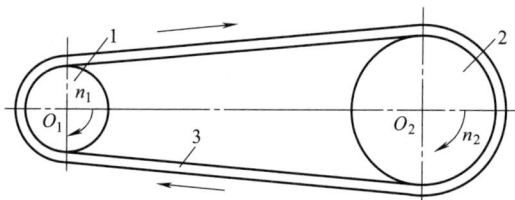

图 6-1 带传动的示意图

1—主动带轮；2—从动带轮；3—带

6.1.2 带传动的主要类型

带传动按传动原理可分为摩擦带传动和啮合带传动两大类。

（1）摩擦带传动

摩擦带传动是靠带与带轮间的摩擦力传递运动和动力的，按带的剖面形状可分为平带传动、V 带传动、多楔带传动以及圆带传动等，如图 6-2 所示。

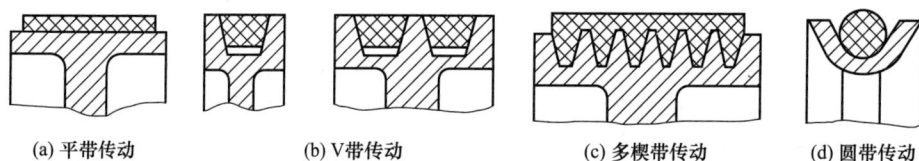

(a) 平带传动　　(b) V带传动　　(c) 多楔带传动　　(d) 圆带传动

图 6-2 摩擦带传动的类型

平带与带轮面相接触的表面为工作面。材料有橡胶帆布、棉布等。普通平带一般用特制的金属接头或粘接接头将带接成环形，而高速平带无接头。

V 带与带轮槽相接触的两侧面为工作面，楔角 $\varphi = 40°$。

（2）啮合带传动

① 同步带传动：如图 6-3 所示，带工作面上的齿与带轮上的齿相互啮合，以传递运动和动力。

同步带传动能保证准确的传动比，其能适应的速度范围广（$v \leqslant 50\text{m/s}$）、传动比大（$i \leqslant 12$）、传动效率高（$\eta = 0.98 \sim 0.99$）、传动结构紧凑，故应用广泛。

② 齿孔带传动：如图 6-4 所示，带上的孔与轮上的齿相互啮合，以传递运动和动力。

6.1.3 带传动的特点

摩擦带传动有如下主要特点。

① 带有弹性，能缓和冲击、吸收振动，故传动平稳、噪声小。

② 过载时，带会在带轮上打滑，具有过载保护作用。

③ 结构简单，制造成本低，且便于安装和维护。

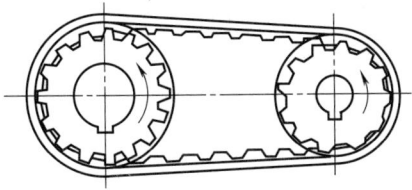

图 6-3　同步带传动

6.1 同步带传动

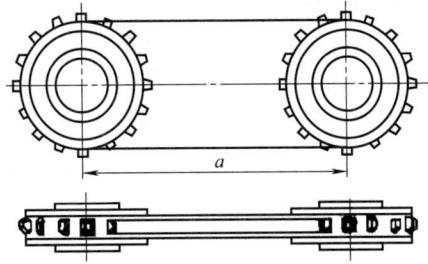

图 6-4　齿孔带传动

④ 带与带轮间存在弹性滑动，不能保证传动比恒定不变。

⑤ 带必须张紧在带轮上，增加了对轴的压力。

⑥ 不适用于高温、易爆及有腐蚀介质的场合。摩擦带传动适用于要求传动平稳、传动比要求不很严格及传动中心距较大的场合。

6.2　普通 V 带和 V 带轮

6.2.1　普通 V 带的结构和标准

图 6-5 所示为 V 带的结构，由顶胶 1、抗拉体 2、底胶 3 以及包布 4 组成。V 带的拉力基本由抗拉体承受，抗拉体有帘布或线绳两种结构。帘布结构制造方便，型号多；而线绳结构柔性好，抗弯强度高，有利于提高 V 带寿命。为提高承载能力，已普遍采用化学纤维织物。顶胶和底胶采用弹性好的胶料，分别承受传动时的拉伸和压缩，包布材料采用橡胶帆布，可起耐磨和保护作用。

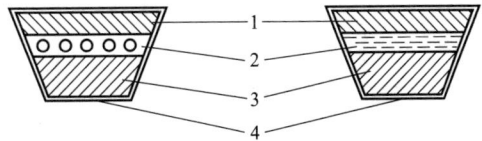

图 6-5　V 带的结构
1—顶胶；2—抗拉体；3—底胶；4—包布

普通 V 带是标准件，根据 GB/T 11544—2012 的规定，按截面尺寸分为 Y、Z、A、B、C、D、E 七种型号，其截面尺寸见表 6-1。

表 6-1　普通 V 带截面尺寸（摘自 GB/T 11544—2012）

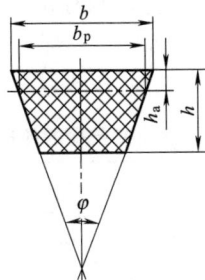

型　　号	Y	Z	A	B	C	D	E
节宽 b_p/mm	5.3	8.5	11.0	14.0	19.0	27.0	32.0
顶宽 b/mm	6.0	10.0	13.0	17.0	22.0	32.0	38.0
高度 h/mm	4.0	6.0	8.0	11.0	14.0	19.0	25.0
中性层高 h_a/mm	1.0	2.10	2.80	4.10	4.80	6.90	8.20
楔形角 φ				40°			
每米带长的质量 q/(kg/m)	0.04	0.06	0.10	0.17	0.30	0.60	0.87

V带在带轮上弯曲，外层变长，内层变短，两层间长度不变的中性层面称为节面，其宽为节宽 b_p；与 b_p 相对应的带轮直径称为基准直径，用 d_d 表示，为公称直径。普通 V 带在规定的张紧力下，位于带轮基准直径上的周线长度称为基准长度，用 L_d 表示。表 6-2 所示为普通 V 带基准长度系列。

表 6-2 普通 V 带的基准长度系列（摘自 GB/T 11544—2012）　　　　单位：mm

截面型号						
Y	Z	A	B	C	D	E
200	406	630	930	1565	2740	4660
224	475	700	1000	1760	3100	5040
250	530	790	1100	1950	3330	5420
280	625	890	1210	2195	3730	6100
315	700	990	1370	2420	4080	6850
355	780	1100	1560	2715	4620	7650
400	920	1250	1760	2880	5400	9150
450	1080	1430	1950	3080	6100	12230
500	1330	1550	2180	3520	6840	13750
	1420	1640	2300	4060	7620	15280
	1540	1750	2500	4600	9140	16800
		1940	2700	5380	10700	
		2050	2870	6100	12200	
		2200	3200	6815	13700	
		2300	3600	7600	15200	
		2480	4060	9100		
		2700	4430	10700		
			4820			
			5370			
			6070			

注：1. 带的标记已压印在带的外表面上，以便识别和选购。

2. V 带的标记型号为：　截型　基准长度　标准号　。例如，截型为 A 型、基准长度 $L_d=1430$mm 的普通 V 带，标记为：A 1430 GB/T 1171。

6.2.2 V 带轮的常用材料与结构

（1）V 带轮的材料

当带轮的圆周速度在 25m/s 以下时，带轮的材料一般采用铸铁 HT150 或 HT200；速度较高时，应采用铸钢或钢板焊接成的带轮。在小功率带轮传动中，也可采用铸铝或塑料带轮。

（2）V 带轮的结构和尺寸

V 带轮由轮缘（用于安装 V 带轮的部分，制有相应的 V 形轮槽）、轮毂（带轮与轴相连接的部分）以及轮辐（轮缘与轮毂相连接的部分）三部分组成，轮槽尺寸见表 6-3。根据带轮直径的大小，普通 V 带轮有实心式、辐板式、孔板式以及椭圆辐轮式四种典型结构，见图 6-6。

表 6-3 普通 V 带轮的轮槽尺寸　　　　单位：mm

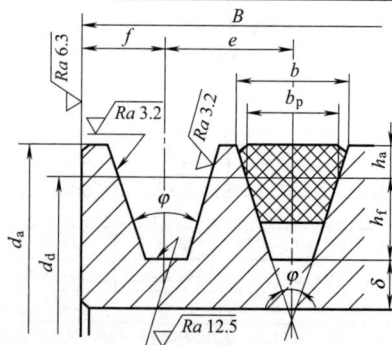

项　目	符　号		Y	Z	A	B	C	D	E
基准下槽深	h_{fmin}		4.7	7	8.7	10.8	14.3	19.9	23.4
基准上槽深	h_{amin}		1.6	2.0	2.7	3.5	4.8	8.1	9.6
槽间距	e		8 ±0.3	12 ±0.3	15 ±0.3	19 ±0.4	25.5 ±0.5	37 ±0.6	44.5 ±0.7
第一槽对称面至端面的距离	f_{min}		6	7	9	11.5	16	23	28
基准宽度	b_p		5.3	8.5	11.0	14.0	19.0	27.0	32.0
最小轮缘宽	δ_{min}		5	5.5	6	7.5	10	12	15
带轮宽	B		$B = (z-1)e + 2f$（z 为轮槽数）						
轮槽角 φ	32°	d_d/mm	≤60	—	—	—	—	—	—
	34°		—	≤80	≤118	≤190	≤315	—	—
	36°		>60	—	—	—	—	≤475	≤600
	38°		—	>80	>118	>190	>315	>475	>600

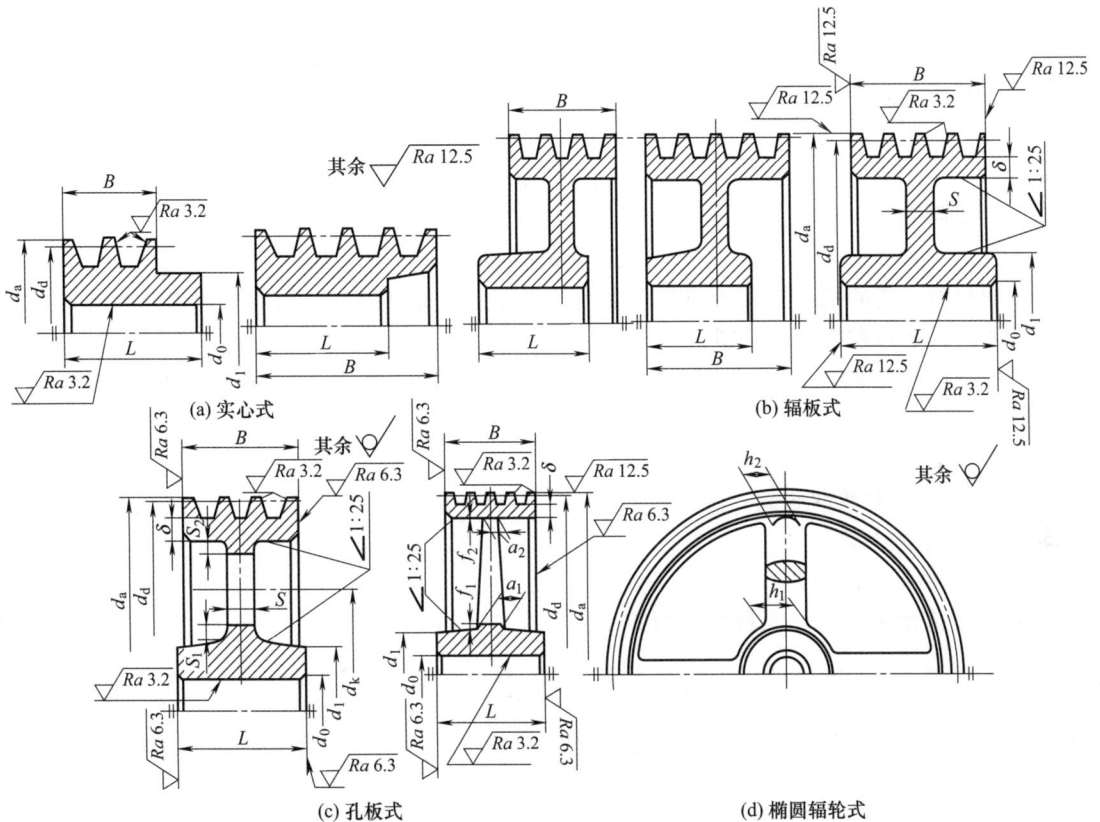

其余 ▽ Ra 12.5

(a) 实心式　　(b) 辐板式

(c) 孔板式　　(d) 椭圆辐轮式

$h_1 = 290[P/nA]^{1/3}$，式中，P 为传递的功率（kW）；n 为带轮转速（r/min）；A 为轮辐数；
$h_2 = 0.8h_1$，$a_1 = 0.44h_1$，$a_2 = 0.8a_1$，$f_1 = 0.2h_1$，$f_2 = 0.2h_2$，$d_1 = (1.8 \sim 2)d_0$，$L = (1.5 \sim 2)d_0$

图 6-6　V 带轮的典型结构

6.3　带传动的受力分析和应力分析

6.3.1　带传动的受力分析

带传动未工作时，带的两边都受到相等的张紧力 F_0，即为初拉力，如图 6-7（a）所示。

当主动带轮在转矩作用下以转速 n_1 旋转时，对带的摩擦力 F_f 与带的运动方向一致，带又以摩擦力驱动从动带轮以转速 n_2 转动，从动带轮对带的摩擦力 F_f 与带的运动方向相反。所以进入主动带轮的一边带被拉紧，该边称为紧边，紧边拉力记作 F_1；离开主动带轮的一边被放松，该边称为松边，松边拉力记为 F_2，如图 6-7（b）所示。

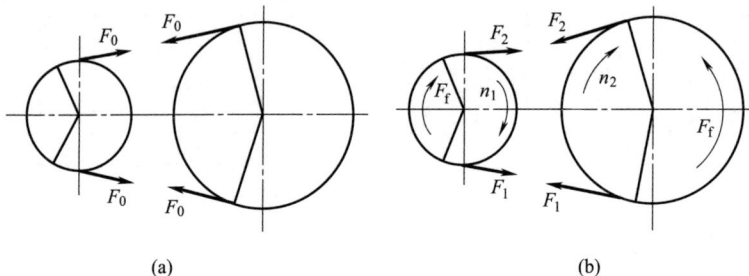

图 6-7 带传动的受力分析

假设工作前后带的总长度保持不变，且认为带是弹性体，则带紧边拉力的增加量等于松边拉力的减少量，即

$$\left.\begin{array}{l} F_1 - F_0 = F_0 - F_2 \\ F_1 + F_2 = 2F_0 \end{array}\right\} \tag{6-1}$$

有效圆周力：

$$F_e = F_1 - F_2 \tag{6-2}$$

在初拉力一定的情况下，带与带轮之间的摩擦力是有极限的。当所要传递的圆周力超过该极限值时，带将在带轮上打滑。

以平带传动为例，带即将打滑时 F_1 与 F_2 之间的关系，可用柔韧体的欧拉公式表示，即

$$F_1 = F_2 e^{f\alpha} \tag{6-3}$$

式中　　e——自然对数的底数；

　　　　f——摩擦因数；

　　　　α——小带轮的包角，rad。

在 V 带传动中，应以当量摩擦因数 f_V 代入式（6-3），即有

$$F_1 = F_2 e^{f_V\alpha} \tag{6-4}$$

联立解式（6-1）、式（6-2）和式（6-4）可得：

$$F_e = 2F_0 \frac{(e^{f_V\alpha} - 1)}{(e^{f_V\alpha} - 1)} = 2F_0 \left[1 - \frac{2}{(e^{f_V\alpha} + 1)} \right] \tag{6-5}$$

由式（6-5）可知，带传动的最大有效圆周力不仅与摩擦因数和包角有关，还与初拉力有关。摩擦因数、包角和初拉力越大，有效圆周力亦越大。但初拉力过大会使带的摩擦加剧，降低带的寿命，而初拉力过小又会造成带的工作能力不足。因此，在带传动中正确地选择和保持传动的初拉力是非常重要的。

6.3.2　带传动的应力分析

带传动时，带产生的应力有以下几种。

（1）拉应力

紧边拉应力：$\sigma_1 = F_1/A$

松边拉应力：$\sigma_2 = F_2/A$

式中　σ_1，σ_2——紧边和松边的拉应力，MPa；

　　　F_1，F_2——紧边和松边拉力，N；

　　　A——带的横截面积，mm^2。

（2）离心应力

带在带轮上做圆周运动时，由于离心力作用于全部带长，它产生的离心应力为：

$$\sigma_c = F/A = qv^2/A$$

式中　σ_c——离心力产生的拉应力，MPa；

　　　q——每米带长的质量，kg/m，见表 6-1；

　　　v——带速，m/s。

（3）弯曲应力

带绕在带轮上的部分产生弯曲应力。V 带外层处的弯曲应力最大。由材料力学公式可得：

$$\sigma_b = 2Eh_a/d_d$$

因此大、小带轮上的弯曲应力分别为：

$$\sigma_{b1} = 2Eh_a/d_{d1}$$

$$\sigma_{b2} = 2Eh_a/d_{d2}$$

式中　σ_{b1}，σ_{b2}——小带轮和大带轮上带的弯曲应力，MPa；

　　　E——带的弹性模量，MPa；

　　　h_a——带的最外层到节面的距离，mm；

　　d_{d1}，d_{d2}——小带轮和大带轮的基准直径，

　　　　　mm。

如果带传动的两个带轮直径不同，则带绕上小带轮时弯曲应力为最大。为了防止弯曲应力过大，对每种型号的 V 带都规定了相应的最小带轮基准直径 $d_{d\text{min}}$，见表 6-4。

V 带工作时，传动带中各截面的应力分布如图 6-8 所示，瞬时最大应力发生在紧边绕在主动轮处。

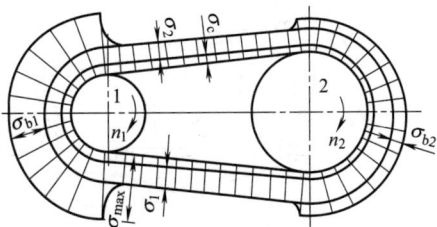

图 6-8　传动带中各截面的应力分布示意图

表 6-4　V 带轮的最小基准直径 $d_{d\text{min}}$　　　　　单位：mm

槽型	Y	Z	A	B	C	D	E
$d_{d\text{min}}$	20	50	75	125	200	355	500

6.4　V 带传动的张紧与弹性打滑

6.4.1　V 带传动的张紧

（1）V 带的张紧

V 带在张紧状态下工作了一定时间后会产生塑性变形，因而造成 V 带传动能力下降。为了保证带传动的传动能力，必须定期检查并重新张紧。

① 调整中心距：如图 6-9（a）所示，通过调节螺钉 3，使电动机 1 在滑道 2 上移动到所需位置；如图 6-9（b）所示，通过螺栓 4 使电动机 1 绕定轴 O 摆动而张紧，也可依靠电动机和机架的自重使电动机摆动实现自动张紧，如图 6-9（c）所示。

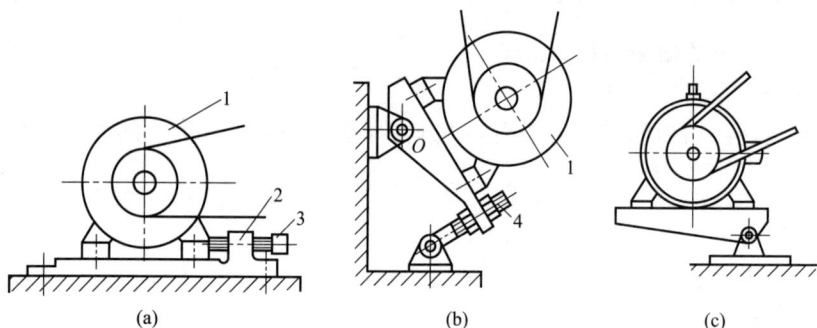

(a)　　　　　　　　　(b)　　　　　　　　　(c)

图 6-9　调整中心距

1—电动机；2—滑道；3—螺钉；4—螺栓

② 采用张紧轮：当中心距无法调整时，可采用张紧轮定期张紧，如图 6-10 所示。张紧轮应安装在松边尽量靠大轮处。

（2）带传动的安装和维护

① 安装 V 带时，先将中心距缩小后将带套入，然后慢慢调整中心距，直至张紧。

② 安装 V 带时，两带轮轴线应相互平行，带轮相对应的轮槽的对称平面应重合，其偏角误差 $\beta < 20'$，如图 6-11 所示。

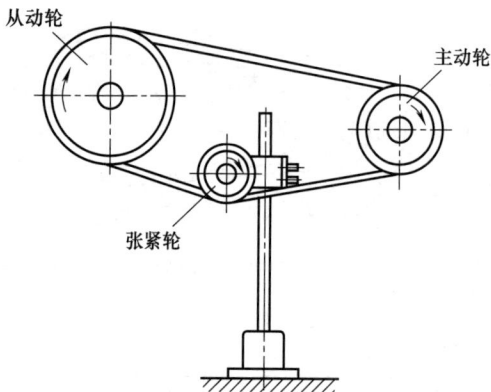

图 6-10　采用张紧轮图

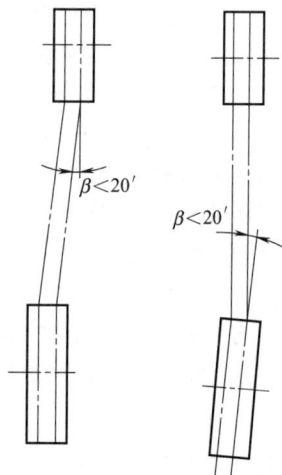

图 6-11　V 带轮的安装位置

③ 新旧带不能同时混合使用，更换时，要求全部同时更换。

④ 定期对 V 带进行检查，以便及时调整中心距或更换 V 带。

⑤ 为了保证安全，带传动应加防护罩，同时应防止油、酸、碱等对 V 带的腐蚀。

6.4.2　带传动的弹性滑动

由于带是弹性体，受力后将会产生弹性变形，且紧边拉力 F_1 大于松边拉力 F_2，因此紧边的伸长率大于松边的伸长率。如图 6-12 所示，当主动带轮靠摩擦力使带一起运转时，带轮从 A_1 点转到 B_1 点。由于带缩短 Δl，原来应与带轮 B_1 重合的点滞后 Δl，只能运动到

B_1'点，因此带的速度 v 略小于带轮的速度 v_1。同理，当带使从动带轮运转时，由于带的拉力由 F_2 逐渐增大至 F_1，带伸长 Δl（设带总长不变），带的 B_2'点超越从动带轮的相应点 B_2，即带的速度 v 略大于带轮的速度 v_2。

带两边拉力不相等致使两边弹性变形不同，从而引起带与带轮间的滑动称为带传动的弹性滑动。它是在摩擦带传动中不可避免的现象。

由弹性滑动引起的从动轮圆周速度的降低率，称为带传动的滑动系数，

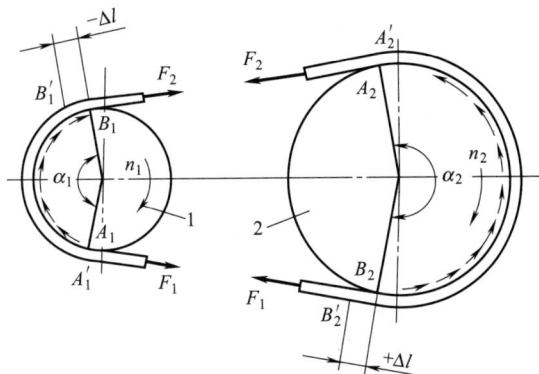

图 6-12　带传动的弹性滑动

用 ε 表示。通常带传动的滑动系数 $\varepsilon = 0.01 \sim 0.02$。因 ε 值较小，非精确计算时可以忽略不计。

6.5　V 带传动的失效形式与设计计算

6.5.1　带传动的失效形式

带传动的失效形式主要有两种。

① 打滑。由于过载，带在带轮上打滑而不能正常传动。

② 带的疲劳破坏。带在变应力状态下工作，当应力循环次数达到一定值时，带将发生疲劳破坏，如脱层、撕裂和拉断。

6.5.2　带传动的设计准则

带传动的设计准则是：

① 保证带传动不打滑。

② 保证带在一定时限内具有足够的疲劳强度和使用寿命而不发生疲劳破坏。

6.5.3　带传动的设计计算

（1）确定计算功率 P_C

计算功率是根据需要传递的额定功率并且考虑载荷性质和每天运转时间等因素而确定的，即

$$P_C = K_A P \tag{6-6}$$

式中　P_C——计算功率，kW；

　　　K_A——工作情况因数，查表 6-5；

　　　P——传递的名义功率，kW。

（2）带型号的选择

确定计算功率 P_C 和小带轮的转速 n_1，按图 6-13 选择。

（3）确定带轮的基准直径

带轮直径较小时，结构紧凑，但弯曲应力大，且基准直径较小时，圆周速度较小，单根 V 带所能传递的基本额定功率也较小，从而造成带的根数增多。因此一般取 $d_{d1} \geqslant d_{dmin}$，并取标准值。表 6-4 规定了最小带轮基准直径 d_{dmin}。

表 6-5　工作情况因数 K_A

工况	适用范围	载荷类型					
		空、轻载启动			重载启动		
		每天工作时间/h					
		<10	10～16	>16	<10	10～16	>16
载荷变动微小	液体搅拌机、通风机和鼓风机（$P \leqslant 7.5\text{kW}$）、离心机水泵和压缩机、轻型输送机	1.0	1.1	1.2	1.1	1.2	1.3
载荷变动小	带式输送机(不均匀载荷)、通风机（$P > 7.5\text{kW}$）、发电机、金属切削机床、印刷机、冲床、压力机、旋转筛、木工机械	1.1	1.2	1.3	1.2	1.3	1.4
载荷变动较大	制砖机、斗式提升机、往复式水泵和压缩机、起重机、摩擦机、冲剪机床、橡胶机械、振动筛、纺织机械、重型输送机、木材加工机械	1.2	1.3	1.4	1.4	1.5	1.6
载荷变动很大	破碎机、摩擦机、卷扬机、橡胶压延机、压出机	1.3	1.4	1.5	1.5	1.6	1.7

注：1. 空、轻载启动适用于电动机（交流启动、△启动、直流并励），四缸以上的内燃机，装有离心式离合器、液力联轴器的动力机。

2. 重载启动适用于电动机（联机交流启动、直流复励或串励），四缸以下的内燃机。

3. 在反复启动、正反转频繁、工作条件恶劣等场合，K_A 应取为表中值的 1.2 倍。

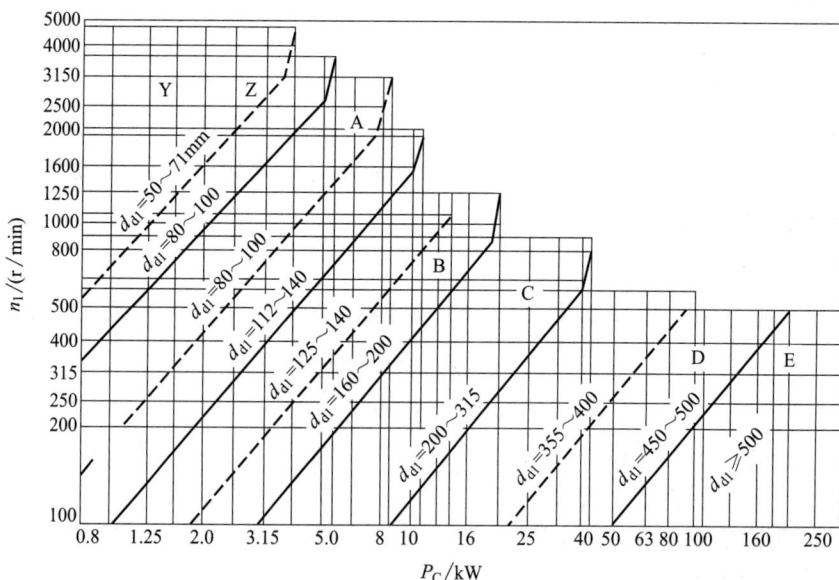

图 6-13　普通 V 带选型图

大带轮的基准直径 d_{d2} 可用下式计算：

$$d_{d2} = i d_{d1}(1-\varepsilon) \tag{6-7}$$

然后再按表 6-6 选取。

表 6-6　带轮直径基准

d_d/mm	Y	Z	A	B	d_d/mm	Z	A	B	C	D	E
63	*	*			200	*	*	*	*		
71	*	*			212				*		
75		*	*		224	*	*	*	*		
80	*	*	*		236				*		
85			*		250	*	*	*	*		
90	*	*	*		265				*		
95			*		280			*	*		
100	*	*	*		315	*	*	*	*		
106			*		355	*		*	*	*	
112	*	*	*		375					*	
118			*		400	*	*	*	*	*	
125		*	*		425					*	
132			*		450				*		
140		*	*		475					*	
150		*	*	*	500	*	*	*	*		*
160		*	*	*	530					*	*
170			*	*	560				*	*	*
180		*	*	*	630	*	*	*	*	*	*

注：＊为推荐使用。

（4）验算带速

一般将带速控制在 $5\sim25\mathrm{m/s}$ 内，否则需要调整小带轮的基准直径 d_{d1}。为了充分发挥带的传递能力，带速 $v=20\mathrm{m/s}$ 为最佳。

$$带速为\ v=\frac{\pi d_{d1}n_1}{60\times1000} \tag{6-8}$$

（5）确定中心距 a 和带的基准长度 L_d

中心距大些有利于增大包角，但过大则结构不紧凑，在载荷变化或高速运转时抖动，降低工作能力；中心距过小，应力循环次数增多，容易发生疲劳破坏，还使小带轮包角减小，也降低工作能力。故一般初定中心距 a_0 为：

$$0.7(d_{d1}+d_{d2})\leqslant a_0\leqslant2(d_{d1}+d_{d2}) \tag{6-9}$$

如果已给定中心距，则应取给定 a_0 值。

由初定中心距 a_0，再按下式初定带的基准长度 L_{d0}：

$$L_{d0}=2a_0+\pi\frac{d_{d2}+d_{d1}}{2}+\frac{(d_{d2}-d_{d1})^2}{4a_0} \tag{6-10}$$

由 L_{d0} 和 V 带型号，查表 6-2，选取相应的 L_d，然后计算出实际的中心距 a，即

$$a=a_0+\frac{L_d-L_{d0}}{2} \tag{6-11}$$

考虑安装、调整或补偿等因素，中心距 a 要有一定的调整范围，一般为：

$$a_{\max}=a+0.03L_d$$

$$a_{\min}=a-0.015L_d$$

（6）验算小带轮包角 α_1

要求 $\alpha_1\geqslant120°$，若 α_1 过小，可以增大中心距、改变传动比或增设张紧轮。α_1 的计算为：

$$\alpha_1 = 180° - \frac{(d_{d2} - d_{d1}) \times 57.3°}{a} \tag{6-12}$$

（7）驱动带的根数 Z

为了保证带传动不打滑，并具有一定的疲劳强度，必须保证每根 V 带所传递的功率不超过它的额定功率，并有：

$$Z \geqslant P_C / P_1 \tag{6-13}$$

式中　P_C——计算功率，kW；

　　　P_1——单根带在实际中可传递的额定功率，kW。

带的根数 Z 不应过多，否则会使带受力不均匀，因此不应超过 Z_{max}。各种型号的 V 带推荐 Z_{max} 见表 6-7。

表 6-7　V 带最多使用根数 Z_{max}

V 带型号	Y	Z	A	B	C	D	E
Z_{max}	1	2	5	6	8	8	9

（8）确定单根 V 带初拉力 F_0

初拉力 F_0 过小，带容易打滑；初拉力 F_0 过大，轴及轴承受力较大。F_0 可由下式确定：

$$F_0 = 500\left(\frac{2.5}{K_\alpha} - 1\right)\frac{P_C}{Zv} + qv^2 \tag{6-14}$$

式中　K_α——包角修正系数，见表 6-8。

表 6-8　包角修正系数 K_α

包角 $\alpha/(°)$	180	170	160	150	140	130	120	110	100	90
K_α	1.00	0.98	0.95	0.92	0.89	0.86	0.82	0.78	0.74	0.69

（9）计算带对轴的压力 F_Q

为了进行轴和轴承计算，需求出 V 带对轴的压力 F_Q，它等于紧边拉力 F_1 和松边拉力 F_2 的合力。

$$F_Q = 2ZF_0 \sin\frac{\alpha}{2} \tag{6-15}$$

6.6　链传动的组成、类型、特点及应用

6.6.1　链传动的组成

6.2 链传动

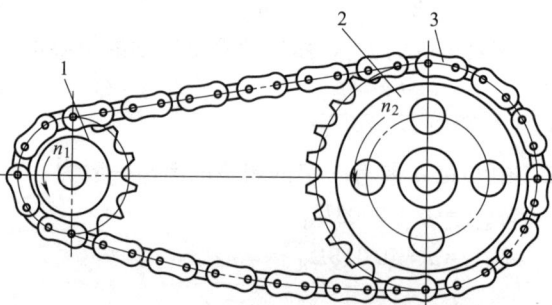

图 6-14　链传动的组成

1—主动链轮；2—从动链轮；3—链条

如图 6-14 所示，链传动由轴线平行的主动链轮 1、从动链轮 2 和链条 3 以及机架组成，靠链轮齿和链的啮合传递运动和动力。

6.6.2　链传动的类型

按用途的不同，链传动分为传动链、起重链和牵引链。

在传动链中，又分为短节距精密滚子链（简称滚子链）、

短节距精密套筒链（简称套筒链）、齿形链和成形链，如图6-15所示。

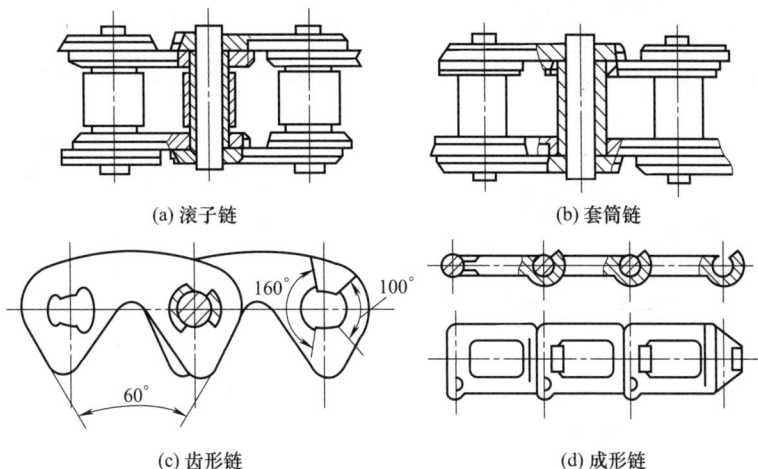

(a) 滚子链

(b) 套筒链

160° 100°

60°

(c) 齿形链

(d) 成形链

图6-15 传动链的类型

套筒链的结构比滚子链简单，已标准化，但因套筒较易磨损，故只用于 $v<2\mathrm{m/s}$ 的低速传动；齿形链传动平稳，振动与噪声较小，亦称为无声链，但因其结构比滚子链复杂，制造较难且成本高，故多用于高速或运动精度要求较高的传动装置中；成形链结构简单、装拆方便，常用于 $v<3\mathrm{m/s}$ 的一般传动及农业机械中。

6.6.3 链传动的特点和应用

链传动与其他传动相比，主要有以下特点：

① 由于链传动是有中间挠性件的啮合传动，无弹性滑动和打滑现象，因而能保证平均传动比不变。

② 链传动无需初拉力，对轴的作用力较小。

③ 链传动可在高温、低温、多尘、油污、潮湿、泥沙等恶劣环境下工作。

④ 由于链传动的瞬时传动比不恒定，传动平稳性较差，有冲击和噪声，且磨损后易发生跳齿，不宜用于高速和急速反向传动的场合。

链传动适用于两轴线平行且距离较远、瞬时传动比无严格要求以及工作环境恶劣的场合，广泛用于农业、采矿、冶金、石油化工及运输等各种机械中。

6.7　滚子链传动的结构和标准

6.7.1 滚子链的结构和标准

滚子链有单排、双排和多排等形式。单排滚子链的结构如图6-16所示，由内链板1、外链板2、销轴3、套筒4及滚子5组成。其中，内链板与套筒、外链板与销轴均为过盈配合，套筒与销轴、滚子与套筒之间分别采用间隙配合，因此，内、外链板在链节屈伸时可相对转动。当链与链轮啮合时，链轮齿面与滚子之间形成滚动摩擦，可减轻链条与链轮轮齿的磨损。链板制成∞字形，可使抗拉强度大致相等，同时亦可减小链条的自重和惯性力。

滚子链相邻两销轴中心的距离称为节距，用 P 表示，它是链传动的基本特性参数。节距越大，链传动的功率也越大，但链的各元件的尺寸也越大，且链轮齿数确定后，节距大会使链轮直径增大。因此，当传递的功率较大时，可采用多排链，图6-17所示为常用的双排

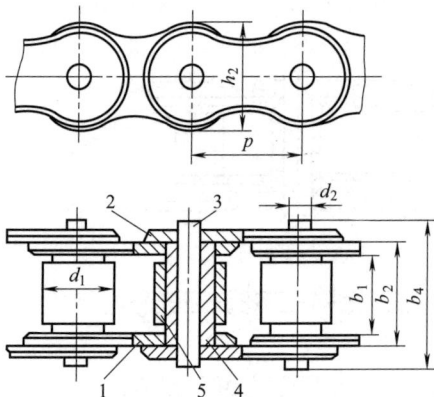

图 6-16 单排滚子链结构

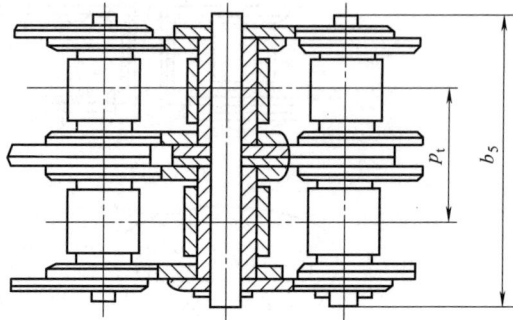

图 6-17 双排滚子链结构

1—内链板；2—外链板；3—销轴；4—套筒；5—滚子

链，排距用 P_t 表示。

多排链的承载能力与排数成正比。由于受到制造精度的影响，各排受力难以均匀，故排数不宜过多，一般不超过四排。

滚子链的基本参数与尺寸见表 6-9。表内的链号数乘以 25.4/16mm 即为节距值。链号中的后缀表示系列。

表 6-9 滚子链的基本参数与尺寸（摘自 GB/T 1243—2024）

链号	节距 p /mm	排距 p_t /mm	滚子外径 d_1 /mm	内链节内宽 b_1 /mm	销轴直径 d_2 /mm	内链节外宽 b_2 /mm	销轴长度 单排 b_4 /mm	销轴长度 双排 b_5 /mm	内链板高度 h_2 /mm	极限拉伸载荷 F_{Qmin}/N 单排	极限拉伸载荷 F_{Qmin}/N 双排	单排质量 q /(kg/m) （概略值）
05B	8.00	5.64	5.00	3.00	2.31	4.77	8.6	14.3	7.11	4400	7800	0.18
06B	9.252	10.24	6.35	5.72	3.28	8.53	13.5	23.8	8.26	8900	16900	0.40
08B	12.7	13.92	8.51	7.75	4.45	11.30	17.01	31.0	11.81	17800	31100	0.70
08A	12.7	14.38	7.95	7.85	3.96	11.18	17.8	32.3	12.07	13800	27600	0.6
10A	15.875	18.11	10.16	9.40	5.08	13.84	21.8	39.9	15.09	21800	43600	1.0
12A	19.05	22.78	11.91	12.57	5.94	17.75	26.9	49.8	18.08	31100	62300	1.5
16A	25.4	29.29	15.88	15.75	7.92	22.61	33.5	62.7	24.13	55600	112100	2.6
20A	31.75	35.76	19.05	18.90	9.53	27.46	41.1	77	30.18	86700	173500	3.8
24A	38.10	45.44	22.23	25.22	11.10	35.46	50.8	96.3	36.20	124600	249100	5.6
28A	44.45	48.87	25.4	25.22	12.70	3719	54.9	103.6	42.24	169000	338100	7.5
32A	50.8	58.55	28.58	31.55	14.27	45.21	65.5	124.2	48.26	222400	444800	10.1
40A	63.5	71.55	39.68	37.85	19.54	54.89	80.3	151.9	60.33	347000	693900	16.1
48A	76.2	87.83	47.63	47.35	23.80	67.82	95.5	183.4	72.39	500400	1000800	22.6

注：使用过渡链节时，其极限拉伸载荷按表中数值的 80% 计算。

滚子链的标记规定为：链号-排数　国标编号。如，B 系列、节距为 12.7mm、双排的滚子链的标记为：08B-2　GB/T 1243—2024。

6.7.2 滚子链链轮

滚子链链轮是链传动的主要零件。链轮齿形满足下列要求：①保证链条能平稳而顺利地进入和退出啮合；②受力均匀，不易脱链；③便于加工。

6.8 滚子链传动的失效形式与设计准则

6.8.1 滚子链传动的失效形式

由于链条的结构比链轮复杂，强度亦不及链轮高，因而一般链传动的失效形式主要表现为滚子链的失效，主要包括以下几种失效形式。

（1）链板疲劳破坏

在传动中，由于松边和紧边的拉力不同，滚子链各元件均受变应力作用。当应力达到一定数值并经过一定的循环次数后，内、外链板便易发生疲劳破坏。

（2）滚子、套筒冲击疲劳损坏

链进入啮合时的冲击，首先由滚子和套筒承受，在经多次冲击后，套筒、滚子便会发生冲击疲劳破坏。

（3）铰链磨损

链传动时，相邻链节间要发生相对转动，因而销轴与套筒、套筒与滚子间发生摩擦，引起磨损，而磨损后会使链节变大，易导致跳出或脱链。

（4）铰链胶合

由于销轴与套筒间润滑条件差，当链速过高、载荷较大且润滑不良时，会使销轴与套筒的接触表面发生胶合。

（5）链条的静力拉断

在低速重载或突然过载时，链条会因静强度不足而被拉断。

6.8.2 滚子链的设计准则

滚子链传动速度一般分为中、高速传动（链速 $v \geqslant 0.6 \mathrm{m/s}$）和低速传动（链速 $v < 0.6 \mathrm{m/s}$）。对于中、高速链传动，通常按功率曲线图进行设计；而对低速链传动，按链的静强度进行设计计算。

链速 $v \geqslant 0.6 \mathrm{m/s}$ 时，其主要失效形式是链条疲劳或冲击疲劳破坏，可按图 6-18 进行设计。该图为 A 系列滚子链在以下特定条件下绘制的：

① 两链轮共面；

② 小链轮齿数 $z_1 = 19$；

③ 链节数为 100；

④ 单排链；

⑤ 载荷平稳；

⑥ 采用推荐的润滑方式，见图 6-19；

⑦ 工作寿命为 1500h；

⑧ 链条因磨损引起的相对伸长量不超过 3%。

如果链传动的润滑不良或不能保证按图 6-19 推荐的润滑方式润滑，则应将 P_0 值降低：当链速 $v \leqslant 1.5 \mathrm{m/s}$ 时，降低 50%；当 $1.5 \mathrm{m/s} < v < 7 \mathrm{m/s}$ 时，降低 75%；当 $v \geqslant 7 \mathrm{m/s}$ 而且润滑不良时，传动不可靠，不宜采用。

当实际工作情况与上述特定条件不同时，应对查得的 P_0 加以修正，同时考虑原动机和工作机械的载荷种类、特性对传动的影响。因此链传动所能传递的功率为：

$$P \leqslant P_0 K_Z K_L K_m / K_A \tag{6-16}$$

式中　P——链传动所能传递的功率，kW；

P_0——特定条件下单排链传递的额定功率，kW；

K_Z——小链轮齿数系数，查表 6-10，当传动工作在图 6-18 所示曲线凸峰左侧时，其失效形式为链板疲劳破坏，查表中的 K_Z，当传动工作在图 6-18 所示曲线凸峰右侧时，其失效形式为滚子、套筒冲击疲劳破坏，查表中的 K_Z'；

K_L——链长因数，查图 6-20；

K_m——多排链因数，查表 6-11；

K_A——工作情况因数，查表 6-12。

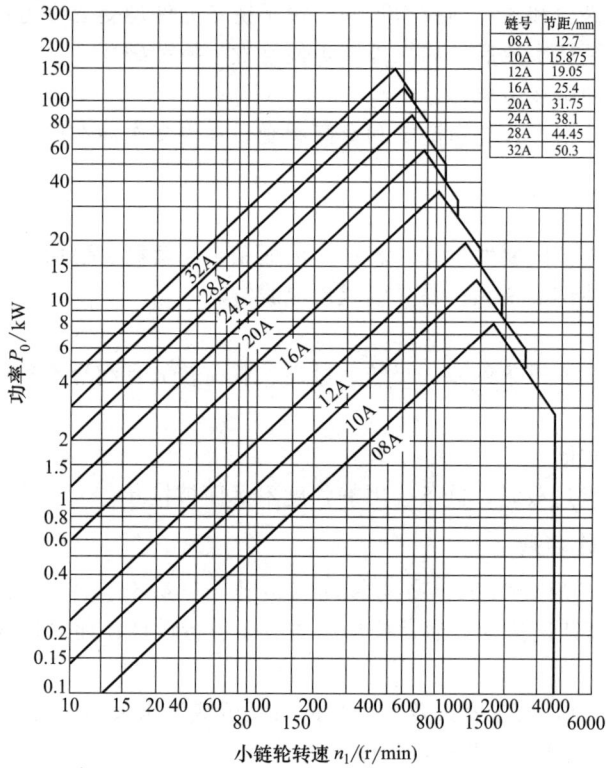

图 6-18　功率曲线图

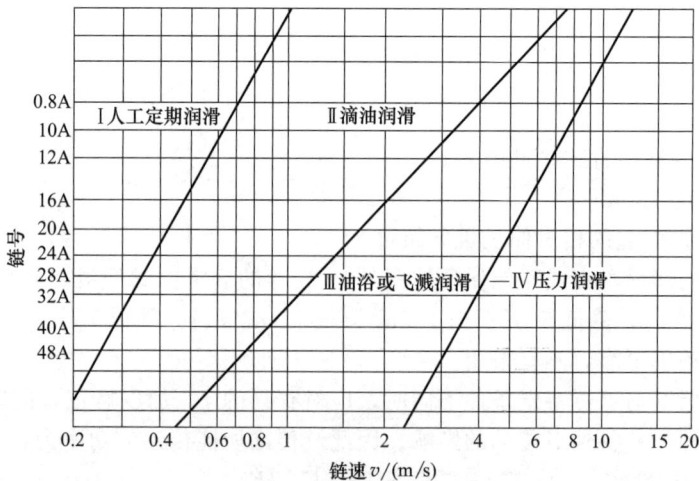

图 6-19　推荐的润滑方式

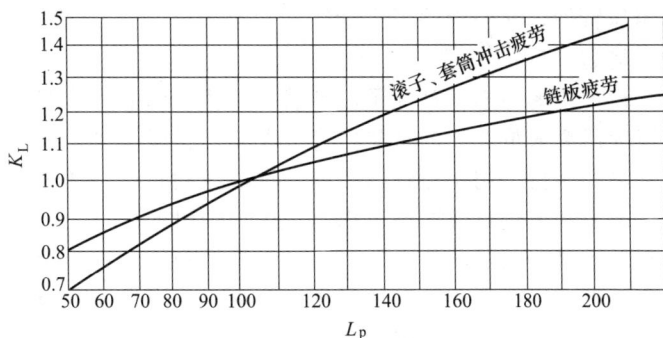

图 6-20　链长因数

表 6-10　小链轮齿数系数 K_Z

z_1	17	19	21	23	25	27	29	31	33	35
K_Z	0.887	1.00	1.11	1.23	1.34	1.46	1.58	1.70	1.82	1.93
K_Z'	0.846	1.00	1.16	1.33	1.51	1.69	1.89	2.08	2.29	2.50

表 6-11　多排链因数 K_m

排数	1	2	3	4
K_m	1.0	1.7	2.5	3.3

表 6-12　工作情况因数 K_A

载荷种类	原动机	
	电动机或汽轮机	内燃机
载荷平稳	1.0	1.2
中等冲击	1.3	1.4
较大冲击	1.5	1.7

故事汇

世界最长的跨海大桥——港珠澳大桥

　　港珠澳大桥被英国《卫报》誉为"新世界七大奇迹"之一，已经成为"中国智造"的新名片。它全长 55km，于 2018 年 10 月 24 日上午 9 时开通运营，连接了香港、珠海、澳门，将原来 4h 的陆路车程缩短为 30min，形成"一小时都市圈"。它的落成通车，还标志着中国现代桥梁建造技术再次站到了新高度，中国由桥梁大国迈向桥梁强国！

　　我们在惊叹这座跨海巨龙的雄伟气魄和国人强大的创造力的同时，一起来看看力学在桥梁工程中所起的巨大推动作用吧！

　　在古代，力学基础理论的缺乏严重制约着桥梁的设计和建设。几乎所有桥梁的设计都来自生活经验（如拱桥和梁桥），并采用最简单的搭接和架设方式，无法形成大的跨径，也难以设计合理的拱形。尽管如此，古代桥梁结构的工程探索依然出现了技术进步的萌芽。比如，中国在 11 世纪初修建的洛阳桥，建设过程初期首先在桥址的江中遍抛石块，其上养殖牡蛎，两三年后胶固形成筏形基础，体现了中国古代劳动人民的智慧；赵州桥采用拱桥结构，既利用了石料耐压特性，又因消除了拱轴线截面上的拉应力而使桥身更加稳固，且减轻了重量，增大了泄洪能力。

到了近代，桥梁设计中的力学原理除了以承载力为代表的静力作用之外，动力作用相关的力学原理也逐渐成为研究人员关注的重要内容。尤其是桥梁抗风设计的研发颇受重视，如尼亚加拉瀑布公路铁路两用桥采用了锻铁索和加劲梁；纽约布鲁克林吊桥采用了加劲桁架来减弱振动；旧金山金门桥和奥克兰海湾桥也都是采用加劲梁的吊桥。

现代，随着工程对桥梁跨径要求的不断提高，斜拉桥和悬索桥逐渐成为长大桥梁的主要形式。斜拉桥和悬索桥都是使用预应力钢丝索作为悬索，并同加劲梁构成自锚式体系，通过钢索将桥梁的力传递到主塔来承重；不同的是，斜拉桥是通过斜拉索直接将桥面的力传至桥塔，而悬索桥是通过拉索将桥面的力垂直传递到主索，再由主索将力传递至桥塔。斜拉桥和悬索桥的设计形式为桥梁结构提供了更大的跨越长度。

港珠澳大桥的总设计师孟凡超提到：港珠澳大桥不仅仅是桥，更是一个跨海集群工程，由桥、岛、隧三部分组成。通常来讲，桥型可以分为梁式桥、拱式桥、悬索桥、斜拉桥四种类型。但是港珠澳大桥太长了，单一的桥型无法满足建桥所需的力学结构，也就无法保证大桥的安全性。因此，在设计桥型的时候，需要分段考虑。港珠澳大桥中，青州航道桥的桥跨布置为双塔斜拉桥，主梁采用扁平流线型钢箱梁，斜拉索采用扇形式空间双索面布置，索塔采用横向 H 形框架结构，塔柱为钢筋混凝土构件，上联结系采用"中国结"造型的钢结构剪刀撑。江海直达船航道桥的桥跨布置为三塔斜拉桥，主梁采用大悬臂钢箱梁，斜拉索采用竖琴式中央单索面布置，索塔采用"海豚"形钢塔。九洲航道桥的桥跨布置为双塔斜拉桥，主梁采用悬臂钢箱组合梁，斜拉索采用竖琴式中央双索面布置，索塔采用"帆"形钢塔（下塔柱局部为混凝土结构）。深水区非通航孔桥为 110m 等跨径等梁高钢箱连续梁式桥，钢箱梁采用大悬臂单箱双室结构。浅水区非通航孔桥为 85m 等跨径等梁高组合连续梁式桥，主梁采用分幅布置。全桥基础采用大直径钢管复合群桩，通航孔桥采用现浇承台，非通航孔桥采用预制承台，全桥桥墩采用预制墩身。

港珠澳大桥的建成开通，有利于促进粤港澳大湾区发展，对于支持香港、澳门融入国家发展大局具有重大意义，体现了中国人民逢山开路、遇水架桥的奋斗精神，体现了中国综合国力、自主创新能力，体现了勇创世界一流的民族志气。

第7章 螺纹连接

连接是将两个或两个以上的零部件连成一体。连接按拆卸性质可分为两类：可拆连接和不可拆连接。可拆连接是不损坏连接中的任一零件，就可将被连接件拆开的连接，如螺纹连接、键连接及销连接等。这种连接经多次装拆不影响其使用性能。不可拆连接是必须破坏或损伤连接件或被连接件才能拆开的连接，如焊接、铆接及粘接等。螺纹连接是利用螺纹零件构成的可拆连接，其结构简单、装拆方便、成本低廉、应用广泛。

连接用的螺纹是三角形螺纹，牙形角 $\alpha = 60°$，又称普通螺纹。普通螺纹根据螺距分为粗牙和细牙两种。公称直径相同时，细牙螺纹的螺距小、升角小、自锁性好，适用于受振动、变载荷及薄壁零件的连接，但细牙螺纹不耐磨、易滑扣，故粗牙螺纹广泛应用于生产实践中。

粗牙普通螺纹的基本尺寸见表 7-1。

表 7-1 粗牙普通螺纹的基本尺寸　　　　　　　　　　　　　　　单位：mm

公称直径 d	螺距 P	中径 d_2	小径 d_1	公称直径 d	螺距 P	中径 d_2	小径 d_1
6	1	5.35	4.92	20	2.5	18.38	17.29
8	1.25	7.19	6.65	(22)	2.5	20.38	19.29
10	1.5	9.03	8.38	24	3	22.05	20.75
12	1.75	10.86	10.11	(27)	3	25.05	23.75
(14)	2	12.70	11.84	30	3.5	27.73	26.21
16	2	14.70	13.84	(33)	3.5	30.73	29.21
(18)	2.5	16.38	15.29	36	4	33.40	31.67

注：带括号者为第二系列，应优先选用第一系列。

7.1　螺纹连接件与螺纹连接的基本类型

7.1.1　常用螺纹连接件及应用

常用的螺纹连接件有螺栓、双头螺柱、螺钉、紧定螺钉、螺母、垫圈等，这些零件的结构和尺寸已标准化，设计时可根据标准选用。螺纹连接件的类型、特点、应用见表 7-2。

螺纹连接件分为三个精度等级，其代号为 A、B、C。A 级精度的公差小、精度高，用于要求配合精度高、防止振动等重要零件的连接；B 级精度多用于受载较大且经常拆卸、调整或承受变载荷的连接；C 级精度多用于一般的螺纹连接。常用的标准螺纹连接件（螺栓、螺钉），通常选用 C 级精度。

7.1.2　螺纹连接类型及应用

螺纹连接的主要类型有螺栓连接、双头螺柱连接、螺钉连接及紧定螺钉连接。它们的结构尺寸、特点及应用见表 7-3。

表 7-2 螺纹连接件的类型、特点、应用

类型	图例	特点、应用
六角头螺栓		种类很多,应用最广,分为 A、B、C 三级,通用机械制造中多用 C 级。螺栓杆部可制出一段螺纹或全螺纹,螺纹可分粗牙或细牙(A、B 级)
双头螺柱		螺柱两端都有螺纹,两端螺纹可不同。螺柱可带退刀槽或制成全螺纹,螺柱的一端常用于旋入铸铁或有色金属的螺孔中,旋入后即不拆卸;另一端安装螺母以固定其他零件
螺钉	 十字槽盘头　六角头 内六角侧柱头　一字开槽沉头　一字开槽圆头	螺钉头部形状有六角头、圆柱头、圆头、盘头和沉头等,头部旋具(起子)槽有一字槽、十字槽和内六角孔等形式。十字槽螺钉头部强度高,对中性好,易于实现自动化装配;内六角孔螺钉能承受较大的扳手力矩,连接强度高,可代替六角头螺栓,用于要求结构紧凑的场合
紧定螺钉		紧定螺钉的末端形状,有锥端、平端和圆柱端。锥端适用于被顶紧零件的表面硬度较低或不经常拆卸的场合;平端接触面积大,不伤零件表面,常用于顶紧硬度较大的平面或经常拆卸的场合;圆柱端压入被连接零件的相应位置
六角螺母		根据六角螺母厚度的不同,分为标准、厚、薄三种。六角螺母的制造精度和螺栓相同,分为 A、B、C 三级,分别与相同级别的螺栓配用
圆螺母	 圆螺母　　　止动片	圆螺母常与止动垫圈配用,装配时将垫圈内舌插入轴上的槽内,而将垫圈的外舌嵌入圆螺母的槽内,螺母即被锁紧。常用于轴上零件的轴向固定用

类型	图例	特点、应用
垫圈	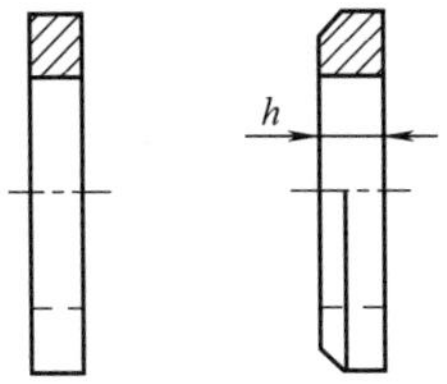 平垫圈 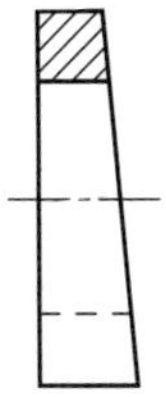　　　斜垫圈	垫圈是螺纹连接中不可缺少的零件，常放置在螺母和被连接件之间，起保护支承面等作用。平垫圈按加工精度分为 A 级和 C 级两种。用于同一螺纹直径的垫圈又分为特大、大、普通和小四种规格，特大垫圈主要在铁木结构上使用，斜垫圈又用于倾斜的支承面上

表 7-3　螺纹连接类型、结构尺寸、特点及应用

类型	构造	主要尺寸关系	特点、应用
螺栓连接	普通螺栓连接 铰制孔螺栓连接	螺纹余留长度 l_1 静载荷 $l_1 \geqslant (0.3 \sim 0.5)d$ 变载荷 $l_1 \geqslant 0.75d$ 冲击、弯曲载荷 $l_1 \geqslant d$ 铰制孔螺栓连接 l_1 尽可能小 螺纹伸出长度 $l_2 \geqslant (0.2 \sim 0.3)d$ 螺栓轴线到被连接件边缘的距离 $e = d + (3 \sim 6)$ mm	被连接件都不切制螺纹，使用不受被连接件材料限制。构造简单，应用广泛 用于通孔、能从被连接件两边进行装配的场合 铰制孔螺栓连接，螺栓杆与孔之间紧密配合，有良好的承受横向载荷的能力和定位作用
双头螺柱连接	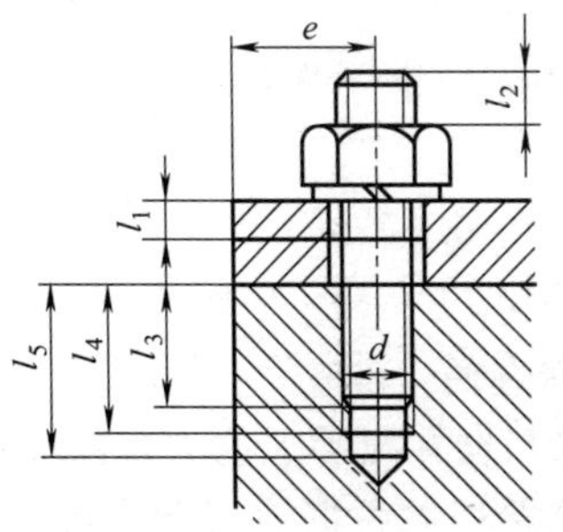	螺纹旋入深度 l_3： 钢和青铜 $l_3 \approx d$ 铸铁 $l_3 \approx (1.25 \sim 1.5)d$ 合金 $l_3 \approx (1.5 \sim 2.5)d$ 螺纹孔深度 $l_4 \approx l_3 + (1.5 \sim 2.5)P$（螺距） 钻孔深度 $l_5 \approx l_4 + (0.5 \sim 1)d$ l_1、l_2 同螺栓连接	螺柱两端都有螺纹，一端紧固地旋入被连接件之一的螺纹孔中，另一端与螺母旋合而将两连接件连接 用于不能用螺栓连接且又需要经常拆卸的场合

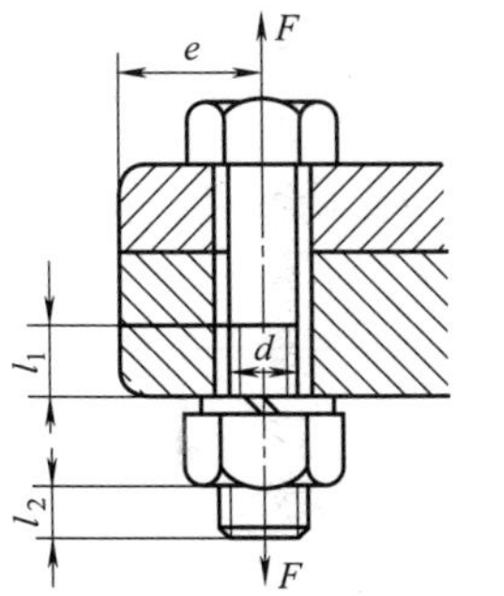

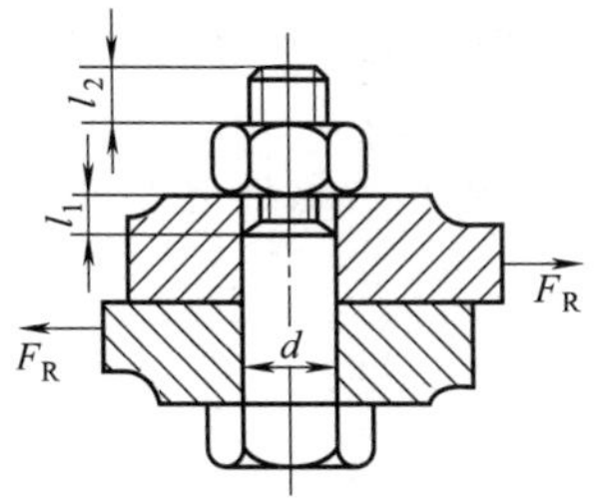

类型	构造	主要尺寸关系	特点、应用
螺钉连接		l_1、l_3、l_4、l_5、e 同双头螺柱连接	不用螺母，而且能有光整的外露表面，用途与双头螺柱相似，但不宜于经常拆卸的连接，以免损坏被连接件的螺纹孔
紧定螺钉连接		$d \approx (0.2 \sim 0.3) d_g$ 转矩大时取大值	旋入被连接件之一的螺纹孔中，其末端顶住另一被连接件的表面或顶入相应的坑中，以固定两个零件的相对位置，并可传递不大的转矩，常用于顶紧硬度较大的平面或经常拆卸的场合

7.2　螺纹连接的预紧和防松

7.2.1　螺纹连接的预紧

实际生产中，绝大部分螺栓连接为紧螺栓连接，即在装配时需拧紧螺母，使螺纹连接在承受载荷前就受到预紧力作用，通常称为预紧。预紧的目的是增加连接的刚度、紧密性和提高防松能力。

预紧力 F_0 的大小是由螺栓连接的要求决定的。一般情况下，螺栓连接的预紧力规定为：

合金钢螺栓：$F_0 \leqslant (0.5 \sim 0.6) \sigma_s A_1$

碳素钢螺栓：$F_0 \leqslant (0.6 \sim 0.7) \sigma_s A_1$

式中　σ_s——螺栓材料的屈服极限，MPa；

A_1——螺栓杆最小横截面（按螺纹小径计算）的面积，mm^2。

对一般螺纹连接，可凭经验控制；对重要螺纹连接，通常借助力矩扳手（图 7-1）或定矩扳手来控制预紧力的大小。对于 M10～M68 的粗牙普通螺纹，拧紧力矩 T 的经验公式为：

$$T = 0.2 F_0 d \qquad (7-1)$$

式中　F_0——预紧力，N；

d——螺纹公称直径，mm。

由于摩擦力不稳定和加在扳手上的力难以准确控制，有时可能拧得过紧而使螺杆被拧断，因此在重要的连接中如果不能严格控制预紧力的大小，宜使用大于 M12 的

图 7-1　力矩扳手

螺栓。

7.2.2　螺纹连接的防松

连接用的三角形螺纹，在静载荷和工作温度变化不大的情况下，能满足自锁条件，一般不会自动松脱。但是在振动、冲击或变载荷下，或当温度变化很大时，连接就有可能松开，导致机器不能正常工作，发生严重事故。因此，在设计螺纹连接时必须考虑防松措施。防松的实质就是防止螺纹副的相对转动。常用的防松方法见表 7-4。

表 7-4　螺纹连接常用的防松方法

防松方法		结构形式	特点和应用
摩擦力防松	对顶螺母	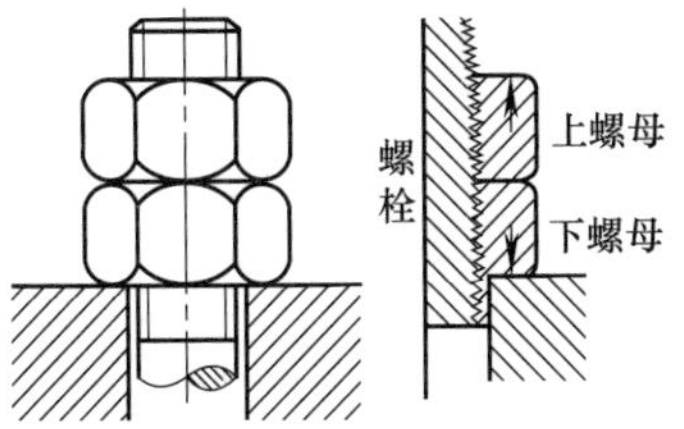	两螺母对顶拧紧后，旋合螺纹间始终受到附加的压力和摩擦力，从而起到防松作用。该方式结构简单，适用于平稳、低速和重载的固定连接，但轴向尺寸较大
	弹簧垫圈	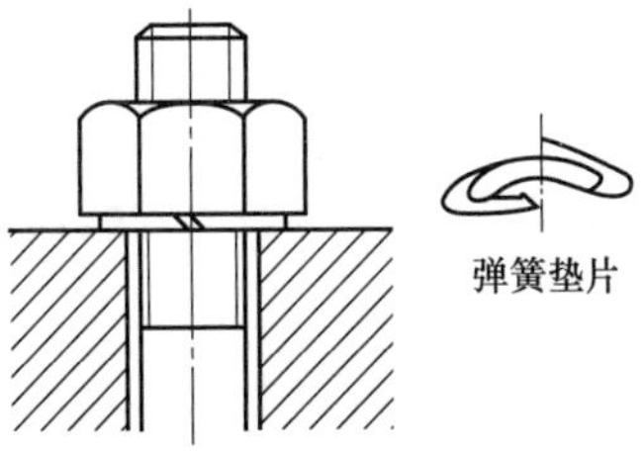	螺母拧紧后，靠弹簧垫圈压平而产生的弹性反力使旋合螺纹间压紧，同时垫圈外口的尖端抵住螺母与被连接件的支承面也有防松作用。该方式结构简单、使用方便。但在冲击振动的工作条件下，其防松效果较差，一般用于不太重要的连接
	自锁螺母	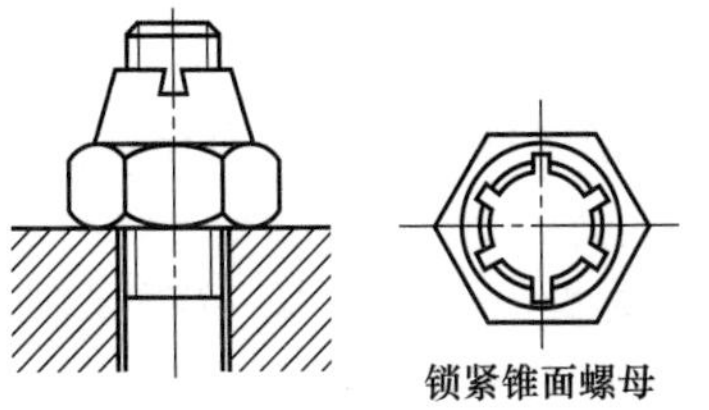	螺母一端制成非圆形收口或开缝后径向收口。当螺母拧紧后收口胀开，利用收口的弹力使旋合螺纹压紧。该方式结构简单、防松可靠，可多次装拆而不降低防松能力
机械防松	开口销与六角槽螺母	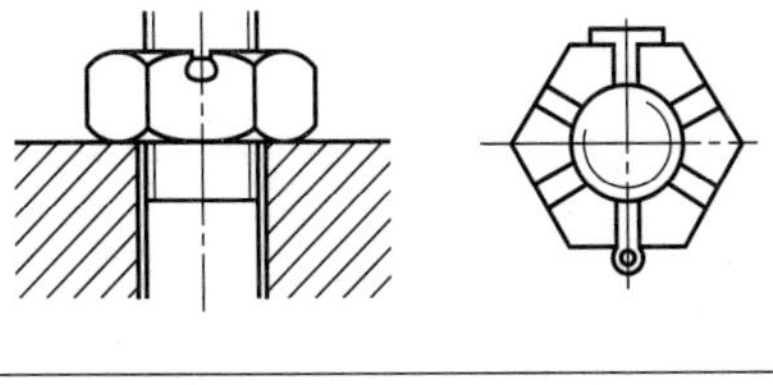	将开口销穿入螺栓尾部小孔和螺母槽内，并将开口销尾部掰开与螺母侧面贴紧，靠开口销阻止螺栓与螺母相对转动以防松。该方式适用于冲击和振动较大的高速机械中
	带翅垫圈	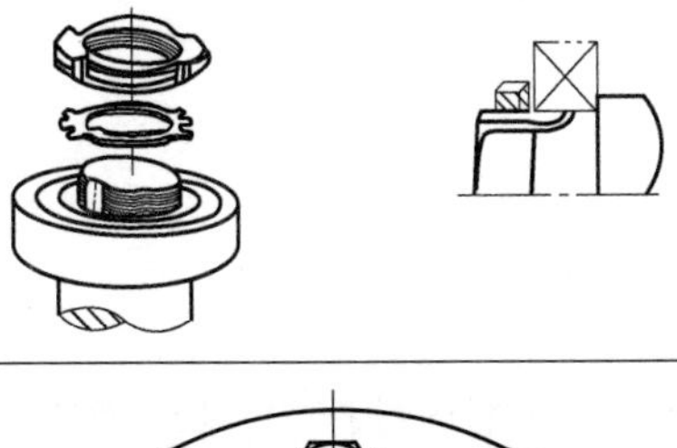	带翅垫圈具有几个外翅和一个内翅，将内翅嵌入螺栓（或轴）的轴向槽内，旋紧螺母，将一个外翅弯入螺母的槽内，螺母即被锁住。该方式结构简单、使用方便、防松可靠
	串联钢丝	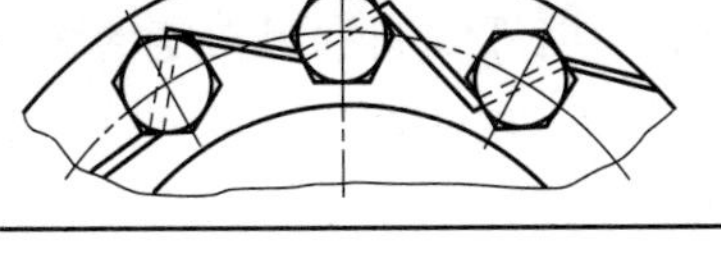	用低碳钢丝穿入各螺钉头部的孔内，将各螺钉串联起来使其相互约制，使用时必须注意钢丝的穿入方向。该方式适用于螺钉组连接，其防松可靠，但装拆不方便

防松方法		结构形式	特点和应用
永久防松	黏合剂		用黏合剂涂于螺纹旋合表面,拧紧螺母后黏合剂能自行固化,防松效果良好,但不便拆卸
	冲点	$(1\sim1.5)p$	螺纹件旋合后,用冲头在旋合缝处或在端面冲点防松。这种防松效果很好,但此时螺纹连接成了不可拆卸连接

7.3　螺栓连接的强度计算

螺栓连接的强度计算,主要是确定或验算螺栓杆危险截面的尺寸（一般是螺纹小径 d_1）,其他尺寸则按标准选择。与螺栓相合的螺母、垫圈等螺纹连接件的结构尺寸可直接按螺栓的公称尺寸由标准选取。

确定螺栓直径时,需要先通过受力分析,找出螺栓组中受力最大的螺栓,然后按单个螺栓进行强度计算。

7.3.1　普通螺栓连接的强度计算

在轴向静载荷的作用下,螺栓连接的主要失效形式为螺栓杆螺纹部分变形或断裂,应进行抗拉强度计算。

普通螺栓连接,按螺栓在装配时是否预紧分为松螺栓连接和紧螺栓连接。

（1）松螺栓连接

松螺栓连接在装配时螺母不需拧紧,螺栓只在工作时才受到拉力的作用,如拉杆、起重吊钩等的螺纹连接,如图 7-2 所示。这类螺栓工作时受轴向力 F 的作用,螺栓的强度条件为:

$$\sigma=\frac{F}{A}=\frac{F}{\pi d_1^2/4}\leqslant[\sigma] \tag{7-2}$$

式中　d_1——螺纹小径,mm;

　　　$[\sigma]$——松螺栓连接的许用应力,MPa,$[\sigma]=\sigma_s/(1.2\sim1.7)$;

　　　σ_s——屈服强度,见表 7-5。

设计公式为:

$$d_1\geqslant\sqrt{\frac{4F}{\pi[\sigma]}} \tag{7-3}$$

求出 d_1 后,再查出螺栓的公称直径。

（2）紧螺栓连接

紧螺栓连接受载前必须把螺母拧紧。拧紧螺母时,螺栓一方面受到拉伸,另一方面又因螺纹副中阻力矩的作用而受到扭转,因而,危险截面上既有拉应力 σ,又有扭转剪应力 τ。在计算时,可只按拉伸强度来计算,但需将拉力增大 30% 来考虑扭转剪力的影响,即

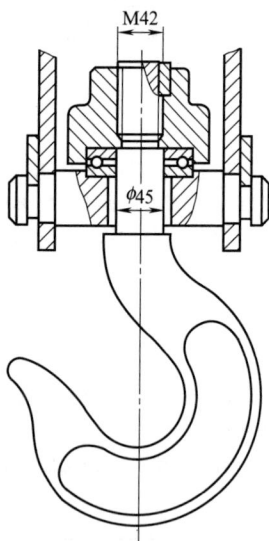

图 7-2　起重吊钩

M42

$\phi45$

$$F = 1.3 F_0 \tag{7-4}$$

式中　F_0——预紧力，N；

　　　F——计算载荷，N。

所以，紧螺栓连接的强度条件为：

$$\sigma = \frac{1.3 F_0}{\pi d_1^2 / 4} \leqslant [\sigma] \tag{7-5}$$

设计公式为：

$$d_1 \geqslant \sqrt{\frac{4 \times 1.3 F_0}{\pi [\sigma]}} \tag{7-6}$$

式中　$[\sigma]$——紧螺栓连接的许用应力，MPa，其值可按式 $[\sigma] = \sigma_s / S$ 计算；

　　　σ_s——屈服强度，见表 7-5；

　　　S——安全系数，见表 7-6。

在螺纹连接的计算中，预紧力 F_0 大小应根据外载的情况而定。

① 受横向载荷的紧螺栓连接：工作载荷与螺栓轴线垂直时，称为横向载荷，用 F_R 表示，如图 7-3 所示。

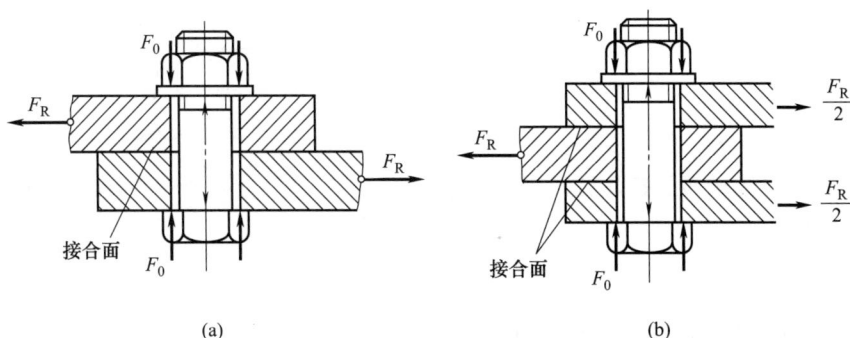

图 7-3　受横向载荷的紧螺栓连接

因螺栓杆与被连接件的孔壁之间有间隙，故螺栓不直接承受横向载荷 F_R，而是由预紧力 F_0 在接合面间产生摩擦力，以平衡横向载荷。为防止被连接件间产生滑移，必须使摩擦力之和大于或等于横向载荷 F_R，即

$$F_0 f n = K F_R \tag{7-7}$$

或

$$F_0 \geqslant \frac{K F_R}{f n} \tag{7-8}$$

式中　F_R——单个螺栓所承受的横向载荷，N；

　　　F_0——单个螺栓的预紧力，N；

　　　f——为被连接件接合面的摩擦因数，通常钢铁件表面取 $f = 0.15 \sim 0.2$；

　　　n——接合面数 [图 7-3（b）中，$n = 2$]；

　　　K——可靠性系数，通常取 $K = 1.1 \sim 1.3$。

根据预紧力 F_0 的大小由式（7-6）求出螺栓小径 d_1。

② 受轴向载荷的紧连接：图 7-4 所示压力容器端盖螺栓连接，是承受轴向载荷的典型实例。这类螺栓连接除应有足够的强度外，还应保证连接的紧密性。因此，在轴向载荷 F 作用前，先要拧紧螺母，使螺栓和被连接件都受到预紧力 F_0 的作用，螺栓受拉伸，被连接件受压缩。当螺栓受到容器内液体或气体的压力作用时，承受轴向载荷时的 F，使

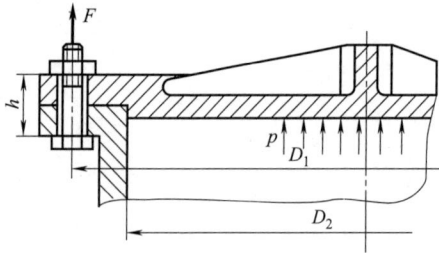

图 7-4 受轴向载荷的紧螺栓连接

螺栓伸长，预紧力也由 F_0 减小到 F'，称 F' 为残余预紧力，所以，工作时螺栓受到的总拉力 F_Σ 为：

$$F_\Sigma = F + F' \tag{7-9}$$

为了保证连接的紧密性，残余预紧力 F' 必须保持一定的数值。F' 的取值范围是：静载，$F' = (0.2 \sim 0.6)F$；动载，$F' = (0.6 \sim 1)F$；紧密压力容器，如气缸、油缸等，$F' = (1.5 \sim 1.8)F$。

7.3.2 铰制孔螺栓的强度计算

如图 7-5 所示，在铰制孔螺栓连接中，横向载荷 F_R 靠螺栓的剪切和挤压作用来平衡。因此其主要失效形式为螺栓杆被剪断或螺栓杆与孔壁配合面的压溃，所以应按剪切强度和挤压强度进行计算。

螺栓杆的剪切强度条件为：

$$\tau = \frac{F_R}{n \pi d_s^2 / 4} \leqslant [\tau] \tag{7-10}$$

设计公式为：

$$d_s \geqslant \sqrt{\frac{4F_R}{n \pi [\tau]}} \tag{7-11}$$

螺栓杆与孔壁接触面的挤压强度条件为：

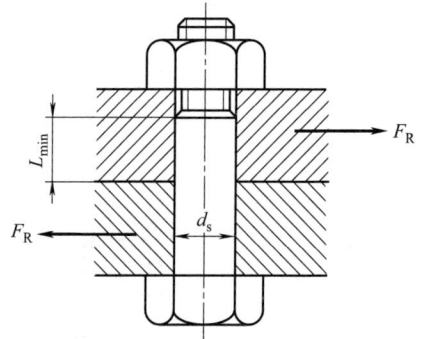

图 7-5 铰制孔螺栓连接

$$\sigma_P = \frac{F_R}{d_s L_{min}} \leqslant [\sigma_P] \tag{7-12}$$

式中　F_R——单个螺栓所承受的横向载荷，N；

　　　d_s——螺栓杆直径，mm；

　　　$[\tau]$——许用剪切应力，MPa，见表 7-7；

　　　$[\sigma_P]$——许用挤压应力，MPa，见表 7-7；

　　　L_{min}——螺栓杆与孔壁接触表面的最小长度，设计时应取 $L_{min} = 1.25d_s$；

　　　n——受剪面数目。

7.3.3 螺纹连接件常用材料及许用应力

（1）螺纹连接件常用材料

螺纹连接件的常用材料为 Q215、Q235、35 和 45 钢；对于重要或特殊用途的螺纹连接件，可采用 15Cr、40Cr、15MnVB 等合金钢。连接件常用的力学性能见表 7-5。

表 7-5　螺纹连接件常用材料力学性能

钢号	抗拉强度 σ_b/MPa	屈服强度 σ_s/MPa	弯曲疲劳极限 σ_{-1}/MPa	抗拉疲劳极限 $\sigma_{-1\tau}$/MPa
Q215	340～420	220		
Q235	410～470	240	170～220	120～160
35	540	320	220～300	170～220
45	610	360	250～340	190～250
40Cr	750～1000	650～900	320～440	240～340

（2）螺纹连接许用应力

螺纹连接许用应力与连接是否拧紧、是否控制预紧力、载荷的性质（如静载荷、动载荷）和材料等因素有关。

紧螺栓连接的安全系数见表 7-6。

表 7-6　紧螺栓连接的安全系数 S

控制预紧力		1.2～1.5				
不控制预紧力	材料	静载荷			动载荷	
		M6～M16	M16～M30	M30～M60	M6～M16	M16～M30
	碳钢	4～3	3～2	2～1.3	10～6.5	6.5
	合金钢	5～4	4～2.5	2.5	7.5～5	5

铰制孔螺栓的许用应力由被连接件的材料决定，其值见表 7-7。

表 7-7　铰制孔螺栓的许用应力 $[\tau]$、$[\sigma_P]$

被连接件材料		剪切		挤压	
		许用应力	S	许用应力	S
静载荷	钢	$[\tau]=\sigma_s/S$	2.5	$[\sigma_P]=\sigma_s/S$	1.25
	铸铁			$[\sigma_P]=\sigma_b/S$	2～2.5
动载荷	钢、铸铁	$[\tau]=\sigma_s/S$	3.5～5	$[\sigma_P]$ 按静载荷取值的 70%～80% 计	

[例 7-1]　图 7-6 所示的凸缘联轴器，传递的最大转矩 $T=1.5\mathrm{kN\cdot m}$，载荷平稳，用 4 个材料为 Q235 钢的 M16 螺栓连接，螺栓均匀分布在直径 $D_0=155\mathrm{mm}$ 的圆周上，联轴器材料为 HT300，凸缘厚 $h=23\mathrm{mm}$。试分别校核用普通螺栓连接和铰制孔螺栓连接时螺栓的强度。

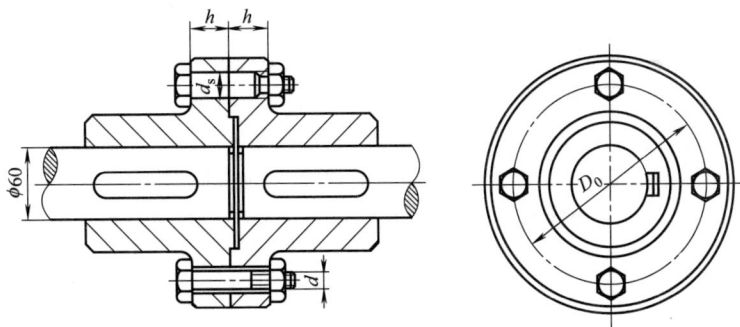

图 7-6　凸缘联轴器

[解]

（1）采用普通螺栓连接

螺栓与孔壁间有间隙，必须拧紧螺母，使两接触面间产生足够的摩擦力来传递转矩。当联轴器传递转矩 T 时，每个螺栓受到的横向载荷为：

$$T=4F_R\frac{D_0}{2}$$

$$F_R=\frac{T}{2D_0}=\frac{1.5\times10^6}{2\times155}=4840\ (\mathrm{N})$$

取 $K=1.2$、$f=0.2$、$n=1$，则：

$$F_0=KF_R/(fn)=1.2\times4840/(0.2\times1)=29040\ (\mathrm{N})$$

查表 7-5、表 7-6，当螺栓材料为 Q235，直径为 16mm 时，$\sigma_s = 240$MPa，$S = 3$；可得 $[\sigma] = \sigma_s/S = 80$MPa。

M16 螺栓的小径 $d_1 = 13.84$mm，螺栓的拉应力为：

$$\sigma = \frac{1.3F_0}{\pi d_1^2/4} = \frac{4 \times 1.3 \times 29040}{\pi \times 13.84^2} = 251(\text{MPa}) > [\sigma]$$

计算结果表明，采用普通螺栓连接时，M16 螺栓的强度不足。

（2）采用铰制孔螺栓

由手册查得 M16 铰制孔螺栓的 $d_s = 17$mm，查表 7-5 得：Q235 的 $\sigma_s = 240$MPa，HT300 的 $\sigma_b = 300$MPa。查表 7-7 得：$[\tau] = \sigma_s/S = 240/2.5 = 96$MPa，$[\sigma_P] = \sigma_b/S = 300/1.25 = 240$MPa。

当螺栓受到的横向载荷为 4840N 时，螺栓的剪应力为：

$$\tau = \frac{F_R}{n\pi d_s^2/4} = \frac{4 \times 4840}{1 \times \pi \times 17^2} = 21.3(\text{MPa}) \leqslant [\tau] = 96\text{MPa}$$

联轴器的挤压应力为：

$$\sigma_P = \frac{F_R}{d_s L_{\min}} = \frac{4840}{17 \times 23} = 12.4(\text{MPa}) \leqslant [\sigma_P] = 240\text{MPa}$$

计算结果表明，采用铰制孔螺栓连接，剪切强度和挤压强度足够。

由此可见，采用铰制孔螺栓连接可以大大减小螺栓连接的尺寸或使联轴器传递更大的扭矩。

7.4 螺纹连接结构设计要点

在结构设计时，应考虑以下几方面的问题。

① 螺栓组的布置应尽可能对称，以使结合面受力比较均匀。一般都将结合面设计成对称的简单几何形状，并使螺栓组的对称中心与结合面的几何形心重合，如图 7-7 所示。

② 当螺栓连接承受弯矩和转矩时，还必须将螺栓尽可能地布置在靠近结合面边缘处，以减小螺栓所承受的载荷。如果普通螺栓连接受到较大的横向载荷，则可用套筒、键、销等零件来分担横向载荷，以减小螺栓的预紧力和结构尺寸，如图 7-8 所示。

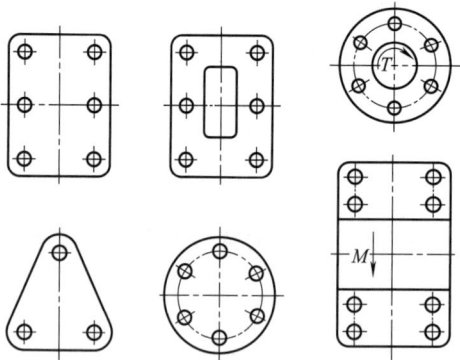

图 7-7 螺栓组的布置

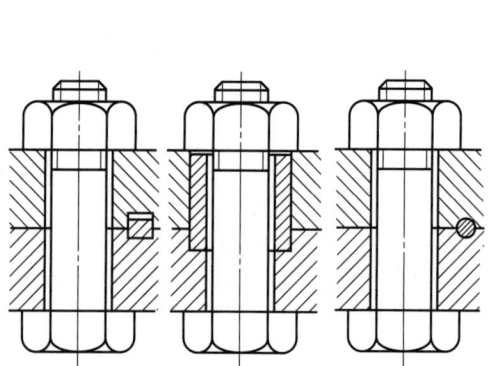

图 7-8 减载装置

③ 在一般情况下，为了安装方便，同一组螺栓中不论其受力大小，均采用同样的材料和尺寸（螺栓直径、长度）。

④ 螺栓布置要有合理的距离。在布置螺栓时，螺栓中心线与机体壁之间、螺栓相互之间的距离，要根据扳手活动所需的空间大小来决定，如图 7-9 所示。扳手空间的尺寸可查有关手册。

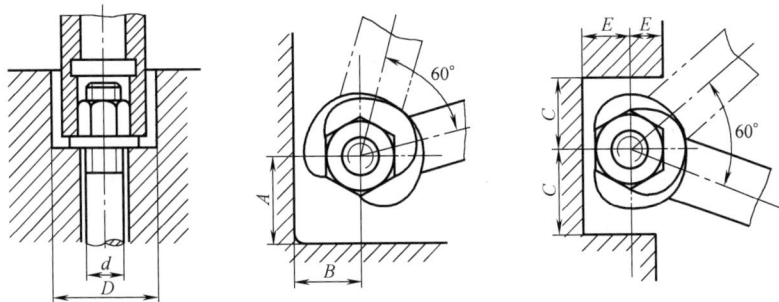

图 7-9　扳手空间

⑤ 避免附加载荷。引起附加载荷的因素很多，除因制造、安装上的误差及被连接件的变形等因素外，螺栓、螺母支承面不平或倾斜，都可能引起附加载荷。支承面应为加工面，为了减小加工面，常将支承面做成凸台、凹坑。为了适应特殊的支承面（倾斜的支承面、球面等），可采用斜垫圈、球面垫圈等，如图 7-10 所示。

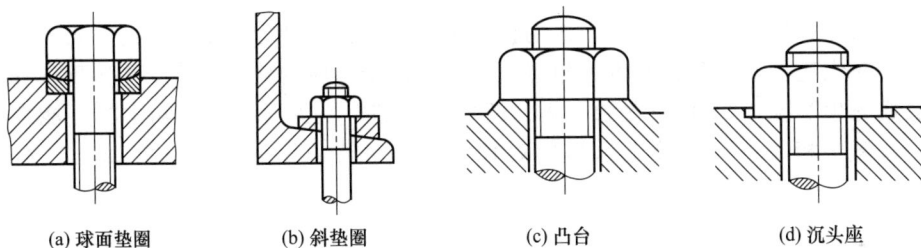

(a) 球面垫圈　　　　(b) 斜垫圈　　　　(c) 凸台　　　　(d) 沉头座

图 7-10　避免附加载荷

故事汇

屹立千年的力学奇迹——应县木塔

应县木塔，本名为佛宫寺释迦塔，是中国现存最高、最古老的一座木构塔式建筑，也是唯一一座木结构楼阁式塔。该木塔建于辽清宁二年（公元 1056 年），距今有近一千年的历史，塔高 67.31m，底层直径为 30.27m，呈平面八角形，第一层立面重檐，以上各层均为单檐，共五层六檐。其外观是五层，但是塔内夹有暗层四级，实为九层。九层高塔全部用红松木建造，共用红松木料 3000m³，总重 2600t 以上。全塔无钉无铆、精巧绝伦。

应县木塔与意大利比萨斜塔、巴黎埃菲尔铁塔并称"世界三大奇塔"。2016 年 9 月，它被吉尼斯世界纪录认定为"全世界最高的木塔"。但是，这还不算是它的最神奇之处。要说应县木塔最神奇的地方，莫过于它不费一钉一铆，却历经千年严寒酷暑，任凭地震（有历史记载的地震 5 次）和炮击（在近代战争中遭遇多次炮击），仍然屹立至今。

应县木塔全靠斗拱、柱梁镶嵌穿插吻合，不用钉，不用铆。木塔每层檐下及暗层平座围栏之下，都是一组挨一组的斗拱，转角外更是三组斗拱组合在一起，犹如朵朵盛开的硕大莲花。据专家统计，应县木塔共使用 54 种 240 组不同形式的斗拱，是我国古代建筑中使用斗拱最多的塔，堪称"斗拱博物馆"。斗拱犹如汽车上的减震系统，它的摩擦和旋转能吸收地震中的能量。由于斗拱系统本身是由若干小木料即斗、拱等卯接在一起，相当于许多小型的悬臂，它们能够调整倾角、平衡弯矩，因此在受到地震、炮击等异常振动时，斗拱成为一种阻尼装置，通过斗拱卯窍间的摩擦、错位，消耗掉外来的巨大能量。即使在现代，这也是一种理想的抗震结构。

应县木塔的内部结构与现代高层建筑所采用的"内外筒体加水平桁架"近似，对木塔颇有研究的应县文管所原所长马良先生说，木塔能抗住多次地震，是因为木塔明层夹暗层，形成了柔体结构和刚体结构的有机结合。明层结构仅有立柱，且其顶底与梁为平搭浮置，在地震作用时，地面的瞬间位移只作用于立柱底端，立柱底端摆动，顶端不移，因而有效缓解了地震作用向上的传递。暗层在柱间采用诸多斜撑杆，提高了暗层刚度，且暗层结构比明层结构高两倍多，产生了良好的抗风面，风力对塔体产生的弯矩，绝大部分由暗层承担（其机理是视暗层结构为一具有刚性的整体，其下散落的浮置柱为一弹性地基，受风后，迎风侧的柱压力会减小，而背风侧的柱压力会加大，这就形成了散落柱为整体来承受其暗层传来的风力弯矩值，风生成的层剪力则由明层柱平均分担），明层柱承担的上部风力弯矩仅是层剪力乘以柱高之半的微小量值。正是这一高明的技术，才使得纯木构成的高层建筑能经受住千年风雨地震的侵袭。

应县木塔充分体现了我国古代匠人的技艺水平和工匠精神，木塔建造时，力学理论尚未面世，古代匠人凭借经验和智慧设计建造了这样一座奇迹般的建筑。恰如中国现代伟大建筑学家梁思成先生所说："这塔真是独一无二的伟大作品，不见此塔，不知木构可能性到了什么程度。我佩服极了，佩服建造这塔的时代，和那时代里不知名的大建筑师，不知名的匠人。"

第8章 轴及其连接件

轴是组成机器的主要零件之一，它主要用来支承旋转零件（齿轮、联轴器等），以传递运动和动力。本章将对轴以及与轴的连接件如键、销、联轴器等一并讨论。

8.1 轴

8.1.1 轴的功用与分类

（1）轴的功用

轴是组成机器的重要零件，其功用是支承回转零件（如齿轮、带轮等），借以传递运动和动力，并保证轴上零件具有确定的工作位置和一定的回转精度。

（2）轴的分类

① 按轴承受的载荷性质分类：

a. 传动轴。工作时只承受转矩而不承受弯矩或承受的弯矩很小的轴称为传动轴，如图8-1所示的汽车变速器与后桥间的轴。

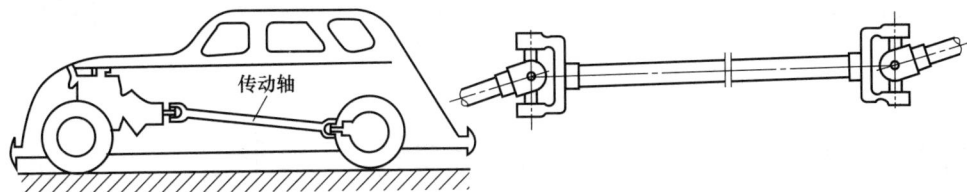

图 8-1　传动轴

b. 心轴。工作时只承受弯矩的轴称为心轴。心轴可以是转动的，如图8-2（a）所示的车轴；也可以是固定不动的，如图8-2（b）所示的滑轮支承轴。

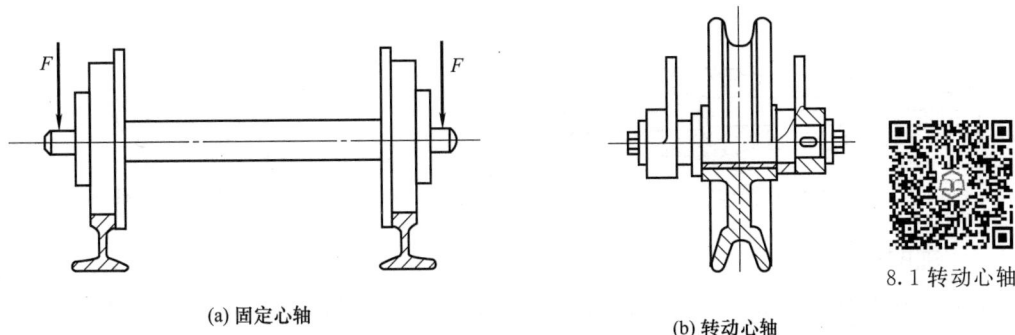

(a) 固定心轴　　　(b) 转动心轴

8.1 转动心轴

图 8-2　心轴

c. 转轴。工作时既承受弯矩又承受转矩的轴称为转轴。机器中大多数的轴都属于这一类。在图8-3所示的减速装置传动简图中，带轮轴和齿轮轴都是转轴。

② 按轴的结构形状分类：按轴的结构形状不同，轴可以分为曲轴（图8-4）和直轴（图

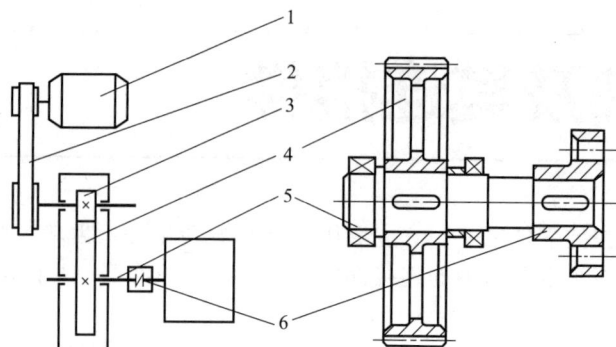

图 8-3 转轴

1—电动机；2—皮带；3—主动齿轮；4—从动齿轮；5—齿轮轴；6—联轴器

8-5)；光轴 [图 8-5 (a)] 和阶梯轴 [图 8-5 (b)]；实心轴和空心轴（图 8-6）；刚性轴和挠性轴（图 8-7）。在光轴上零件不易定位和装配；阶梯轴各截面直径不等，便于零件的安装和固定，因此应用广泛。当机器要求在轴内输送零件或装设其他零件、需减小轴的质量时，将轴制成空心的，如车床的主轴等。

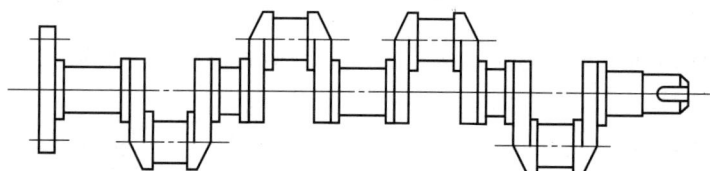

图 8-4 曲轴

8.3 曲轴

8.2 光轴

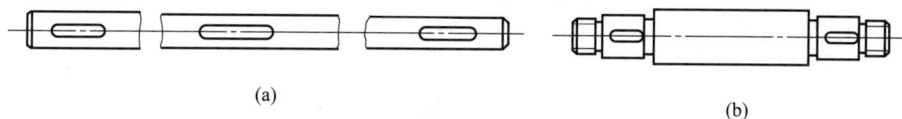

(a)

(b)

图 8-5 直轴

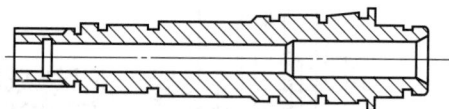

图 8-6 空心轴

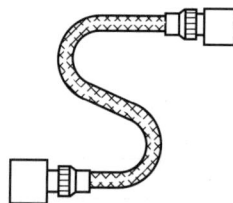

图 8-7 挠性轴

8.1.2 轴的材料

轴的主要失效形式为疲劳破坏，因此，轴的材料应具有足够的疲劳强度，满足刚度、耐磨性及韧性要求，有良好的加工工艺性和热处理性能，并且还应考虑经济性。

轴的材料主要采用碳素钢和合金钢，轴的毛坯一般采用轧制件和锻件。

碳素钢比合金钢成本低，且对应力集中的敏感性较小，因此应用广泛。常用的碳素钢有30、40、45 钢等，其中最常用的为 45 钢。为保证轴材料的力学性能，应对碳素钢进行调质或正火处理。受载较小或不重要的轴，可采用碳素结构钢作为轴的材料。

合金钢具有较高的力学性能和良好的热处理性能,但对应力集中较敏感,价格较高,常用在传递功率较大、要求减小轴的质量和提高轴颈耐磨性等有特殊要求的场合,如 20Cr、40Cr 等。

合金铸铁或球墨铸铁也可用于制造轴。合金铸铁和球墨铸铁的吸振性高,材料对应力集中的敏感性较低,适用于制造形状复杂的轴,如凸轮轴、曲轴等。但是,铸造轴的质量不易控制,可靠性较差。

轴的常用材料及其力学性能见表 8-1。

表 8-1　轴的常用材料及其力学性能

材料	牌号	热处理类型	毛坯直径/mm	硬度		力学性能/MPa			应用说明
				HBW	HRC（表面淬火）	抗拉强度极限 σ_b	屈服极限 σ_s	弯曲强度极限 σ_{-1}	
碳素结构钢	Q235					440	240	200	用于受载较小或不重要的轴
	Q275					580	280	230	
优质碳素结构钢	45	正火	25	≤241	55～61	600	360	260	用于要求强度较高、韧性中等的轴。应用最广泛
		正火回火	≤100	170～217		600	300	275	
			>100～300	162～217		580	290	270	
		调质	≤200	217～255		650	360	300	
合金钢	20Cr	渗碳淬火回火	15	表面56～62		835	540	375	用于要求强度、韧性较高的轴
			≤60			650	400	280	
	20CrMnTi		15	表面56～62		1080	835	525	
	35SiMn	调质	25		45～55	885	735	460	用于做中小型轴类
			≤100	229～286		800	520	400	
			>100～300	217～269		750	450	350	
	40Cr	调质	25		48～55	980	785	500	用于载荷较大且无很大冲击的重要的轴
			≤100	241～266		750	550	350	
			>100～300	241～266		700	550	340	
球墨铸铁	QT400-18			130～180		400	250	145	用于制造形状复杂的轴
	QT600-3			190～270		600	370	215	

8.1.3　轴的结构设计

图 8-8 所示为单级圆柱齿轮减速器的输出轴。轴通常由轴头、轴颈、轴身及轴肩和轴环等组成。轴与轴承配合处的轴段称为轴颈;安装轮毂的轴段称为轴头;连接轴头与轴颈间的非配合轴段称为轴身;阶梯轴上截面尺寸变化的部位称为轴肩和轴环,如图 8-8 所示。轴肩和轴环常用于轴上零件的定位。

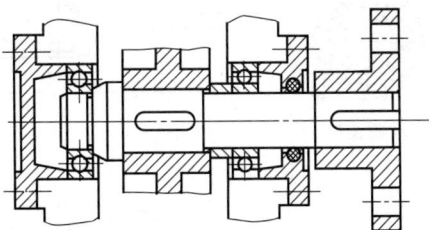

轴的结构设计就是使轴的各部分具有合理的形状和尺寸。主要要求是:轴上零件的轴向、周向定位准确,固定可靠;轴应便于加工,具有良好的工艺性,轴上零件易于装拆和调整;尽量减少应力集中,提高轴的强度和刚度。

图 8-8　单级圆柱齿轮减速器的输出轴

(1) 轴上零件的装配方案

轴没有标准结构,轴的结构形式取决于强度要求和轴上零件的装配方案,为了便于轴上零件的装拆，常将轴做成阶梯轴。如图 8-8 所示，轴上的齿轮、套筒、右端滚动轴承、轴承端盖和联轴器依次从轴的右端装配，另一滚动轴承从轴的左端装配。在满足使用要求的情况下，轴的形状和尺寸应力求简单，便于加工。

（2）零件的轴向定位和固定

为了防止轴上零件的轴向位移，应对零件进行准确的定位和可靠的固定，常用轴上零件的轴向定位和固定方法及特点、应用见表 8-2。

表 8-2 常用轴上零件的轴向定位和固定方法及特点、应用

轴向定位和固定方法	特点和应用
轴肩和轴环 轴肩　　　轴环 I 放大 $h>R>r$　　　$h>C>r$	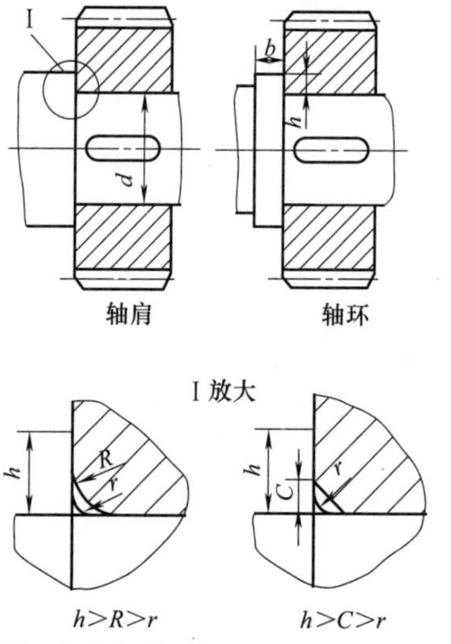 能承受较大的轴向力，加工方便，定位可靠，应用最广泛 为使零件端面与轴肩（轴环）贴合，轴肩（轴环）的高度 h、零件孔端的圆角 R（或倒角 C）与轴肩（轴环）的圆角 r 应满足：$h>R>r$（或 $h>C>r$）。一般取：$h=(0.07\sim0.1)d$，轴环 $b\approx1.4h$ 与滚动轴承相配时，h 值按轴承标准中的安装尺寸获得
套筒 套筒	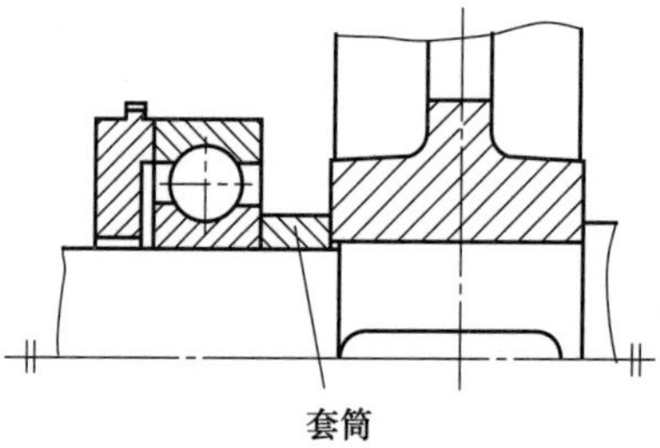 定位可靠，加工方便，可简化轴的结构。用于轴上间距不大的两零件间的轴向定位和固定 与滚动轴承组合时，套筒的厚度不应超过轴承内圈的厚度，以便轴承拆卸
圆螺母和止动垫圈 8.4 圆螺母 止动垫圈　圆螺母 止动垫圈	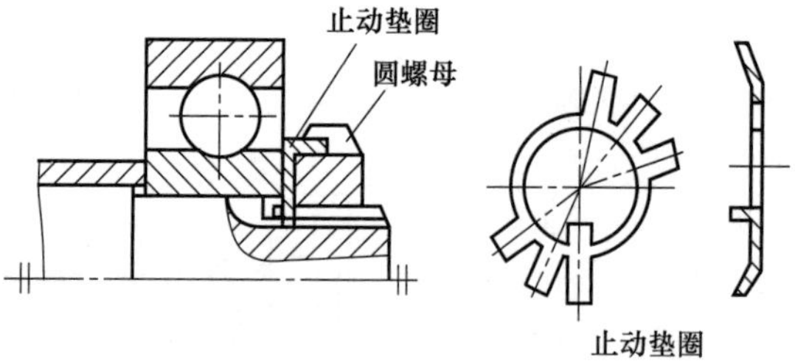 固定可靠，能承受较大的轴向力，但轴上须切制螺纹和纵向槽。常用于固定轴端零件
轴端挡圈 	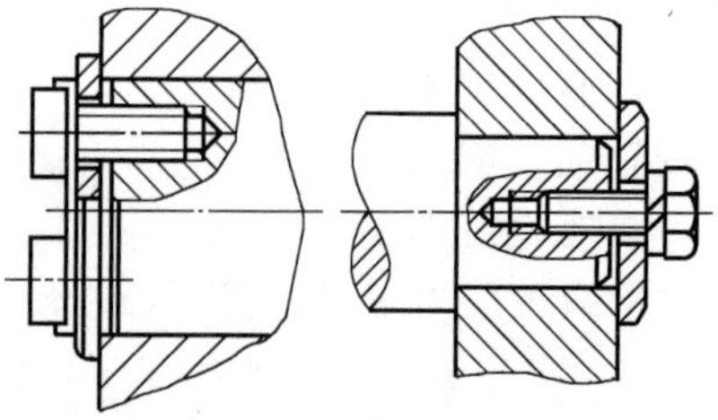 能承受较大的轴向力及冲击载荷，需采用防松措施，常用于轴端零件的固定

轴向定位和固定方法		特点和应用
圆锥面	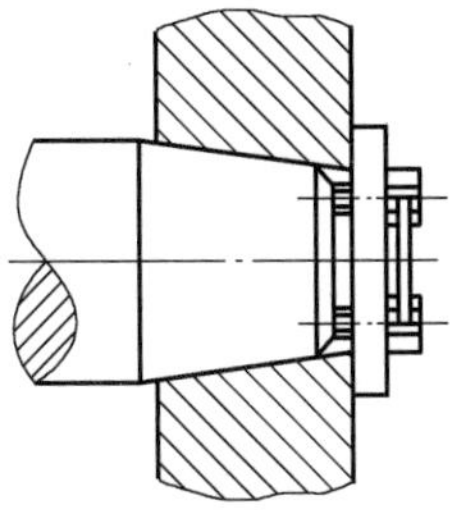	能承受冲击载荷,装拆方便,常用于轴端零件的定位和固定
弹性挡圈	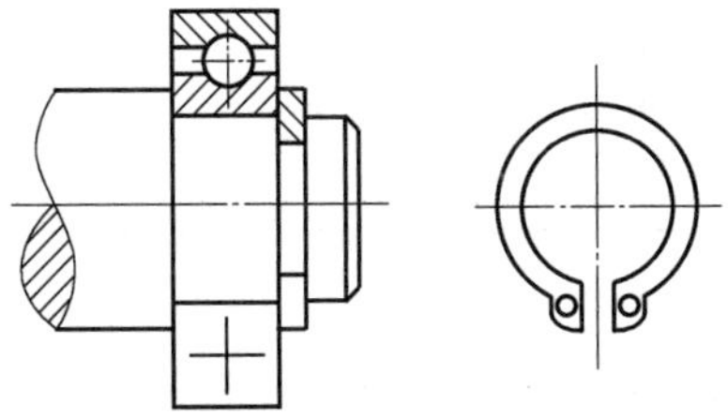	结构简单,装拆方便,只能承受较小的轴向力,可靠性差。常用于固定滚动轴承和滑移齿轮的限位

（3）轴上零件的周向固定

轴上零件的周向固定是为了防止零件与轴之间的相对转动。固定方法及特点、应用见表 8-3。

8.5 周向固定

表 8-3　轴上零件的周向固定方法及特点、应用

周向固定方法		特点和应用
键	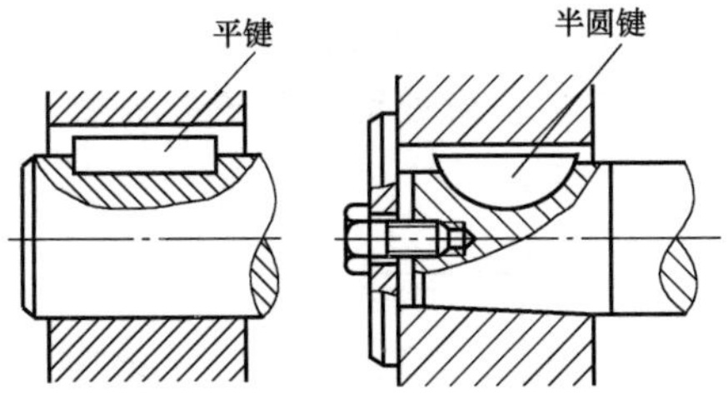 平键　半圆键	能承受较大的轴向力,加工方便,定位可靠,应用最广泛 平键对中性好,可用于较高精度、高转速及受冲击或交变载荷作用的场合 半圆键装配方便,特别适合锥形轴端的连接,但对轴的削弱较大,只适于轻载
花键	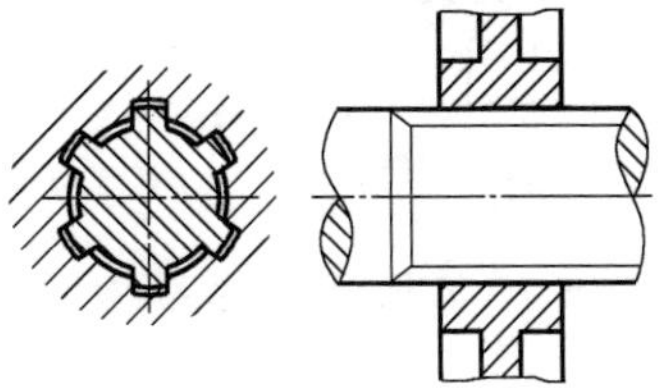	承载能力强,定心性和导向性好,但制造成本较高
紧定螺钉	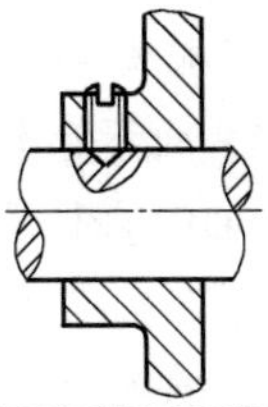	只能承受较小的周向力,结构简单,可兼做轴向固定。在有冲击和振动的场合,应有防松措施

周向固定方法		特点和应用
圆锥销		结构简单,用于受力不大的场合,可兼做安全销使用
过盈配合		结构简单,对中性好,承载能力高,适用于不常拆卸的部位。常与平键联合使用,能承受较大的振动、交变载荷和冲击载荷

（4）轴的结构要求

轴的形状通常采用阶梯轴,因为阶梯轴接近等强度,且加工方便,便于轴上零件的装拆和定位。从轴的结构工艺性考虑,设计中应考虑以下问题:

① 轴的形状应力求简单,阶梯数尽可能少,以减少加工次数和应力集中。

② 为了便于轴上零件的装配,轴端和各阶梯端面应加工出倒角,如图 8-9 所示,使相配零件易于导入,以免划伤人手及配合零件;轴与零件过盈配合时,轴的装入端常需加工出导向圆锥。

③ 在不同轴段开设键槽时,为加工方便,应使各键槽沿轴的同一母线布置。在同一轴段开设几个键槽时,各键槽应对称布置。

④ 对于轴上需车削螺纹的部分,应有退刀槽,以保证车削退刀,如图 8-10 所示。轴上要求磨削的表面,如与滚动轴承配合处,需在轴肩处留有砂轮越程槽,如图 8-11 所示,砂轮边缘可磨削到轴肩端部,保证轴肩的垂直度。

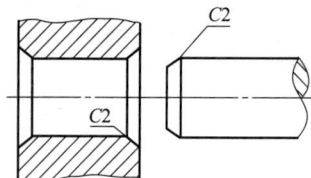

图 8-9 倒角

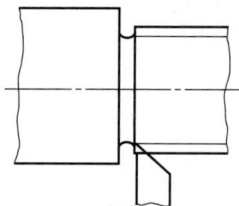

图 8-10 螺纹退刀槽

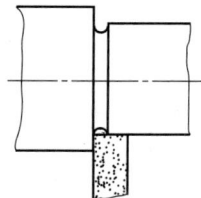

图 8-11 砂轮越程槽

⑤ 同一轴上直径相近处的圆角、倒角、键槽等尺寸应尽量相同,以减少刀具数量和换刀时间。

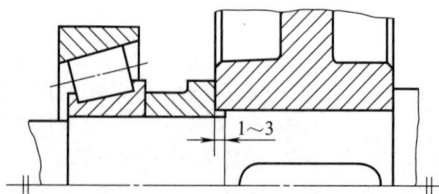

图 8-12 轴段的长度

⑥ 套筒、圆螺母、挡圈等定位时,轴段长度应小于相配零件的宽度,以保证定位和固定可靠。如图 8-12 所示齿轮宽度应大于相配轴段长度。

⑦ 轴的直径除了应满足强度和刚度的要求外,还应注意尽量采用标准直径,如表 8-4 所示,另外与滚动轴承配合处,必须符合滚动轴承内径的标

准系列；螺纹处的直径应符合螺纹标准系列；安装联轴器处的轴径应按联轴器孔径设计。

表 8-4　标准直径　　　　　　　　　　　　　　mm

10	11	12	14	16	18	20	22	25	28	30	32	36
40	45	50	56	60	63	71	75	80	85	90	95	100

⑧ 为了减小轴径突变处的应力集中，阶梯轴截面尺寸变化处应采用圆角过渡，圆角半径不宜过小。圆角半径过大影响轴上零件定位时，也可采用凹切圆角或中间环来增大圆角半径，缓和应力集中，如图 8-13 所示。

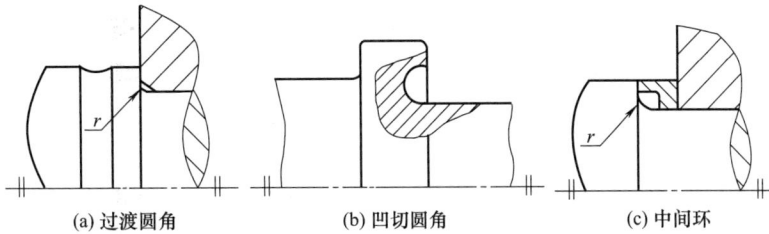

(a) 过渡圆角　　　　　　(b) 凹切圆角　　　　　　(c) 中间环

图 8-13　减少轴肩处应力集中的结构

关于砂轮越程槽、螺纹退刀槽、键槽及中心孔的尺寸可参阅有关手册。

8.1.4　轴的强度计算

（1）按扭转强度计算

圆轴的扭转强度条件为：

$$\tau_{max} = \frac{T}{W_T} = \frac{9.55 \times 10^6 P}{0.2 \times d^3 n} \leqslant [\tau] \tag{8-1}$$

式中　τ_{max}——轴的最大扭转切应力，MPa；

　　　　$[\tau]$——许用扭转切应力，MPa；

　　　　T——轴传递的转矩，N·mm，$T = 9.55 \times 10^6 P / n$；

　　　　P——轴传递的功率，kW；

　　　　n——轴的转速，r/min；

　　　　d——轴的直径，mm；

　　　　W_T——抗扭截面系数，mm³，圆轴 $W_T = 0.2 d^3$。

当轴的材料选定后，则许用切应力 $[\tau]$ 即可查出，由式（8-1）可得设计公式：

$$d \geqslant \sqrt[3]{\frac{9.55 \times 10^6 P}{0.2 [\tau] \cdot n}} = C \sqrt[3]{\frac{P}{n}} \tag{8-2}$$

式中　C——由轴的材料和承载情况确定的系数，见表 8-5。

对于转轴，可按式（8-2）初估轴的最小直径，但考虑到弯矩对轴强度的影响，必须将轴的许用扭转切应力 $[\tau]$ 适当降低。

当轴开有键槽时，会削弱轴的强度，将计算直径适当加大。一般情况下，轴上开有一个键槽时，轴径加大 3% 左右，开有两个键槽时轴径加大 7% 左右，亦可按表 8-4 圆整为标准值。

表 8-5　轴常用材料的 $[\tau]$ 值和 C 值

轴的材料	Q235、20	35	45	40Cr、35SiMn、2Cr13
$[\tau]$ /MPa	12~20	20~30	30~40	40~52
C	160~135	135~118	118~106	106~97

注：当作用在轴上的弯矩比转矩小或只受转矩作用时，$[\tau]$ 取较大值，C 取较小值；反之，则 $[\tau]$ 取较小值，C 取较大值。

（2）按弯扭组合强度计算

设计转轴时，首先按扭转强度估算轴的最小直径，然后，进行轴的结构设计，在进行轴系设计后，支点位置及轴所传递载荷的大小、方向、作用点已确定，最后按弯扭组合强度进行校核。

轴的结构初步确定后，应首先画出轴的受力简图，确定轴的受力情况，然后再作出水平面弯矩图、垂直面弯矩图、合成弯矩图、转矩图和当量弯矩图，最后按弯扭组合强度进行强度校核。

对于一般钢制转轴，通常按第三强度理论进行强度计算，强度条件为：

$$\sigma_e = \frac{M_e}{W} = \frac{\sqrt{M^2 + (\alpha T)^2}}{0.1 d^3} \leqslant [\sigma_{-1}]_{bb} \tag{8-3}$$

$$M = \sqrt{M_H^2 + M_V^2} \tag{8-4}$$

式中　σ_e——危险截面的当量应力，MPa；

M_e——当量弯矩，N·mm；

M——合成弯矩，N·mm；

M_H, M_V——水平面和垂直面的弯矩，N·mm；

T——轴传递的转矩，N·mm；

W——轴危险截面的抗弯截面系数，$W = 0.1 d^3$，mm³；

α——根据转矩性质而定的折合系数。对于不变的转矩，$\alpha = \frac{[\sigma_{-1}]_{bb}}{[\sigma_{+1}]_{bb}} \approx 0.3$；对于脉

动循环的转矩，$\alpha = \frac{[\sigma_{-1}]_{bb}}{[\sigma_0]_{bb}} \approx 0.6$；对于对称循环的转矩，$\alpha = \frac{[\sigma_{-1}]_{bb}}{[\sigma_{-1}]_{bb}} \approx 1$。

当不能确定变化规律时，一般按脉动循环处理。式中的 $[\sigma_{+1}]_{bb}$、$[\sigma_0]_{bb}$、$[\sigma_{-1}]_{bb}$ 分别为材料在静应力、脉动循环应力、对称循环应力下的许用弯曲应力，见表 8-6。

表 8-6　轴的许用弯曲应力　　　　　　　　　　　　　　　　单位：MPa

材料	σ_b	$[\sigma_{-1}]_{bb}$	$[\sigma_{+1}]_{bb}$	$[\sigma_0]_{bb}$
碳钢	400	40	130	70
	500	45	170	75
	600	55	200	95
	700	65	230	110
合金钢	800	75	270	130
	900	80	300	140
	1000	90	330	150
	1200	110	400	180

由式（8-3）可得出实心轴直径 d 的设计公式：

$$d \geqslant \sqrt[3]{\frac{M_e}{0.1 [\sigma_{-1}]_{bb}}} \tag{8-5}$$

注意：①计算截面处开有键槽，应将求得的轴径加大 3%～7%；②计算的轴径若小于或等于结构设计确定的轴径，说明结构设计满足强度要求，则以结构设计为准；③计算的轴径若大于结构设计确定的轴径，说明结构设计的轴径不满足强度要求，则需要重新设计。

对轴进行弯扭组合强度校核的步骤如下。

① 画出轴的空间受力简图，计算出水平面内支反力和垂直面内支反力；

② 分别绘出水平面内弯矩图 M_H 和垂直面内弯矩图 M_V；

③ 计算合成弯矩 $M = \sqrt{M_H^2 + M_V^2}$，绘出合成弯矩图；

④ 计算扭矩 T，绘出轴的扭矩图；

⑤ 计算危险截面的当量弯矩 $M_e = \sqrt{M^2 + (\alpha T)^2}$，绘出当量弯矩图；

⑥ 按式（8-5）对危险截面进行强度校核。对有键槽的截面，应将计算的直径增大。当校核轴的强度不够时，应重新进行设计。

[例 8-1]　图 8-14 所示为单级齿轮减速器，从动轴的输出端与联轴器相接。已知：输出轴传递的功率 $P = 4\text{kW}$，转速 $n = 130\text{r/min}$，轴上斜齿圆柱齿轮的分度圆直径 $d = 300\text{mm}$，齿宽 $b = 90\text{mm}$，螺旋角 $\beta = 12°$，右旋，法向压力角 $\alpha = 20°$，载荷平稳，工作时单向运转。试设计该从动轴。

图 8-14　单级齿轮减速器

[解]　列表计算如下。

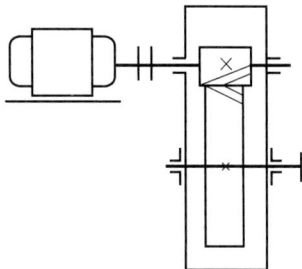

计算项目	计算说明	计算结果
1. 选择轴的材料，确定许用应力	选用 45 钢为轴的材料，调质处理。由表 8-1 查得 $\sigma_b = 650\text{MPa}$，$\sigma_s = 360\text{MPa}$，由表 8-6 查得 $[\sigma_{+1}]_{bb} = 215\text{MPa}$，$[\sigma_0]_{bb} = 102\text{MPa}$，$[\sigma_{-1}]_{bb} = 60\text{MPa}$	$\sigma_s = 360\text{MPa}$ $[\sigma_{-1}]_{bb} = 60\text{MPa}$
2. 按扭转强度估算轴的最小直径	单级齿轮减速器的低速轴为转轴，输出端与联轴器相接，从结构要求考虑，输出端轴径应最小。最小直径为：$d \geqslant C \sqrt[3]{P/n}$ 查表 8-5，45 钢取 $C = 118$，则 $\qquad d \geqslant 118 \sqrt[3]{4/130} = 36.78\text{mm}$ 考虑键槽的影响以及联轴器孔径系列标准，取 $d = 38\text{mm}$	$d = 38\text{mm}$
3. 计算齿轮上的作用力	齿轮所受的转矩： $T = 9.55 \times 10^6 P/n = 9.55 \times 10^6 \times 4/130 = 294 \times 10^3 \text{N} \cdot \text{mm}$ 齿轮上的作用力： 圆周力 $F_t = 2T/d = 2 \times 294 \times 10^3/300 = 1960\text{N}$ 径向力 $F_r = F_t \tan\alpha/\cos\beta = 1960\tan20°/\cos12° = 729\text{N}$ 轴向力 $F_a = F_t \tan\beta = 1960\tan12° = 417\text{N}$	$T = 294 \times 10^3 \text{N} \cdot \text{mm}$ $F_t = 1960\text{N}$ $F_r = 729\text{N}$ $F_a = 417\text{N}$
4. 轴的结构设计	轴结构设计时，需同时考虑轴系中相配零件的尺寸以及轴上零件的固定方式，按比例绘制轴系结构草图 ①选取联轴器。可采用弹性柱销联轴器，查设计手册，选择：HL3 联轴器 38×82 ② 确定轴上零件的位置及固定方式。单级齿轮减速器，将齿轮布置在箱体内壁的中央，轴承对称布置在齿轮两边，轴外伸端安装联轴器 齿轮靠轴环和套筒实现轴向定位和固定，靠平键和过盈配合实现周向固定；两端轴承靠套筒实现轴向定位，靠过盈配合实现周向固定；轴通过两端轴承盖实现轴向定位；联轴器靠轴肩、平键和过盈配合分别实现轴向定位和周向固定 ③ 确定各段轴的直径。将估算轴径 $d = 38\text{mm}$ 作为外伸端直径 d_1，与联轴器相配；考虑联轴器用轴肩实现轴向定位，取第二段直径为 $d_2 = 45\text{mm}$，齿轮和左端轴承从左侧装入，考虑装拆方便及零件固定的要求，装轴承处轴径 d_3 应大于 d_2，考虑滚动轴承直径系列，取 $d_3 = 50\text{mm}$；为便于齿轮装拆，与齿轮配合处轴径 d_4 应大于 d_3，取 $d_4 = 52\text{mm}$；齿轮左端用套筒固定，右端用轴环定位，轴环直径 d_5 满足齿轮定位的同时，还应满足右侧轴承的安装要求，根据选定轴承型号确定；右端轴承型号与左端轴承相同，取 $d_6 = 50\text{mm}$ ④ 选取轴承型号。初选轴承型号为深沟球轴承，代号 6310。查手册可得：轴承宽度 $B = 27\text{mm}$，安装尺寸 $D_1 = 60\text{mm}$，故轴环直径 $d_5 = 60\text{mm}$ ⑤ 确定各段轴的长度。综合考虑轴上零件的尺寸及与减速器箱体尺寸的关系，确定各段轴的长度 ⑥ 画出轴的结构草图，如图 8-15 所示	联轴器规格： HL3 联轴器 38×82 $d_1 = 38\text{mm}$ $d_2 = 45\text{mm}$ $d_3 = 50\text{mm}$ $d_4 = 52\text{mm}$ $d_5 = 60\text{mm}$ $d_6 = 50\text{mm}$ 滚动轴承 6310

计算项目	计算说明	计算结果
5. 校核轴的强度	① 画轴的受力简图,如图 8-15 所示。 ② 计算支反力。由静力学平衡方程求得: 水平面 H 内 $F_{RBX}=F_{RDX}=F_t/2=1960/2=980N$ 铅垂面 V 内 $F_{RBZ}=790N$,$F_{RDZ}=61N$ ③ 绘制弯矩图,如图 8-15 所示。 水平面 H 内弯矩 $M_{CH}=F_{RBX}\times73.5=72030N\cdot mm$ 铅垂面 V 内弯矩 $M_{CV}^-=F_{RBZ}\times73.5=58065N\cdot mm$ $M_{CV}^+=-F_{RDZ}\times73.5=-4485N\cdot mm$ 合成弯矩 $M_C^-=\sqrt{M_{CH}^2+(M_{CV}^-)^2}=92520N\cdot mm$ $M_C^+=\sqrt{M_{CH}^2+(M_{CV}^+)^2}=72169N\cdot mm$ ④ 绘制转矩图,如图 8-15 所示。 $$T=294000N\cdot mm$$ ⑤ 绘制当量弯矩图,如图 8-15 所示。 单向转动,脉动循环,应力折合系数 $\alpha\approx0.6$ C 剖面最大当量弯矩 $M_{Ce}^-=\sqrt{(M_C^-)^2+(\alpha T)^2}=196592N\cdot mm$ ⑥ 校核轴径。由当量弯矩图可知,C 剖面上当量弯矩最大,为危险截面,校核该剖面直径 $$d_C=\sqrt[3]{M_{Ce}^-/(0.1[\sigma_{-1}]_{bb})}=32mm$$ 考虑到剖截面上键槽的影响,直径增加 3%:$d_C=1.03\times32=33mm$ 结构设计确定的直径为 52mm,满足强度要求	$M_{CH}=72030N\cdot mm$ $M_{CV}^-=58065N\cdot mm$ $M_{CV}^+=-4485N\cdot mm$ $M_C^-=92520N\cdot mm$ $M_C^+=72169N\cdot mm$ $T=294000N\cdot mm$ $M_{Ce}^-=196592N\cdot mm$ $d_C=33mm$
6. 绘制轴的零件工作图	根据有关要求绘图	图 8-16

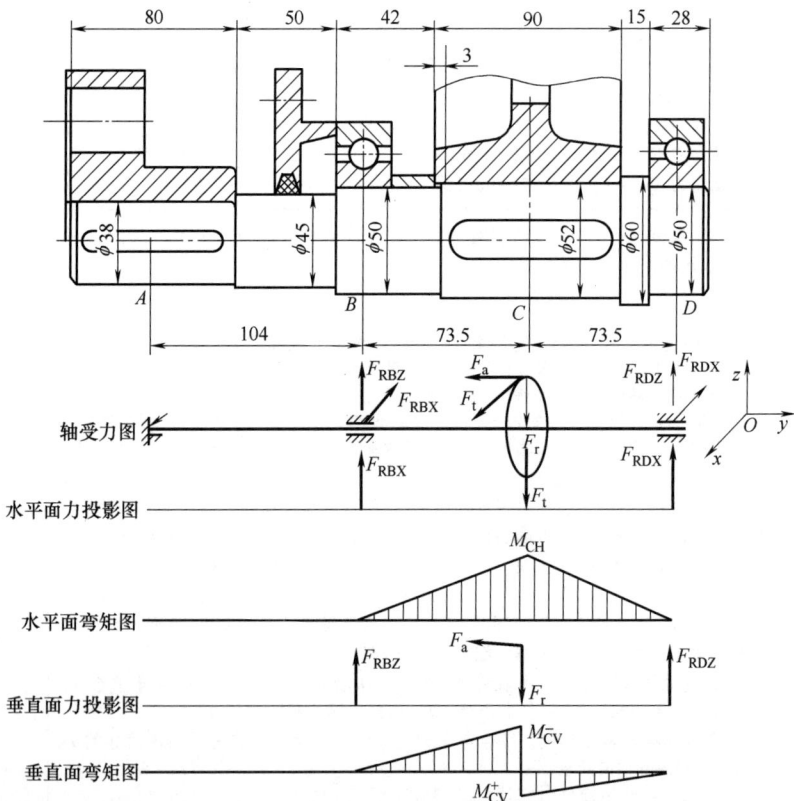

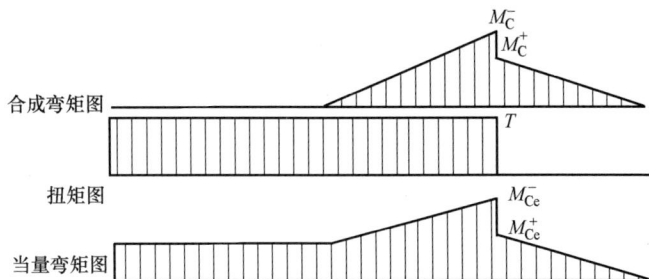

图 8-15　轴的受力图和弯矩图

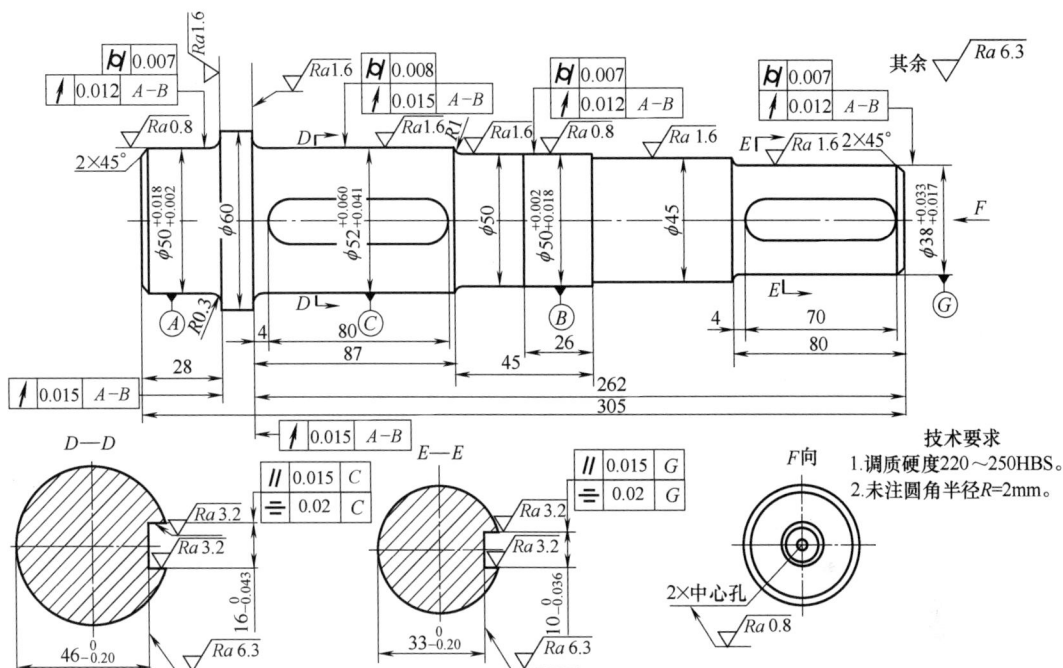

图 8-16　轴零件的工作图

8.2　轴毂连接

轴与轴上零件（齿轮、带轮）周向固定或轴向固定所形成的连接称为轴毂连接。

8.2.1　键连接

8.2.1.1　键连接的类型、标准及应用

键连接根据装配时是否需要加力可分为紧键连接和松键连接两大类。

（1）松键连接

松键连接可分为平键、半圆键连接两类。

① 平键连接：平键连接具有结构简单、装拆方便、对中性好等优点，故应用最广。平键又可分为普通平键、导向平键和滑键。

a. 普通平键。图 8-17 所示为普通平键连接的结构形式，键的两侧面为工作面，工作时靠键与键槽侧面的挤压传递运动和转矩。键的顶面为非工作面，与轮毂键槽表面间留有

间隙。

普通平键用于静连接，按键的端部形状可分为 A 型（圆头）、B 型（方头）、C 型（半圆头）三类，如图 8-18 所示。平键连接尺寸标准参见表 8-7。

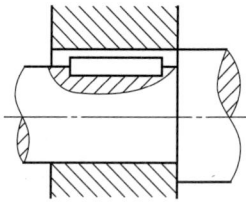

图 8-17 普通平键连接

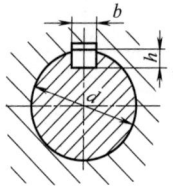

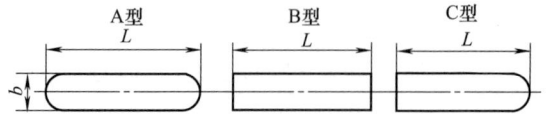

图 8-18 普通平键

表 8-7 平键连接尺寸标准 mm

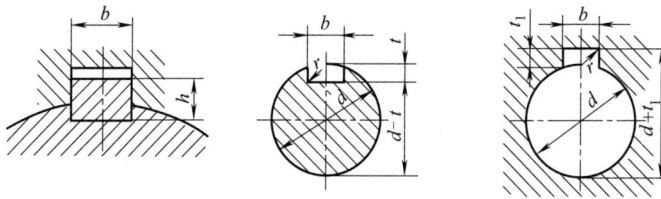

轴的直径 d	键		键槽		
	b	h	t	t_1	半径 r
6～8	2	2	1.2	1	0.08～0.16
>8～10	3	3	1.8	1.4	0.08～0.16
>10～12	4	4	2.5	1.8	
>12～17	5	5	3.0	2.3	0.16～0.25
>17～22	6	6	3.5	2.8	0.16～0.25
>22～30	8	7	4.0	3.3	
>30～38	10		5.0	3.3	
>38～44	12	8	5.0	3.3	
>44～50	14	9	5.5	3.8	0.25～0.4
>50～58	16	10	6.0	4.3	
>58～65	18	11	7.0	4.4	
>65～75	20	12	7.5	4.9	0.4～0.6
>75～85	22	14	9.0	5.4	0.4～0.6
键的长度系列	6,8,10,12,14,16,18,20,22,25,28,32,36,40,45,50,56,63,70,80,90,100,110,125, 140,160,180,200,220,250,280,320,360				

注：在工作图中，轴槽深用 $d-t$ 或 t 标注，毂深用 $d+t$ 标注。

使用圆头普通平键或单圆头普通平键时，轴上的键槽是用指状铣刀加工的［图 8-19（a）］，普通平键的轴向固定好，应用最广泛，但键槽会对轴引起较大的应力集中。使用方头普通平键时，轴上键槽用盘状铣刀加工［图 8-19（b）］，应力集中较小，但键在键槽中的固定不好，常用螺钉紧定。半圆头平键常用于轴端与轴上零件的连接。不论采用哪类键连接，由于轮毂内键槽是用插刀或拉刀加工的，因此都是开通的。

b. 导向平键和滑键。导向平键和滑键用于动连接。当轮毂与轴之间有轴向相对移动时，可采用导向平键或滑键。导向平键是一种较长的平键，如图 8-20 所示，需用螺钉固定在轴

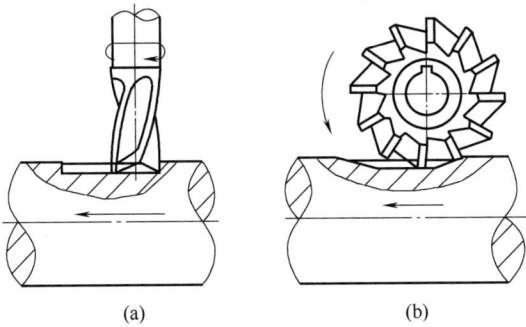

(a)　　　　　　(b)

图 8-19　键槽的加工

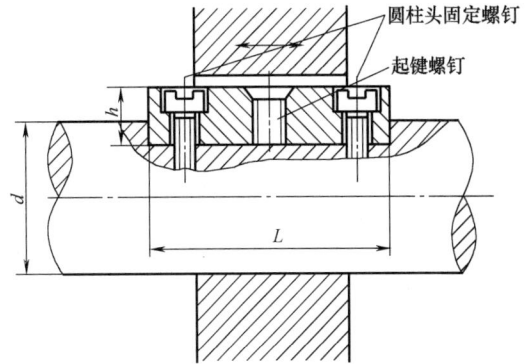

图 8-20　导向平键

槽中，轮毂可沿键做轴向移动。当轴上零件要做较大的轴向移动时，宜采用滑键，如图 8-21 所示，滑键固定在轮毂上，轮毂带动滑键在轴槽中做轴向移动，因而需要在轴上加工长的键槽。

② 半圆键连接：半圆键连接如图 8-22 所示，半圆键用于静连接，键的侧面为工作面。这种连接的优点是工艺性较好，装

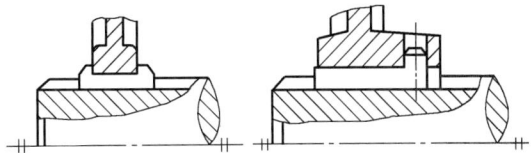

图 8-21　滑键

配方便，其缺点是轴上键槽较深，对轴的强度削弱较大，故主要用于轻载荷和锥形轴端的连接。半圆键轴上键槽用半径与键相同的盘状铣刀铣出，因而键在槽中能摆动以适应轮毂键槽的斜度。

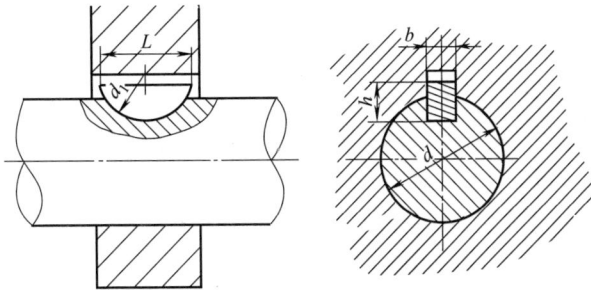

图 8-22　半圆键连接

（2）紧键连接

紧键连接有楔键连接和切向键连接两种。

① 楔键连接。楔键连接用于静连接，图 8-23 为楔键连接的结构形式，楔键的上表面和轮毂键槽的底面均有 1∶100 的斜度。装配后，键的上、下表面与轮毂和轴的键槽底面压紧，因此键的上、下表面为工作面。工作时，靠键、轴、轮毂工作面之间产生的摩擦力传递转矩，并可以承受单向的轴向力。这类键由于装配楔紧时破坏了轴与轮毂的对中性，因此主要用于定心精度要求不高、载荷平稳、速度较低的场合。

楔键分为普通楔键和钩头楔键两种，普通楔键又分圆头和方头两类。钩头楔键便于拆装，如果用在轴端，为了安全，应加防护罩。

② 切向键连接。切向键连接属于静连接。切向键的连接结构如图 8-24（a）所示，是由两个斜度为 1∶100 的普通楔键组成的。装配时，把一对楔键分别从轮毂的两端打入，其斜面相互贴紧，共同楔紧在轴毂之间。切向键的上下两面为工作面，工作时，靠工作面的挤压

普通楔键　　　　　　　　　钩头楔键

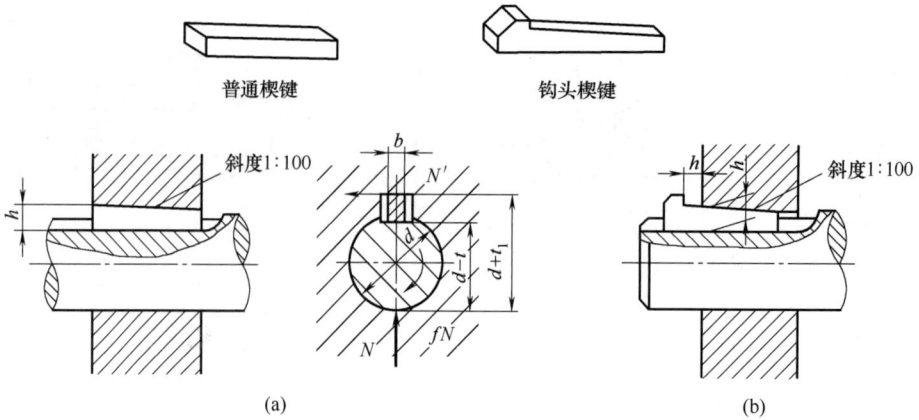

图 8-23　楔键连接

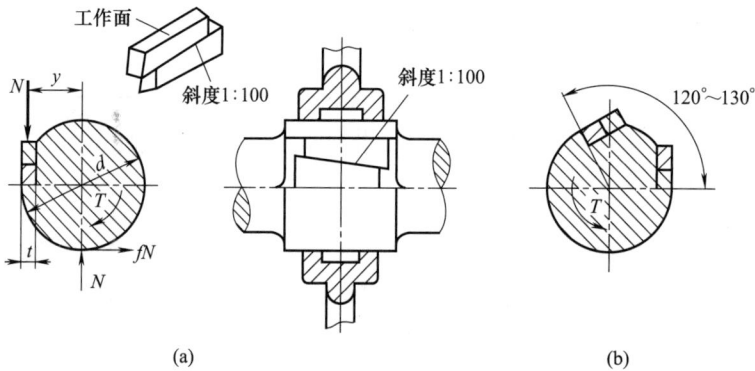

图 8-24　切向键连接

和轴毂间的摩擦力传递运动和转矩。用一组切向键，只能传递单向转矩，当传递双向转矩时，则需两组切向键，并互成 $120°\sim130°$ 布置［图 8-24（b）］。

切向键连接对轴的削弱较大，轴与轮毂的对中性不好，故主要用于轴径大于 100mm、对中性要求不高、载荷较大的重型机械，比如矿山用大型绞车的卷筒、齿轮与轴的连接等。

8.2.1.2　平键连接的尺寸选择和强度计算

键属于标准件，在设计平键连接时，可按以下步骤进行。

（1）平键的尺寸选择

① 键的类型选择。选择键的类型应考虑的因素：对中性的要求；传递转矩的大小；轮毂是否需要沿轴向移动及移动的距离大小；键的位置是在轴的中部或端部等。

② 键的尺寸选择。在标准中，根据轴的直径可查出键的剖面尺寸（$b \times h$），键的长度 L 可取 $L=(1.2\sim2)d$，或参照轴上零件轮毂长度从标准中选取，一般键的长度比轮毂长度短 $5\sim10$mm。

（2）平键连接的强度计算

平键连接的失效形式是压溃（静连接）和过度磨损（动连接），除非有严重过载，一般不会出现键的剪断。

由于平键是靠两侧面工作，工作面受到挤压。设载荷为均匀分布，由图 8-25 可得到普通平键连接（静连接）的挤压强度条件为：

$$\sigma_{\mathrm{p}}=\frac{4T}{dhl}\leqslant[\sigma_{\mathrm{p}}] \tag{8-6}$$

对于导向平键连接（动连接）强度条件为：

$$p = \frac{4T}{dhl} \leqslant [p] \qquad (8\text{-}7)$$

式中　d——轴的直径，mm；

　　　h——键的高度，mm；

　　　l——键的工作长度，mm，对于 A 型键 $l = L - b$，对于 B 型键 $l = L$，对于 C 型键 $l = L - b/2$；

　　　T——转矩，N·mm；

　　　$[\sigma_p]$——许用挤压应力，MPa，见表 8-8；

　　　$[p]$——许用压强，MPa，见表 8-8。

表 8-8　键连接的许用值　　　　　　　　　　　　　　　　　单位：MPa

许用值	连接方式	连接中薄弱零件的材料	载荷性质		
			静载荷	轻微冲击	冲击
$[\sigma_p]$	静连接	铸铁	70~80	50~60	30~45
		钢	125~150	100~120	60~90
$[p]$	动连接	钢	50	40	30

如果键连接计算不能满足强度要求，可采用以下措施来解决：

① 适当增加轮毂及键的长度。

② 采用相距 180°的双平键连接（图 8-26）。由于双平键连接载荷分布不均匀，因此在强度计算时，应按 1.5 个键计算。

③ 与过盈连接配合使用。

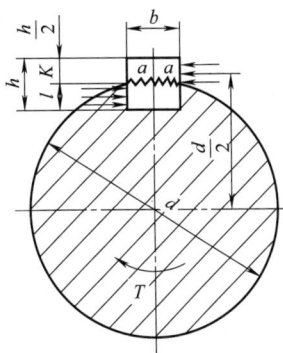

图 8-25　平键受力分析

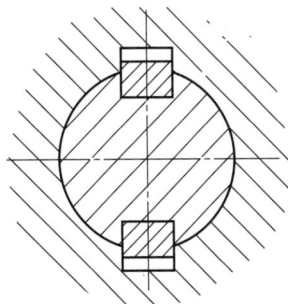

图 8-26　双平键连接

[例 8-2]　试选择例 8-1 中从动轴上齿轮和轴的平键连接，并校核其强度。齿轮的材料为钢，载荷平稳。

[解]

（1）键的类型与尺寸选择

齿轮传动要求齿轮与轴对中性好，以避免啮合不良，故连接选用普通平键 A 型键连接。

根据轴的直径 $d = 52$mm、轮毂宽度 90mm，查表 8-7 得：$b = 16$mm，$h = 10$mm，$L = 80$mm。标记为：键 16×80。

（2）强度计算

由表 8-8 查得 $[\sigma_p] = 130$MPa，键的工作长度 $l = 80$mm $- 16$mm $= 64$mm，则：

$$\sigma_{\mathrm{p}} = \frac{4T}{dhl} = \frac{4 \times 294 \times 10^3}{52 \times 10 \times 64} = 35.6 \text{ (MPa)} \leqslant [\sigma_{\mathrm{p}}]$$

此平键连接满足强度要求。

8.2.2 花键连接与销连接

8.2.2.1 花键连接

花键连接是由周向均布多个键齿的花键轴和带有相应键槽的轮毂相配合构成的连接，如图 8-27（a）所示。与平键连接相比，由于键齿与轴为一体，因此承载能力高，轴上零件和轴的对中性好、导向性好，齿根应力集中小，对轴的强度削弱小。因此，花键连接适用于载荷较大和对定心精度要求较高的连接，尤其是在飞机、汽车、拖拉机、机床及农业机械中应用较广；但加工需专用设备，制造成本高。

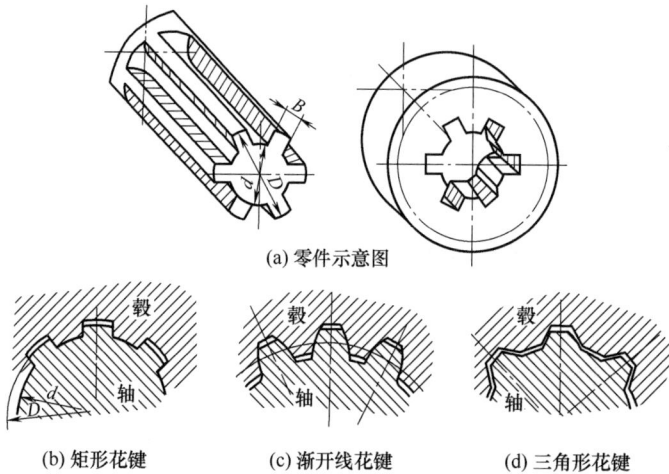

(a) 零件示意图

(b) 矩形花键　　　(c) 渐开线花键　　　(d) 三角形花键

图 8-27　花键连接

（1）花键连接的类型和特点

花键已标准化，按其齿形不同分为矩形花键、渐开线花键和三角形花键。

① 矩形花键：如图 8-27（b）所示，矩形花键的齿侧为直线，加工方便、定心精度高、稳定性好，因此应用广泛。

② 渐开线花键：如图 8-27（c）所示，渐开线花键的两侧齿形为渐开线，分度圆压力角为 30°和 45°两种。渐开线花键的齿根较厚、强度高、寿命长，可利用加工齿轮的方法加工渐开线花键，故工艺性好，易获得较高的加工精度和互换性，因此，适用于重载、轴径较大的连接。

③ 三角形花键：如图 8-27（d）所示，三角形花键连接中，外花键齿形为压力角是 45°的渐开线花键；内花键齿形为直齿形。三角形花键用齿侧定心，其键齿细小，通常用于直径较小或薄壁零件与轴的连接。

（2）花键的选用

设计花键连接时，根据使用要求和工作条件以及被连接件的结构特点，选择花键连接的类型和尺寸，然后验算其强度。花键尺寸系列已标准化，详见设计手册。

（3）花键连接的强度计算

花键连接与平键连接相类似，主要失效形式是工作面的压溃（静连接）、磨损（动连接）。因此，花键连接一般只进行挤压和耐磨性的强度计算。

8.2.2.2　销连接

销连接主要用于固定零件之间的相互位置，也可用于轴与轮毂的连接，以传送不大的转矩，如图 8-28 所示。销连接还具有过载保护作用。

销按其外形可分为圆柱销、圆锥销、异形销等，圆柱销和圆锥销都是标准件。与圆锥销、圆柱销相配的被连接件孔均需铰制。对于圆柱销连接，因有微量过盈，故多次装拆后会降低定位精度和连接的紧固性，只能传递不大的转矩。圆锥销连接的销和孔均制有 1:50 的锥度，装拆方便，多次装拆对定位精度影响较小，故可用于需经常装拆的场合，圆锥销的小端直径为公称直径。

特殊结构形式的销统称为异形销，在此不再赘述，其结构、特点见《机械设计手册》。

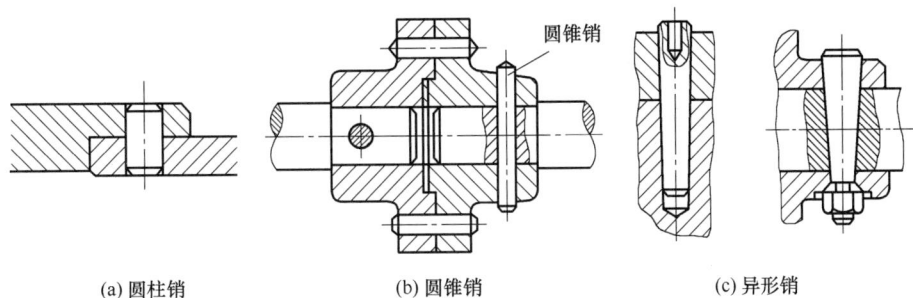

(a) 圆柱销　　　　　　　(b) 圆锥销　　　　　　　(c) 异形销

图 8-28　销连接

8.3　联轴器、离合器和制动器

联轴器、离合器和制动器是机械传动中的重要部件。联轴器和离合器可连接主动轴和从动轴，使它们一起回转并传递转矩。用联轴器连接的两根轴只能在机器停车时用拆卸的方法使它们分离；用离合器连接的两根轴在机器运转中可方便地实现分离或接合。制动器主要是用来降低机械的运转速度或迫使机械停止运转。

8.3.1　联轴器

8.3.1.1　联轴器的种类

联轴器所连接的两轴，由于制造和安装误差、承载后的变形以及温度变化等原因，往往存在着某种程度的相对位移，如图 8-29 所示。位移的存在，使联轴器产生附加载荷，引起振动，使工作情况恶化，因此，联轴器在传动中，还应具备补偿位移和缓冲吸振的功能。

联轴器根据是否具有位移补偿能力，可分为刚性联轴器和挠性联轴器两大类。

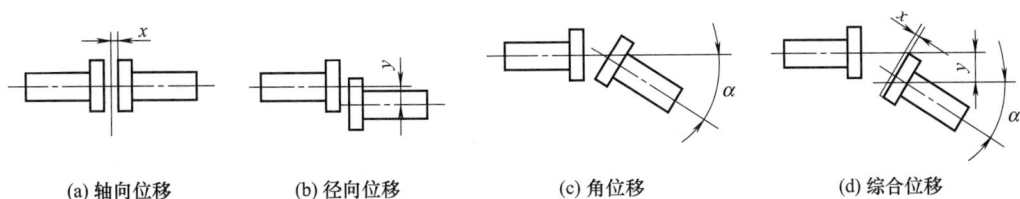

(a) 轴向位移　　　　(b) 径向位移　　　　(c) 角位移　　　　(d) 综合位移

图 8-29　两轴间的相对位移

8.3.1.2　刚性联轴器

刚性联轴器是通过若干刚性零件将两轴连接在一起的。刚性联轴器不具有缓冲和补偿两轴线相对位移的能力，因此，难以实现两轴安装严格对中。此类联轴器结构简单，制造成本较低，装拆、维护方便，传递转矩较大，所以应用广泛。

（1）凸缘联轴器

凸缘联轴器是最常用的刚性联轴器，结构如图 8-30 所示，由两个带凸缘的半联轴器用螺栓连接而成，半联轴器与轴用键连接。常用的结构形式有两种，区别在于对中方法不同。图 8-30（a）所示为两半联轴器的凸肩与凹槽相配合对中，用普通螺栓连接，依靠接合面间的摩擦传递转矩，对中精度高，但装拆时，轴必须做轴向移动。图 8-30（b）所示为两半联轴器用铰制孔螺栓连接，靠螺栓杆与螺栓孔配合对中，依靠螺栓杆受剪切和挤压传递转矩。

凸缘联轴器结构简单、价格低廉、传递的转矩大、传力可靠、对中性好、应用广泛，但不能补偿两轴线的相对位移，也不能缓冲减振，故只适用于连接的两轴能严格对中、载荷平稳的场合。

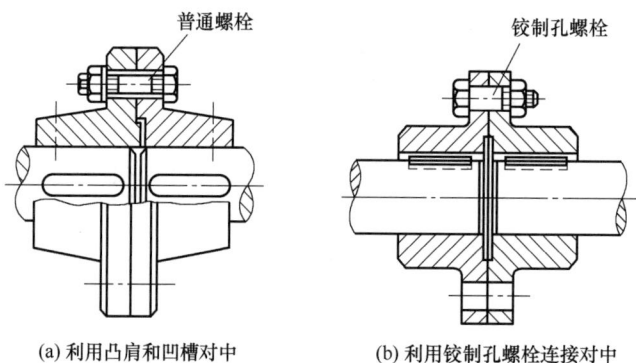

(a) 利用凸肩和凹槽对中　　　　　　(b) 利用铰制孔螺栓连接对中

图 8-30　凸缘联轴器

（2）套筒联轴器

套筒联轴器的结构如图 8-31 所示，是将套筒与轴分别用键（或销钉）固连成一体。其结构简单，径向尺寸小，但要求被连接的两轴必须很好地对中，且装拆时需做较大的轴向位移，适用于载荷不大、工作平稳，要求径向尺寸小、两轴能严格对中的场合。

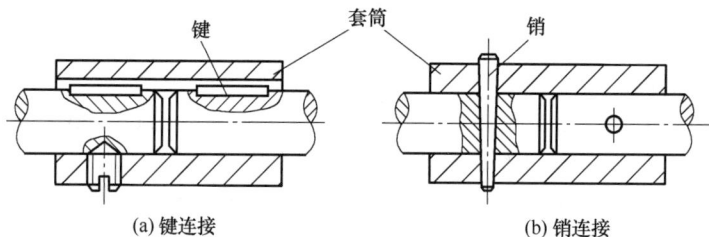

(a) 键连接　　　　　　　　　　(b) 销连接

图 8-31　套筒联轴器

8.3.1.3　挠性联轴器

挠性联轴器可分为无弹性元件挠性联轴器和弹性元件挠性联轴器。无弹性元件挠性联轴器只具有补偿两轴线相对位移的能力，没有缓冲减震的能力。弹性元件挠性联轴器含有弹性元件，同时具有补偿相对位移和缓冲减震的能力，但传递的转矩受到弹性元件强度的限制，传动能力降低。

（1）无弹性元件挠性联轴器

① 滑块联轴器。滑块联轴器由两个端面开有凹槽的半联轴器 1、3 和两端面带有凸块的中间盘 2 所组成，如图 8-32 所示。半联轴器 1、3 分别与主、从动轴连接成一体，从而实现两轴的连接。中间盘能沿径向滑动补偿轴的径向位移 y，并能补偿角度位移 α。

滑块联轴器结构简单，径向尺寸小，但不耐冲击，故这种联轴器适用于径向位移较大、转速较低的场合。

② 万向联轴器。万向联轴器的构造如图8-33所示，由两个叉形接头 1、3 和十字轴 2 通过刚性铰接而构成。它广泛用于两交叉轴的传动，两轴线的偏斜角 $\alpha \leq 35° \sim 45°$。但是，由于两轴线存在偏斜角 α，当主动轴以等角速度 ω_1 转动时，从动轴角速度 ω_2 做周期性变化，其变化范围为 $\omega_1 \cos\alpha \leq \omega_2 \leq \omega_1 / \cos\alpha$，从而在传动中引起附加动载荷。为避免这一缺陷，常成对使用万向联轴器，使两次角速度变化的影响相抵消，达到主动轴和从动轴同步转动，如图 8-34 所示。但安装时必须满足：a. 主动轴、从动轴与中间轴 C 的夹角必须相等，即 $\alpha_1 = \alpha_2$；b. 中间轴两端的叉形平面必须位于同一平面内，如图 8-35 所示。

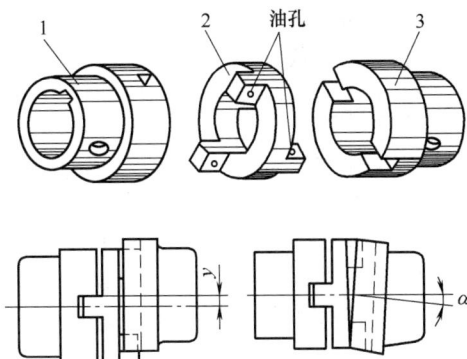

图 8-32　滑块联轴器

1,3—半联轴器；2—中间盘

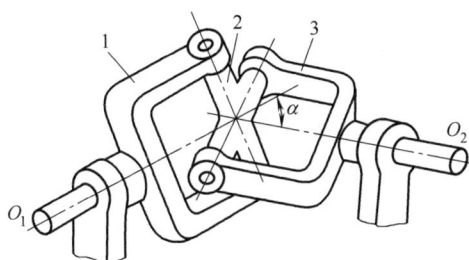

图 8-33　万向联轴器的构造

1,3—叉形接头；2—十字轴

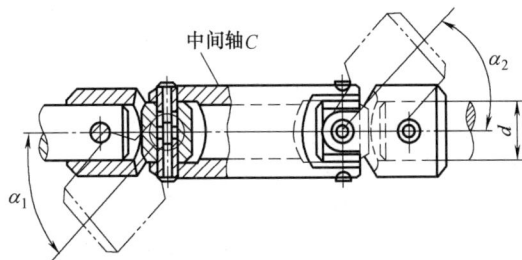

图 8-34　双万向联轴器

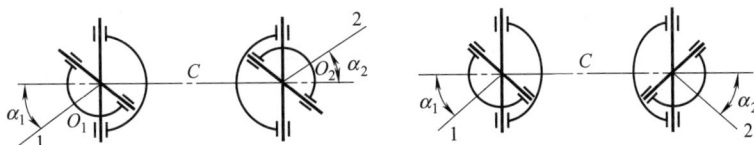

图 8-35　双万向联轴器的安装

万向联轴器能补偿较大的角位移，结构紧凑，使用、维护方便，广泛用于汽车、工程机械等的传动系统中。

（2）弹性元件挠性联轴器

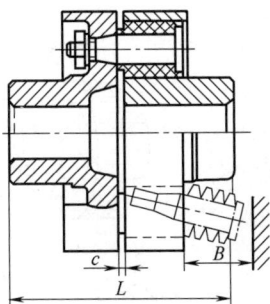

图 8-36　弹性套柱销联轴器

各种弹性元件的挠性联轴器，除具有补偿两轴线相对位移的能力外，还具有较好的缓冲与吸振能力，但传递的转矩受到弹性元件强度的限制，传动能力降低。常见的弹性联轴器有：

① 弹性套柱销联轴器。弹性套柱销联轴器是机器中常用的一种弹性联轴器，如图 8-36 所示，结构与凸缘联轴器相似，所不同的是用装有橡胶套的柱销替代了螺栓。为了更换胶套时简便而不必拆卸机器，设计时应注意留出距离 B；为了补偿轴向位移，安装时应留出相应的间隙 c。弹性套柱销联轴器适用于连接载荷平稳、正反转或启动频繁的传动轴中的小转矩轴，

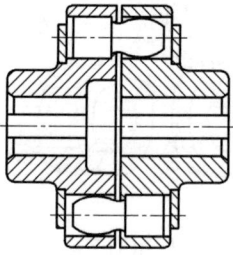

图 8-37 弹性柱销联轴器

多用于电动机的输出与工作机械的连接上。

② 弹性柱销联轴器。弹性柱销联轴器的结构如图 8-37 所示，与弹性套柱销联轴器结构相似，只是柱销材料为尼龙，柱销形状一端为柱形，另一端制成腰鼓形，以增大角位移的补偿能力。为防止柱销脱落，两端装有挡板。

弹性柱销联轴器结构简单，具有一定的缓冲和吸振能力，并能补偿两轴间的相对位移，应用广泛。但尼龙对温度敏感，使用时受温度限制，一般在 $-20°\sim70°$ 使用。安装时，两半联轴器间留有一定的轴向间隙，以补偿轴向位移。

8.3.1.4 联轴器的选择

联轴器的选择，包括类型和尺寸型号选择。常用的联轴器大多已标准化，设计时可根据机器的工作条件、计算转矩、轴的直径和转速，从标准中选择合适的类型和尺寸型号，必要时对某些薄弱、重要的零件进行强度验算。

（1）类型的选择

选择类型的原则是使用要求和类型特性一致。如：两轴能准确对中、轴的刚性较好时，可选刚性固定式凸缘联轴器，否则选具有补偿能力的刚性联轴器；两轴轴线要求有一定夹角时，可选万向联轴器。由于类型的选择涉及因素较多，一般按类比法进行选择。

（2）尺寸型号的选择

联轴器的类型确定后，根据计算转矩、轴径、转速，从手册或标准中选择尺寸型号，但必须满足以下条件。

① 计算转矩应小于或等于额定转矩，即 $T_C \leq T_n$；

② 工作转速应小于或等于许用转速，即 $n \leq [n]$；

③ 轴径应小于或等于所选型号的孔径范围，即 $d_{min} \leq d \leq d_{max}$。

其中：$T_C = KT$，K 为工作情况因数，由表 8-9 查取；T 为联轴器所传递的转矩，即工作转矩，N·mm。

表 8-9　工作情况因数 K

K（原动机为电动机）	工作机
1.3	转速变化很小的机械，如发电机、小型通风机、小型离心机
1.5	转速变化较小的机械，如汽轮压缩机、木工机械、运输机
1.7	转速变化中等的机械，如搅拌机、增压机、有飞轮的压缩机
1.9	转速变化和冲击载荷中等的机械，如织布机、水泥搅拌机、拖拉机
2.0	转矩变化和冲击载荷大的机械，如挖掘机、起重机、碎石机、造纸机械

8.3.2 离合器

离合器的类型很多，按实现两轴接合和分离的过程可分为操纵离合器、自动离合器；按离合器的工作原理可分为嵌入式离合器和摩擦式离合器。嵌入式离合器依靠齿的嵌合传递转矩，摩擦式离合器则依靠工作表面间的摩擦力传递转矩。

（1）嵌入式离合器

① 牙嵌离合器。如图 8-38 所示，牙嵌离合器主要由端面带有牙齿的套筒所组成。其中，套筒 1（固定套）固定在主动轴上，而套筒 2（滑动套）则用导向键（或

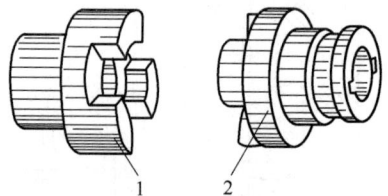

图 8-38 牙嵌离合器

1—固定套筒；2—滑动套筒

花键）与从动轴相连接，利用操纵机构使其沿轴向移动实现离合器的离合。

牙嵌离合器的齿形有矩形、梯形和锯齿形三种，如图 8-39 所示。前两种齿形能传递双向转矩，锯齿形则只能传递单向转矩。其中，梯形齿易于接合，强度较高，应用较广。

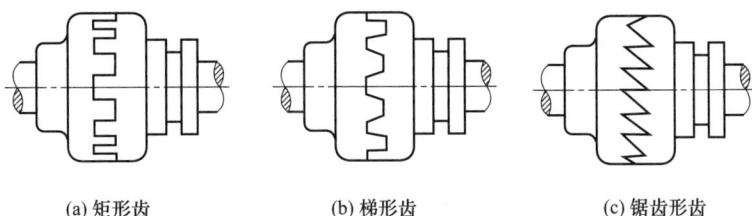

(a) 矩形齿　　　　　　　　(b) 梯形齿　　　　　　　　(c) 锯齿形齿

图 8-39　牙嵌离合器的齿形

牙嵌离合器结构简单，两轴连接后无相对运动，但在接合时有冲击，只能在低速或停车状态下接合，以避免因冲击折断牙齿。

② 齿轮离合器。如图 8-40 所示，齿轮离合器由一个内齿套和一个外齿套所组成。齿轮离合器除具有牙嵌离合器的特点外，其传递转矩的能力更强。

（2）摩擦式离合器

根据结构形状的不同，摩擦式离合器分为圆盘式、圆锥式和多片式等类型。圆盘式和圆锥式摩擦离合器结构简单，但传递转矩的能力较弱，应用受到一定的限制。在机器中，特别是在金属切削机床中，广泛使用多片式摩擦离合器。

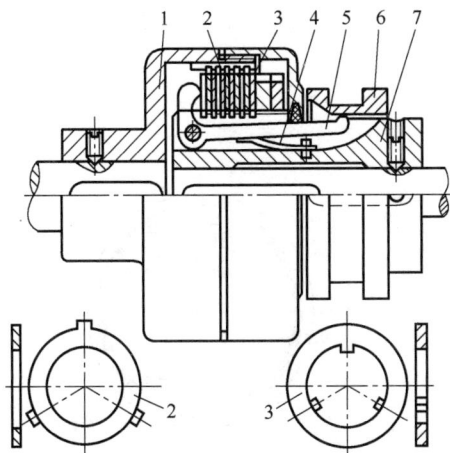

图 8-40　齿轮离合器

① 多片式摩擦离合器。图 8-41 所示为一种常用的拨叉操纵多片式摩擦离合器的典型结构。外套 1 和内套 7 分别用键连接于两个轴端，而内摩擦片 3 和外摩擦片 2 则以多槽分别与内套和外套相连。当操纵拨叉使滑环 6 向左移动时，角形杠杆 5 摆动，使内、外摩擦片相互压紧，两轴就接合在一起，借助各摩擦片之间的摩擦力传递转矩。当滑环 6 向右移动复位后，两组摩擦片松开，两轴即可分离。

② 电磁摩擦离合器。当摩擦离合器操纵力为电磁力时，即为电磁摩擦离合器。图 8-42

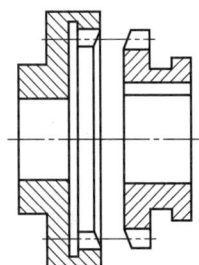

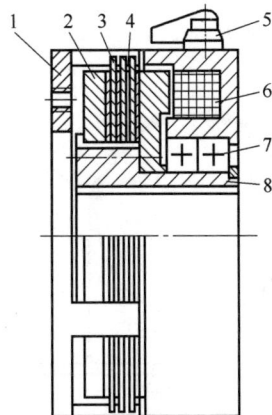

图 8-41　多片式摩擦离合器

1—外套；2—外摩擦片；3—内摩擦片；
4—弹簧片；5—角形杠杆；6—滑环；7—内套

图 8-42　电磁摩擦离合器

1—外套；2—衔铁；3—外摩擦片；
4—内摩擦片；5—电气接头；
6—线圈；7—轴承；8—内套

所示为多片式电磁摩擦离合器的结构原理,当电流由电气接头5进入线套6时,可产生磁通,吸引衔铁2将摩擦片3、4压紧,使外套1和内套8之间得以传递转矩。

与嵌入式离合器相比较,摩擦式离合器的优点是:能在被连接两轴转速相差较大时接合,接合或分离的过程较平稳;当从动轴发生过载时,离合器摩擦表面之间出现打滑,因而能保护其他零件免于损坏。摩擦离合器的主要缺点是:摩擦表面之间存在相对滑动,以致发热较高,磨损较大。

8.3.3 制动器

常用的制动器有片式制动器、带式制动器和块式制动器等结构形式,它们都是利用零件接触表面所产生的摩擦力来实现制动的。制动器通常安装在机构中转速较高的轴上,这样所需的制动力矩较小,从而使制动器的结构尺寸小。

(1)片式制动器

从工作原理上说,如果把摩擦式离合器的从动部分固定起来,就构成了制动器。例如,对于图8-42所示的电磁摩擦离合器,若将外套1固定,实际上就构成了制动力为电磁力的制动器,即电磁制动器。当线圈6通电时,由于电磁力的作用,衔铁2将摩擦片压紧,内套8与其所连的转动轴即被制动。这种制动器结构紧凑,操纵方便,在机床传动系统中广为应用。

(2)带式制动器

如图8-43所示,带式制动器在与轴连接的制动轮1的外缘上绕一根制动带2(一般为钢带),当制动力F施加于杠杆3的一端时,制动带便将制动轮抱紧,从而使轴制动。为了增大制动所需摩擦力,制动带常衬有石棉、橡胶、帆布等。带式制动器结构简单,制动效果好,常用于起重设备中。

(3)内胀式制动器

图8-44所示为内胀式制动器,两个弧形闸块2通过两个销轴1与机架铰接,当压力油进入双向作用的液压缸4后,两个弧形闸块在左右两活塞推力下,绕各自的销轴向外摆动,从内部胀紧制动轮6,实现轴的制动。当油路卸压后,弹簧5的拉力使闸块与制动轮分离,制动器松闸。这种内胀式制动器的制动力矩大,结构尺寸小,广泛用于车辆及结构尺寸受限制的机械中。

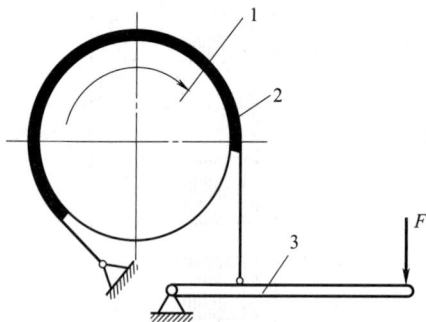

图8-43 带式制动器

1—制动轮;2—制动带;3—杠杆

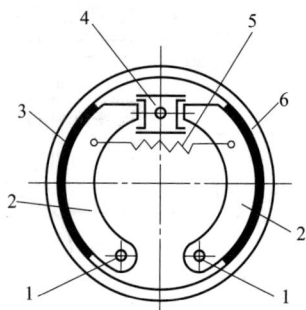

图8-44 内胀式制动器

1—销轴;2—闸块;3—摩擦衬料;
4—液压缸;5—弹簧;6—制动轮

📖 故事汇

世界屋脊上的"巨龙"——青藏铁路

青藏高原是世界上最大、海拔最高的高原，地理位置独特，自然环境恶劣，地质条件复杂，素有"世界屋脊"和"世界第三极"之称。自古以来，青藏高原交通闭塞，物流不畅，直至 1949 年，整个西藏仅有少量便道可以行驶汽车，水上交通工具只有溜索桥、牛皮船和独木舟。自 1951 年后，我国为发展西藏制定了许多政策，其中青藏铁路就是贯通昆仑山脉的一条"大动脉"。青藏铁路起于青海省西宁市，途经格尔木市、昆仑山口、沱沱河沿，翻越唐古拉山口，进入西藏自治区安多、那曲、当雄、羊八井，终到西藏自治区拉萨市，全长 1956km，是世界上海拔最高、在冻土上路程最长的高原铁路，2013 年 9 月入选"全球百年工程"，是世界铁路建设史上的一座丰碑。

在青藏高原多年冻土地区建设铁路面临着很多困难。随着全球气温升高，高原冻土呈现退缩趋势，需要根据不同地温分区和土质及气候条件综合考虑。复杂多变的地质环境、欧亚地震带、险峻的地形条件，给铁路建设提出了很多具有挑战性的力学难题。例如：多年冻土区桥梁抗震的力学问题；多年冻土区抗拔桩的力学特性；钻孔灌注桩的力学问题；由冻土冻胀融沉带来的挡墙受力问题等。

除了铁路基础的受力问题，铁路钢轨在低温环境下的力学性能也与常温不同。青藏高原冬季最低气温可达 -40℃，而钢材从常温 20℃ 起，随着温度的降低，其抗拉强度、屈服强度和弹性模量会上升，同时塑性、伸长率和断面收缩率等指标会下降。在温度降低至一定程度时，钢材的塑性将急剧下降，由塑性材料转变为脆性材料，其破坏形式也会发生极大变化。根据实验，U75V 材料的钢轨在 $-20 \sim 20$℃ 温度范围内力学性能能够满足要求；在 $-40 \sim -20$℃ 温度范围内，钢材开始呈现脆性，对材料缺陷变得极为敏感；在 -40℃ 以下时表现出明显脆性，断裂口几乎看不到塑性变形。因此，对低温条件下钢轨材料的强度校核是青藏铁路建设中的一项十分重要的工作。

青藏铁路一期工程自 1958 年开工建设，1984 年建成；二期工程自 2001 年 6 月开工，2006 年 7 月通车。历经几代人的攻关和奋斗，曾经摆在我们面前的难题都被一一攻克，我国终于建成了蜿蜒于昆仑山脉的"天路"！

继青藏铁路之后，川藏铁路也在 2014 年开工建设，其中成雅段已于 2018 年 12 月开通，拉林段已于 2021 年 6 月开通。川藏铁路的工程难度丝毫不弱于青藏铁路，但我国工程技术水平却已今非昔比，"基建狂魔"的称号名副其实。放眼未来，中华民族还会继续发扬"逢山开路、遇水搭桥"的奋斗精神，建设更多的"超级工程"，最终实现伟大复兴的梦想！

第9章　轴承

9.1　轴承概述

轴承是支承轴的部件。根据工作时的摩擦性质不同，轴承可分为滑动摩擦轴承（滑动轴承）和滚动摩擦轴承（滚动轴承）。根据承受载荷方向不同，轴承又可分为承受径向载荷的向心轴承和承受轴向载荷的推力轴承。

滑动轴承结构简单、易于制造、便于安装，且具有工作平稳、无噪声、耐冲击和承载能力强等优点，但轴承轴向尺寸较大。

滚动轴承的摩擦阻力小，载荷、转速及工作温度的适用范围广，维修方便，但径向尺寸较大，有振动和噪声。

由于滚动轴承的机械效率较高，对轴承的维护要求较低，因此在中、低转速以及精度要求较高的场合得到广泛应用。

9.2　非液体摩擦滑动轴承的主要类型、结构和材料

根据轴承所能承受的载荷方向，非液体摩擦滑动轴承分为向心滑动轴承和推力滑动轴承，分别承受径向和轴向载荷。

9.2.1　向心滑动轴承

轴承的结构形式有整体式、剖分式、调心式和间隙可调式四种。

（1）整体式滑动轴承

图 9-1 所示是常见的整体式滑动轴承，用螺栓与机架连接。轴承座孔内压有耐磨材料制成的轴瓦（也称轴套），并采用较紧的配合。为了润滑，在轴承座顶部设有螺纹孔，用来安装润滑油杯，在轴套的对应部位相应加工出油孔和油槽。整体式滑动轴承也可以在机架上直接加工出轴承孔，再压入轴套。

这类轴承结构简单、制造方便、价格低廉和刚度较大等优点；但轴瓦磨损后出现的间隙无法调整，只能更换，此外装拆时必须做轴向移动。

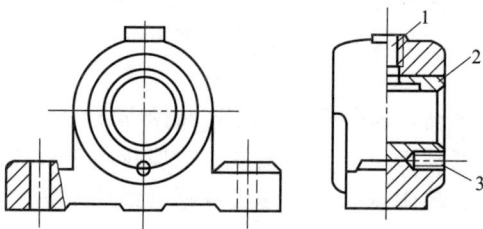

图 9-1　整体式滑动轴承
1—油孔；2—轴瓦；3—紧定螺钉

（2）剖分式滑动轴承

剖分式滑动轴承的结构如图 9-2 所示。多数轴承的剖分面是水平的［图 9-2（a）］，也有 45°斜开式［图 9-2（b）］。选用时应保证轴承所受径向载荷的方向不超出剖分面中垂线（轴承中心线）左右各 35°范围内。

剖分式滑动轴承装拆方便，轴瓦磨损后间隙可以调整，应用广泛。

（3）调心式滑动轴承

图 9-3（a）所示为调心式滑动轴承，它的特点是把轴瓦的支承面做成球面，利用轴瓦与

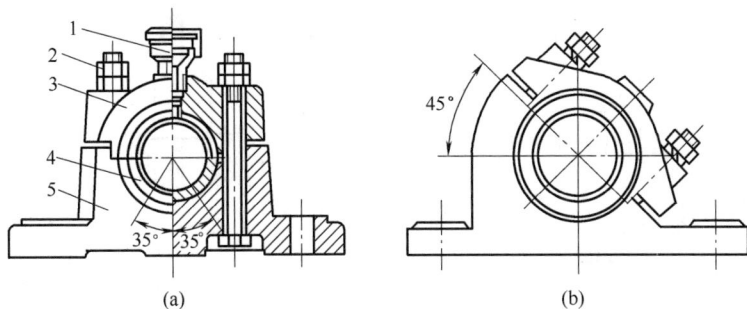

图 9-2　剖分式滑动轴承

1—油杯；2—螺栓；3—轴承盖；4—轴瓦；5—轴承座

轴承座间的球面配合使轴瓦可在一定角度范围内摆动，以适应轴受力后产生的弯曲变形，避免图 9-3（b）所出现的轴与轴承两端局部接触而产生的磨损。但球面不易加工，只用于轴承宽径比 $B/d = 1.5 \sim 1.75$ 的场合。

（4）间隙可调式滑动轴承

调节轴承间隙是保持轴承回转精度的重要手段。在使用中，常采用锥形轴套进行间隙调整。如图 9-4 所示，转动轴套上两端的圆螺母使轴套做轴向移动，即可调节轴承间隙。

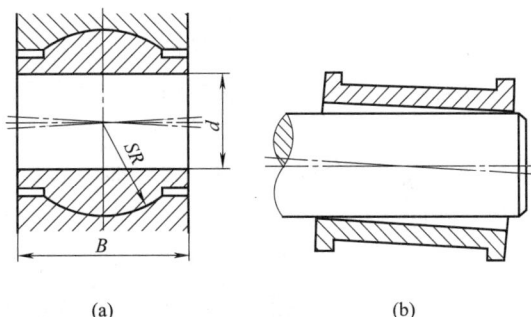

图 9-3　调心式滑动轴承

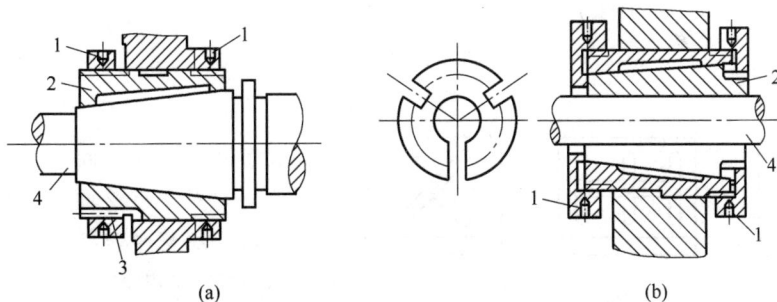

图 9-4　带锥形轴套的滑动轴承

1—螺母；2—轴套；3—销；4—轴

9.2.2　推力滑动轴承

推力滑动轴承如图 9-5 所示，轴颈的结构形式有实心、空心、环形、多环形四种。

轴的端面与推力轴瓦是轴承的主要工作部分，轴瓦的底部为球面，可自动调位，以保证轴承摩擦表面的良好接触。图 9-5 中 d 为轴颈或轴环的外径，d_0 为轴颈或轴环的内径。由于支承面上各点的线速度不同，离中心越远的点，相对滑动速度越大，则磨损越快，从而使实心轴颈端面上的压力分布极不均匀，靠近中心处的压强极高。因此多采用空心轴颈和环形轴颈。多环形轴颈不仅能承受双向轴向载荷，且承载能力较大。

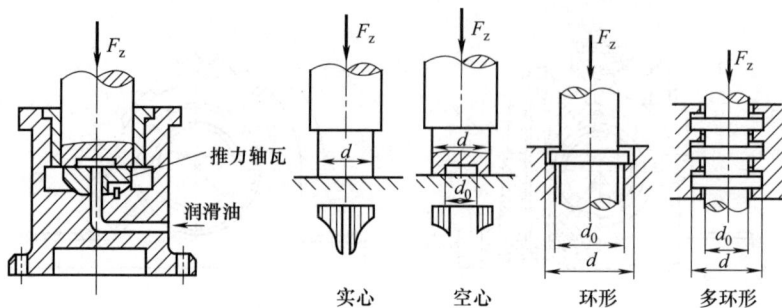

图 9-5 推力滑动轴承及推力轴颈

实心　　空心　　环形　　多环形

9.2.3 轴瓦和轴承衬

（1）轴瓦

轴瓦是轴承与轴颈直接接触的零件，有整体式、剖分式和分块式三种，如图 9-6 所示。大型滑动轴承，一般采用分块式轴瓦。为了把润滑油导入摩擦表面，在轴瓦的非承载区内制出油孔与油沟。油沟的长度应适宜。油沟过长，会使润滑油从轴瓦端部流失；而油沟过短，则润滑油流不到整个接触表面。通常油沟的长度可取轴瓦长度的 80% 左右。剖分式轴瓦的油沟形式如图 9-7 所示。

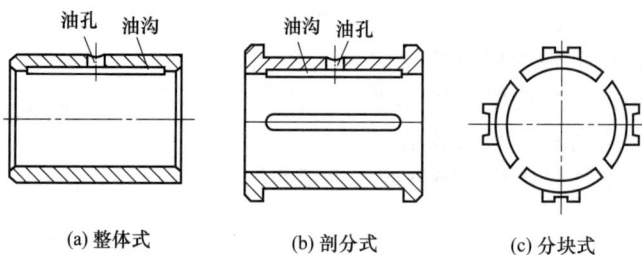

(a) 整体式　　　　(b) 剖分式　　　　(c) 分块式

图 9-6 轴瓦结构

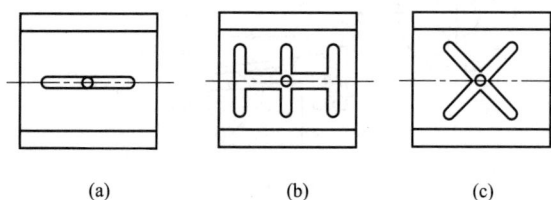

(a)　　　　(b)　　　　(c)

图 9-7 剖分式轴瓦的油沟形式

（2）轴承衬

为了改善轴瓦表面的摩擦性能，提高承载能力，对于重要轴承，常在轴瓦内表面上浇铸一层减摩材料，称为轴承衬（轴衬）。轴衬的厚度为 0.5～6mm 不等。为了保证轴衬与轴瓦结合牢固，在轴瓦的内表面应制出沟槽，如图 9-8 所示。

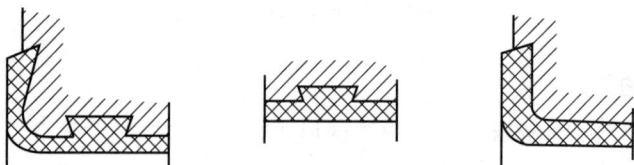

图 9-8 轴承衬

9.2.4 轴承材料

（1）滑动轴承材料

轴瓦是滑动轴承中的重要零件。轴瓦和轴承衬的材料统称为轴承材料。

（2）对轴承材料的要求

轴承材料应具有以下性能。

① 足够的强度（包括抗压强度、抗冲击强度、抗疲劳强度等），以保证较强的承载能力。

② 良好的减摩性、耐磨性和磨合性，以提高轴承的效率及延长使用寿命。

③ 良好的导热性、耐腐蚀性、工艺性以及低廉的价格。

常用材料包括金属材料、粉末冶金材料和非金属材料。

常用金属轴承材料的许用值和性能见表 9-1。

表 9-1　常用金属轴承材料的许用值和性能

轴承材料		最大许用值[1]			最高工作温度/℃	硬度[2] HBS	性能比较[3]				备注
		$[p]$/MPa	$[v]$/(m/s)	$[pv]$/(MPa·m/s)			抗胶合性	顺嵌应入性性	耐腐蚀性	耐疲劳性	
锡基轴承合金	ZSnSb11Cu6	平稳载荷			150	$\dfrac{150}{20\sim30}$	1	1	1	5	用于高速、重载下工作的重要轴承，变载荷下易于疲劳，价贵
		25(40)	80	20(100)							
	ZSnSb8Cu4	冲击载荷									
		20	60	15							
铅基轴承合金	ZPbSb16Sn16Cu	12	12	10(50)	150	$\dfrac{150}{15\sim30}$	1	1	3	5	用于中速、中等载荷的轴承，不宜受显著冲击。可作为锡锑轴承合金的代用品
	ZPbSb15Sn5Cu3	5	8	5							
锡青铜	ZCuSn10Pb1	15	10	15(25)	280	$\dfrac{200}{50\sim100}$	3	5	1	1	用于中速、重载及受变载荷的轴承
	ZCuSn5Pb5Zn5	8	3	15							用于中速、中载的轴承
铅青铜	ZCuPb30	25	12	30(90)	280	$\dfrac{300}{40\sim280}$	3	4	4	2	用于高速、重载轴承，能承受变载和冲击
铝青铜	ZCuAl9Fe4Ni4Mn2	15(30)	4(10)	12(60)	280	$\dfrac{200}{100\sim120}$	5	5	5	2	最宜用于润滑充分的低速、重载轴承
	ZCuAl10Fe3Mn2	20	5	15							
黄铜	ZCuZn38Mn2Pb2	10	1	10	200	$\dfrac{200}{80\sim150}$	3	5	1	1	用于低速、中载轴承
铝基轴承合金	20 高锡铝合金铝硅合金	28~35	14		140	$\dfrac{300}{45\sim50}$	4	3	1	2	用于高速、中载轴承，是较新的轴承材料。其强度高、耐腐蚀、表面性能好
铸铁	HT150、HT200、HT250	2~4	0.5~1	1~4		$\dfrac{200\sim250}{160\sim180}$	4	5	1	1	宜用于低速、轻载的不重要轴承，价廉

① （ ）括号内为极限值，其余为一般值（润滑良好）。对于液体动压滑动轴承，限制 $[pv]$ 值无意义，因与散热等条件关系很大。

② 表中分数，分子为最小轴颈硬度，分母为合金硬度。

③ 性能比较：1—最佳；2—良好；3—较好；4—一般；5—最差。

9.3　非液体摩擦滑动轴承的设计计算

9.3.1　计算准则

非液体摩擦滑动轴承的主要失效形式是磨损和胶合。为了防止轴承失效，应保证轴颈与轴瓦的接触面之间形成润滑油膜。影响油膜存在的因素很多，目前为止还没有一种完善的计算方法，只能在确定其结构尺寸之后进行简化的条件性校核计算。

9.3.2　设计步骤

若已知轴颈的直径、转速、载荷情况和工作要求，设计步骤如下。

① 根据工作条件和工作要求，确定轴承结构类型及轴瓦材料。

② 根据轴颈尺寸确定轴承宽度。一般情况下取轴承的宽径比 $B/d=0.5\sim1.5$，可根据轴颈尺寸计算出轴承宽度，也可查阅设计手册。

③ 校核轴承的工作能力。

④ 选择轴承的配合（表 9-2）。

表 9-2　滑动轴承的常用配合

配合符号	应用举例
H7/g6	磨床、车床及分度头主轴承
H7/f7	铣床、钻床及车床的轴承；汽车发动机曲轴的主轴承及连杆轴承；齿轮及蜗杆减速器轴承
H9/f9	电动机、离心泵、风扇及惰轮轴承；蒸汽机与内燃机曲轴的主轴承及连杆轴承
H11/d11	农业机械用轴承
H7/e8	汽轮发电机轴、内燃机凸轮轴、高速转轴、机车多支点轴、刀架丝杠等轴承
H11/b11	农业机械用轴承

9.3.3　向心滑动轴承的校核计算

（1）校核轴承的平均压强 p

$$p=F_r/(Bd)\leqslant[p] \tag{9-1}$$

式中　F_r——轴承承受的径向载荷，N；

　　　B——轴承宽度，mm；

　　　d——轴颈直径，mm；

　　　$[p]$——轴承材料的许用平均压强，MPa，见表 9-1。

校核轴承平均压强的目的是保证轴承工作面上的润滑油不因压力过大而被挤出，防止轴承产生过度磨损。

（2）校核轴承 pv 值

$$pv=F_rn/(19100B)\leqslant[pv] \tag{9-2}$$

式中　F_r——轴承承受的径向载荷，N；

　　　v——轴颈的圆周速度，m/s；

　　　n——轴的转速，r/min；

　　　$[pv]$——许用值，MPa·m/s，见表 9-1。

校核 pv 值的目的，是为了防止轴承工作时产生过高的热量而导致胶合。

当以上校核结果不能满足时，可以改变轴瓦的材料或适当增大轴承的宽度。对低速或间歇工作的轴承，只需进行压强的校核。

推力滑动轴承的计算方法与向心轴承类似，此处不再赘述。

9.4 滚动轴承的组成、类型及特点

9.4.1 滚动轴承的组成

滚动轴承的典型结构如图 9-9 所示，由内圈 1、外圈 2、滚动体 3 和隔离架 4 组成。内圈与轴颈配合，外圈与轴承座孔或机座孔配合。工作时，常见的是内圈随轴一起转动，外圈固定不动。内、外圈设有凹槽滚道，滚动体沿其滚动。因此，滚动轴承的滚动体与内、外圈滚道之间是滚动摩擦。隔离架使滚动体均布隔开，以避免滚动体之间的摩擦与磨损。

常见的滚动体有球、圆柱滚子、圆锥滚子及滚针等。

滚动轴承的内、外圈及滚动体均用强度高、耐磨性好的含铬合金钢制造，例如 GCr9、GCr15 或 GCr15SiMn 等。工作表面经过磨削和抛光、淬火后，表面硬度可达到 $60 \sim 65\mathrm{HRC}$。隔离架常用低碳钢冲压后铆接或焊接而成，也可用有色金属或工程塑料制作。

9.1 滚动轴承的分解

图 9-9 滚动轴承的基本结构
1—内圈；2—外圈；3—滚动体；4—隔离架

为适应某些特殊要求，有些滚动轴承还要附加其他特殊元件或采用特殊结构，如轴承无内圈或外圈、带有防尘密封结构或在外圈上加止动环等。

9.4.2 滚动轴承的类型及特点

滚动轴承按结构特点一般分类如下：

① 按滚动体的形状可分为球轴承和滚子轴承。球轴承制造工艺简单，极限转速高，价廉，但承载能力较低；滚子轴承承载能力、耐冲击能力和轴承刚性都较高，但极限转速较低，价格比球轴承高。

② 按承载方向可分为向心轴承和推力轴承。滚动体与外圈滚道接触点处的法线与轴承径向平面之间的夹角，称为公称接触角 α，如表 9-3 所示。α 是滚动轴承的一个重要参数，α 越大，轴承承受轴向载荷的能力越大。

表 9-3 滚动轴承的接触角

轴承种类	向心轴承		推力轴承	
公称接触角 α	$\alpha = 0°$	$0° < \alpha \leqslant 45°$	$45° < \alpha < 90°$	$\alpha = 90°$
图例（以球轴承为例）				

③ 按滚动轴承工作时能否调心分为调心轴承和刚性轴承。调心轴承滚道表面制成球面，能适应两滚道轴心线间的角偏差和角运动，从而可顺应轴的偏斜；刚性轴承不能适应两滚道轴心线间的角偏差和角运动的轴承，不可顺应轴的偏斜，即不能调心的轴承。

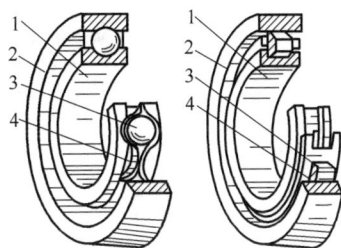

④ 按滚动体的列数可分为单列轴承、双列轴承和多列轴承。

⑤ 按安装轴承时其内、外圈可否分别安装,分为可分离轴承和不可分离轴承。

⑥ 按公差等级可分为 0、6、5、4、2 级滚动轴承,其中 2 级精度最高,0 级为普通级。另外还有只用于圆锥滚子轴承的 6x 公差等级。

此外,还有无隔离架轴承、无内圈轴承、无外圈轴承或无套圈(内外圈的统称)轴承;普通轴承与组合轴承;通用轴承与专用轴承等。表 9-4 列举了常用滚动轴承的类型、代号、特性、主要性能及应用。

表 9-4　常用滚动轴承的基本类型、代号、特性主要性能及应用

类型及代号	结构简图及标准号	载荷方向	主要性能及应用
调心球轴承 (1)			其外圈的内表面是球面,内、外圈轴线间允许偏位角为 2°~3°,极限转速低于深沟球轴承。可承受径向载荷及较小的双向轴向载荷,用于轴变形较大及不能精确对中的支承处
调心滚子轴承 (2)			轴承外圈的内表面是球面,主要承受径向载荷及一定的双向轴向载荷,但不能承受纯轴向载荷,允许偏位角为 0.5°~2°。常用在长轴或受载荷作用后轴有较大的弯曲变形及多支点的轴上
圆锥滚子轴承 (3)			可同时承受较大的径向及轴向载荷,承载能力大于"7"类轴承。外圈可分离,装拆方便,成对使用
双列深沟球轴承 (4)			能承受较单列深沟球轴承更大的径向载荷
推力球轴承 (5)			只能承受轴向载荷,而且载荷作用线必须与轴线相重合,不允许有角偏差,极限转速低
深沟球轴承 (6)			可承受径向载荷及一定的双向轴向载荷。内、外圈轴线间允许偏位角为 8'~16'
角接触球轴承 (7) 7000C型(α=15°) 7000AC型(α=25°) 7000B型(α=40°)			可同时承受径向及轴向载荷,也可用来承受纯轴向载荷。承受轴向载荷的能力由接触角 α 的大小决定,α 大,承受轴向载荷的能力高。由于存在接触角 α,承受纯径向载荷时,会产生内部轴向力,使内、外圈有分离的趋势,因此这类轴承都成对使用,可以分装于两个支点或同装于一个支点上。极限转速较高
推力圆柱滚子轴承 (8) GB/T 4663—2017			能承受较大的单向轴向载荷,极限转速低

类型及代号	结构简图及标准号	载荷方向	主要性能及应用
圆柱滚子轴承 （N）		↑	能承受较大的径向载荷，不能承受轴向载荷，极限转速也较高，但允许的偏位角很小，约 $2'\sim4'$。设计时，要求轴的刚度大，对中性好
滚针轴承 （NA）		↑	不能承受轴向载荷，不允许有角度偏斜，极限转速较低。结构紧凑，在内径相同的条件下，与其他轴承比较，其外径最小。适用于径向尺寸受限制的部件中

9.5　滚动轴承的代号

滚动轴承代号通常都压印在轴承外圈的端面上。轴承代号由基本代号、前置代号和后置代号构成，其标示见表 9-5。

表 9-5　滚动轴承代号的表达方式

前置代号（字母）	基本代号（字母和数字）			后置代号（字母和数字）
	类型代号	尺寸系列代号	内径代号	
成套轴承的分部件	轴承的基本类型、结构和尺寸			轴承的结构、公差及材料的特殊要求

9.5.1　基本代号

基本代号由轴承类型代号、尺寸系列代号和内径代号三部分构成。

① 类型代号。书写于基本代码的最左侧的数字或字母表示轴承的类型。类型代号和主要特点及应用见表 9-4，常用的类型代号有 1、2、3、4、5、6、7、8、N、NA 等。

② 尺寸系列代号。基本代码中间的两位数字表示轴承的尺寸系列代号，包括直径系列代号和宽（高）度系列代号。

直径系列代号表示内径相同的同类轴承有几种不同的外径和宽度，宽度系列代号表示内、外径相同的同类轴承宽度的变化。组合排列时，宽（高）度系列在前，直径系列在后。

对滚动轴承的每一个标准内径，都对应一个外径（包括宽度）的递增系列（因而承载能力也相应增加），称为直径系列。用数字 7、8、9、0、1、2、3、4、5 表示，外径和宽度依次增大。其中常用的为 0、1、2、3、4，依次称为超轻系列、特轻系列、轻系列、中系列和重系列。图 9-10 表示内径为 $\phi30mm$ 的圆锥滚子轴承在不同直径系列时（宽度系列相同）的外形尺寸的对比。

对每一轴承内径和直径系列的轴承，都有一个宽度的递增系列，称为宽度系列。即对于相同内径和外径的同类轴承，有几种不同的宽度。对推力轴承，则为高度系列代号，是指轴承高度的变化。宽度系列用数字 8、0、1、2、3、4、5、6 表示，宽度依次增加，其中常用的为 0（窄系列）、1（正常系列）、2（宽系列）、3（特宽系列）。对推力球轴承，1 表示单向，2 表示双向。图 9-11 表示内径为 $\phi30mm$ 的圆锥滚子轴承在相同直径系列时宽度系列不同的外形尺寸的对比。

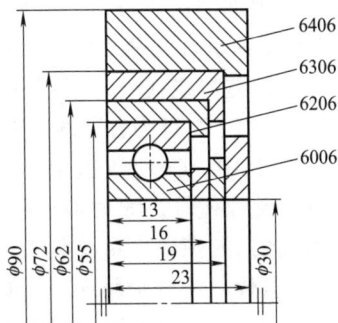

图 9-10　滚动轴承的直径系列

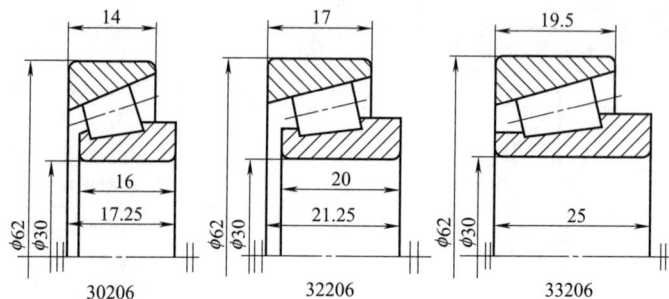

图 9-11　滚动轴承的宽度系列

当宽度系列为 0 系列时：对多数轴承可省略。例如：轻窄系列深沟球轴承的宽度系列代号为 0，可不标，故某一轻窄系列深沟球轴承的代号为 6200，而不是 60200。

③ 内径代号。书写于基本代码的最右侧，表示轴承内径尺寸的大小，其含义见表 9-6。

表 9-6　轴承的内径代号

内径代号	00	01	02	03	04～96
轴承内径/mm	10	12	15	17	代号数×5

9.5.2　前置代号

轴承的前置代号表示轴承的分部件，用字母表示，是在轴承基本代号左边添加的补充代号，如表 9-7 所示。

表 9-7　前置代号

代号	含义	示例
F	凸缘外圈的向心球轴承(仅适于 $d \leqslant 10mm$)	F618/4
L	可分离内圈或外圈的轴承	LNU 207
R	不带可分离内圈或外圈的轴承	RNU 207
WS	推力圆柱滚子轴承轴圈	WS 81107
GS	推力圆柱滚子轴承座圈	GS 81107
K	滚子和保持架组件	K 81107

9.5.3　后置代号

轴承的后置代号是用字母（或加数字）表示轴承的结构、公差及材料的特殊要求等，是在轴承基本代号右边添加的补充代号。后置代号的内容很多，下面介绍几个常用的代号。

① 内部结构代号。表示同一类型轴承的不同内部结构，用字母紧跟着基本代号表示。角接触球轴承有三种结构：70000C（$\alpha = 15°$），70000AC（$\alpha = 25°$），70000B（$\alpha = 40°$）。

② 公差等级代号。滚动轴承的公差等级分为 2、4、5、6x、6 和 0 共 6 个级别，依次由高级到低级。0 级为普通级，在轴承代号中不标出，其余代号分别为/P2、/P4、/P5、/P6x 和/P6。其中，6x 级仅适用于圆锥滚子轴承。

③ 游隙代号。滚动轴承径向游隙系列分为 1 组、2 组、0 组、3 组、4 组和 5 组共 6 个组别，径向游隙依次由小到大。0 组游隙是基本游隙组别，在代号中不标出，其余的游隙组别在轴承代号中分别用/C1、/C2、/C3、/C4、/C5 表示。

当公差代号与游隙代号需同时表示时，可进行简化，取公差等级代号加上游隙组号（去掉游隙代号中的"C"）组合表示。例如 P63 表示公差等级 6 级，3 组游隙。

9.5.4　轴承代号表示法举例

[**例 9-1**]　说明滚动轴承代号 6205/P6 的含义。

[**解**]　6——轴承类型代号，表示深沟球轴承；

2——尺寸系列代号 02，其中宽度系列代号 0 省略，2 为直径系列代号；

05——内径代号，内径为 05×5＝25（mm）；

/P6——公差等级为 6 级。

[**例 9-2**]　说明滚动轴承代号 22308/P63 的含义。

[**解**]　2——轴承类型为调心滚子轴承；

23——宽度系列为 2，直径系列为 3；

08——轴承内径为 40mm；

/P63——公差等级为 6 级，径向游隙为 3 组。

[**例 9-3**]　说明 7310C/P5 的含义。

[**解**]　7——轴承类型为角接触球轴承；

3——宽度系列为 0（省略），直径系列为 3；

10——轴承内径为 50mm；

C——接触角为 $\alpha=15°$；

/P5——公差等级为 5 级。

9.6　滚动轴承类型选择

根据各种类型滚动轴承的特点，在选用轴承时应从载荷的大小、性质、方向，转速的高低，结构尺寸的限制，刚度要求和经济性等方面考虑。选择时可参考以下几项原则。

（1）轴承的受载情况

① 当载荷小而平稳时，应优先选用球轴承；当载荷大、有冲击时，可选用滚子轴承。

② 当轴承受纯径向载荷时，应选用径向接触轴承，如深沟球轴承、圆柱滚子轴承；当轴承受纯轴向载荷时，可选用轴向接触轴承，如推力球轴承。

③ 当轴承同时承受径向和轴向载荷时，可选用角接触球轴承或圆锥滚子轴承。若轴向载荷比径向载荷小得多，可选用深沟球轴承。若轴向载荷很大，可选用向心球轴承和推力轴承的组合结构，以分别承受径向和轴向载荷。

（2）轴承的转速

球轴承的极限转速比滚子轴承高，故轻载高速下应优先选用球轴承。推力轴承的极限转速很低，不宜用于高速；受轴向载荷作用的高速轴，可选用角接触球轴承。

在内径相同的情况下，外径越小，则滚动体就越小，运转时产生的离心力也就越小，故高速时，宜选用特轻系列或轻窄系列的轴承。

（3）对轴承的特殊要求

当轴承座孔直径受到限制而径向载荷又很大时，可选用滚针轴承；当跨距较大，轴的刚度较差，或两轴承座孔的同轴度不好时，则要求轴承的内、外圈允许一定的角位移，故应选用调心球轴承或调心滚子轴承。

当支承刚度要求较高时，可选用圆柱滚子轴承或圆锥滚子轴承，因其刚性比球轴承要好。对于需经常拆卸或装拆困难的场合，可选用内、外圈能分离的轴承等。

（4）经济性

球轴承比滚子轴承价格便宜，公差等级高的轴承价格也高。因此在满足工作要求的情况下，应尽量选用普通结构的球轴承。

9.7 滚动轴承的失效形式及寿命计算

（1）滚动轴承的主要失效形式

① 疲劳点蚀。疲劳点蚀使轴承产生振动和噪声，旋转精度下降，影响机器的正常工作，是一般滚动轴承的主要失效形式。

② 塑性变形。当轴承转速很低（$n \leqslant 10 r/min$）或间歇摆动时，一般不会发生疲劳点蚀，此时轴承往往因受过大的静载荷或冲击载荷而产生塑性变形，使轴承失效。

③ 磨损。润滑不良、杂质和灰尘的侵入都会引起磨损，使轴承丧失旋转精度而失效。

（2）滚动轴承的设计准则

① 对于一般运转的轴承，为防止疲劳点蚀发生，以疲劳强度计算为依据，称为轴承的寿命计算。

② 对于不回转、转速很低（$n \leqslant 10 r/min$）或间歇摆动的轴承，为防止塑性变形，以静强度计算为依据，称为轴承的静强度计算。

（3）轴承的寿命计算

① 寿命计算中的基本概念。

a. 寿命。滚动轴承的寿命是指轴承中任何一个滚动体或内、外圈滚道上出现疲劳点蚀前轴承转过的总转数，或在一定转速下总的工作小时数。

b. 基本额定寿命。一批类型、尺寸相同的轴承，由于材料、加工精度、热处理与装配质量不可能完全相同，即使在同样条件下工作，各个轴承的寿命也是不同的。在国标中规定以基本额定寿命作为计算依据。基本额定寿命是指一批相同的轴承，在同样条件下工作，其中 10% 的轴承产生疲劳点蚀时转过的总转数，或在一定转速下总的工作小时数。

c. 额定动载荷。基本额定寿命为 10^6 转时轴承所能承受的载荷，称为额定动载荷，以 "C" 表示。轴承在额定动载荷作用下，不发生疲劳点蚀的可靠度是 90%。各种类型和不同尺寸轴承的 C 值查设计手册。

d. 额定静载荷。轴承工作时，受载最大的滚动体和内、外圈滚道接触处的接触应力达到一定值（向心轴承和推力球轴承为 4200MPa，滚子轴承为 4000MPa）时的静载荷，称为额定静载荷，用 C_0 表示。其值可查设计手册。

e. 当量动载荷。额定动、静载荷是在向心轴承只承受径向载荷、推力轴承只承受轴向载荷的条件下，根据试验确定的。实际上，轴承承受的载荷往往与上述条件不同，因此，必须将实际载荷等效为一假想载荷，这个假想载荷称为当量动载荷，以 P 表示。

② 寿命计算。在实际应用中，额定寿命常用给定转速下运转的时间 L_h（小时）表示。考虑到机器振动和冲击的影响，引入了载荷系数 f_P（表 9-8）；考虑到工作温度的影响，引入了温度系数 f_T（表 9-9）。轴承寿命计算公式为：

$$L_h = \frac{10^6}{60n}\left(\frac{f_T C}{f_P P}\right)^\varepsilon \tag{9-3}$$

若当量动载荷 P 与转速 n 均已知，预期寿命 L_h' 已选定，则可根据式（9-4）计算值 C' 在轴承样本或设计手册中选择轴承型号：

$$C' = \frac{f_P P}{f_T}\sqrt[\varepsilon]{\frac{60nL_h'}{10^6}} \leqslant C \tag{9-4}$$

式中　C'——计算额定动载荷，kN；

　　　C——额定动载荷，kN，可查设计手册；

　　　ε——寿命指数，球轴承 $\varepsilon=3$，滚子轴承 $\varepsilon=10/3$。

表 9-8　载荷系数 f_P

载荷性质	f_P	举例
无冲击或有轻微冲击	1.0～1.2	电动机、汽轮机、通风机、水泵
中等冲击和振动	1.2～1.8	车辆、机床、内燃机、起重机、冶金设备、减速器
强大冲击和振动	1.8～3.0	破碎机、轧钢机、石油钻机、振动筛

表 9-9　温度系数 f_T

轴承工作温度/℃	100	125	150	175	200	225	250	300
温度系数 f_T	1	0.95	0.90	0.85	0.80	0.75	0.70	0.60

[例 9-4]　有一滚动轴承，其型号为 7214C，转速 $n=500\mathrm{r/min}$，当量动载荷 $P=7750\mathrm{N}$，工作时有轻微冲击，工作温度在 100℃以下，试预测其寿命。

[解]　查机械手册，7214C 是角接触轴承，其额定动载荷 $C=62900\mathrm{N}$。根据有轻微冲击，参考表 9-8，取载荷系数 $f_P=1.2$；参考表 9-9，取温度系数 $f_T=1$。对于球轴承 $\varepsilon=3$，得轴承寿命为：

$$L_h=\frac{10^6}{60n}\left(\frac{f_TC}{f_PP}\right)^\varepsilon=\frac{10^6}{60\times500}\left(\frac{1\times62900}{1.2\times7750}\right)^3=10313(\mathrm{h})$$

[例 9-5]　试选择一圆锥滚子。已知载荷平稳，当量动载荷 $P=7700\mathrm{N}$，转速 $n=640\mathrm{r/min}$，工作温度在 100℃以下，轴径 $d=60\mathrm{mm}$，预期使用寿命 $L'_h=20000\mathrm{h}$。

[解]　根据已知条件，取 $\varepsilon=10/3$、$f_T=1$、$f_P=1$。计算额定动载荷为：

$$C'=\frac{f_PP}{f_T}\sqrt[\varepsilon]{\frac{60nL'_h}{10^6}}=\frac{1\times7700}{1}\sqrt[\frac{10}{3}]{\frac{60\times640\times20000}{10^6}}=56507(\mathrm{N})$$

根据 $C'=56507\mathrm{N}$，查机械设计手册，并考虑 $d=60\mathrm{mm}$，选择 30212 型轴承。

③ 当量动载荷的计算。当量动载荷是一假想载荷，在该载荷作用下，轴承的寿命与实际载荷作用下的寿命相同。当量动载荷 P 的计算式为：

$$P=xF_r+yF_a \tag{9-5}$$

式中　$x，y$——径向载荷系数和轴向载荷系数，查表 9-10；

　　　F_r——轴承承受的径向载荷；

　　　F_a——轴承承受的轴向载荷。

只承受径向载荷的轴承，当量动载荷为轴承的径向载荷 F_r，即 $P=F_r$。

只承受轴向载荷的轴承，当量动载荷为轴承的轴向载荷 F_a，即 $P=F_a$。

[例 9-6]　根据工作条件决定选用深沟球轴承。已知轴承轴向载荷 $F_a=2000\mathrm{N}$，径向载荷 $F_r=5000\mathrm{N}$ 和转速 $n=1250\mathrm{r/min}$，载荷平稳，工作温度在 100℃以下。要求轴承寿命 $L'_h\geqslant5000\mathrm{h}$，轴承内径 $d=50～60\mathrm{mm}$。试选择轴承型号。

[解]

a. 初选轴承型号。因为同时承受径向载荷 F_r 和轴向载荷 F_a 的深沟球轴承，在计算其当量动载荷 P 时，要根据比值 F_a/C_0 来确定径向系数 x 和轴向系数 y。但符合需要的轴承型号尚未选择出来，其基本额定静载荷 C_0 尚未知，故须先根据载荷和尺寸限制，从机械设计手册中初步选择 6211 型轴承，其主要数据如下：$d=55\mathrm{mm}$；$D=100\mathrm{mm}$；$C_0=29200\mathrm{N}$；$C=43200\mathrm{N}$。

表 9-10　径向载荷系数 x 和轴向载荷系数 y

轴承类型		相对轴向载荷 iF_a/C_0	e	单列轴承				双列轴承			
				$F_a/F_r \leqslant e$		$F_a/F_r > e$		$F_a/F_r \leqslant e$		$F_a/F_r > e$	
名称	公称接触角			x	y	x	y	x	y	x	y
深沟球轴承 (6000)	$\alpha = 0°$	$\leqslant 0.014$	0.19	1	0	0.56	2.30	1	0	0.56	2.30
		0.028	0.22				1.99				1.99
		0.056	0.26				1.71				1.71
		0.084	0.28				1.55				1.55
		0.11	0.30				1.45				1.45
		0.17	0.34				1.31				1.31
		0.28	0.38				1.15				1.15
		0.42	0.42				1.04				1.04
		$\geqslant 0.56$	0.44				1.00				1.00
角接触球轴承	$\alpha = 15°$	$\geqslant 0.015$	0.38	1	0	0.44	1.47	1	1.56	0.72	2.39
		0.029	0.40				1.40		1.57		2.28
		0.058	0.43				1.30		1.46		2.11
		0.087	0.46				1.23		1.38		2.00
		0.12	0.47				1.19		1.34		1.93
		0.17	0.50				1.12		1.26		1.82
		0.29	0.55				1.02		1.14		1.66
		$\geqslant 0.44$	0.56				1.00		1.12		1.63
	$\alpha = 25°$		0.68	1	0	0.41	0.87	1	0.92	0.67	1.41
	$\alpha = 40°$		1.41	1	0	0.35	0.57	1	0.55	0.57	0.93
圆锥滚子轴承	$\alpha \neq 0°$		查手册	1	0	0.40	查手册	1	查手册	0.67	查手册
调心球轴承			查手册					1	查手册	0.65	查手册
调心滚子轴承			查手册					1	查手册	0.67	查手册
圆柱滚子轴承	$\alpha = 0°$						$x=1; y=0$				
滚针轴承	$\alpha = 0°$						$x=1; y=0$				

注：1. i 为滚动体列数。

2. 表中"查手册"可查机械设计手册和轴承样本。

　　b. 计算当量动载荷。由 $F_a/C_0 = 2000/29200 = 0.0685$，在表 9-10 中在 $0.056 \sim 0.084$ 之间，对应的 e 值在 $0.26 \sim 0.28$。由于 $F_a/F_r = 2000/5000 = 0.4 > e$，查得 $x = 0.56$，y 值在 $1.71 \sim 1.55$，用线性插值法求 $y = 1.64$。

$$P = xF_r + yF_a = (0.56 \times 5000) + (1.64 \times 2000) = 6080 (\text{N})$$

　　c. 求寿命。由于载荷平稳，查表 9-8，取 $f_P = 1.0$；查表 9-9，取 $f_T = 1.0$。对于球轴承 $\varepsilon = 3$，于是代入式（9-3）得：

$$L_h = \frac{10^6}{60n} \left(\frac{f_T C}{f_P P} \right)^\varepsilon = 4782 (\text{h})$$

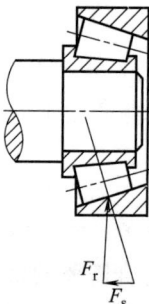

　　计算结果 4782h 小于题中要求的 5000h。所以，6211 型轴承不满足寿命要求。解决的方法是：可改选 6212 型或 6311 型，再行反复计算，最终选择合适的轴承。

　　（4）向心角接触轴承实际轴向载荷的计算

　　① 向心角接触轴承的内部轴向力。由于向心角接触轴承有接触角，因此轴承在受到径向载荷作用时，承载区内滚动体的法向力分解，产生一个轴向分力 F_s（图 9-12）。F_s 是在径向载荷作用下产生的轴向力，通常称为内部轴向力，其大小按表 9-11 所给公式求出，方向（对轴而言）由轴承外圈的宽边指向窄边。

图 9-12　内部轴向力

表 9-11　向心角接触轴承的内部轴向力 F_s

圆锥滚子轴承	角接触球轴承		
3000 型	7000C 型	7000AC 型	7000B 型
	$\alpha=15°$	$\alpha=25°$	$\alpha=40°$
$F_s=F_r/2y$	$F_s=eF_r$	$F_s=0.68F_r$	$F_s=1.14F_r$

注：e 为判别系数，初算时 $e\approx0.4$。

② 向心角接触轴承的实际轴向载荷。向心角接触轴承在使用时实际所受的轴向载荷 F_a，除与外加轴向载荷 F_x（图 9-13）有关外，还应考虑内部轴向力 F_s 的影响。计算两支点实际轴向载荷的步骤如下。

a. 先计算出两支点内部轴向力 F_{s1}、F_{s2} 的大小，并绘出其方向。

b. 将外加轴向载荷 F_x 及与之同向的内部轴向力之和与另一内部轴向力进行比较，以判定轴承的"压紧"端与"放松"端。

c. "放松"端轴承的轴向载荷等于它本身的内部轴向力。

d. "压紧"端轴承的轴向载荷等于除了它本身的内部轴向力以外的所有轴向力的代数和。

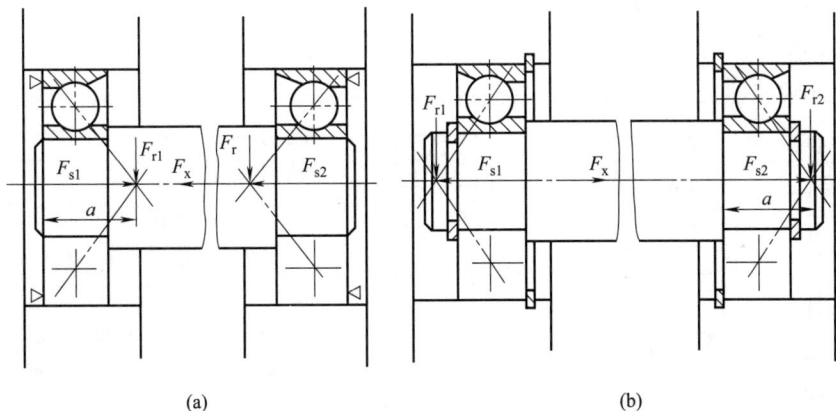

图 9-13　角接触轴承的实际轴向载荷 F_a 的计算

（5）滚动轴承静强度计算

静强度计算的目的是防止轴承产生过大的塑性变形。额定静载荷是轴承静强度计算的依据。

与当量动载荷相似，轴承在工作时，如果同时承受径向载荷和轴向载荷，也应按照当量静载荷 P_0 进行计算。

当量静载荷 P_0 的计算公式为：

$$P_0=x_0F_r+y_0F_a \tag{9-6}$$

式中　x_0——径向载荷系数，见表 9-12；

　　　y_0——轴向载荷系数，见表 9-12；

　F_r、F_a——分别是径向、轴向载荷。

静强度的计算公式为：

$$S_0P_0\leqslant C_0 \tag{9-7}$$

式中　S_0——安全系数，见表 9-13。

表 9-12　径向载荷系数 x_0 和轴向载荷系数 y_0

轴承类型		x_0	y_0
深沟球轴承		0.6	0.5
角接触轴承	7000C	0.5	0.4
	7000AC		0.3
	7000B		0.2
圆锥滚子轴承		0.5	查手册

表 9-13　安全系数 S_0

使用要求或载荷性质	S_0
对旋转精度和平稳性要求高,或承受强大冲击载荷	1.2～1.5
一般工作精度或轻微冲击	0.8～1.2
对旋转精度和平稳性要求低,没有冲击和振动	0.5～0.8

9.8　滚动轴承组合设计

为了保证轴系在机器中的正常工作,除了合理地选择轴承类型和尺寸外,还必须综合考虑轴系的固定,轴承组合结构的调整,轴承的装拆、润滑和密封等问题。

9.8.1　滚动轴承内外圈的轴向固定

为了保证轴和轴上零件的轴向位置固定并能承受轴向力,滚动轴承内圈与轴之间以及外圈与轴承座孔之间,均应有可靠的轴向固定。

轴承的轴向固定方式很多,内圈轴向固定的常用方法如图 9-14 所示。一端用轴肩固定,另一端可选轴用弹性挡圈 [图 9-14 (a)]、轴端挡圈 [图 9-14 (b)]、圆螺母和止动垫圈 [图 9-14 (c)] 等方法固定。

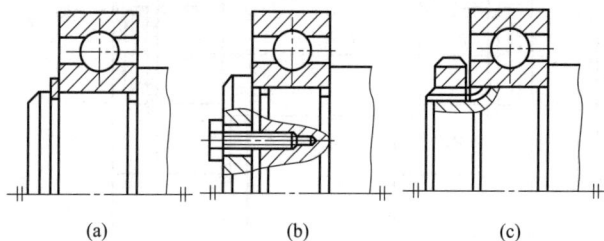

图 9-14　内圈轴向固定的常用方法

外圈轴向固定的常用方法如图 9-15 所示,用轴承盖 [图 9-15 (a)]、孔用弹性挡圈 [图 9-15 (b)]、轴承盖和机座凸台 [图 9-15 (c)] 等方法固定。

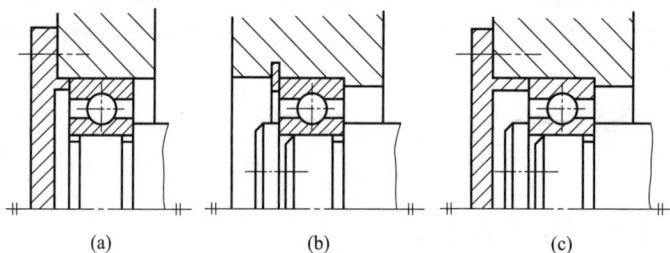

图 9-15　外圈轴向固定的常用方法

9.8.2　轴系的固定

轴系在机器中必须有确定的位置,以保证工作时不发生轴向窜动,同时为了补偿轴的热伸长,还应允许轴在适当的范围内有微小的自由伸缩。

轴的轴向定位是通过轴承的支承结构来实现的。滚动轴承支承结构有三种基本形式。

（1）两端各单向固定

如图 9-16 所示，其两端的深沟球轴承均用轴承盖压住其外圈，轴肩则顶住其内圈。当轴受到向左的轴向力时，轴通过其左轴肩顶住左轴承的内圈，并通过滚动体把力传给外圈，外圈传给左轴承盖，再通过连接螺钉传到机座，从而使轴得到向左的轴向固定，限制轴系向左移动，而此时右轴承只承受径向力。同理当轴受到向右的轴向力时，情况与上述相反，右轴承可承受向右的轴向力，限制轴系向右移动。这样两端轴承各限制轴的一个方向的轴向移动，两个轴承就限制了轴的双向移动，即保证了轴系正确的轴向位置。

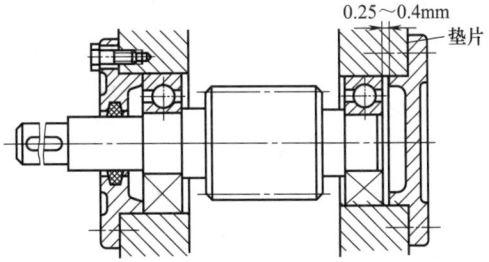

图 9-16　两端各单向固定

上面的结构不管轴承受到哪个方向的轴向力，都不会使轴和轴承内圈之间产生互相分离的趋势，所以轴承内圈只需用轴肩定位而不必在另一侧固定。

当轴系工作温度升高时，轴要伸长，由于深沟球轴承的轴向游隙是不能调整的，因此需要在轴承的外圈（图中为右轴承）和轴承盖之间留有 0.2～0.4mm 的间隙，以便轴的自由伸长。该间隙可在装配时用右轴承盖与机座间的调整垫片来调整。

这种固定方式结构简单，安装调整容易，适用于工作温度变化不大和较短的轴。

（2）一端固定、一端游动

如图 9-17 所示，其左轴承的外圈双向固定在机座上，内圈双向固定在轴上，当轴受到向左或向右的轴向力时，均可将力由轴承内圈通过滚动体传给外圈并传到机座上，从而实现轴的双向固定，即轴的左端为固定端；右轴承内圈与轴双向固定，而外圈双向均不固定，所以右轴承只能承受径向力，而轴向则可以自由游动（外圈与机座孔间为间隙配合），即轴的右端为游动端。这种结构由于在左轴承处轴系已经得到了双向固定，轴系工作时不可能产生轴向窜动，所以右轴承和右轴承盖之间可以留出足够大的空隙（一般为 3～8mm），以供轴右端的自由伸缩。这种固定方式结构比较复杂，但工作稳定性好，适用于工作温度变化较大的长轴。

由于上述结构中右轴承只需承受径向力，因此右轴承也可采用径向接触轴承——外圈（或内圈）无挡边的圆柱滚子轴承，如图 9-17（b）所示。此时轴承内、外圈均需做双向固定，当轴受热伸长时，内圈连同滚动体可以沿外圈内表面自由游动。

（3）两端游动支承

图 9-18 所示为人字齿轮高速轴，当低速轴的位置固定以后，由于轮齿两侧螺旋角不易做到完全对称，为了防止轮齿卡死或两侧受力不均，应采用轴系能左右微量轴向游动的结构。此图中两个支承都采用外圈无挡边的圆柱滚子轴承，轴承的内、外圈各边都固定，轴可在轴承外圈的内表面做轴向移动。

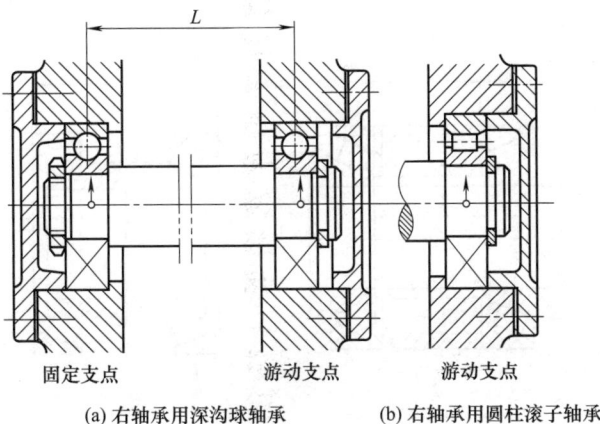

（a）右轴承用深沟球轴承　　（b）右轴承用圆柱滚子轴承

图 9-17　一端固定、一端游动

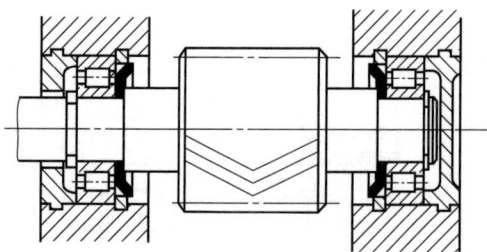

图 9-18 两端游动支承

9.8.3 滚动轴承组合结构的调整

为了保证轴上零件处于正确的位置,轴系部件应能进行必要的调整。滚动轴承组合结构的调整,包括轴承游隙的调整和轴系轴向位置的调整。

(1) 轴承游隙调整

① 垫片调整法。利用轴承压盖处的垫片调整是最常用的方法,如图 9-19 所示。首先把轴承压盖原有的垫片全部拆去,然后慢慢地拧紧轴承压盖上的螺栓,同时使轴缓慢地转动,当轴不能转动时,就停止拧紧螺栓。此时表明轴承内已无游隙,用塞尺测量轴承压盖与箱体端面间的间隙 K,将所测得的间隙 K 再加上所要求的轴向游隙 C,$K+C$ 即是所应垫的垫片厚度。一套垫片应由多种不同厚度的垫片组成,垫片应平滑光洁,其内外边缘不得有毛刺。间隙测量除用塞尺法外,也可用压铅法和千分表法。

② 螺钉调整法。如图 9-20 所示,首先把调整螺钉上的锁紧螺母松开;然后拧紧调整螺钉,使止推盘压向轴承外圈,直到轴不能转动时为止;最后根据轴向游隙的数值将调整螺钉倒转一定的角度 α,达到规定的轴向游隙后再把锁紧螺母拧紧以防止调整螺钉松动。

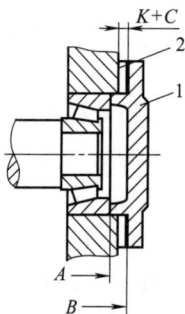

图 9-19 垫片调整法

1—压盖;2—垫片

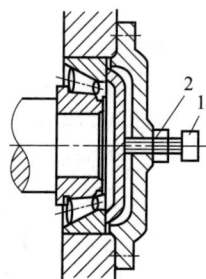

图 9-20 螺钉调整法

1—调整螺钉;2—锁紧螺母

③ 止推环调整法。如图 9-21 所示,首先把具有外螺纹的止推环 1 拧紧,直到轴不能转动时为止;然后根据轴向游隙的数值,将止推环倒转一定的角度(倒转的角度可参见螺钉调整法);最后用止动片 2 予以固定。

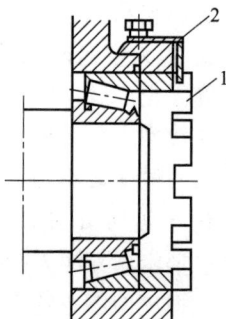

图 9-21 止推环调整法

1—止推环;2—止动片

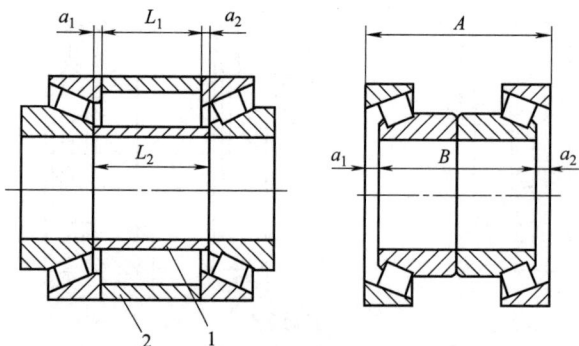

图 9-22 用内外套调整轴承轴向游隙

1—内套;2—外套

④ 内外套调整法。当同一根轴上装有两个圆锥滚子轴承时，其轴向间隙常用内外套进行调整，如图 9-22 所示。这种调整法是在轴承尚未装到轴上时进行的，内外套的长度是根据轴承的轴向间隙确定的。

（2）轴系轴向位置的调整

调整轴系位置是为了使轴上零件有准确的工作位置。如图 9-23 所示的小锥齿轮轴的轴承组合结构，轴承装在轴承套杯内，为使两锥齿轮的锥顶相重合，通过加减垫片的厚度来调整轴承套杯的轴向位置，即可调整锥齿轮的轴向位置，使二分锥锥顶重合。

9.8.4 滚动轴承的装拆

在轴系的组合结构中，应考虑到轴承的安装和拆卸。不正确的安装和拆卸会降低轴承的寿命。

由于轴承内圈与轴颈的配合比较紧，安装中小型轴承时，可用手锤通过装配套管在内圈上加力打入，如图 9-24 所示；对于尺寸较大的轴承，

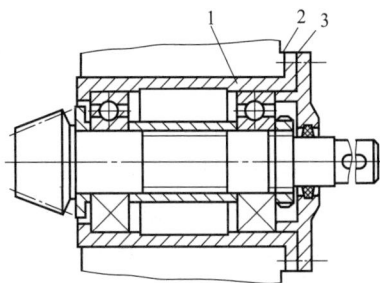

图 9-23　小锥齿轮轴的轴承组合结构
1—轴承套杯；2—垫片组一；3—垫片组二

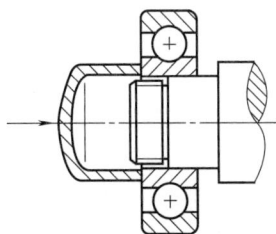

图 9-24　将轴承压装在轴上

可在压力机上压入或把轴承放入温度不超过 80～90℃ 的热油中加热，然后套到轴颈上。

滚动轴承装配注意事项如下：

① 装配前，按设备技术文件的要求仔细检查轴承及与轴承相配合零件的尺寸精度、形位公差和表面粗糙度。

② 装配前，应在轴承及与轴承相配合的零件表面涂一层机械油，以利于装配。

③ 装配轴承时，无论采用什么方法，压力只能施加在过盈配合的套圈上，不允许通过滚动体传递压力，否则会引起滚道损伤，从而影响轴承的正常运转。

④ 装配轴承时，一般应将轴承上带有标记的一端朝外，以便观察轴承型号。

拆卸轴承时，需用专门工具。拉杆拆卸器（俗称拉马）是靠三个拉爪钩住轴承内圈而拆下轴承的。为此，应使轴承内圈定位轴肩上留出足够的高度。

故事汇

警钟长鸣——韩国三丰百货大楼事故

1995 年夏天，韩国汉城（现更名为首尔）欣欣向荣，堪称 20 世纪末亚洲经济奇迹的代表。三丰百货大楼是地标性建筑，也是韩国在全球快速成功崛起的象征。6 月 29 日下午，这里却成为一场恐怖浩劫的中心。在 30s 内，五层百货大楼塌陷，导致 502 人死亡。到底是什么原因造成韩国历史上和平时期最惨重的灾难？

三丰百货大楼属于“平板”结构，平板结构施工优点多，却很敏感，它的规划必须更精确，完全不能出错。调查小组中的建筑师在检查大楼建筑蓝图后发现，设计图被施工单位大幅度更改，最关键的变动在五楼。五楼本来要当溜冰场，但最终被改成传统的韩国餐厅，导致楼面重量增加了三倍。每家餐厅又加装了大型厨房设备，而这些多出的重量从未列入结构计算。紧接着，调查人员又发现屋顶的一项大修改：由于邻居抱怨噪声，大型冷却水塔从地

面移至屋顶，水塔装满水重量可以达到 30t。上面楼层重量大增，理应加强支撑，但建筑商却反其道而行。调查小组在进行大楼的骨架与蓝图比对时，发现有些柱子与楼板间没有托板，但托板却是平板结构的重要部件，因为柱头的托板可以降低压强，分散混凝土楼板的载荷。实际调查的结果是许多托板的尺寸太小，有的柱头甚至没有托板。紧接着发现的是支撑四楼、五楼的柱子直径大幅缩水。顶楼的重量大幅度增加，结构支撑却大幅度缩水，这两大因素带来了致命的结果。调查人员看完三丰百货的蓝图即可看出灾难迟早发生，但为什么它还正常运营了 5 年多？压垮它的最后一根稻草又是什么？

具有讽刺意味的是，最后毁了大楼的，竟然是新添的安全设施。根据韩国的法规，百货公司必须在电扶梯旁加装防火墙。防火墙遇到火警会自动关闭，以免火势浓烟蔓延到其他楼层。而为腾出空间加装防火墙，工人切开电扶梯旁的混凝土柱。这个举动严重削弱了大楼的支撑结构。这一系列致命的组合就像颗定时炸弹。三丰百货倒塌的元凶，就是"贯穿剪力"。太细的柱子承受过多的重量，在强大的压强作用下就会像针一样贯穿上方的天花板。

1995 年 6 月 29 日的情况就是如此。从一早员工开始上班时，三丰百货已经接近崩塌边缘。当天早晨，有员工发现楼板隆起，餐厅的天花板下陷，四楼电扶梯旁的那根被切割过的柱子受到剪力，开始贯穿楼板。建筑物开始摇晃，造成餐具部玻璃器皿晃动作响，但百货公司没人有警觉，还把晃动怪到屋顶的空调。上午 9 时 40 分，五楼的餐厅因地板出现裂缝而关闭。1 小时后，四楼的柱子继续贯穿天花板，整片混凝土板下陷 5cm。上午 11 时 30 分到 12 时之间，店员听见四楼、五楼传来连续轰隆声。14 时，三丰会长紧急召集主管，决定请结构工程师查看裂缝，评估损害。14 时到 15 时，员工抽干屋顶冷却水塔，以减少负重。但这改变太小又太迟，结构损害已经造成，三丰百货已经踏上倒塌的不归路。16 时，结构工程师向三丰主管建议在打烊之后进行补强。17 时，百货公司挤满购物的人。17 时 47 分，四楼的柱子彻底贯穿了天花板，失去承载能力，载荷顿时转移到其余的柱子，但其他柱子无力支持多出的重量开始发生破坏。17 时 52 分，大楼开始倒塌。30s 内，三丰百货大楼化为飞扬尘土和一堆瓦砾。

由此次事故我们可以知道，在实际的工程与生产中，力学问题不可忽视，一旦发现构件变形或损坏，应引起高度重视，查明原因，防微杜渐，以免引起更严重的事故。2021 年 5 月 18 日中午 12 点 31 分，高达 355.8m 的深圳华强北赛格大厦发生晃动，大楼管理处立即通过应急广播通知所有人撤离，40min 内共疏散群众达一万五千人。经专家调查，证实是桅杆风致涡激共振引发的大厦有感震动，大楼主体结构没有异常。这一事件说明我国民众的安全意识和管理部门的应急管理措施都十分到位。各位同学在今后的生活与工作中，也应牢记力学常识，时刻保持一定警惕性，保证人身安全、生产安全。

第10章 机械装置的润滑与密封

在机械传动过程中，可动零部件的运动会在接触表面间产生摩擦。为了降低摩擦，减少磨损，延长寿命，在摩擦副表面间加入润滑剂将两表面分隔开来，变表面间的干摩擦为润滑剂分子间的内摩擦。

润滑的主要作用包括：减少摩擦、降低磨损、降温冷却、防止腐蚀、减振作用、密封作用。

机械装置中除应采用合理的润滑装置外，密封装置也同样重要。机械装置连接处以及运动件与不动件之间有间隙，为了阻止液体、气体工作介质以及润滑剂泄漏，防止灰尘、水分进入润滑部位，必须设置密封装置。

10.1 常用润滑剂及选择

常用的润滑剂按物态可分为液体润滑剂（润滑油）、半固体润滑剂（润滑脂）和固体润滑剂。

10.1.1 润滑油

润滑油是使用最广泛的润滑剂。

（1）润滑油的性能指标

① 黏度。润滑油在外力作用下流动，由于液体分子之间的引力，流层间产生剪切力，阻碍彼此相对运动，使各层的速度不相等，这种性质称为黏性。润滑油的黏性是一个非常重要的特性，其大小用黏度来反映，分为动力黏度、运动黏度和相对黏度。黏度是选择润滑油的重要依据。

工业上常用动力黏度与同温下该液体密度的比值表示的黏度，称为运动黏度。工业中所用黏度计测出就是这个比值，且润滑油的分类、选择都是按运动黏度高低来确定的。

运动黏度的法定计量单位 m^2/s 太大，工程上常用单位为 mm^2/s。

相对黏度是用比较法测定的。我国以恩氏黏度作为相对黏度。

润滑油的黏度越大，形成的油膜越厚，能承受的载荷越大，但其内部阻力越大，流动性越差。

② 黏-温特性。温度变化时，润滑油的黏度也随之变化。温度升高，黏度减小；温度降低，黏度增大。用黏度指数来反映这一特性，黏度指数越大，表示黏度随温度的变化越小，并认为该油的黏-温特性越好。

③ 凝点、倾点。凝点是指在规定的冷却条件下，润滑油停止流动的最高温度，润滑油的使用温度应比凝点高 5～7℃。倾点是润滑油在规定的条件下冷却到能继续流动的最低温度，润滑油的使用温度应高于倾点 3℃以上。

④ 闪点。闪点是表示润滑油蒸发性的指标。油蒸发性越大，其闪点越低；另一方面闪点是表示着火危险性的指标。润滑油的使用温度应低于闪点 20～30℃。

（2）常用润滑油

润滑油分为矿物润滑油和合成润滑油两类。矿物润滑油是石油原油经过提取燃油后剩下的重油经蒸馏精制而得到的。生产这类润滑油原料充足，价格便宜，因而应用最广。

合成润滑油是中性液体介质，是有机溶液、树脂工业聚合物处理过程中的衍生物。它具有独特的使用性能，可以胜任一般矿物润滑油不能胜任的地方，如高温、低温、防燃以及需与橡胶、塑料接触的场合。但合成润滑油价格昂贵，不少润滑油有些毒性，因此其使用受到限制。

润滑油的选择原则：载荷大或变载、冲击的场合，加工粗糙或未经跑合的表面，选黏度较高的润滑油；速度高时，为减小润滑油内部的摩擦功耗，或采用循环润滑、芯捻润滑等场合，宜选用黏度低的润滑油。

常用润滑油的主要质量指标及用途见表 10-1。

表 10-1　常用润滑油的主要质量指标和用途

名称	黏度牌号	主要质量指标					简要说明及主要用途
		运动黏度 /(mm²/s) (40℃)	凝点 /℃ (≤)	倾点 /℃ (≤)	闪点 /℃ (≤)	黏度指数	
全损耗系统用油 (GB/T 443—1989)	L-AN15	13.5～16.5	−15		65		适用于对润滑油无特殊要求的锭子、轴承、齿轮和其他低负荷机械等部件的润滑，不适用于循环系统
	L-AN22	19.8～24.2	−15		170		
	L-AN32	28.8～35.2	−15		170		
	L-AN46	41.4～50.6	−10		180		
	L-AN68	61.2～74.8	−10		190		
L-HL 液压油 (GB 11118.1—2011)	L-HL32	28.8～35.2		−6	180	90	抗氧化、防锈、抗浮化等性能优于普通机油，适用于一般机床主轴箱、液压箱和齿轮箱和类似的机械设备的润滑
	L-HL64	41.4～50.6		−6	180	90	
	L-HL68	61.2～74.8		−6	200	90	
	L-HL100	90.0～110		−6	200	90	
工业闭式齿轮油 (GB 5903—2011)	L-CKB100	90.0～110		−8		90	一种抗氧防锈型润滑油，适用于正常油温下运转的轻载荷工业闭式齿轮润滑
	L-CKB150	135～165		−8		90	
	L-CKB220	198～242		−8		90	
普通开式齿轮油 (SH/T 0363—1992)	150	135～165			200		适用于正常油温下轻载荷普通开式齿轮的润滑
	220	198～242			210		
	320	288～352			210		
工业闭式齿轮油 (SH 0094—1991)	L-CKE220	198～242		−12	200		适用于正常油温下轻载荷蜗杆传动的润滑
	L-CKE320	288～352		−12	200		
	L-CKE460	414～506		−12	200		
主轴、轴承和有关离合器用油 (SH 0017—1990)	L-FC22	19.8～24.2					适用于主轴、轴承和有关离合器用油的压力油浴和油雾润滑
	L-FC32	28.8～35.2					
	L-FC46	41.4～50.6					

10.1.2　润滑脂

（1）润滑脂的组成

润滑脂是一种稠化的润滑油。它易于保持在摩擦表面，使用周期长。润滑脂由基础油（矿物润滑油、合成润滑油）和稠化剂（皂类、固体类）调合而成。为了改善某些特殊性能，有时还适当加入一些添加剂。基础油含量为 70%～90%，决定了润滑脂的性能；稠化剂含量为 10%～30%。它常用于不易加油、重载低速的场合。

（2）润滑脂的性能指标

① 锥入度。锥入度（或稠度）是指在规定测定条件下 5s 内，重 150g 的标准锥体沉入

25℃的润滑脂的深度（以 0.1mm 为单位）。它表示润滑脂内阻力的大小和流动性的强弱，主要取决于稠化剂的性质，与基础油无关。锥入度越小，润滑脂越稠，附着性、密封性越好，承载能力越高。

② 滴点。滴点是指在规定的条件下，润滑脂从标准的测量杯孔滴下第一滴油时的温度。它反映润滑脂的耐高温能力。选择润滑脂时，工作温度应低于滴点 15～20℃。

（3）常用润滑脂

常用润滑脂的主要质量指标及用途见表 10-2。

表 10-2　常用润滑脂的主要质量指标和用途

名称	稠度等级（NLGI）	外观	沸点/℃ 不低于	工作锥入度/0.1mm	水分/% 不大于	主要用途
钙基润滑脂（GB/T 491—2008）	1 号	从淡黄色至暗褐色均匀油膏	80	310～340	1.5	温度＜55℃、轻载和自动给脂的轴承，以及汽车底盘和气温较低地区的小型机械
	2 号		85	265～295	2.0	中小型滚动轴承以及冶金、运输、采矿设备中温度不高于 55℃ 的轻载、高速机械的摩擦部位
	3 号		90	220～250	2.5	中型电动机的滚动轴承、发电机以及其他温度在 60℃ 以下的中载、中速的机械摩擦部件
	4 号		95	175～205	3.0	汽车、水泵的轴承、重载荷自动机械的轴承、发电机、纺织机及其他 60℃ 以下的重载、低速机械
钠基润滑脂（GB 492—1989）	2 号		160	265～295	—	适用于－10～110℃温度范围的一般中等载荷机械设备的润滑，不适用于与水相接触的润滑部位
	3 号		160	220～250	—	
钙钠基润滑脂(轴承脂)（SH/T 0368—1992）（2003 确认）	2 号	由黄色到深棕色均匀软膏	120	250～290	0.7	耐溶、耐水，工作温度为 80～100℃（低温下不适用），中速、中载滚动轴承，如小型电动机、发电机、汽车、拖拉机、鼓风机、铁路机车等，以及其他高温轴承
	3 号		135	200～240	0.7	
通用锂基润滑脂（GB/T 7324—2010）	1 号	浅黄色至褐色光滑油膏	170	310～340	—	具有良好抗水性、机械安定性、防腐性和氧化安定性,适用于工作温度在－20～120℃内各种机械设备的滚动轴承和滑动轴承及其他摩擦部位的润滑
	2 号		175	265～295		
	3 号		180	220～250		
汽车通用锂基润滑脂（GB/T 5671—2014）	2 号		180	265～295	—	具有良好的机械安定性、胶体安定性、防锈性、氧化安定性和抗水性,用于工作温度在－30～120℃内的汽车轮毂轴承、底盘、水泵等摩擦部位的润滑
	3 号		180	220～250		

10.1.3 固体润滑剂

用固体粉末代替润滑油膜的润滑，称为固体润滑。最常用的固体润滑剂有石墨、二硫化钼、二硫化钨、聚四氟乙烯等。固体润滑剂耐高温、高压，因此适用于速度很低、载荷很重或温度很高、很低的特殊条件及不允许有油、脂污染的场合。此外，它还可以作为润滑油或润滑脂的添加剂使用及制作自润滑材料用。

10.2 常用润滑方式及装置

为了减少摩擦、磨损，除了正确选用润滑剂外，还须合理选择润滑方式，以保证润滑剂的可靠供给。

10.2.1 油润滑方式及装置

油润滑可按是否连续分为间歇供油和连续供油。

（1）间歇供油

间歇供油是隔一定时间向润滑点供给润滑油，润滑不可靠，但可用于低速、轻载和不重要的地方。

常用的润滑方法和装置有：手工加油油杯（图10-1）、压注油杯（图10-2）。

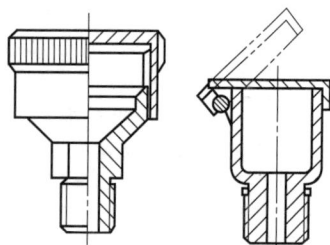

(a) 旋盖式 (b) 簧盖式

图 10-1 手工加油油杯

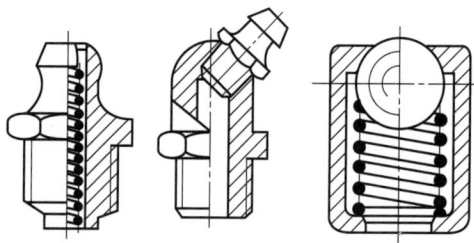

(a) 直通式 (b) 接头式 (c) 压配式

图 10-2 压注油杯

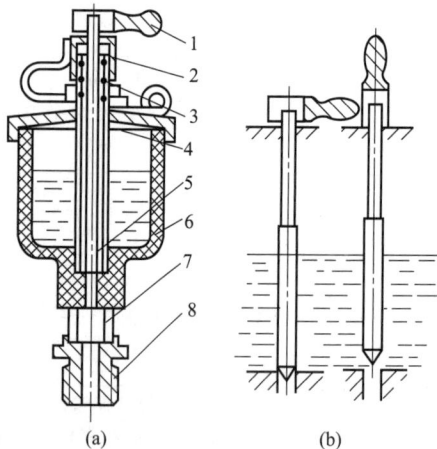

(a) (b)

图 10-3 针阀式油杯

1—手柄；2—调节螺母；3—弹簧；4—芯管；
5—针阀；6—杯体；7—观察窗口；8—连接螺纹

（2）连续供油

连续供油是连续不断地向润滑点供给润滑油，润滑可靠。

① 滴油润滑。针阀式注油杯可用于滴油润滑。如图10-3所示，针阀式油杯由手柄1、调节螺母2、弹簧3、芯管4、针阀5、杯体6、观察窗孔7和连接螺纹8等组成。当手柄放平时，针阀受弹簧力向下运动而堵住油孔；手柄转90°变成垂直时，针阀上提，下端油孔打开，润滑油进入润滑点。其油量大小可通过调节螺母进行调节。

② 芯捻润滑。如图10-4所示，用毛线或棉线做成芯捻，浸入油槽中，利用毛细管虹吸作用把油引到润滑点。由于芯捻本身可起过滤作用，因此可使润滑油保持清洁。其缺点是油量难以控制。

③ 油环润滑。如图10-5所示，它依靠套在轴上的油环旋转，将油从油池带起来，再流到润滑

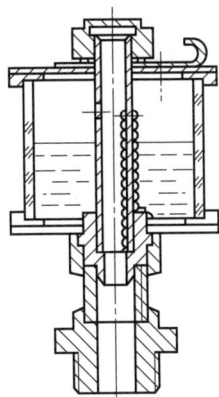

图 10-4　芯捻润滑

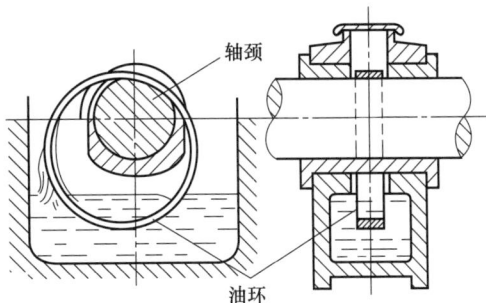

图 10-5　油环润滑

点。这种润滑方式只适合水平轴的润滑，转速为 $60\sim2000 r/min$。

转速过高，环在轴上跳动剧烈；转速过低，油环所带油量不够。

④ 浸油润滑。零件部分或全部浸入油池中进行润滑（见表 10-7 中图）。润滑自动可靠，但搅油功耗大，易引起发热，适合封闭箱体中转速较低的场合。

⑤ 飞溅润滑。利用高速旋转的零件，将油池中的油溅散成油沫向润滑点供油。

⑥ 压力润滑。用泵将润滑油加压后送到润滑部位（见表 10-7 中图），给油量丰富，而且油量控制方便，不但润滑可靠，冷却效果也好。因此，压力润滑广泛用于大型、重载、高速、精密等重要的润滑场合。

⑦ 油雾润滑。用压缩空气将润滑油雾化后喷入摩擦点而起润滑作用，常用于高速转动的轴承（$d_n>6\times10^5 mm\cdot r/min$）及高速运转的齿轮（$v>5\sim15 m/s$）。这种润滑方式冷却、清洗效果好，但油雾排出污染环境，且结构较复杂。

10.2.2　脂润滑方式及装置

润滑脂与润滑油相比，流动性、冷却效果较差，因此脂润滑多用于低、中速机械的润滑。常用的润滑方式有：

① 手工润滑。利用手工将脂填入润滑部位，用于开式齿轮传动、链条、滚动轴承等。

② 油杯润滑。利用旋盖油杯（图 10-1）、压注油杯（图 10-2）等装置向润滑点送润滑脂。这种润滑方式用于加脂不便或速度较低的场合。

③ 集中润滑。用脂泵将润滑脂定时定量地送至各润滑点。这种方法主要用于润滑点多的场合。

10.3　常用传动装置的润滑

10.3.1　滑动轴承的润滑

大部分的滑动轴承都采用油润滑，可根据轴颈速度和工况，参照表 10-3 选取。

对于要求不高、速度 $v<5 m/s$、难以经常供油的非液体摩擦滑动轴承，可用脂润滑。润滑脂的选择可参看表 10-4。

10.3.2　滚动轴承的润滑

滚动轴承可采用油润滑或脂润滑。润滑方式选择可参看表 10-5。

表 10-3 滑动轴承润滑油的选择

轴颈速度 v/(m/s)	轻载($p<3$MPa) 工作温度(10~60℃)		中载($p=3$~7.5MPa) 工作温度(10~60℃)		重载($p>7.5$~30MPa) 工作温度(20~80℃)	
	常选牌号	运动黏度 /(mm²/s)	常选牌号	运动黏度 /(mm²/s)	常选牌号	运动黏度 /(mm²/s)
<0.1	L-AN100 L-AN150	85~150	L-AN150	140~220	L-CKD160	470~1000
0.1~0.3	L-AN68 L-AN106	65~125	L-AN100 L-AN150	120~70	L-CKC320 L-CKC460	250~600
0.3~1.0	L-AN46 L-AN68	45~70	L-AN68 L-AN100	100~125	L-CKC100 L-CKC150 L-CKC220 L-CKC320	90~350
1.0~2.5	L-AN68	40~70	L-AN68	60~90		
2.5~5.0	L-AN32 L-AN46	40~55				
5.0~9.0	L-AN15 L-AN22 L-AN32	15~45				
>9.0	L-AN7 L-AN10 L-AN15	5~22				

表 10-4 滑动轴承润滑脂的选用

压强 p/MPa	轴颈圆周速度 v/(m/s)	最高工作温度 t/℃	润滑脂牌号
≤1.0	≤1	75	3 号钙基脂
1.0~6.5	0.5~5	55	2 号钙基脂
1.0~6.5	≤1	−50~100	2 号锂基脂
≤6.5	0.5~5	120	2 号钠基脂
>6.5	≤0.5	75	3 号钙基脂
>6.5	≤0.5	110	1 号钙钠基脂
>6.5	0.5	60	2 号压延机脂

表 10-5 滚动轴承润滑方式选择的 d_n 值

轴承类型	d_n/(10⁴mm·r/min) （脂润滑）	d_n/(10⁴mm·r/min)（油润滑）			
		浸油	滴油	压力循环	油雾
深沟球轴承	16	25	40	60	>60
调心球轴承	16	25	40		
角接触球轴承	16	25	40	60	>60
圆柱滚子轴承	12	25	40	60	>60
圆锥滚子轴承	10	16	23	30	
推力球轴承	4	6	12	15	

在 d_n 值较高或轴上零件采用油润滑时，滚动轴承应采用油润滑。根据工作温度和 d_n 值，参看图 10-6 可选出润滑油应具有的黏度，然后从润滑油产品目录中选相应的润滑油牌号。

在 d_n 值较小时，采用脂润滑。它具有不易流失、密封性好、加脂周期较长等优点。在使用时，润滑脂的填充量不得超过轴承空间的 $1/3$~$1/2$，因为填脂过多易引起摩擦发热，对运转不利。滚动轴承脂润滑的选择：首先根据速度、工作温度、工作环境选择润滑脂类型，比如工作温度 70℃ 以下可选钙基脂，100～120℃ 可选钠基脂或钙钠基脂，150℃ 以上高温或 $d_n > 400000\ mm \cdot r/min$ 时可选二硫化钼锂基脂，潮湿环境选钙基脂，等等；然后根据载荷及供油方式选择润滑脂牌号，比如中载、中速球轴承常选 2 号润滑脂，滚子轴承摩擦大，可选 0 号或 1 号润滑脂，重载或有强烈振动的轴承可选 3 号及 3 号以上的润滑脂，集中润滑要求流动性好，常选 0 号或 1 号润滑脂等。

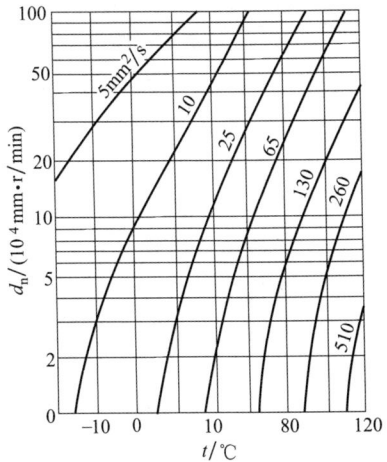

10.3.3　齿轮传动的润滑

（1）闭式齿轮传动的润滑

大部分的闭式齿轮传动靠边界油膜润滑，因此要求润滑油有较高的黏度和较好的油性。润滑油的黏度可根据齿轮的材料和圆周速度，在表 10-6 中查取，然后选择具体的润滑油。

图 10-6　润滑油黏度的选择

齿轮润滑方式包括浸油润滑、飞溅润滑、压力润滑等，润滑方式选择及注意事项见表 10-7。

表 10-6　齿轮润滑油黏度选择　　　　　　　单位：mm^2/s

齿轮材料	抗拉强度 σ_b /MPa	齿轮圆周速度 $v/(m/s)$						
		<0.50	0.5～1	1～2.5	2.5～5	5～12.5	12.5～25	>25
塑料、铸铁、青铜		320	220	150	100	68	46	—
钢	470～1000	460	320	220	150	100	68	46
	1000～1250	460	460	320	220	150	100	68
	1250～1580	1000	460	460	320	220	150	100
渗碳或表面淬火的钢		1000	460	460	320	220	150	100

表 10-7　齿轮润滑方式选择及注意事项

齿轮速度/(m/s)	润滑方式	注意事项
<0.8	涂抹或充填润滑脂	润滑脂中加油性或极压添加剂
<12	浸油润滑	①齿轮圆周速度 $v<12m/s$ 时，一般采用浸油润滑 ②润滑油中加抗氧化、抗泡沫添加剂 ③图中齿轮浸油深度 $h_1 = 1\sim2$ 个齿高（不小于 10mm） ④齿顶线到箱底内壁距离 $h_2 > 30\sim50mm$ ⑤每 kW 功率的油池体积 $>0.35\sim0.7L$ ⑥锥齿轮浸油深度要保证全齿宽接触油
3～12	飞溅润滑	润滑油中加抗氧化、抗泡沫添加剂
>12～15	压力喷油	①润滑油中加抗氧化、抗泡沫添加剂 ②喷油压力为 0.1～0.25MPa ③喷嘴放在啮入侧（一般情况）；喷嘴放在啮出侧，散热好($v>25m/s$)
	油雾润滑	①一般用于高速、轻载场合，润滑油黏度稍低 ②喷油压力 <0.6MPa

（2）开式、半开式齿轮传动的润滑

开式齿轮传动一般速度较低、载荷较大、接触灰尘和水分、工作条件差且油膜易流失。为维持润滑油膜，应采用黏度很高、防锈性好的开式齿轮油。速度不高的开式齿轮也可采用脂润滑。

开式齿轮传动的润滑可用手动、滴油、油池浸油等方式供油。

10.3.4 蜗杆传动的润滑

蜗杆传动的工作状态与齿轮传动类似，但蜗杆传动齿面间的滑动速度大、传动效率低、发热大，因此润滑对蜗杆传动来说更为重要。

润滑油的黏度和润滑方法，根据滑动速度和载荷类型进行选择。对于闭式蜗杆传动，从表 10-8 中查取；对于开式蜗杆传动，选用黏度较高的润滑油或润滑脂。

表 10-8 蜗杆传动的润滑油的黏度选择和润滑

滑动速度 v_s/(m/s)	<1	<2.5	<5	5~10	10~15	15~25	>25
工作条件	重载	重载	中载				
黏度/(mm²/s)	1000	460	220	100	150	100	68
润滑方式	浸油润滑			浸油或喷油润滑	喷油润滑的油压/MPa		
					0.07	0.2	0.5

当采用浸油润滑时，对于下置式或侧置式蜗杆传动，浸油深度为蜗杆的一个齿高；对于上置式蜗杆传动，浸油深度约为蜗轮顶圆半径的 1/3。

10.4 机械装置的密封

机械装置密封有两个主要作用：
① 阻止液体、气体工作介质、润滑剂泄漏；
② 防止灰尘、水分进入润滑部位。

密封装置的类型很多，两个具有相对运动的结合面之间必然有间隙（比如减速器外伸轴与轴承端盖之间），它们之间的密封称为动密封。两个相对静止不动的接合面之间的密封称为静密封，如减速器箱体与箱盖等。所有的静密封和大部分的动密封都是靠密封面互相靠近或嵌入以减少或消除间隙，达到密封的目的，这类密封方式称为接触式密封。密封面间有间隙，依靠各种方法减小密封间隙两侧的压力差来阻漏的密封方式，称为非接触式密封。

10.4.1 静密封

（1）研磨面密封

最简单的静密封靠接合面加工平整、光洁，在螺栓预紧力的作用下贴紧密封，要求接合面研磨加工，间隙小于 $5\mu m$，如图 10-7（b）所示。

（2）垫片密封

如图 10-7（c）所示，在结合面间加垫片，螺栓压紧使垫片产生弹塑性变形填平密封面上的不平，从而消除间隙，达到密封的目的。常温、低压、普通介质可用纸、橡胶、垫片；高压、特殊高温和低温场合可用聚四氟乙烯垫片；高温、高压场合可用金属垫片。

（3）密封胶密封

如图 10-7（d）所示，密封胶有一定的流动性，容易充满结合面的间隙，黏附在金属面上能防止泄漏，即使在较粗糙的表面上密封效果也很好。密封胶型号很多（如铁锚602），使用越来越广，使用时可查机械设计手册。

（4）O 形圈密封

如图 10-7（e）所示，在接合面上开密封圈槽，装入 O 形密封圈，利用接合面间形成严密的压力区来达到密封的目的。

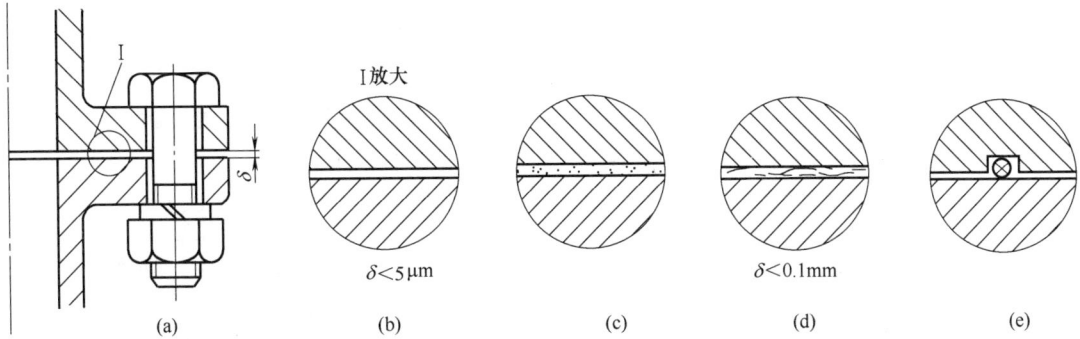

δ<5μm　　　　　　　　δ<0.1mm

(a)　　　　　(b)　　　　　(c)　　　　　(d)　　　　　(e)

图 10-7　静密封

10.4.2　动密封

两个具有相对运动的接合面之间的密封称为动密封，这里主要分析回转轴的动密封。在回转轴的动密封中，有接触式、非接触式和组合式三种类型。

（1）接触式密封

由于接触式密封是利用密封元件与接合面的压紧而起到密封作用的，必定产生摩擦磨损，因此这种密封方式不宜用于高速场合。

① 毡圈密封。将矩形断面的毡圈安装在梯形的槽中，受变形压缩而对轴产生一定的压力，消除间隙，达到密封的目的。毡圈密封结构简单，一般只用于工作速度低（$v<4\sim5\mathrm{m/s}$）、工作温度低（$t<90℃$）的脂润滑处，主要起防尘作用。其结构见图 10-8。

② 密封圈密封。密封圈用耐油橡胶、塑料或皮革等弹性材料制成，靠材料本身的弹力及弹簧的作用，以一定压力紧套在轴上起密封作用。唇形密封圈用得很多，注意唇口方向：图 10-9 所示密封圈唇口朝内，目的是防漏油；唇口朝外，主要目的是防灰尘、杂质侵入。这种密封广泛用于油密封，也可用于脂密封和防尘，工作速度小于 7m/s。

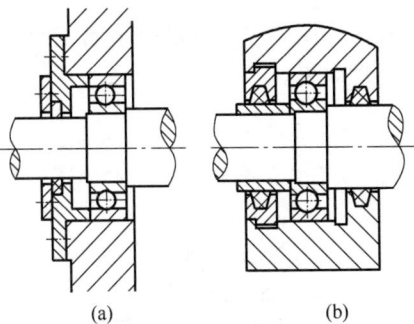

(a)　　　　　(b)

图 10-8　毡圈密封

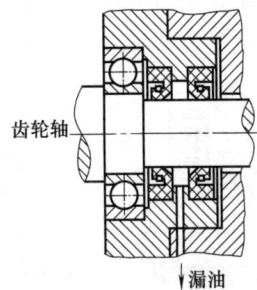

齿轮轴

漏油

图 10-9　密封圈密封

③ 机械密封。机械密封又称端面密封。图 10-10 所示是最简单的机械密封，动环 1 与轴固定在一起，随轴转动；静环 2 固定在机座端盖上。动环与静环端面在弹簧 3 的弹簧力作用下互相贴紧，起到很好的密封作用。

机械密封的优点是动、静环端面相对滑动，摩擦及磨损集中在密封元件上，对轴没有损伤；密封环若有磨损，在弹簧力的作用下仍能保持密封，密封性能可靠，使用寿命长。其缺点是零件多，加工质量要求高，装配较复杂。这种密封方式用于常与灰尘、沙泥、污水等接触的工程机械、拖拉机、汽车的轮毂轴承处。其工作速度可达 30m/s。

（2）非接触式密封

由于非接触式密封方式中密封面间有间隙，因此一般情况下，工作速度没有限制。

① 间隙密封。如图 10-11 所示，在静止件（轴承端盖通孔）与转动件（轴）之间有很小的间隙（0.1～0.3mm），若在端盖内孔车出螺旋槽，在槽中填充密封润滑脂，利用其节流效应起到密封作用，效果会更好。但螺旋旋向由轴的转向而定。

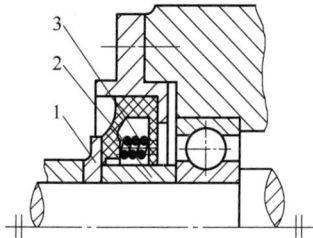

图 10-10　机械密封

1—动环；2—静环；3—弹簧

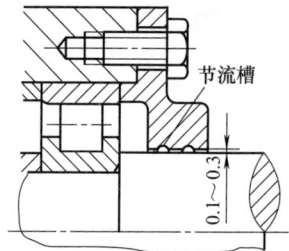

图 10-11　间隙密封

② 挡油环密封。图 10-12 所示油润滑，可在轴上装一个油环。当轴转动时，利用其离心作用，将多余的油及杂质沿径向甩开，经过轴承座的集油腔和油沟流回。

③ 迷宫式密封。如图 10-13 所示，将旋转的零件与固定的密封零件之间做成迷宫（曲路）间隙，利用其节流作用达到密封的目的。间隙中充满密封润滑脂，密封效果会更好。其根据部件结构分为径向、轴向两种。图 10-13（a）所示为径向曲路，径向间隙不大于 0.1～0.2mm；图 10-13（b）所示为轴向曲路，考虑轴的伸长，间隙大些，取 1.5～2mm。这种密封方式效果好、可靠，但结构复杂，加工要求高。

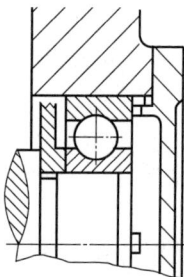

图 10-12　挡油环密封

（3）组合式密封

前面介绍的各种密封各有优缺点，常采用组合密封形式。图 10-14 所示是毡圈密封加迷宫密封的组合密封方式，可充分发挥各自的优点，提高密封效果。

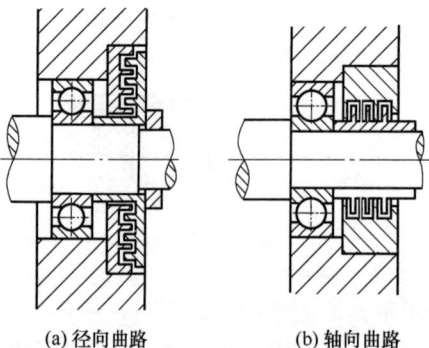

(a) 径向曲路　　　　(b) 轴向曲路

图 10-13　迷宫式密封

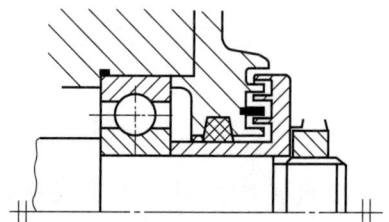

图 10-14　组合式密封

故事汇

我国古代的力学探索

力学是研究宏观物体机械运动规律的一门科学。在人类研究力学的历史过程中，特别是在古代力学发展过程中，我国的古代科学家做出了杰出的贡献，他们对运动和力等一些力学基本概念做了简单的描述；对静力平衡问题、杠杆原理等一些力学现象做了一定的研究；此外，对惯性、速度及流体等的研究也有所记载。他们对力学的研究是人类探索力学规律活动的一个重要组成部分。

东汉时期成书的《尚书纬·考灵曜》中指出："地恒动不止而不知，譬如人在大舟中，闭牖而坐，舟行而不觉也。"这是对机械运动相对性十分生动和浅显的比喻。其后的哥白尼、伽利略在论述这类问题时，都不谋而合地运用过几乎相同的比喻，但在时间上已经晚了一千四百年之多，这说明我国早在公元二世纪前对运动就有了相当深刻的认识。

墨家最早指出："力，刑之所以奋也。"这里的"刑"同"形"，指物体的运动状态；这里的"奋"字是由静到动、由慢到快的意思，明确含有加速度的意思。所以以上墨家的论点可解释为：力是物体由静到动、由慢到快做加速运动的原因。《墨经》中还记载道："力，重之谓，下、举，重奋也。"意思是物体的重量也就是一种力，物体下坠、上举都是基于重的作用，也就是用力的表现。古代一直把重量单位如"钧""石"等作为力的量度单位，也足以说明这一点。

古时人们曾用头发编成发辫来悬挂重物，结果发现发辫中有的头发被拉断，而有的头发不被拉断，对此墨家进行了细致的观察和深入的研究，终于发现：当这些头发共悬一件重物时，由于头发的松紧程度不同，被拉紧的那一部分头发承受了重物全部的重量，尽管重物的重量可能不是很大，但这些头发往往先被拉断，其他部分的头发也有可能相继被拉断。于是，墨家认为，假如重物的重量能够均匀地分配到每一根头发上，这些头发就有可能一根也不会断。所谓"轻而发绝，不均也。均，其绝也莫绝"就是这个意思。战国后期的名家公孙龙在墨家这个论点的基础上提出了"发引千钧"的设想，即如果头发的松紧程度相同，则能承受很重的物体。

惯性是力学中一个非常重要的基本概念。我们的祖先很早以前就开始注意惯性这一力学现象了，而且在生活中，逐步形成了对惯性现象的初步认识。《考工记》中写道："马力既竭，车舟（辕）犹能一取也。"意思是说，马拉车的时候，马虽然停止前进，即不对车施加拉力了，但车辕还能继续往前动一动。这显然是对惯性的一个生动而直观的描述，这也是我国古代力学史上关于惯性最早的记载。

中国作为一个文明古国，在古代科学技术方面曾经在相当长的一段历史时期内相对于西方保持着明显的领先地位，这反映我国古代人民的聪明才智和科学素养。在倡导科技创新的今天，我们回顾祖国灿烂的古代科技文明，应树立文化自信，一方面为祖先的辉煌成就而骄傲，另一方面以振兴民族科技为己任，为实现中华民族伟大复兴贡献一份力量。

第11章 TRIZ创新原理

创新按其实质大体分为两种：一种是发现式创新，另一种是发明式创新。所谓发现式创新，是指经过探索和研究从而认识以前客观存在，但未被前人或他人所认识的趋势、规律、本质或重要事实等，如牛顿发现万有引力、阿基米德发现浮力定理等。所谓发明式创新，是指创造出从前并不存在，并经实践验证可以应用的新事物、新技术、新工艺、新理论或新方法等。应用、工程等方面的发明创造属于此类。可以概括地说，发现式创新属于认识世界的范畴，发明式创新属于改造世界的范畴。二者的共同特点都是为了创造新的世界。

创新的能力是人类普遍具有的素质，大部分人都具有创新的禀赋，都可以通过学习、训练得到开发、强化和提高。

本部分内容主要介绍被称为"点金术"的 TRIZ 创新原理。

11.1 TRIZ 创新原理概述

11.1.1 TRIZ 理论的产生

"发明问题解决理论"——TRIZ（英语翻译为 The Theory of Inventive Problem Solving）的出现为人们提供了一套全新的创新理论，揭开了人类创新发明史的新篇章。TRIZ 是苏联发明家根里奇·阿奇舒勒（G. S. Altshuller）带领一批学者从 1946 年开始，经过 50 多年对世界上 250 多万件专利文献加以搜集、研究、整理、归纳、提炼而建立的一整套系统化、实用的解决发明问题的理论、方法和体系。阿奇舒勒以新颖的方式对专利进行分类，特别研究专利发明家解决发明问题的思路和方法，从而发现 250 多万份专利中只有 4 万份是发明专利，其他都是某种程度的改进与完善。经过研究，他们发现：技术系统的发展不是随机的，而是遵循同样的一些进化规律，人们根据这些进化规律就可以预测技术系统未来的发展方向。他们也发现：技术创新所面临的基本问题和矛盾是相似的，而大量发明创新过程都有相似的解决问题的思路。因此，阿奇舒勒等人指出，创新所寻求的科学原理和法则是客观存在的，大量发明创新都依据同样的创新原理，并会在后来的一次次发明创新中被反复应用，只是被使用的技术领域不同而已。所以发明创新是有理论依据的，是完全有规律可以遵循的。

TRIZ 理论是一门科学的创造方法学。它提供了一系列工具，包括解决技术矛盾的 40 个发明原理和阿奇舒勒矛盾矩阵，解决物理矛盾的 4 个分离原理和 11 个方法，76 个发明问题的标准解法和发明问题解决算法（ARIZ），以及消除心理惯性的工具和资源-时间-成本算子等。它使人们可以按照解决问题的不同方法，针对不同问题，在不同阶段和不同时间去操作和执行，从而使发明可以被量化进行，也可被控制，而不是仅凭灵感和悟性来完成。

重要的是，借助 TRIZ 理论，人们能够打破思维定式，拓宽思路，正确地发现产品或系统中存在的问题，激发创新思维，找到具有创新性的解决方案。同时，TRIZ 理论可以有效地消除不同学科、工程领域和创造性训练之间的界限，从而使问题得到发明创新性的解决。TRIZ 理论已运用于各行各业，世界 500 强中的多数企业都已经成功地运用 TRIZ 理论获得了发明成果。所有这一切都证明了 TRIZ 理论在广泛的学科领域和问题解决之中的有效性。

11.1.2　TRIZ 理论的发展

TRIZ 理论发源于苏联，发展于欧美。通常将 1985 年之前的阶段称为"经典 TRIZ 理论"发展阶段，之后的称为"后经典 TRIZ 理论"发展阶段。

（1）经典 TRIZ 理论发展阶段

TRIZ 理论属于苏联的国家机密，在军事、工业、航空航天等领域均发挥了巨大作用，成为创新的"点金术"，让西方发达国家一直望尘莫及。

经典 TRIZ 理论发展阶段是从 1945 年 TRIZ 理论的创始人，苏联海军专利部根里奇·阿奇舒勒（G. S. Altshuller）着手进行发明创造方法研究开始，直至 1985 年完成发明问题解决算法 ARIZ-85 为止，共经历了 40 年的时间。

在 TRIZ 理论诞生之前，人们通常认为发明创造是"智者"的专利，是灵感爆发的结果。纵观人类的发明史，一项发明创造或创新往往是"摸着石头过河"，没有明确的思路或方向，需要经历漫长的过程和无数次失败才能获得成功，且往往是不能够使问题得到彻底解决。

阿奇舒勒从一开始就坚信，发明创造的基本原理是客观存在的，这些原理不仅能被确认，而且还能通过整理形成一种理论，掌握该理论的人不仅能提高发明的成功率，缩短发明的周期，还可以使发明问题具有可预见性。从 1946 年开始，阿奇舒勒和他的同事对不同工程领域中 250 万个发明专利文献进行研究、整理、归纳、提炼，发现技术系统创新是有规律可循的，并在此基础上建立了一整套体系化的、实用的解决发明问题的方法——TRIZ 理论。

TRIZ 理论的来源及内容如图 11-1 所示。

TRIZ 理论的法则、原理、工具主要形成于 1946—1985 年间，是由阿奇舒勒亲自或直接指导他人开发的，我们称之为经典 TRIZ 理论。

阿奇舒勒早期的研究成果只是确认发明问题（即还没有已知解决方法的问题）至少包含着一种矛盾。因此，如果工程设计人员能在自己的系统中解决潜

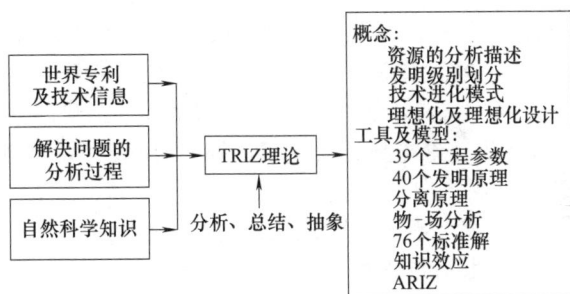

图 11-1　TRIZ 理论的来源及内容

在的根本矛盾，那么发明问题便能得到解决，系统也能沿着自身的进化路线发展。

阿奇舒勒最早开发的 TRIZ 工具是 ARIZ（发明问题解决算法）。ARIZ 采用循序渐进的方法对问题进行分析，目的是揭示、列出并解决各种矛盾。ARIZ 最初版本比较简单，仅有五个步骤，到 1985 年，已扩大至九个步骤。

与此同时，阿奇舒勒分析归纳出 39 个工程参数，辨别出 1250 多种技术矛盾，并归纳了 40 个发明原理，创建了矛盾矩阵表。之后，阿奇舒勒确定了解决物理矛盾的一套分离原理。

1975 年前后，阿奇舒勒开发出物-场分析法和 76 个标准解法。同 40 个发明原理一样，标准解法与特定的技术领域无关，具有不同技术领域的"通用性"。

阿奇舒勒认识到，对于困难的发明问题来说，通过运用物理、化学、几何和其他效应，通常能大大提高解决方案的理想度，易于方案的实施。因此，他开发出汇集多种技术效应和现象的综合性知识库，并从过去的发明数据库中归纳出涵盖各个技术领域的大量创新实例，以协助 TRIZ 理论使用者有效应用 TRIZ 工具。

（2）后经典 TRIZ 理论发展阶段

1989 年苏联解体后，大批 TRIZ 理论专家移居欧美等发达国家，TRIZ 理论也随之传播到美国、欧洲、日本、韩国等地，被世人所知。欧洲以瑞典皇家工科大学（KTH）为中心，十几家企业开始实施利用 TRIZ 理论进行创造性设计的研究计划；日本从 1996 年开始不断有杂志介绍 TRIZ 理论方法及应用实例；在美国，有关 TRIZ 的研究咨询机构相继成立，TRIZ 理论的方法在多个跨国公司得以迅速推广并为之带来巨大收益。例如福特汽车公司遇到了推力轴承在大负荷时出现偏移的问题，通过运用 TRIZ 理论，产生了 28 个新概念（问题的解决方案），其中一个非常吸引人的概念是：利用小热膨胀系数的材料制造轴承，从而很好地解决了推力轴承在大负荷时出现偏移的问题。波音公司邀请 25 名苏联 TRIZ 理论专家，对波音公司的 450 名工程师进行了两星期培训和组织讨论，取得了 767 空中加油机研发的关键技术突破，从而战胜空中客车公司，赢得了 15 亿美元空中加油机订单。2003 年，"非典型肺炎"肆虐中国及全球的许多国家，新加坡的 TRIZ 理论研究人员利用 TRIZ 理论的 40 个发明创新原理，提出了防止"非典型肺炎"的一系列方法，其中许多措施被新加坡政府采用，收到了非常好的效果。

（3）TRIZ 理论的未来发展

目前，TRIZ 理论主要应用于技术领域的创新，实践已经证明了其在创新发明中的强大威力和作用，而在非技术领域的应用尚需时日。这并不是说 TRIZ 理论本身具有无法克服的局限性，任何一种理论都有一个产生、发展和完善的过程。TRIZ 理论目前仍处于"婴儿期"，还远没有达到纯粹科学的水平，称为方法学是合适的，它的成熟还需要一个比较漫长的过程，就像一座摩天大厦，基本构架已经树立起来，但还需要进一步加工和装修。其实就经典 TRIZ 理论而言，它的法则、原理、工具和方法都是具有"普适"意义的，例如我们完全可以应用其 40 个发明原理解决现实生活中遇到的许多"非技术性"的问题。

TRIZ 理论作为知识系统最大的优点在于：其基础理论不会过时，不会随时间而变化，就像运算方法是不会变的，无论你是计算上班时间还是计算到火星的飞行轨迹。

TRIZ 理论本身还远没有达到"成熟期"，其未来的发展空间是巨大的，归纳起来主要有 5 个发展方向。

① 技术起源和技术演化理论。

② 克服思维惯性的技术。

③ 分析、明确描述和解决发明问题的技术。

④ 指导建立技术功能和特定设计方法、技术和自然知识之间的关系。

⑤ 先进技术领域的发展和延伸。

此外，将 TRIZ 理论与其他方法相结合，弥补 TRIZ 理论的不足，已经成为设计领域的重要研究方向。

需要重点说明的是，TRIZ 理论在非技术领域应用研究的前景是十分广阔的，我们认为，只有达到了解决非技术问题的工具水平，TRIZ 理论才算真正地进入了"成熟期"。

11.2 TRIZ 创新原理基本概念

11.2.1 功能和功能分析

功能是指一个组件改变或保持了另一个组件的某个参数的行为。它的描述方式如图 11-2 所示。

功能的载体是指执行功能的组件。功能的对象是指某个参数由于功能的作用而得到保持或发生了改变的组件，即接受功能的组件。

参数是指组件可以比较、测量的某个属性，比如温度、位置、重量、长度等。

图 11-2　功能的描述

例如，车移动人，就是一个正确的功能描述。因为车移动人这个功能改变了人的位置，如图 11-3 所示。人是功能的对象，车是功能的载体。

再比如日常生活中用热水器烧水，也是一个正确的功能描述，因为热水器改变了水的温度，如图 11-4 所示。热水器是功能的载体，水是功能的对象。

图 11-3　车移动人的功能描述

图 11-4　热水器加热水的功能描述

功能分析是一个分析问题的工具，一种识别系统和超系统组件的功能、特点及其成本的分析工具。其主要用来识别后期需要解决的问题。功能分析在现代 TRIZ 理论中的位置如图 11-5 所示。

11.2.2　因果链分析

因果链分析是全面识别工程系统缺点的分析工具。与功能分析等工具不同的是，因果链分析可以挖掘隐藏在初始缺点背后的各种缺点。对于每一个初始缺点，通过多次问"为什么这个缺点会存在？"就可以得到一系列的原因，将这些原因连接起来，就像一条一条的链条，因此称为因果链，随着不断地追问，就可能发现已经找到的原因背后还有其他的因素在起作用。一直追问下去，直到物理、化学、生物或者几何等领域的极限为终点。

如图 11-6 所示，现代 TRIZ 理论中的问题分析工具（功能分析、成本分析和流分析）是为了揭示工程系统的缺点，这些工具的分析结果都可以作为因果链分析的已知条件（输入），因此因果链分析可以比较全面地揭示工程系统各种不同层次的缺点。通过因果链分析出来的诸多缺点，有些缺点容易解决，有些缺点不容易解决，我们就可以选择那些容易解决的缺点入手来解决问题。所以我们找到的缺点越多，可选择的余地就越大。现代 TRIZ 理论

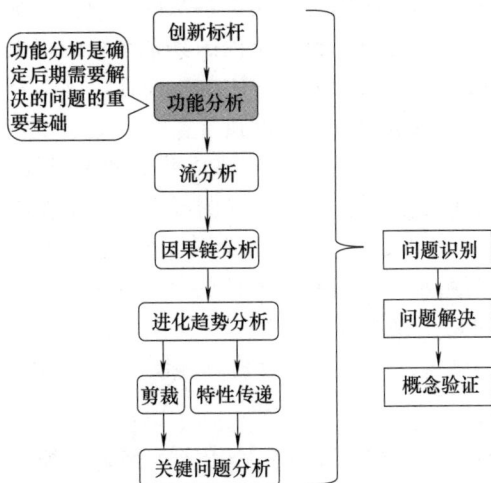

图 11-5　功能分析在现代 TRIZ 理论中的位置

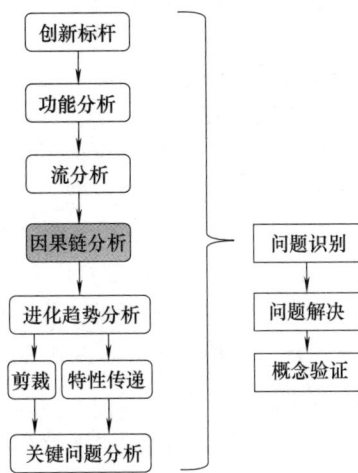

图 11-6　因果链分析在现代 TRIZ 理论体系中的位置

的一个重要特点就是转换问题，即不去解决最开始遇到的初始问题，而是使用各种问题分析工具找到隐藏于初始问题背后的问题加以解决。

11.2.3 理想解

产品处于理想的状态的解称为最终理想解。在解决问题之初，首先抛开各种客观限制条件，克服惯性思维，通过理想化来定义问题的最终理想解（ideal final result，IFR），明确理想解所在的方向和位置，保证在问题解决过程中沿着此目标前进并获得最终理想解，从而避免了传统创新设计方法中缺乏目标的弊端，提高了创新设计的效率。尽管在产品进化的某个阶段，不同产品进化的方向各异，但如果将所有产品作为一个整体，则低成本、高功能、高可靠性、无污染等是产品的理想状态。

最终理想解具有以下几个特点：
① 保持了原系统的优点。
② 消除了原系统的不足。
③ 没有使系统变得更复杂。
④ 没有引入新的缺陷等。

在解决发明问题的过程中，虽然无法确定如何消除矛盾，但总有可能归纳出理想化的解决方案，得到一个理想化的最终结果。

所有的系统都是朝着提高理想化程度的方向发展。理想化是科学研究中创造性思维的基本方法之一。它主要是在大脑之中设立理想的模型，通过理想实验的方法来研究客观运动的规律。理想化模型包含所需要解决的问题中涉及的所有要素，可以是理想系统、理想过程、理想资源、理想方法、理想机器、理想物质等。

11.2.4 资源

所谓资源，特别是自然资源，是指在一定时间、地点条件下，能够产生经济价值，以提高人类当前和将来福利的自然环境因素的总称。而在实现系统功能时，资源在绝大多数情况下都是必需的。因为在绝大多数情况下资源的浪费就是最大的浪费，而资源的浪费通常也是理想化过程中所占比重最大的有害功能之一，对于一些不可再生资源更是如此。所以在创造发明中对资源问题做完整的、充分的思考是至关重要的，当系统的现实理想化程度越接近理论理想化时，资源的问题将变得更为突出。

系统的内部资源是系统内部所具有的资源，而外部资源则是不属于系统的资源。系统外部资源的构成比较复杂，它可能是属于超系统的，可能是属于超系统内的其余系统的，也可能是属于环境的。根据资源定义的广义性，以及系统在发明创造过程中的可变性，外部资源和内部资源之间存在一定的互变性，在很多情况下只能是一个相对的概念。

在资源的使用中，首先应该考虑的是内部已有的资源，其次是外部资源中的免费资源，再次是外部资源中的非免费资源，最后才考虑是否新增资源。比如要检测滑动轴承工作状态的好坏，有多种方法。可以利用滑动轴承处于混合润滑状态时，不同的金属接触比例必然导致接触电阻变化这一现象（内部资源），通过测量轴与轴承间的接触电阻的变化，并用分析软件（可能是外部资源）进行轴承的工作性能分析；还可以根据磨损将产生磨屑这一事实，定期在油箱内取油样（环境资源），并送专用设备（外部资源）进行铁谱分析，如图 11-7 所示。

11.2.5 裁剪

裁剪是一种现代 TRIZ 理论中分析问题的工具，是指将一个或一个以上的组件去掉，而将其所执行的有用功能利用系统或超系统中的剩余组件来替代的方法。换句话说，裁剪通过"教会"系统或超系统的其他组件执行被裁剪组件的有用功能的方式，来保留系统的功能。

裁剪后的工程系统成本更低，更加简洁，可靠性也可以提高。工程系统的价值也可以相应提高。

假设一个功能的载体执行了以下功能，如图 11-8 所示。

裁剪规则 A：如果有用功能的对象被去掉了，那么功能的载体是可以被裁剪掉的，如图 11-9 所示。

裁剪规则 B：如果有用功能的对象自己可以执行这个有用功能，那么功能的载体是可以被裁剪掉的，如图 11-10 所示。

图 11-7　滑动轴承

裁剪规则 C：如果能从系统或者超系统中找到另外一个组件执行有用功能，那么功能的载体是可以被裁剪掉的，如图 11-11 所示。

图 11-8　功能的载体执行的一个有用功能

图 11-9　裁剪规则 A

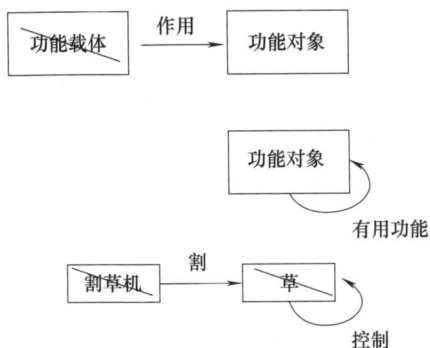

图 11-10　裁剪规则 B

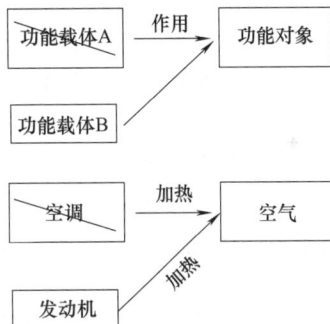

图 11-11　裁剪规则 C

11.2.6　进化法则

阿奇舒勒及其弟子们认真研究了大量工程系统的进化过程后，归纳出了工程系统进化法则，包括 S 曲线进化法则和八大进化法则。

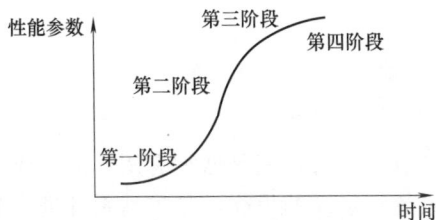

图 11-12　S 曲线进化法则

（1）S 曲线进化法则

S 曲线进化法则是指任何工程系统的发展随着时间的推移都不是线性的，而是呈现英文字母"S"的形状。与人的成长类似，可以分为第一阶段——婴儿期，第二阶段——成长期，第三阶段——成熟期和第四阶段——衰亡期，每一个阶段在工程系统的背后都有驱动力使其处于某个阶段，并且有相应的特点，如图 11-12 所示。

在经典 TRIZ 理论中，主要以性能参数、专利数量、发明级别以及经济效益来判断一个产品或者技术处于 S 曲线的哪个阶段，如图 11-13 所示。

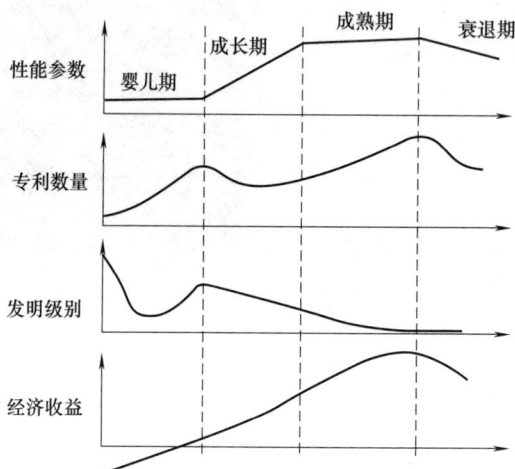

图 11-13　S 曲线对应的性能参数、专利数量、发明级别和经济收益曲线

图 11-13 从性能参数、专利数量、发明级别、经济收益四个方面来展示了工程系统在各个阶段的特点。S 曲线进化法则是一个重要的技术进化法则。它描述了一个工程系统的主要性能参数，随时间的延续呈现 S 形曲线。应用 S 曲线进化法则，能够有效预测工程系统的进化阶段。经典 TRIZ 理论中有两种方式可以确定 S 形曲线的阶段：专利数量和发明级别。

专利数量：以时间为变量，分析专利数量，提高技术系统的性能参数。

发明级别：根据对科学的贡献、技术的应用范围及为社会带来的经济效益等分为 5 个级别。

一个特定系统产生的专利数量变化随 S 曲线各阶段变化情况如下：

① 处于婴儿期的系统产生的专利数量较少，但专利的级别很高。

② 当系统进入成长阶段，产业发展带来技术需求剧增，产生大量的授权专利，促进技术系统完善。

③ 当系统进入成熟期，工程师努力延长系统的生命周期，使得这个阶段专利数量一直处于增长状态，即便增长速率较慢，但发明的级别较低。

④ 当工程系统进入衰亡期，市场份额急剧减少。人们已经没有兴趣对其进行新的开发，因此专利数量和发明级别都降低。

（2）八大进化法则

① 提高理想度法则。提高理想度法则是指工程系统在进化时，理想度等于所有有用功能之和除以所有成本之和与所有有害功能之和，即：

$$理想度 = \frac{\sum 所有有用功能}{\sum 所有成本 + \sum 所有有害功能}$$

理想度应该保持增长，不可能降低，无论通过何种方法，有可能是增加有用功能；或是降低成本；或是成本增加，但功能显著增加等。工程系统理想度的提高，是推动系统进化的主要动力。

例如，目前通信工具的迅猛发展，是工程系统向提高理想度法则进化的典型实例。它们的性能在不断提高，但成本却在持续降低，即使偶尔出现价格上涨，也以大幅度提高性能为前提，从而保证理想度的提升。

② 子系统不均衡进化法则。一般来说，工程系统是由多个实现各自功能的子系统组成的，子系统不均衡法则是指工程系统在进化时，每个子系统都是根据自己的时间进度按照自身的 S 曲线进化，不同子系统进化的优先级是不同的，有的子系统进化得快，有的子系统进化得非常缓慢。每个子系统及子系统间的进化都存在着不均衡。系统中最先到达其极限的子系统将抑制整个系统的进化，系统的进化水平取决于该系统。系统越复杂，其各部分的发展就越不均衡。

利用子系统不均衡进化法则，可帮助我们发现工程系统中低理想度的子系统。改进那些不理想的子系统，或者使用较先进的子系统替代它们，则可以以最小成本来改进系统的性能参数。

③ 动态性和可控性进化法则。动态性进化法则是指工程系统在进化时，获得的自由度越来越多，呈现出越来越动态化的趋势。可控性进化法则指工程系统在进化时，获得的自由度虽然越来越多，但不能超出可控范围。

④ 子系统协调性进化法则。子系统协调性进化法则是指工程系统沿着各子系统之间，以及工程系统和超系统之间更协调的方向进化，会逐步与超系统、主要功能的对象，以及子系统之间相协调，以提高其性能。

⑤ 向微观级和场的应用进化法则。向微观级和场的应用进化法则是指在工程系统进化过程中，系统开始转向利用越来越高级别的物质和场，以获得更高的性能或控制性。一般主要通过系统微观化、增加离散度、转化到高效的场、增加场效率等路径实现。

⑥ 增加集成度再进行简化的进化法则。增加集成度再进行简化的进化法则是指技术系统趋向于首先向集成度增加的方向进化，紧接着再进行简化。如先增加集成系统功能的数量和质量，然后用更简单的系统提供相同或更好的性能来进行替代。一般通过四条路径实现，即增加集成度路径、简化路径、单-双-多路径、子系统分离路径。

⑦ 能量传递法则。每个技术系统都有一个能量传递系统，将能量从动力装置经传动装置传递到执行装置。能量传递法则是指能量在从能量源传递到执行装置的过程中能量损失最小、途经路径较短、能量转化的形式尽可能少。

⑧ 完备性进化法则。完备性进化法则是指一个工程系统要能够正常工作，必须具备四个功能模块，即执行机构、传动机构、能量源机构和控制机构。有些工程系统在进化的时候，会逐步获得这些机构，成为其工程系统的一部分。

11.2.7　功能导向搜索

功能导向搜索已经成为现代 TRIZ 理论中一个重要的解决问题的工具。它所搜索的是经过一般化处理过的功能化模型。对于功能的定义，在前面的功能分析部分已经有了非常详细的介绍。大多时候，虽然我们期望的搜索结果是某个功能的载体，其实，我们真正需要的却是它的功能。比如搜索一个灯泡，其实真正需要的是它的功能，也就是产生光。再比如，与其说需要一个吸尘器，不如说真正需要的是清除地面上的灰尘，也就是它的功能。

一般来说，我们运用关键词在搜索引擎中搜索时，很难突破我们所处的领域而将其他领域的解决方案搜索出来。究其原因，主要是我们在搜索的时候使用了术语。比如，化石复原，就会将我们限制在考古领域进行选择，找到并运用其他领域的解决方案的可能性就很小了。

为了解释一般化的功能，有以下几个例子。在半导体领域，有一种技术叫作蚀刻，也就是把半导体衬底表面很薄的一层材料去掉；在考古的时候，需要把文物表面的一些灰尘给去掉，让文物露出它的本来面貌；在医学领域，牙科医生需要将牙齿表面的牙结石去掉，也就是洗牙。虽然在不同的领域它们的术语都是不一样的，但是如果去除这些不同领域的术语，它们一般化的功能是相同的，即从物体表面去除微小的颗粒。

功能导向搜索的优点：在解决项目的问题的时候，往往会遇到这样一种尴尬的局面，即我们希望找一种全新的解决方案，但当全新的解决方案产生时，就出现一个很大的疑问——这种解决方案是否可行？因为我们关于解决方案的背景经验有限，不太清楚这种全新的解决方案是否容易实施，因而有很大的不确定性，实施起来的风险也比较大。但如果我们知道，这种全新的解决方案已经在其他领域有成熟的应用，那么我们就非常容易把这种解决方案移植到我们所研究的工程系统中，来解决我们的问题。也就是说，这个解决方案在我们所研究的领域里是全新的，但在其他领域中，该解决方案已经有相当成熟的应用经验。因此，在另外一个领域里，该方案并不是一个新的解决方案。如果把这个成熟的解决方案移植到我们的项目之中，就有可能解决项目中的问题，而且这个解决方案是低风险的、低成本的，因为在其他领域里，已经有相当丰富的运用经验了。这样，功能导向搜索就解决了一个矛盾，解决方案既是全新的，又是成熟的。

11.2.8 科学效应与知识库

TRIZ理论中，按照"从技术目标到实现方法"的方式组织效应库，发明者可根据TRIZ的分析工具决定需要实现的"技术目标"，然后选择需要的"实现方法"，即相应的科学效应。传统的科学效应多为按照其所属领域进行组织和划分，侧重于效应的内容、推导和属性的说明。由于发明者对自身领域之外的其他领域知识通常具有相当的局限性，造成了效应搜索的困难，因此TRIZ效应库的组织结构，便于发明者对效应的应用。

应用科学效应和现象的步骤如下。

第1步：明确问题。首先对系统进行分析，确定需要解决的问题。

第2步：确定功能。根据所要解决的问题，定义并确定解决该问题所要实现的功能。

第3步：查找功能代码。根据功能查找确定与此功能相对应的代码，此代码是F1~F30中的某一个。

第4步：查询科学效应库。查找此功能代码下TRIZ所推荐的科学效应和现象，获得TRIZ所推荐的科学效应和现象名称。

第5步：效应筛选。分析所查询到的每个科学效应和现象，择优选择适合解决本问题的科学效应和现象。

第6步：形成解决方案。查找优选出来的每个科学效应和现象的详细解释（参见TRIZ资料），将科学效应和现象应用于功能实现，并验证方案的可行性，形成最终的解决方案。如果问题没能得到解决或功能无法实现，请重新分析问题或查找合适的效应。

11.3 创新实例——基于TRIZ理论的高炉布袋除尘系统的创新设计

11.3.1 项目概述

（1）项目来源

如图11-14所示，利用布袋干法除尘技术处理高炉出铁过程中的烟气可实现减少污染、节约能源、节约水资源的目的，是钢铁企业追求循环经济和洁净生产的新路径。高炉出铁过程中除尘布袋的烧损一直是高炉炼铁工艺面临的一个重大难题。某钢铁公司长期受高炉出铁过程中布袋烧损问题的困扰，其每月都要进行布袋更换操作，这样不仅需要长时间的维修工作，而且还要消耗大量的物力和人力，还严重影响着高炉除尘的效果。

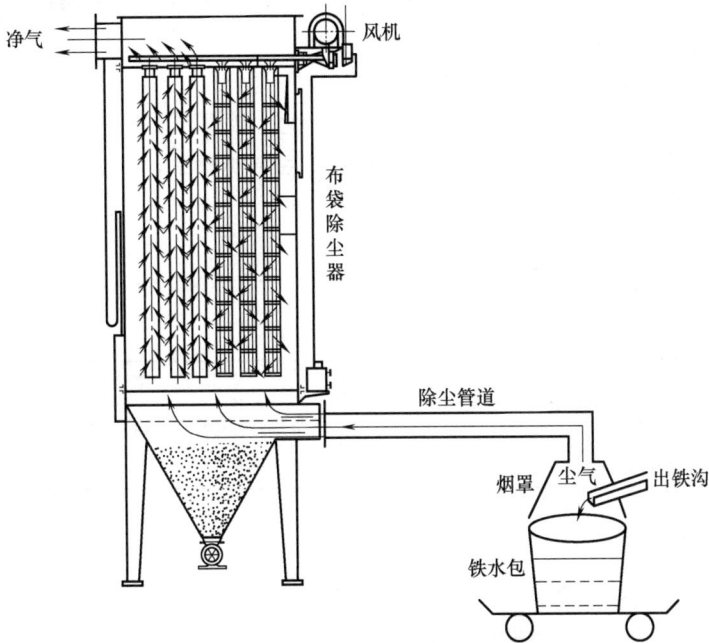

图 11-14　高炉出铁除尘过程示意图

除尘布袋烧损后，会严重影响除尘效果，烟气中的灰尘不经处理直接排放到大气中，造成严重污染。此外，除尘布袋的频繁烧损，还会增加高炉炼铁的成本。

（2）问题描述

高炉出铁时，烟尘随着风机的抽引通过除尘管道进入布袋除尘器，含尘煤气通过滤袋。但由于高炉出铁过程中易产生喷溅进而产生"铁花"，"铁花"伴随着烟尘进入除尘管道，随着除尘风机的抽引，来不及冷却的"铁花"与滤袋接触，造成烧损，从而影响除尘布袋的继续工作，必然引起除尘效果的下降。

11.3.2　发明问题初始形势分析

（1）系统的工作原理

高炉出铁时，将铁水包运至出铁沟沟头下方，然后打开烟罩，开启除尘风机，出铁过程中的烟尘随着风机的抽引通过除尘管道进入布袋除尘器含尘煤气通过滤袋，煤气中的尘粒附着在织孔和袋壁上，并逐渐形成灰膜，当煤气通过布袋和灰膜时得到净化。随着过滤的不断进行，灰膜增厚，阻力增加，达到一定数值时要进行反吹，抖落大部分灰膜使阻力降低，恢复正常的过滤。

（2）存在主要问题

当前系统存在的主要问题包括：高炉出铁时，其铁沟内铁水注入铁水包，在此过程中，铁水与铁水包接触会产生一定的冲击力，造成喷溅；当铁水包内存有铁水后，随着出铁的继续进行，在铁沟内的铁水对铁水包内的铁水有一定的冲击，使得铁水包的铁水产生运动，同样造成喷溅；当铁水包内壁有附着物时，铁水与其接触后，也会产生喷溅。铁水喷溅后会产生高温铁花（温度约为 550℃），随着除尘风机的抽引，其进入除尘布袋，使得滤袋（耐高温 350℃）烧损，影响除尘效果，增加炼铁成本。

（3）问题出现的条件和时间

当高炉向铁水包出铁时，由于铁沟与铁水包之间存在一定的高度差，铁流与铁水包接触就会出现铁水喷溅，当溅起的铁花被吸入除尘管道并且进入布袋除尘器后，未得到及时冷却即会造成布袋烧损。

（4）问题（或类似问题）解决方案及其缺点

烟罩位置加一挡尘筛装置，用于挡住喷溅产生的"铁花"，防止其进入除尘管道。

缺点：实践证明仍有部分铁花进入除尘布袋产生烧损现象，并且除尘效果一般。

11.3.3 系统分析

（1）功能分析

功能分析见表11-1。

表 11-1 功能分析

制品	烟尘（确切来讲是温度适宜的烟尘）
系统元件	铁水包、出铁沟、烟罩、除尘管道、布袋除尘器、除尘风机
超系统元件	高炉、电能

建立已有系统的功能模型（图11-15）。

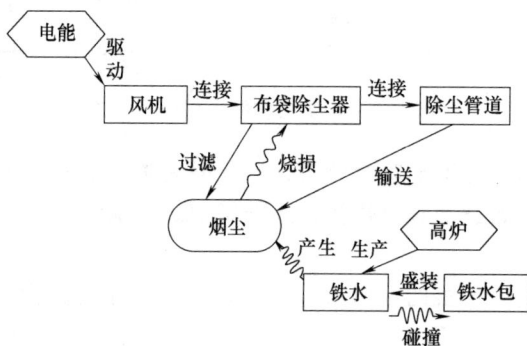

图 11-15 系统的整体功能分析图

（2）因果分析

应用因果链分析法确定产生问题的原因，如图11-16所示。

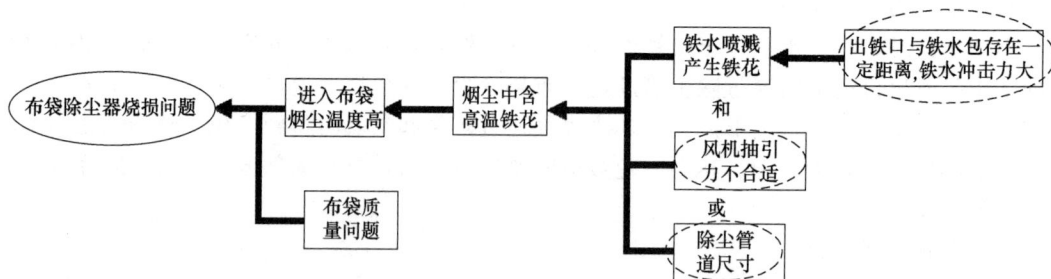

图 11-16 因果链分析法得出的问题原因

（3）冲突区域确定

问题关键点1：风机抽引位置（图11-17）。

问题关键点2：除尘管道长度（图11-18）

问题关键点3：铁水冲击喷溅（图11-19）。

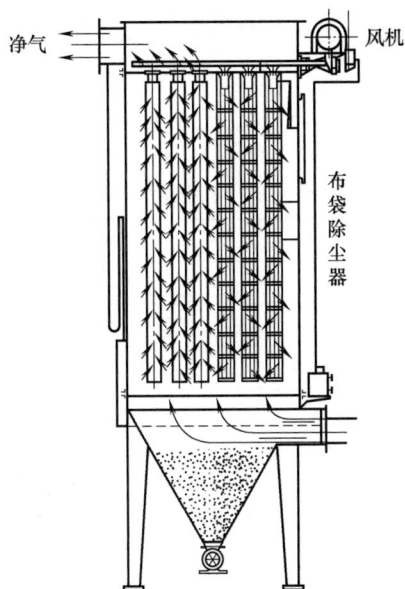

图 11-17　风机抽引位置

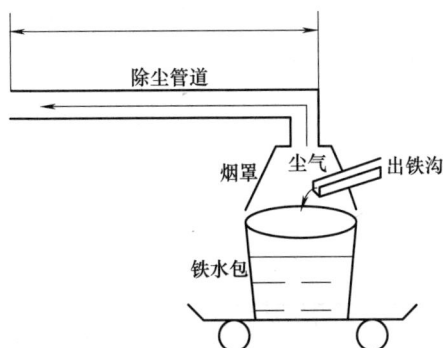

图 11-18　除尘管道长度

图 11-19　铁水冲击喷溅

11.3.4　TRIZ 工具

（1）理想解分析

最终理想解：高炉出铁过程中布袋除尘器不再烧损。

次理想解：延长高炉出铁过程中布袋除尘器烧损周期至 180 天。

分析过程：见表 11-2。

表 11-2　理想解分析过程

步骤	问题	答案
①	设计的最终目的是什么	延长高炉出铁过程中布袋除尘器烧损周期
②	理想解是什么	高炉出铁过程中布袋除尘器不再烧损
③	达到理想解的障碍是什么	布袋除尘器中有铁花存在
④	出现这种障碍的结果是什么	高温铁花烧损布袋除尘器,进一步影响除尘效果
⑤	不出现这种障碍的条件是什么	无铁水喷溅现象或者即便出现铁水喷溅后高温铁花不进入布袋除尘器
⑥	创造这些条件存在的可用资源是什么	在除尘管道中将高温铁花冷却或者铁水喷溅后铁花不进入除尘管道

依据理想解分析得到方案为：在除尘管道中将高温铁花冷却或者铁水喷溅后铁花不进入除尘管道。

（2）可用资源分析

可用资源分析见表 11-3。

表 11-3　可用资源分析

类别		资源名称	可用性分析
内部资源	物质资源	风机	变频风机(铁花多时减小抽引力)
		除尘管道	在管道上加装冷却功能
		布袋除尘器	使用耐高温布袋
		铁水包	在铁水包口安装吸收铁花的装置
	场资源	电能	改变风机抽引力
外部资源	物质资源	高温烟尘	防止铁花进入布袋,如进入及时冷却
		空气	向烟尘中兑入冷空气
	场资源	热能	
超系统资源	物质资源	冷却水	在除尘管道加装冷却水装置
		高炉	
	场资源	热能	

（3）问题求解

问题 1. 风机抽引力。

① 工具：冲突解决理论。

冲突解决过程：见表 11-4。

表 11-4　风机抽引力冲突解决过程

①冲突描述		为了改善系统的"铁花烧损布袋问题",需要减小风机抽引力,但会导致系统的除尘效果变差
②转换成 TRIZ 标准冲突	改善的参数	功率
	恶化的参数	可靠性(风机除尘效果变差)
③查找冲突矩阵,得到对应的发明原理	19、24、26、31	

方案一：依据发明原理 24（中介物-2），得到解：使一物体与另一容易去除物暂时结合。

方案描述：铁水喷溅产生铁花后进入除尘管道，铁花与管道暂时结合，铁花温度低于烧损温度时，脱落被布袋除尘器去除。除尘管道安装电磁铁和热电偶装置（图 11-20）。

方案二：依据发明原理 31（多孔材料-1），得到解：使物体多孔或增加多孔元素（通过插入、涂层等）。

方案描述：在除尘管道内引入易更换的多孔筛，用于阻挡高温铁花直接进入布袋除尘器（图 11-21）。

② 工具：冲突解决理论。

冲突解决过程：见表 11-5。

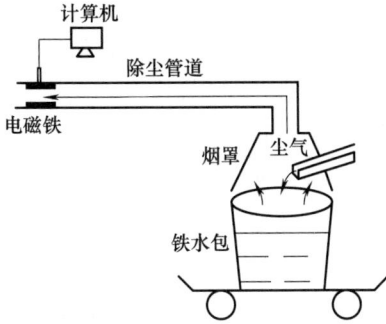

图 11-20　除尘管道安装电磁铁

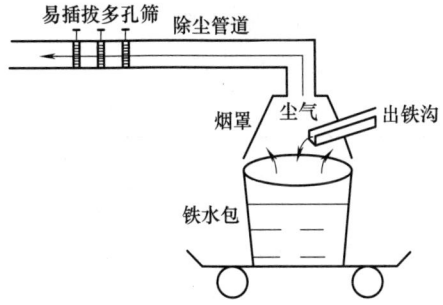

图 11-21　除尘管道安装多孔筛

表 11-5　冲突解决过程

①冲突描述	为了"改善高炉出铁过程中除尘布袋烧损问题",需要参数"风机抽引力"为"小",但又为了"改善除尘效果",需要参数"风机抽引力"为"大",即某个参数既要"小"又要"大"
②选用 4 条分离原理(空间分离、时间分离、基于条件的分离、整体与部分分离)当中的"基于条件的分离"原理,得到解决方案	基于条件的分离 TRIZ 原理 35 参数变化,改变除尘管道内烟尘温度

　　方案：将除尘管道外层用冷却水管道进行冷却（图 11-22）或者向除尘管道内吹入干燥的冷空气（图 11-23）以使其内部高温铁花迅速冷却。

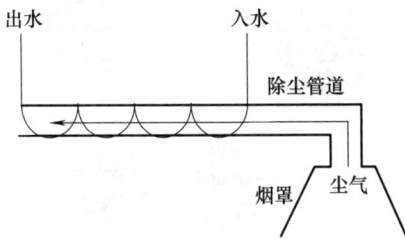

图 11-22　除尘管道引入冷却水

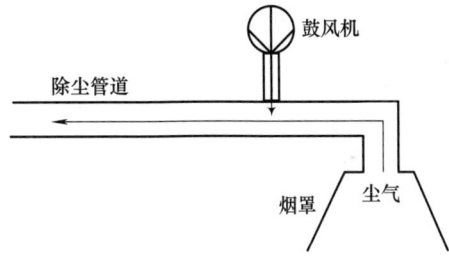

图 11-23　除尘管道鼓入冷空气

问题 2. 除尘管道长度。

工具：冲突解决理论。

冲突解决过程：见表 11-6。

表 11-6　除尘管道长度冲突解决过程

①冲突描述		为了改善系统的"铁花烧损布袋问题",需要延长除尘管道长度,但会导致系统的除尘管道结构的稳定性变差
②转换成 TRIZ 标准冲突	改善的参数	静止物体的长度
	恶化的参数	结构的稳定性
③查找冲突矩阵,得到对应的发明原理		39、37、35

　　方案：依据发明原理 35（参数变化-4），得到解：改变物体的温度。

　　方案描述：将除尘管道外层用冷却水管道进行冷却或者向除尘管道内吹入干燥的冷空气以使其内部高温铁花迅速冷却。

问题 3. 铁水冲击喷溅。

① 工具：冲突解决理论。

冲突解决过程：见表 11-7。

表 11-7 铁水冲击喷溅冲突解决过程（1）

①冲突描述	为了改善系统的"铁水冲击喷溅问题"，需要减小铁水包与出铁口的距离（减少铁水与铁水包的接触时间），但会导致系统的复杂性增加	
②转换成 TRIZ 标准冲突	改善的参数	运动物体作用时间
	恶化的参数	装置的复杂性
③查找冲突矩阵，得到对应的发明原理	10、4、29、15	

图 11-24 铁水包引入液态合成渣

方案：依据发明原理 29，得到解：气动与液压结构将物体的固体部分用气体或流体代替（如利用气垫、液体静压、流体动压产生缓冲功能）。

方案描述：在铁水包底部预先加入部分液态合成渣（图 11-24），用以降低铁水和铁水包之间的冲击力，从而最大程度地抑制铁水喷溅而产生高温铁花。

② 工具：物质-场分析及 76 个标准解。

冲突解决过程：见表 11-8。

表 11-8 铁水冲击喷溅冲突解决过程（2）

① 建立问题的物质-场模型	物质-场模型
②根据所建问题的物质-场模型，应用标准解解决流程，得到标准解为：TRIZ 原理 11 有害作用是由一个场引起的，需要引入要素 S3 吸收有害效应	
③依据选定的标准解，得到问题的解决方案	

方案：依据 TRIZ 原理 11 标准解，得到问题的解如下：在含铁花烟尘进入布袋除尘器前的位置安装磁铁装置，吸收烟尘中的高温铁花，见图 11-25。

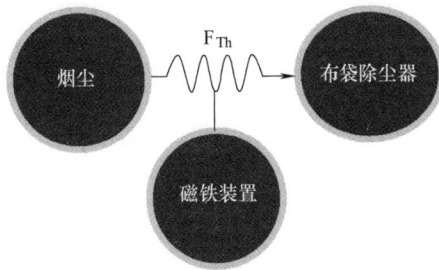

图 11-25　改进后的物质-场模型

③ 工具：效应。

冲突解决过程：见表 11-9。

表 11-9　铁水冲击喷溅冲突解决过程（3）

①确定问题要实现的功能为："Remove Solid(去除固体)"
②查找效应知识库,得到可用的效应为"Magnetism(磁性,吸引力)",依据该效应得到问题的解决方案

方案：

查找效应知识库，依据"Magnetism（磁性，吸引力）"效应，得到解：在含铁花烟尘进入布袋除尘器前的位置安装磁铁装置，吸收烟尘中的高温铁花，如图 11-20 所示。

④ 工具：物质-场分析及 76 个标准解。

冲突解决过程：见表 11-10。

表 11-10　铁水冲击喷溅冲突解决过程（4）

①建立问题的物质-场模型	

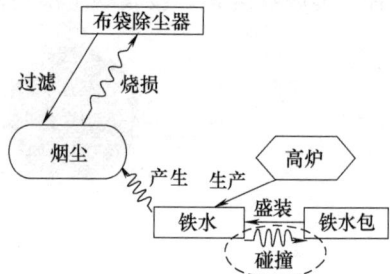

②根据所建问题的物质-场模型,应用标准解解决流程,得到标准解为:TRIZ 原理 11 有害作用是由一个场引起的,需要引入要素 S3 吸收有害效应

③依据选定的标准解,得到问题的解决方案

方案:

依据 TRIZ 原理 11 标准解,得到问题的解:在铁水包底部位置安装阻尼装置,用于减轻铁水与铁水包的冲击碰撞产生铁花,见图 11-26。

⑤ 工具:效应。

冲突解决过程:见表 11-11。

表 11-11 铁水冲击喷溅冲突解决过程 (5)

①确定问题要实现的功能为"Decrease Force(减少力度)"

②查找效应知识库,得到可用的效应为"Damping(阻尼,衰减)",依据该效应得到问题的解决方案

方案:

查找效应知识库,依据"Damping(阻尼衰减)"效应,得到解:在铁水包底部位置安装阻尼装置,用于减轻铁水与铁水包的冲击碰撞产生铁花,见图 11-27。

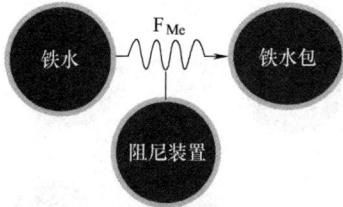

图 11-26 改进后的物质-场模型

图 11-27 铁水包引入阻尼物

11.3.5 全部技术方案及评价

(1) 根据 TRIZ 理论对以上方案进行可用性评估,见表 11-12。

表 11-12 可用性评估

序号	方案	所用创新原理	可用性评估
1	铁水喷溅产生铁花后进入除尘管道,铁花与管道暂时结合;铁花温度低于烧损温度时,脱落被布袋除尘器去除(除尘管道安装电磁铁和热电偶装置)	发明原理 24	可用
2	在除尘管道内引入易插拔的多孔筛,用于阻挡高温铁花直接进入布袋除尘器	发明原理 15	可用

序号	方案	所用创新原理	可用性评估
3	将除尘管道外层用冷却水管道进行冷却使其内部高温铁花迅速冷却	发明原理 35	可用
4	向除尘管道内吹入干燥的冷空气以使其内高温铁花迅速冷却		可用
5	在铁水包底部预先加入部分液态合成渣，用以降低铁水和铁水包之间的冲击力，从而最大程度地抑制铁水喷溅而产生高温铁花	发明原理 29	可用小
6	在含铁花烟尘进入布袋除尘器前的位置安装磁铁装置，吸收烟尘中的高温铁花	TRIZ 原理 11 有害作用是由一个场引起的，需要引入要素 S3 吸收有害效应	可用
7	在铁水包底部位置安装阻尼装置，用于减轻铁水与铁水包的冲击碰撞从而抑制铁花产生		可用

（2）依据得到的若干创新解，通过评价，确定最优解

① 在含铁花烟尘进入布袋除尘器前的位置安装磁铁装置，吸收烟尘中的高温铁花；

② 在除尘管道内引入易插拔的多孔筛，用于阻挡高温铁花直接进入布袋除尘器；

③ 将除尘管道外层用冷却水管道进行冷却或向除尘管道内吹入干燥的冷空气使其内部高温铁花迅速冷却；

④ 在铁水包底部位置安装阻尼装置，用于减轻铁水与铁水包的冲击碰撞从而抑制铁花产生。

（3）专利预案

① 一种可用于去除高温铁花的电磁铁吸附装置；

② 一种可用于去除高温铁花的多孔筛装置；

③ 一种向除尘管道内吹入干燥冷空气的装置；

④ 一种底部设置阻尼物的铁水包装置。

11.3.6　最终确定方案

如图 11-28 所示，出铁前在铁水包底部预先加入部分液态合成渣，同时除尘管道上设置水冷烟道、火粒捕集器、强制吹风冷却器和多孔筛。

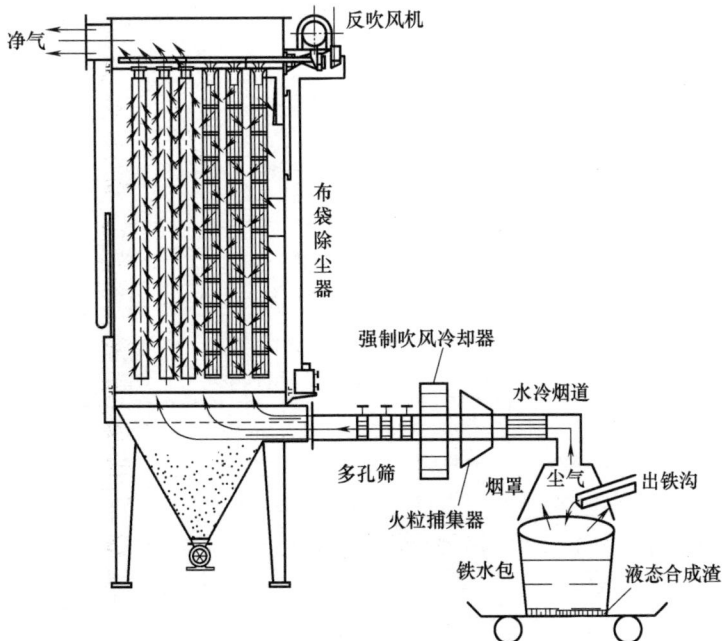

图 11-28　最优方案示意图

故事汇

我国 17 世纪的力学家王征

王征（1572—1644 年），字良甫，陕西泾阳县人。他少年好学，明万历二十二年（1594年）中举人，但是他没去做官，而是住在乡间，一面耕作，一面利用力学原理设计和制造了许多具有实用价值的简单机械。王征就这样在乡间度过了 18 个年头，到了明朝天启二年（1622 年），他考中了进士。此后他向朝廷建议采用他自己设计的兵器。在他的一生中，有不少机械学、力学方面的成就。

在他编著的《新制诸器图说》中，介绍了虹吸、鹤饮、自行磨、自行车、轮壶、代耕架等数种机械的构造原理。他的目的，就是要寻找一种动力，部分或全部地代替人力和畜力，以减轻人、畜的劳动强度。当西方传教士不断进入我国时，他很注意吸收外国的科学知识。他曾于天启元年冬在北京会见了西方传教士邓玉函等三人。这些人从西方带来七千余部图书，其中有一部介绍"奇器"，即力学和简单机械，后由邓玉函和王征共同翻译成中文版本。他们把此书命名为《远西奇器图说录最》。全书分为重解、器解、力解三卷，主要内容是讲一些机械的力学原理及其应用。

王征是我国 17 世纪卓越的力学家和机械学家，他运用力学原理设计和制造了不少有实用价值的简单机械，而且大胆冲破当时封建统治思想的束缚，关心科学技术的传播。他说："学，原不问精粗，总期有济于世人；亦不问中西，总期不违于天。"也就是把"有益于民生日用、国家兴作"的"技艺"予以研究与发展。

综合练习题

第1章　绪论练习题

一、选择

1. 机器与机构的主要区别是（　　　）。

(A) 机器的运动较复杂

(B) 机器的结构较复杂

(C) 机器能完成有用的机械功或机械能

(D) 机器能变换运动形式

2. 下列五种实物：①车床；②游标卡尺；③洗衣机；④齿轮减速器；⑤机械式钟表。其中（　　）是机器。

(A) ①和②　　　　(B) ①和③　　　　(C) ①、②和③　　　　(D) ④和⑤

3. 下列实物：①台虎钳；②百分表；③水泵；④台钻；⑤牛头刨床工作台升降装置。其中（　　）是机构。

(A) ①、②和③　　(B) ①、②和⑤　　(C) ①、②、③和④　(D) ③、④和⑤

4. 下列实物：①螺钉；②起重吊钩；③螺母；④键；⑤缝纫机脚踏板。其中（　　）属于通用零件。

(A) ①、②和⑤　　(B) ①、②和④　　(C) ①、③和④　　　(D) ①、④和⑤

5. 构件之间具有（　　）的相对运动，并能完成有用的机械功或实现能量转换的构件的组合，叫机器。

(A) 一定　　　　　(B) 确定　　　　　(C) 多种　　　　　　(D) 不同

6. 构件是机器的（　　）单元。零件是机器的（　　）单元。

(A) 运动、制造　　(B) 工作、运动　　(C) 工作、制造　　　(D) 制造、运动

7. 从运动的角度看，机构的主要功用在于传递运动或（　　）。

(A) 做功　　　(B) 转换能量的形式(C) 转换运动的形式 (D) 改变力的形式

8. 组成机构并且相互间能（　　）的物体，叫作构件。

(A) 做功　　　　　(B) 作用　　　　　(C) 做绝对运动　　　(D) 做相对运动

9. 机器或机构的（　　）之间，具有确定的相对运动。

(A) 构件　　　　　(B) 零件　　　　　(C) 器件　　　　　　(D) 组件

10. 机器或机构，都是由（　　）组合而成的。

(A) 构件　　　　　(B) 零件　　　　　(C) 器件　　　　　　(D) 组件

二、填空

11. 机器或机构，都是由_____组合而成的。

12. 机器或机构的_____之间，具有确定的相对运动。

13. 机器可以用来_____人的劳动，完成有用的_____。

14. 组成机构，并且相互间能做_____的物体，叫作构件。

15. 从运动的角度看，机构的主要功用在于_____运动或_____运动的形式。

16. 构件之间具有_____的相对运动，并能完成_____的机械功或实现能量转换的组合，叫机器。

17. 机械是_____和_____的总称。

三、问答

18. 什么是通用零件？什么是专用零件？各举两个实例。

19. 机器与机构有什么异同点？

20. 什么叫构件？什么叫零件？

第2章 平面机构运动简图及自由度练习题

一、选择

21. 两个构件直接接触而形成的（   ），称为运动副。

（A）活动连接　　　　（B）连接　　　　　　（C）接触　　　　　　（D）无连接

22. 机构具有确定运动的条件是（   ）。

（A）自由度数目＞原动件数目　　　　　　（B）自由度数目＜原动件数目

（C）自由度数目＝原动件数目　　　　　　（D）前三个全不是

23. 运动副是指能使两构件之间既保持（   ）接触，又能产生一定形式相对运动的（   ）。

（A）间接、机械连接　　　　　　　　　（B）不、物理连接

（C）直接、几何连接　　　　　　　　　（D）相对、连接

24. 由于组成运动副中两构件之间的（   ）不同，运动副分为高副和低副。

（A）连接形式　　　（B）几何形状　　　（C）物理特性　　　（D）接触形式

25. 运动副的两构件之间，接触形式有（   ）接触、（   ）接触和（   ）接触三种。

（A）点、线、面　　　　　　　　　　（B）相对、直接、间接

（C）平面、曲面、空间　　　　　　　　（D）滑动、滚动、滑滚

26. 两构件之间作（   ）接触的运动副，叫低副。

（A）点　　　　　　（B）线　　　　　　（C）面　　　　　　（D）空间

27. 两构件之间作（   ）或（   ）接触的运动副，叫高副。

（A）平面、空间　　　（B）平面、曲面　　　（C）曲面、空间　　　（D）点、线

28. 回转副的两构件之间，在接触处只允许（   ）孔的轴心线做（   ）。

（A）绕、相对转动　（B）沿、相对转动　（C）绕、相对移动　（D）沿、相对移动

29. 移动副的两构件之间，在接触处只允许按（   ）方向做相对移动。

（A）水平　　　　　（B）给定　　　　　（C）垂直　　　　　（D）轴向

30. 带动其他构件（   ）的构件，叫原动件。

（A）转动　　　　　（B）移动　　　　　（C）运动　　　　　（D）回转运动

31. 在原动件的带动下，做（   ）运动的构件，叫从动件。

（A）相对　　　　　（B）绝对　　　　　（C）机械　　　　　（D）确定

32. 低副的特点：制造和维修（   ），单位面积压力（   ），承载能力（   ）。

（A）容易、小、大　　　　　　　　　　（B）不容易、小、大

(C) 不容易、大、小　　　　　　　　　　　(D) 容易、大、小

33. 低副的特点：由于是（　　）摩擦，摩擦损失（　　），效率（　　）。

(A) 滚动、大、高　　　　　　　　　　　　(B) 滑动、大、低

(C) 滚动、小、低　　　　　　　　　　　　(D) 容易、小、高

34. 暖水杯螺旋瓶盖的旋紧或旋开，是低副中的（　　）副在接触处的复合运动。

(A) 移动　　　　　(B) 回转　　　　　(C) 螺旋　　　　　(D) 往复

35. 房门的开关运动，是（　　）副在接触处所允许的相对转动。

(A) 移动　　　　　(B) 回转　　　　　(C) 螺旋　　　　　(D) 往复

36. 抽屉的拉出或推进运动，是（　　）副在接触处所允许的相对移动。

(A) 移动　　　　　(B) 回转　　　　　(C) 螺旋　　　　　(D) 往复

37. 火车车轮在铁轨上的滚动，属于（　　）副。

(A) 移动　　　　　(B) 回转　　　　　(C) 高　　　　　(D) 低

38. 如题 38 图所示两构件构成的运动副为（　　）。

(A) 高副　　　　　(B) 低副

39. 如题 39 图所示，图中 A 点处形成的转动副数为（　　）个。

(A) 1　　　　　(B) 2　　　　　(C) 3

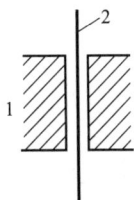

题 38 图

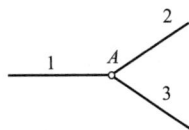

题 39 图

40. 机构具有确定运动的条件是：原动件的数目等于（　　）的数目。

(A) 1　　　　　(B) 从动件　　　　　(C) 运动副　　　　　(D) 机构自由度

41. 所谓运动副是指（　　）。

(A) 两构件通过接触构成的活动连接

(B) 两构件在非接触条件下构成的活动连接

(C) 两构件在接触条件下构成的连接

(D) 两构件在非接触条件下构成的连接

42. 两构件组成平面转动副时，则运动副使构件间丧失了（　　）的独立运动。

(A) 两个移动　　　　　(B) 两个转动　　　　　(C) 一个移动和一个转动

43. 若机构具有确定的运动，则其自由度（　　）原动件数。

(A) 大于　　　　　(B) 小于　　　　　(C) 等于

44. 在平面中，两构件都自由时有（　　）个相对自由度；当它们通过面接触形成运动副时留有（　　）个相对自由度。

(A) 1　　　　　(B) 2　　　　　(C) 3　　　　　(D) 6

45. 要使机构具有确定的相对运动，其条件是（　　）。

(A) 机构的自由度为 1　　　　　　　　　(B) 机构的自由度比原动件多 1

(C) 机构的自由度大于 0　　　　　　　　(D) 机构的自由度数等于原动件数

46. 两构件在几处相配合而构成转动副，在各配合处两构件相对转动的轴线（　　）时，将引入虚约束。

(A) 交叉   (B) 重合   (C) 相平行   (D) 不重合

(E) 成直角   (F) 成锐角

47. 两个构件在多处接触构成移动副，各接触处两构件相对移动的方向（   ）时，将引入虚约束。

(A) 相同、相平行   (B) 不重叠   (C) 相反   (D) 交叉

48. 下面各题基于题 48 图中运动机构。

(1) 机构的局部自由度数为（   ）。

(A) 0   (B) 1

(C) 2   (D) 3

(2) 机构的复合铰链数为（   ）。

(A) 0   (B) 1

(C) 2   (D) 3

(3) 机构的虚约束数为（   ）。

(A) 0   (B) 1

(C) 2   (D) 3

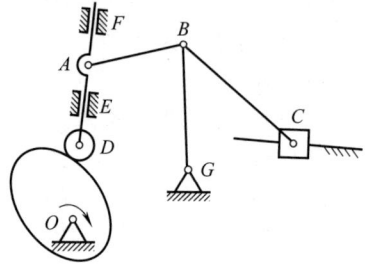

题 48 图

(4) 机构的活动构件数为（   ）。

(A) 5   (B) 6   (C) 7   (D) 8

(5) 机构的低副数为（   ）。

(A) 7   (B) 8   (C) 9   (D) 10

(6) 机构的高副数为（   ）。

(A) 0   (B) 1   (C) 2   (D) 3

(7) 机构的自由度数为（   ）。

(A) 0   (B) 1   (C) 2   (D) 3

49. 题 49 图的运动机构中箭头所示为原动件。

(1) 机构的高副数是（   ）。

(A) 2   (B) 3

(C) 4   (D) 5

(2) 机构有（   ）个复合铰链。

(A) 0   (B) 1

(C) 2   (D) 3

(3) 机构的局部自由度数为（   ）。

(A) 0   (B) 1

(C) 2   (D) 2

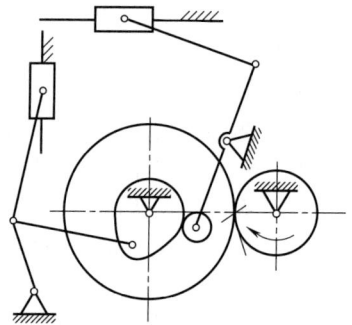

题 49 图

(4) 机构的虚约束数为（   ）。

(A) 0   (B) 1   (C) 2   (D) 3

(5) 机构的低副数是（   ）。

(A) 11   (B) 12   (C) 13   (D) 14

(6) 机构的活动杆件数是（   ）。

(A) 7   (B) 8   (C) 9   (D) 10

(7) 机构的自由度数为（   ）。

(A) 0   (B) 1   (C) 2   (D) 2

50. 题 50 图的运动机构中箭头所示为原动件。

(1) 机构中有（　　）个局部自由度。

(A) 0 　　　　　(B) 1

(C) 2 　　　　　(D) 3

(2) 机构中有（　　）个虚约束。

(A) 0 　　　　　(B) 1

(C) 2 　　　　　(D) 3

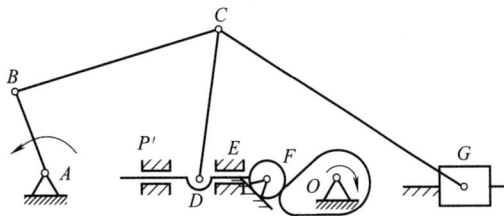

题 50 图

(3) 机构中有（　　）个复合铰链。

(A) 0 　　　　　(B) 1

(C) 2 　　　　　(D) 3

(4) 机构有（　　）个活动杆件。

(A) 5 　　　(B) 6 　　　(C) 7 　　　(D) 8

(5) 机构有（　　）个低副。

(A) 7 　　　(B) 8 　　　(C) 9 　　　(D) 10

(6) 机构有（　　）个高副。

(A) 1 　　　(B) 2 　　　(C) 3 　　　(D) 4

(7) 机构的自由度数为（　　）。

(A) 0 　　　(B) 1 　　　(C) 2 　　　(D) 3

51. 下面各题基于题 51 图中运动机构。

(1) 机构的局部自由度数为（　　）。

(A) 0 　　　　　(B) 1

(C) 2 　　　　　(D) 3

(2) 机构的复合铰链数为（　　）。

(A) 0 　　　　　(B) 1

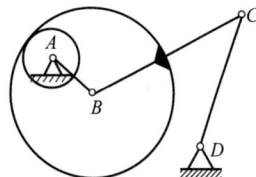

题 51 图

(C) 2 　　　　　(D) 3

(3) 机构的虚约束数为（　　）。

(A) 0 　　　(B) 1 　　　(C) 2 　　　(D) 3

(4) 机构的活动构件数为（　　）。

(A) 3 　　　(B) 4 　　　(C) 5 　　　(D) 6

(5) 机构有（　　）个低副。

(A) 3 　　　(B) 4 　　　(C) 5 　　　(D) 6

(6) 机构有（　　）个高副。

(A) 0 　　　(B) 1 　　　(C) 2 　　　(D) 3

(7) 机构的自由度数为（　　）。

(A) 0 　　　(B) 1 　　　(C) 2 　　　(D) 3

52. 下面各题基于题 52 图中运动机构。

(1) 机构的局部自由度数为（　　）。

(A) 0 　　　　　(B) 1

(C) 2 　　　　　(D) 3

(2) 机构的复合铰链数为（　　）。

(A) 0 　　　　　(B) 1

(C) 2 　　　　　(D) 3

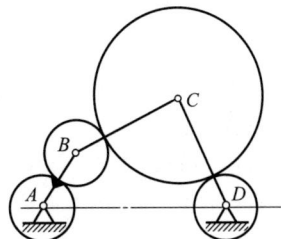

题 52 图

(3) 机构的虚约束数为（　　）。

(A) 0　　　　　　(B) 1　　　　　　(C) 2　　　　　　(D) 3

(4) 机构的活动构件数为（　　）。

(A) 3　　　　　　(B) 4　　　　　　(C) 5　　　　　　(D) 6

(5) 机构有（　　）个低副。

(A) 5　　　　　　(B) 6　　　　　　(C) 7　　　　　　(D) 8

(6) 机构有（　　）个高副。

(A) 0　　　　　　(B) 1　　　　　　(C) 2　　　　　　(D) 3

(7) 机构的自由度数为（　　）。

(A) 0　　　　　　(B) 1　　　　　　(C) 2　　　　　　(D) 3

53. 下面各题基于题 53 图中运动机构。

(1) 机构有（　　）个局部自由度。

(A) 0　　　　　　(B) 1

(C) 2　　　　　　(D) 3

(2) 机构有（　　）个虚约束。

(A) 0　　　　　　(B) 1

(C) 2　　　　　　(D) 3

(3) 机构有（　　）个复合铰链。

(A) 0　　　　　　(B) 1

(C) 2　　　　　　(D) 3

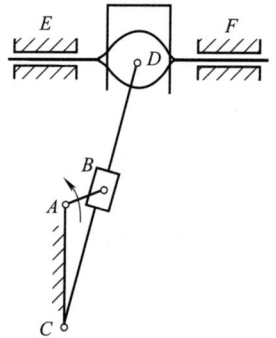

题 53 图

(4) 机构有（　　）个活动杆件。

(A) 3　　　　　　(B) 4　　　　　　(C) 5　　　　　　(D) 6

(5) 机构有（　　）个低副。

(A) 5　　　　　　(B) 6　　　　　　(C) 7　　　　　　(D) 8

(6) 机构有（　　）个高副。

(A) 1　　　　　　(B) 2　　　　　　(C) 3　　　　　　(D) 4

(7) 机构的自由度数为（　　）。

(A) 0　　　　　　(B) 1　　　　　　(C) 2　　　　　　(D) 3

54. 下面各题基于题 54 图中运动机构。

(1) 机构有（　　）个局部自由度。

(A) 0　　　　　　(B) 1

(C) 2　　　　　　(D) 3

(2) 机构有（　　）个虚约束。

(A) 0　　　　　　(B) 1

(C) 2　　　　　　(D) 3

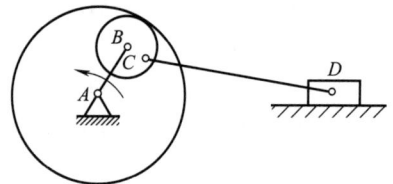

题 54 图

(3) 机构有（　　）个复合铰链。

(A) 0　　　　　　(B) 1　　　　　　(C) 2　　　　　　(D) 3

(4) 机构有（　　）个活动杆件。

(A) 5　　　　　　(B) 6　　　　　　(C) 7　　　　　　(D) 8

(5) 机构有（　　）个低副。

(A) 5　　　　　　(B) 6　　　　　　(C) 7　　　　　　(D) 8

(6) 机构有（　　）个高副。

(A) 1　　　　　　(B) 2　　　　　　(C) 3　　　　　　(D) 4

(7) 机构的自由度数为（　　）。

(A) 0　　　　　　（B) 1　　　　　（C) 2　　　　　　（D) 3

55. 下面各题基于题 55 图中运动机构。

(1) 机构有（　　）个局部自由度。

(A) 0　　　　　　（B) 1

(C) 2　　　　　　（D) 3

(2) 机构有（　　）个虚约束。

(A) 0　　　　　　（B) 1

(C) 2　　　　　　（D) 3

(3) 机构有（　　）个复合铰链。

(A) 0　　　　　　（B) 1

(C) 2　　　　　　（D) 3

(4) 机构有（　　）个活动杆件。

(A) 8　　　　　　（B) 9　　　　　（C) 10　　　　　（D) 11

(5) 机构有（　　）个低副。

(A) 8　　　　　　（B) 9　　　　　（C) 10　　　　　（D) 11

(6) 机构有（　　）个高副。

(A) 1　　　　　　（B) 2　　　　　（C) 3　　　　　　（D) 4

(7) 机构的自由度数为（　　）。

(A) 0　　　　　　（B) 1　　　　　（C) 2　　　　　　（D) 3

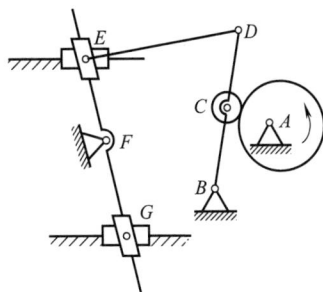

题 55 图

56. 下面各题基于题 56 图中运动机构。

(1) 机构有（　　）个局部自由度。

(A) 0　　　　　　（B) 1

(C) 2　　　　　　（D) 3

(2) 机构有（　　）个虚约束。

(A) 0　　　　　　（B) 1

(C) 2　　　　　　（D) 3

(3) 机构有（　　）个复合铰链。

(A) 0　　　　　　（B) 1

(C) 2　　　　　　（D) 3

(4) 机构有（　　）个活动杆件。

(A) 8　　　　　　（B) 9　　　　　（C) 10　　　　　（D) 11

(5) 机构有（　　）个低副。

(A) 8　　　　　　（B) 9　　　　　（C) 10　　　　　（D) 11

(6) 机构有（　　）个高副。

(A) 1　　　　　　（B) 2　　　　　（C) 3　　　　　　（D) 4

(7) 机构的自由度数为（　　）。

(A) 0　　　　　　（B) 1　　　　　（C) 2　　　　　　（D) 3

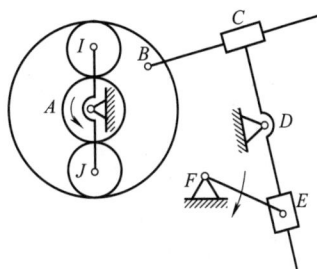

题 56 图

57. 下面各题基于题 57 图中运动机构。

(1) 机构有（　　）个局部自由度。

(A) 0　　　　　　（B) 1　　　　　（C) 2　　　　　　（D) 3

(2) 机构有（　　）个虚约束。

(A) 0 　　　　　(B) 1

(C) 2 　　　　　(D) 3

(3) 机构有（　　）个复合铰链。

(A) 0 　　　　　(B) 1

(C) 2 　　　　　(D) 3

(4) 机构有（　　）个活动杆件。

(A) 6 　　　　　(B) 7

(C) 8 　　　　　(D) 9

(5) 机构有（　　）个低副。

(A) 5 　　　(B) 6 　　　(C) 7 　　　(D) 8

(6) 机构有（　　）个高副。

(A) 1 　　　(B) 2 　　　(C) 3 　　　(D) 4

(7) 机构的自由度数为（　　）。

(A) 0 　　　(B) 1 　　　(C) 2 　　　(D) 3

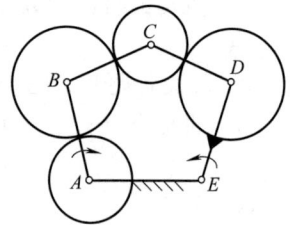

题 57 图

58. 下面各题基于题 58 图中运动机构。

(1) 机构有（　　）个局部自由度。

(A) 0 　　　　　(B) 1

(C) 2 　　　　　(D) 3

(2) 机构有（　　）个虚约束。

(A) 0 　　　　　(B) 1

(C) 2 　　　　　(D) 3

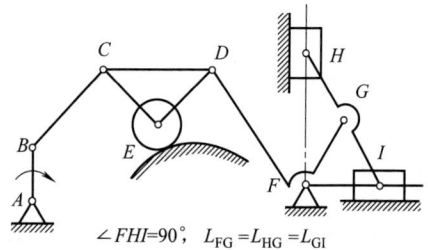

$\angle FHI = 90°$，$L_{FG} = L_{HG} = L_{GI}$

题 58 图

(3) 机构有（　　）个复合铰链。

(A) 0 　　　　　(B) 1

(C) 2 　　　　　(D) 3

(4) 机构有（　　）个活动杆件。

(A) 6 　　　(B) 7 　　　(C) 8 　　　(D) 9

(5) 机构有（　　）个低副。

(A) 5 　　　(B) 6 　　　(C) 7 　　　(D) 8

(6) 机构有（　　）个高副。

(A) 1 　　　(B) 2 　　　(C) 3 　　　(D) 4

(7) 机构的自由度数为（　　）。

(A) 0 　　　(B) 1 　　　(C) 2 　　　(D) 3

59. 下面各题基于题 59 图中运动机构。

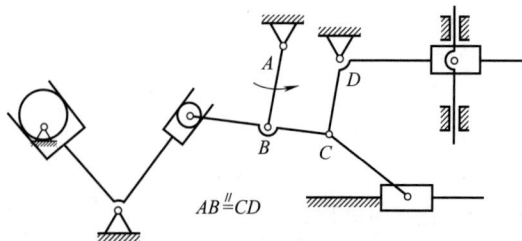

$AB \overset{\parallel}{=} CD$

题 59 图

(1) 机构有（　　）个局部自由度。

（A）0 　　　（B）1 　　　（C）2 　　　（D）3

（2）机构有（　　）个虚约束。

（A）0 　　　（B）1 　　　（C）2 　　　（D）3

（3）机构有（　　）个复合铰链。

（A）0 　　　（B）1 　　　（C）2 　　　（D）3

（4）机构有（　　）个活动杆件。

（A）7 　　　（B）8 　　　（C）9 　　　（D）10

（5）机构有（　　）个低副。

（A）10 　　　（B）11 　　　（C）12 　　　（D）13

（6）机构有（　　）个高副。

（A）1 　　　（B）2 　　　（C）3 　　　（D）4

（7）机构的自由度数为（　　）。

（A）0 　　　（B）1 　　　（C）2 　　　（D）3

二、填空

60. 运动副是指能使两构件之间既保持_____接触，又能产生一定形式相对运动的_____。

61. 由于组成运动副中两构件之间的_____形式不同，运动副分为高副和低副。

62. 运动副的两构件之间，接触形式有_____接触、_____接触和_____接触三种。

63. 两构件之间做_____接触的运动副，叫低副。

64. 两构件之间做_____或_____接触的运动副，叫高副。

65. 回转副的两构件之间，在接触处只允许_____孔的轴心线做相对转动。

66. 移动副的两构件之间，在接触处只允许按_____方向做相对移动。

67. 带动其他构件_____的构件，叫原动件。

68. 在原动件的带动下，做_____运动的构件，叫从动件。

69. 低副的优点：制造和维修_____，单位面积压力_____，承载能力_____。

70. 低副的缺点：由于是_____摩擦，摩擦损失比_____大，效率_____。

71. 暖水瓶螺旋瓶盖的旋紧或旋开，是低副中的_____副在接触处的复合运动。

72. 房门的开关运动，是_____副在接触处所允许的相对转动。

73. 抽屉的拉出或推进运动，是_____副在接触处所允许的相对移动。

74. 火车车轮在铁轨上的滚动，属于_____副。

75. 平面高副的约束数为_____，自由度为_____。

76. 机构具有确定运动的条件为_____。

77. 虚约束是指_____。

三、判断

78. 凡两构件直接接触，而又相互连接的都叫运动副。　　　　（　　）

79. 运动副是连接，连接也是运动副。　　　　（　　）

80. 运动副的作用是用来限制或约束构件的自由运动的。　　　　（　　）

81. 两构件通过内表面和外表面直接接触而组成的低副，都是回转副。　　　　（　　）

82. 组成移动副的两构件之间的接触形式，只有平面接触。　　　　（　　）

83. 两构件通过内、外表面接触，可以组成回转副，也可以组成移动副。　　　　（　　）

84. 运动副中，两构件连接形式有点、线和面三种。 （　　）

85. 由于两构件间的连接形式不同，运动副分为低副和高副。 （　　）

86. 点或线接触的运动副称为低副。 （　　）

87. 面接触的运动副称为低副。 （　　）

88. 若机构的自由度数为 2，那么该机构共需 2 个原动件。 （　　）

89. 机构的自由度数应小于原动件数，否则机构不能成立。 （　　）

90. 机构的自由度数应等于原动件数，否则机构不能成立。 （　　）

四、问答

91. 什么是运动副、低副、高副？试各举一个例子。平面机构中若引入一个高副将带入几个约束？若引入一个低副将带入几个约束？

92. 机构具有确定运动的条件是什么？如果不能满足这一条件，将产生什么结果？

93. 计算平面自由度时，应注意什么问题？

五、计算

94. 试计算题 94 图中齿轮-连杆组合机构的自由度。

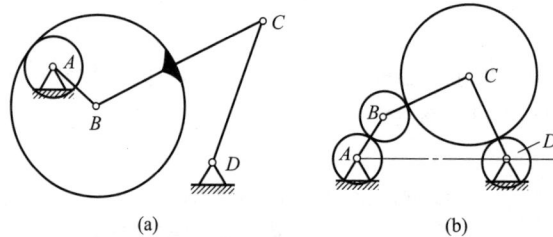

(a)　　　　　　　　　(b)

题 94 图

95. 试计算题 95 图中凸轮-连杆组合机构的自由度。图（a）中铰接在凸轮上 D 处的滚子可在 CE 杆上的曲线槽中滚动；图（B）中在 D 处为铰接在一起的两个滑块。

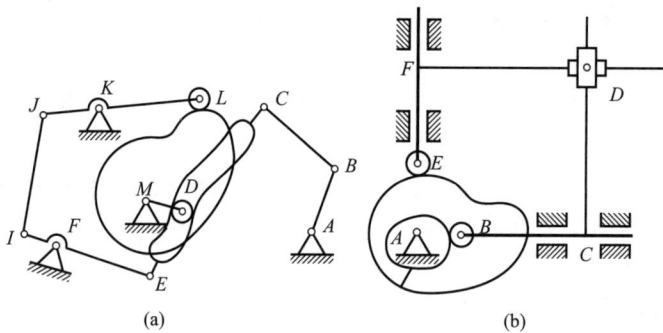

(a)　　　　　　　　　(b)

题 95 图

第 3 章　常用机构练习题

一、选择

96. 当曲柄摇杆机构的摇杆带动曲柄运动时，曲柄在死点位置的瞬时运动方向是（　　）。

（A）按原运动方向　　　　　　　　　（B）反方向

（C）不定的　　　　　　　　　　　　（D）垂直于原运动方向

97. 平面四杆机构中，如果最短杆与最长杆的长度之和小于或等于其余两杆的长度之和，最短杆为机架，这个机构叫作（　　　）。

（A）曲柄摇杆机构　（B）曲柄滑杆机构　（C）双曲柄机构　　（D）双摇杆机构

98. 平面四杆机构中，如果最短杆与最长杆的长度之和小于或等于其他两杆的长度之和，最短杆是连架杆，这个机构叫作（　　　）。

（A）曲柄摇杆机构　（B）曲柄滑块机构　（C）双曲柄机构　　（D）双摇杆机构

99. （　　　）等能把等速转动运动转变成旋转方向相同的变速转动运动。

（A）曲柄摇杆机构　（B）转动导杆机构　（C）双摇杆机构　　（D）曲柄滑块机构

100. 在下列平面四杆机构中，（　　　）无论以哪一构件为主动件，都不存在死点位置。

（A）双曲柄机构　　（B）双摇杆机构　　（C）曲柄摇杆机构　　（D）曲柄滑块机构

101. 曲柄摇杆机构产生死点位置的条件是：摇杆为（　　　）件，曲柄为（　　　）件或者是把（　　　）运动转换成（　　　）运动。

（A）从动、主动、旋转、往复摆动　　　（B）从动、主动、往复摆动、旋转

（C）主动、从动、旋转、往复摆动　　　（D）主动、从动、往复摆动、旋转

102. 将曲柄滑块机构的（　　　）改作固定机架时，可以得到导杆机构。

（A）机架　　　　　（B）连杆　　　　　（C）曲柄　　　　　（D）滑块

103. 导杆机构可看作是由改变曲柄滑块机构中的（　　　）演变而来的。

（A）摆动件　　　　（B）固定件　　　　（C）回转杆　　　　（D）移动件

104. 曲柄滑块机构是由曲柄摇杆机构的（　　　）长度趋向无穷大演变而来的。

（A）摇杆　　　　　（B）曲柄　　　　　（C）连杆　　　　　（D）机架

105. 在铰链4杆机构中，最短杆与最长杆的长度之和（　　　）其余两杆的长度之和时，则不论取哪个杆作为机架，都可以组成双摇杆机构。

（A）小于　　　　　（B）小于或等于　　（C）大于或等于　　（D）大于

106. 曲柄摇杆机构的传动角是（　　　）。

（A）连杆与从动摇杆之间所夹的余角　　（B）连杆与从动摇杆之间所夹的锐角

（C）机构极位夹角的余角　　　　　　　（D）连杆与从动摇杆之间所夹的钝角

107. （　　　）等能把等速转动运动转变成旋转方向相同的变速转动运动。

（A）曲柄摇杆机构　（B）转动导杆机构　（C）双摇杆机构　　（D）曲柄滑块机构

108. （　　　）能把转动运动转换成往复直线运动，也可以把往复直线运动转换成转动运动。

（A）转动导杆机构　（B）双曲柄机构　　（C）摆动导杆机构　　（D）曲柄滑块机构

109. （　　　）能把转动运动转变成往复摆动运动。

（A）曲柄摇杆机构　（B）双曲柄机构　　（C）双摇杆机构　　（D）曲柄滑块机构

110. 平面四杆机构中，如果最短杆与最长杆的长度之和小于或等于其余两杆长度之和，最短杆是连杆，这个机构叫作（　　　）。

（A）曲柄摇杆机构　（B）曲柄滑块机构　（C）双曲柄机构　　（D）双摇杆机构

111. 平面四杆机构中，如果最短杆与最长杆的长度之和大于其余两杆的长度之和，最短杆为机架，这个机构叫作（　　　）。

（A）曲柄摇杆机构　（B）曲柄滑块机构　（C）双曲柄机构　　（D）双摇杆机构

112. 平面四杆机构中，如果最短杆与最长杆的长度之和小于或等于其余两杆的长度之

和，最短杆为机架，这个机构叫作（　　）。

（A）曲柄摇杆机构　（B）双曲柄机构　　（C）曲柄滑块机构　　（D）双摇杆机构

113. 曲柄滑块机构是由（　　）演化而来的。

（A）曲柄摇杆机构　（B）双曲柄机构　　（C）双摇杆机构　　　（D）摇块机构

114. 在（　　）机构中，如果将最短杆对面的杆作为机架时，则与此相连的两杆均为摇杆，即是双摇杆机构。

（A）曲柄摇杆　　　（B）双曲柄　　　　（C）双摇杆　　　　　（D）曲柄导杆

115. 在曲柄摇杆机构中，如果将（　　）作为机架，则与机架相连的两杆都可以做整周旋转运动，即得到双曲柄机构。

（A）最短杆　　　　（B）连杆　　　　　（C）最长杆　　　　　（D）连架杆

116. 组成曲柄摇杆机构的条件是：最短杆与最长杆的长度之和（　　）或等于其他两杆的长度之和；最短杆的相邻构件为（　　），则最短杆为（　　）。

（A）大于、机架、曲柄　　　　　　　　（B）大于、曲柄、机架
（C）小于、曲柄、机架　　　　　　　　（D）小于、机架、曲柄

117. 平面四杆机构有三种基本形式，即（　　）机构、（　　）机构和（　　）机构。

（A）曲柄滑块、曲柄连杆、双摇杆　　　（B）连杆、双曲柄、双摇杆
（C）曲柄摇杆、双曲柄、双摇杆　　　　（D）曲柄、双曲柄、摇杆

118. 平面铰链四杆机构的两个连架杆，可以有一个是（　　），另一个是（　　），也可以两个都是（　　）或都是（　　）。

（A）曲柄、连杆、曲柄、连杆　　　　　（B）曲柄、摇杆、曲柄、摇杆
（C）连杆、摇杆、连杆、摇杆　　　　　（D）曲柄、曲柄、摇杆、摇杆

119. 在铰链四杆机构中，能绕机架上的铰链做（　　）的称为连架杆。

（A）往复摆动　（B）往复移动　　（C）左右运动　　（D）来回运动

120. 在铰链四杆机构中，能绕机架上的铰链做整周转动的（　　）叫曲柄。

（A）连杆　　　（B）最短杆　　　（C）可动杆　　　（D）连架杆

121. 当平面四杆机构中的运动副都是（　　）时，就称之为铰链四杆机构；它是其他多杆机构的基础。

（A）移动副　　（B）高副　　　　（C）回转副　　　（D）低副

122. 平面连杆机构能实现一些较复杂的（　　）运动。

（A）空间　　　（B）平面　　　　（C）主要是空间　（D）主要是平面

123. 平面连杆机构是由一些刚性构件用（　　）和（　　）相互连接而组成的机构。

（A）转动副、移动副　　　　　　　　　（B）运动副、摩擦副
（C）接触、非接触　　　　　　　　　　（D）高副、低副

124. 在曲柄摇杆机构中，只有当（　　）为主动件时，（　　）在运动中才会出现死点位置。

（A）连杆　　　（B）机架　　　　（C）曲柄
（D）摇杆　　　（E）连架杆

125. 能产生急回运动的平面连杆机构有（　　）。

（A）铰链四杆机构　（B）曲柄摇杆机构　（C）导杆机构
（D）双曲柄机构　　（E）双摇杆机构　　（F）曲柄滑块机构

126. 能出现死点位置的平面连杆机构有（　　）。

（A）导杆机构　　　　　　　　　　　　（B）平行双曲柄机构

（C）曲柄滑块机构　　　　　　　　　　　（D）不等长双曲柄机构

127. 铰链四杆机构的最短杆与最长杆的长度之和，大于其余两杆的长度之和时，机构（　　）。

（A）有曲柄存在　　　（B）不存在曲柄

128. 当急回特性系数为（　　）时，曲柄摇杆机构才有急回运动。

（A）$K<1$　　　（B）$K=1$　　　（C）$K>1$

129. 当曲柄的极位夹角为（　　）时，曲柄摇杆机构才有急回运动。

（A）$\theta<0°$　　　（B）$\theta=0°$　　　（C）$\theta\neq0°$

130. 曲柄滑块机构存在死点时，其主动件必须是（　　）。

（A）曲柄　　　（B）连杆　　　（C）滑块

131. 机构处于死点位置时，其传动角 γ 为（　　），压力角 α 为（　　）。

（A）$0°$　　　（B）$90°$　　　（C）$180°$　　　（D）$270°$

132. 铰链四杆机构具有两个曲柄的条件是（　　）。

（A）机架为最短杆，且最短杆与最长杆之和小于或等于其余两杆长度之和

（B）机架为最短杆，或最短杆与最长杆之和小于或等于其余两杆长度之和

（C）机架为最长杆，且最短杆与最长杆之和小于或等于其余两杆长度之和

（D）机架为最长杆，或最短杆与最长杆之和小于或等于其余两杆长度之和

133. 以摇杆为原动件的曲柄摇杆机构，当（　　）共线时，机构处于死点位置。

（A）曲柄与连杆　　（B）曲柄与机架　　（C）连杆与摇杆　　（D）连杆与机架

134. 曲柄滑块机构若存在死点时，其主动件必须是（　　），在此位置（　　）与（　　）共线。

（A）曲柄　　　（B）连杆　　　（C）滑块

135. 拟将曲柄摇杆机构改换为双曲柄机构，则应将原机构中的（　　）作为机架。

（A）曲柄　　　（B）连杆　　　（C）摇杆

136. 以题 136 图中构件 3 为主动件的摆动导杆机构中，机构传动角是（　　）。

（A）$\angle A$　　　（B）$\angle B$

（C）$\angle C$　　　（D）$\angle D$

137. 拟将曲柄摇杆机构改变为双曲柄机构，应取原机构的（　　）作为机架。

（A）曲柄　　　（B）连杆

（C）摇杆

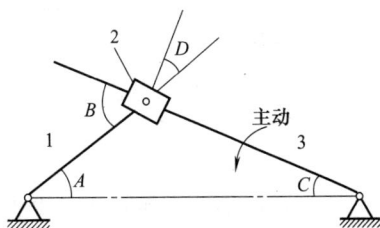

题 136 图

138. 平面连杆机构急回运动的相对程度，通常用（　　）来衡量。

（A）极位夹角 θ　　　（B）行程速比系数 K

（C）压力角 α

139. 在以下机构中，（　　）机构不具有急回特性。

（A）曲柄摇杆　　　（B）摆动式导杆　　　（C）对心式曲柄滑块

140. 曲柄摇杆机构当以摇杆为主动件时，连杆与曲柄将出现两次共线，造成曲柄所受到的驱动力为零，称此为（　　）。

（A）机构的急回现象　　　　　　　　　　（B）机构的运动不确定现象

（C）机构的死点位置　　　　　　　　　　（D）曲柄的极限位置

141. 铰链四杆机构构成双曲柄机构应满足的条件是（　　）。

（A）最短杆与最长杆之和小于其他两杆之和且连杆为最短杆

（B）最短杆与最长杆之和大于其他两杆之和且机架为最短杆

（C）最短杆与最长杆之和小于其他两杆之和且机架为最短杆

（D）最短杆与最长杆之和小于其他两杆之和且曲柄为最短杆

142. 当连杆机构存在（　　）时，机构便具有急回运动特性。

（A）压力角　　　　　（B）传动角　　　　　（C）极位夹角

143. 当曲柄摇杆机构的曲柄原动件位于（　　）时，机构的压力角最大。

（A）曲柄与连杆共线的两位置之一　　　（B）曲柄与机架共线的两位置之一

（C）曲柄与机架垂直的两位置之一　　　（D）曲柄与连杆垂直的两位置之一

144. 没有急回特性的曲柄滑块机构的行程速比系数为（　　）。

（A）1　　　　　（B）0　　　　　（C）>1　　　　　（D）<1

145. 铰链四杆机构的压力角是指在不计算摩擦情况下连杆作用于（　　）上的力与该力作用点速度所夹的锐角。

（A）主动件　　　　（B）从动件　　　　（C）机架　　　　（D）连架杆

146. 平面四杆机构中，是否存在死点，取决于（　　）是否与连杆共线。

（A）主动件　　　　（B）从动件　　　　（C）机架　　　　（D）摇杆

147. 一个 $K>1$ 的铰链四杆机构与 $K=1$ 的对心曲柄滑块机构串联组合，该串联组合而成的机构的行程变化系数 K（　　）。

（A）>1　　　　（B）<1　　　　（C）=1　　　　（D）=2

148. 在设计铰链四杆机构时，应使最小传动角 γ_{min}（　　）。

（A）尽可能小一些　　（B）尽可能大一些　　（C）为 $0°$　　　　（D）为 $45°$

149. 与连杆机构相比，凸轮机构最大的缺点是（　　）。

（A）惯性力难以平衡　　　　　（B）点、线接触，易磨损

（C）设计较为复杂　　　　　　（D）不能实现间歇运动

150. 有一四杆机构，其行程速比系数 $K=1$，该机构（　　）急回作用。

（A）没有　　　　　（B）有　　　　　（C）不一定有

151. 曲柄滑块机构通过（　　）可演化成偏心轮机构。

（A）改变构件相对尺寸　　　　　（B）改变运动副尺寸

（C）改变构件形状

152. 在曲柄摇杆机构中，若曲柄为主动件且做等速转动时，其从动件摇杆做（　　）。

（A）往复等速运动　　（B）往复变速运动　　（C）往复变速摆动　　（D）往复等速摆动

153. 曲柄滑块机构有死点存在时，其主动件是（　　）。

（A）曲柄　　　　　（B）滑块　　　　　（C）连杆　　　　　（D）导杆

154. 四杆机构在死点时，传动角 γ 是：（　　）。

（A）$\gamma>0°$　　　　（B）$\gamma=0°$　　　　（C）$0°<\gamma<90°$　　　　（D）$\gamma>90°$

155. 有四根杆件，其长度分别是：A 杆 20mm，B 杆 30mm，C 杆 40mm，D 杆 50mm。如题 155 图所示，选择（　　）为机架才能组成双曲柄机构。

（A）A 杆　　　　　（B）B 杆　　　　　（C）C 杆　　　　　（D）D 杆

156. 根据题 156 图中各杆所注尺寸和以有斜线的杆为机架时，该铰链四杆机构的名称为（　　）机构。

（A）曲柄摇杆　　　（B）双曲柄　　　（C）双摇杆　　　（D）平行四边形

157. 根据题 157 图中示各杆所注尺寸和以 AD 边为机架，该铰链四杆机构为（　　）机构。

（A）曲柄摇杆　　　（B）双曲柄　　　（C）双摇杆　　　（D）平行四边形

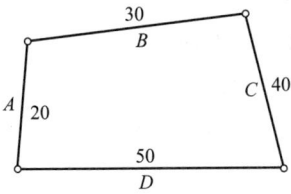

题 155 图

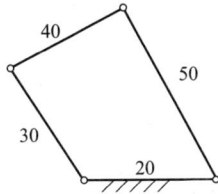

题 156 图

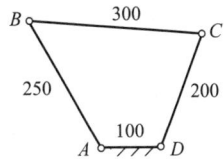

题 157 图

158. 如题 159 图所示，已知杆 CD 为最短杆。若要构成双摇杆机构，机架 AD 的长度范围为（　　）。

（A）$200 < l_{AD} < 250$　　　　　　　（B）$250 < l_{AD} < 300$

（C）$300 < l_{AD} < 350$　　　　　　　（D）$350 < l_{AD} < 400$

159. 根据题 159 图中各杆所注尺寸和以 AD 边为机架，该铰链四杆机构为（　　）机构。

（A）曲柄摇杆　　　（B）双曲柄　　　（C）双摇杆　　　（D）平行四边形

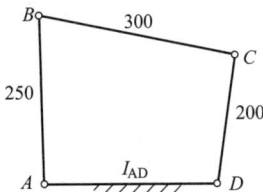

题 158 图

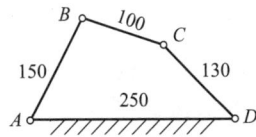

题 159 图

160. 与其他机构相比，凸轮机构最大的优点是（　　）。

（A）可实现各种预期的运动规律　　　　　（B）便于润滑

（C）制造方便，易获得较高的精度　　　　（D）从动件的行程可较大

161. （　　）盘形凸轮机构的压力角恒等于常数。

（A）摆动尖顶推杆　（B）直动滚子推杆　（C）摆动平底推杆　（D）摆动滚子推杆

162. 下述几种运动规律中，（　　）既不会产生柔性冲击也不会产生刚性冲击，可用于高速场合。

（A）等速运动规律　　　　　　　　　（B）摆线运动规律（正弦加速度运动规律）

（C）等加速等减速运动规律　　　　　（D）简谐运动规律（余弦加速度运动规律）

163. （　　）从动杆的行程不能太大。

（A）盘形凸轮机构　（B）移动凸轮机构　（C）圆柱凸轮机构　（D）空间凸轮机构

164. （　　）可使从动杆得到较大的行程。

（A）盘形凸轮机构　（B）移动凸轮机构　（C）圆柱凸轮机构　（D）三者均可

165. 与连杆机构相比，凸轮机构最大的缺点是（　　）。

（A）惯性力难以平衡　　　　　　　　（B）点、线接触，易磨损

（C）设计较为复杂　　　　　　　　　（D）不能实现间歇运动

166. 对于直动推杆盘形凸轮机构来讲，在其他条件相同的情况下，偏置直动推杆与对心直动推杆相比，两者在推程段最大压力角的关系为（　　）。

（A）偏置比对心大　（B）对心比偏置大　（C）一样大　　（D）不一定

167. 对心直动尖顶推杆盘形凸轮机构的推程压力角超过许用值时，可采用（　　）措

施来解决。

(A) 增大基圆半径 (B) 改用滚子推杆

(C) 改变凸轮转向 (D) 改为偏置直动尖顶推杆

168. ( ) 对于较复杂的凸轮轮廓曲线,也能准确地获得所需要的运动规律。

(A) 尖顶式从动杆 (B) 滚子式从动杆 (C) 平底式从动杆 (D) 曲面式从动杆

169. ( ) 的摩擦阻力较小,传力能力大。

(A) 尖顶式从动杆 (B) 滚子式从动杆 (C) 平底式从动杆 (D) 曲面式从动杆

170. ( ) 的磨损较小,适用于没有内凹槽凸轮轮廓曲线的高速凸轮机构。

(A) 尖顶式从动杆 (B) 滚子式从动杆 (C) 平底式从动杆 (D) 曲面式从动杆

171. 计算凸轮机构从动杆行程的基础是 ( )。

(A) 基圆 (B) 转角 (C) 轮廓曲线 (D) 曲面

172. 在凸轮机构几种常用的推杆运动规律中,( ) 只宜用于低速。

(A) 等速运动规律 (B) 等加速等减速运动规律

(C) 余弦加速度运动规律 (D) 正弦加速度运动规律

173. 滚子推杆盘形凸轮的基圆半径是从凸轮回转中心到 ( ) 的最短距离。

(A) 凸轮实际廓线 (B) 凸轮理论廓线 (C) 凸轮包络线 (D) 从动件运动线

174. 平底垂直于导路的直动推杆盘形凸轮机构中,其压力角等于 ( )。

(A) 0° (B) 10° (C) 15° (D) 20°

175. 在凸轮机构推杆的四种常用运动规律中,( ) 有刚性冲击。

(A) 等速运动规律 (B) 等加速等减速运动规律

(C) 余弦加速度运动规律 (D) 正弦加速度运动规律

176. 在凸轮机构推杆的四种常用运动规律中,( ) 有柔性冲击。

(A) 等速运动规律 (B) 等加速、等减速运动规律

(C) 余弦加速度运动规律 (D) 正弦加速度运动规律

177. 凸轮机构推杆运动规律的选择原则为:① ( );②考虑机器工作的平稳性;③考虑凸轮实际廓线便于加工。

(A) 满足受力要求 (B) 满足环境要求

(C) 满足机器工作需要 (D) 满足费用要求

178. 设计滚子推杆盘形凸轮机构时,若发现工作廓线有变尖现象,则在尺寸参数改变上应采用的措施是 ( )。

(A) 增大基圆半径和滚子半径 (B) 减小基圆半径和滚子半径

(C) 减小基圆半径,增大滚子半径 (D) 增大基圆半径,减小滚子半径

179. 在设计直动滚子推杆盘形凸轮机构的工作廓线时发现压力角超过了许用值,且廓线出现变尖现象,此时应采用的措施是 ( )。

(A) 增大基圆半径 (B) 减小基圆半径 (C) 增大滚子半径 (D) 减小滚子半径

180. 设计凸轮机构时,若量得其中某点的压力角超过许用值,可以 ( ) 使压力角减小。

(A) 减小基圆半径 (B) 采用合理的偏置方位

(C) 增大滚子半径 (D) 减小滚子半径

181. 盘形凸轮是一个具有变化半径的盘形构件,当它绕固定轴转动时,推动从动杆在与凸轮轴 ( ) 的平面内运动。

(A) 共面 (B) 平行 (C) 垂直 (D) 成180°

182. 盘形凸轮从动杆的行程不能太大，否则将使凸轮的（　　）尺寸变化过大。

（A）横向　　　　　（B）轴向　　　　　（C）周向　　　　　（D）径向

183. 对于滚子式从动杆的凸轮机构，为了在工作中不使运动规律"失真"，其理论轮廓外凸部分的最小曲率半径必须小于滚子半径。此句中错误的是（　　）。

（A）滚子式　　　（B）"失真"　　　（C）最小　　　　（D）小于

184. 为了使凸轮机构正常工作和具有较好的效率，要求凸轮的最小压力角的值不得超过某一许用值。此句中错误的是（　　）。

（A）效率　　　　（B）最小　　　　（C）不得超过　　　（D）许用值

185. 若发现移动滚子从动件盘形凸轮机构的压力角超过了许用值，且实际轮廓线又出现变尖，此时应采取的措施是（　　）。

（A）减小滚子半径　（B）增大滚子半径　（C）增大基圆半径　（D）减小基圆半径

186. 在高速凸轮机构中，为减小冲击与振动，从动件运动规律最好选用（　　）运动规律。

（A）等速　　　　（B）等加速等减速　（C）余弦加速度　（D）正弦加速度

187. 具有相同理论廓线、只有滚子半径不同的两个对心直动滚子从动件盘形凸轮机构，其从动件的运动规律（　　），凸轮的实际廓线（　　）。

（A）相同　　　　（B）不同　　　　（C）不一定相同

188. 对于滚子从动件盘形凸轮机构，若两个凸轮具有相同的理论轮廓线，只因滚子半径不等而导致实际廓线不相同，则两机构从动件的运动规律（　　）。

（A）不相同　　　（B）相同　　　　（C）不一定相同

189. 为减小高速凸轮机构的冲击振动，从动件运动规律应采取（　　）运动规律。

（A）等速　　　　（B）等加速等减速　（C）余弦加速度　（D）正弦加速度

190. 凸轮轮廓曲线出现尖顶时的滚子半径（　　）该点理论廓线的曲率半径。

（A）大于等于　　（B）小于　　　　（C）小于等于

191. 对心直动尖顶盘形凸轮机构的推程压力角超过了许用值时，可采用（　　）的措施来解决。

（A）增大基圆半径　（B）改为滚子推杆　（C）改变凸轮转向

192. 若凸轮实际轮廓曲线出现尖点或交叉，可（　　）滚子半径来解决。

（A）增大　　　　（B）减小　　　　（C）不变

193. 压力角是衡量机械（　　）的一个重要指标；为了降低凸轮机构压力角应采取的一个措施是（　　）。

（A）效率　　　　（B）传力性能　　　（C）减小滚子半径　（D）增大基圆半径

194. 凸轮机构中，适宜在高速下使用的推杆类型是（　　）。

（A）尖底推杆　　（B）滚子推杆　　　（C）平底推杆

195. 推杆为等速运动的凸轮机构适于（　　）。

（A）低速轻载　　（B）中速中载　　　（C）高速轻载　　　（D）低速重载

196. 盘形凸轮机构的滚子从动件被损坏，换上一个半径不同的滚子，则（　　）。

（A）压力角不变，运动规律不变　　　（B）压力角变，运动规律也变

（C）压力角不变，运动规律变　　　　（D）压力角变，运动规律不变

197. 与其他机构相比，凸轮机构最大的优点是（　　）。

（A）可实现各种预期的运动规律　　　（B）便于润滑

（C）制造方便，易获得较高的精度　　　（D）从动件的行程可较大

198. （　　）盘形凸轮机构的压力角恒等于常数。

（A）摆动尖顶推杆　（B）直动滚子推杆　（C）摆动平底推杆　（D）摆动滚子推杆

199. 对于直动推杆盘形凸轮机构来讲，在其他条件相同的情况下，偏置直动推杆与对心直动推杆相比，两者在推程段最大压力角的关系为（　　）。

（A）偏置比对心大　（B）对心比偏置大　（C）一样大　（D）不一定

200. 下述几种运动规律中，（　　）既不会产生柔性冲击也不会产生刚性冲击，可用于高速场合。

（A）等速运动规律　　　　　　　　（B）摆线运动规律（正弦加速度运动规律）

（C）等加速等减速运动规律　　　　（D）简谐运动规律（余弦加速度运动规律）

201. 凸轮从动件按等速运动规律运动上升时，冲击出现在（　　）。

（A）升程开始点　　　　　　　　　（B）升程结束点

（C）升程中点　　　　　　　　　　（D）升程开始点和升程结束点

202. 题 202 图为凸轮机构从动件升程加速度与时间变化线图，该运动规律是（　　）运动规律。

（A）等速　　　　（B）等加速等减速　（C）正弦加速度　　（D）余弦加速度

203. 题 203 图为凸轮机构从动件位移与时间变化线图，该运动规律是（　　）运动规律。

（A）等速　　　　（B）等加速等减速　（C）正弦加速度　　（D）余弦加速度

（E）正弦加速度-正弦减速度

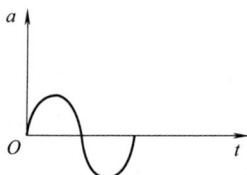

题 202 图

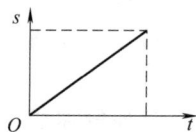

题 203 图

204. 直动从动件凸轮机构，推程许用压力角常取（　　），回程许用压力角常取（　　）。

（A）0°　　　　　（B）30°　　　　　（C）70°～80°　　　（D）90°

205. 题 206 图为凸轮机构从动件升程加速度与时间变化线图，该运动规律是（　　）运动规律。

（A）等速　　　　（B）等加速等减速　（C）正弦加速度　　（D）余弦加速度

206. 题 206 图为凸轮机构从动件整个升程加速度与时间变化线图，该运动规律是（　　）运动规律。

（A）等速　　　　（B）等加速等减速　（C）正弦加速度　　（D）余弦加速度

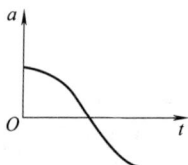

题 205 图

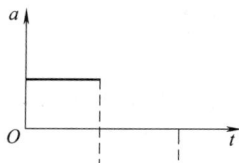

题 206 图

207. （　　）当主动件做连续运动时，从动件能够产生周期性的时停、时动的运动。

（A）只有间歇运动机构，才能实现　　（B）除间歇运动机构外，其他机构也能实现

208. 棘轮机构的主动件是（　　）。

(A) 棘轮　　　　　　(B) 棘爪　　　　　　(C) 止回棘爪

209. 当要求从动件的转角须经常改变时，下面的间歇运动机构中合适的是（　　）。

(A) 间歇齿轮机构　(B) 槽轮机构　　　　(C) 棘轮机构

210. 利用（　　）可以防止棘轮的反转。

(A) 锁止圆弧　　　(B) 止回棘爪

211. 利用（　　）可以防止间歇齿轮机构的从动件反转和不静止。

(A) 锁止圆弧　　　(B) 止回棘爪

212. 棘轮机构的主动件是做（　　）的。

(A) 往复摆动运动　(B) 直线往复运动　(C) 等速旋转运动

213. 单向运动的棘轮齿形是（　　）。

(A) 梯形齿形　　　(B) 锯齿形齿形

214. 双向式运动的棘轮齿形是（　　）。

(A) 梯形齿形　　　(B) 锯齿形齿形

215. 槽轮机构的主动件是（　　）。

(A) 槽轮　　　　　　(B) 曲柄　　　　　　(C) 圆销

216. 槽轮机构的主动件在工作中是做（　　）运动的。

(A) 往复摆动　　　(B) 等速旋转

217. 双向运动的棘轮机构（　　）止回棘爪。

(A) 有　　　　　　　(B) 没有

218. 槽轮转角的大小是（　　）。

(A) 能够调节的　　(B) 不能调节的

219. 槽轮机构主动件的锁止圆弧是（　　）。

(A) 凹形锁止弧　　(B) 凸形锁止弧

220. 槽轮的槽形是（　　）。

(A) 轴向槽　　　　(B) 径向槽　　　　　(C) 弧形槽

221. 外啮合槽轮机构从动件的转向与主动件的转向是（　　）。

(A) 相同的　　　　(B) 相反的

222. 在传动过程中有严重冲击现象的间歇机构是（　　）。

(A) 间歇齿轮机构　(B) 棘轮机构

223. 间歇运动机构（　　）把间歇运动转换成连续运动。

(A) 能够　　　　　(B) 不能

224. 槽轮机构所实现的运动变换是（　　）。

(A) 变等速连续转动为不等速连续转动　(B) 变等速连续转动为间歇运动

(C) 变转动为移动　　　　　　　　　　(D) 变转动为摆动

225. 在单向间歇运动机构中，棘轮机构常用于（　　）的场合。

(A) 低速轻载　　　(B) 高速轻载　　　(C) 低速重载　　　(D) 高速重载

226. 典型的棘轮机构由棘轮、驱动棘爪、摇杆和止回棘爪组成。此句中错误的是（　　）。

(A) 棘轮　　　　　(B) 驱动棘爪　　　(C) 摇杆　　　　　(D) 止回棘爪

二、填空

227. 平面连杆机构是由一些刚性构件用_____副和_____副相互连接而组成的

机构。

228. 平面连杆机构能实现一些较复杂的_____运动。

229. 当平面四杆机构中的运动副都是_____副时，就称之为铰链四杆机构，它是其他多杆机构的基础。

230. 在铰链四杆机构中，能绕机架上的铰链做整周_____的_____叫曲柄。

231. 在铰链四杆机构中，能绕机架上的铰链做_____的_____叫摇杆。

232. 平面四杆机构有三种基本形式，即_____机构、_____机构和_____机构。

233. 组成曲柄摇杆机构的条件是：最短杆与最长杆的长度之和_____或_____其他两杆的长度之和；最短杆的相邻构件为_____，则最短杆为_____。

234. 在曲柄摇杆机构中，如果将_____杆作为机架，则与机架相连的两杆都可以作_____运动，即得到双曲柄机构。

235. 在_____机构中，如果将_____杆对面的杆作为机架，则与此相连的两杆均为摇杆，即是双摇杆机构。

236. 在_____机构中，最短杆与最长杆的长度之和_____其余两杆的长度之和时，则不论取哪个杆作为_____，都可以组成双摇杆机构。

237. 曲柄滑块机构是由曲柄摇杆机构的_____长度趋向_____而演变来的。

238. 导杆机构可看作是由改变曲柄滑块机构中的_____而演变来的。

239. 将曲柄滑块机构的_____改作固定机架时，可以得到导杆机构。

240. 曲柄摇杆机构产生死点位置的条件是：摇杆为_____件，曲柄为_____件或者是把_____运动转换成_____运动。

241. 曲柄摇杆机构的_____不等于 $0°$，则急回特性系数就_____，机构就具有急回特性。

242. 实际中的各种形式的四杆机构，都可看成是由改变某些构件的_____、_____或选择不同构件作为_____等方法所得到的铰链四杆机构的演化形式。

243. 若以曲柄滑块机构的曲柄为主动件时，可以把曲柄的_____运动转换成滑块的_____运动。

244. 当以曲柄滑块机构的滑块为主动件时，_____在运动过程中有死点位置。

245. 连杆机构的死点位置，将使机构在传动中出现_____或发生运动方向_____等现象。

246. 机构从动件受力方向与该力作用点速度方向所夹的锐角，称为_____角，用它来衡量机构的_____性能。

247. 压力角和传动角互为_____角。

248. 当机构的传动角等于 $0°$（压力角等于 $90°$）时，机构所处的位置称为_____位置。

249. 当曲柄摇杆机构的摇杆为主动件时，将_____与从动件_____的_____位置称为曲柄的死点位置。

250. 当曲柄摇杆机构的曲柄为主动件并做_____转动运动时，摇杆则做_____往复摆动运动。

251. 如果将曲柄摇杆机构中的最短杆改作机架，则两个架杆都可以做_____的转动运动，即得到_____机构。

252. 如果将曲柄摇杆机构的最短杆对面的杆作为机架，则与_____相连的两杆都可以做_____运动，机构就变成_____机构。

253. 以摇杆为原动件的曲柄摇杆机构，当_____共线时，机构处于死点位置。

254. 在平面中，不受约束的构件自由度等于_____，两构件组成移动副后的相对自由度等于_____。

255. 在曲柄滑块机构中，以滑块为主动件、曲柄为从动件，则曲柄与连杆处于共线时称机构处于_____位置，而此时机构的传动角为_____。

256. 若对心曲轴滑块机构的曲柄长度为 a，连杆长度为 b，则最小传动角 $\gamma_{min}=$ _____。

257. 平面连杆机构是否具有急回运动的关键是_____。

258. 在曲柄摇杆机构中，极位夹角是指_____。

259. 曲柄滑块机构是改变_____机构中的_____而形成的。

260. 当设计滚子从动件盘形凸轮机构时，基圆半径取值过小，则可能产生_____和_____现象。

261. 一偏置直动平底从动件盘形凸轮机构，平底与从动件运动方向垂直，凸轮为主动件，该机构的传动角 $\gamma=$ _____。

262. 设计滚子从动件盘形凸轮廓线时，若发现工作廓线有变尖现象，则在尺寸参数上应采取的措施包括：_____，_____。

263. 凸轮的基圆半径越小，机构的结构就越_____，但过小的基圆半径会导致压力角_____，从而使凸机构的传动性能变_____。

264. 在设计直动滚子从动件盘形凸轮机构的工作廓线时发现压力角超过了许用值，且廓线出现变尖现象。此时，应采取的措施包括_____、_____。

265. 凸轮机构从动件采用等加速等减速运动规律运动时，将产生_____。

266. 所谓间歇运动机构，就是在主动件做_____运动时，从动件能够产生周期性的_____、_____运动的机构。

267. 棘轮机构主要由_____、_____和_____等构件组成。

268. 棘轮机构的主动件是_____，从动件是_____，机架起固定和支撑作用。

269. 棘轮机构的主动件做_____运动，从动件做_____性的时停、时动的间歇运动。

270. 双向作用的棘轮，它的齿槽是_____的，一般单向运动的棘轮齿槽是_____的。

271. 为保证棘轮在工作中的静止可靠和防止棘轮的_____，棘轮机构应当装有止回棘爪。

272. 槽轮机构主要由_____、_____、_____和机架等构件组成。

273. 槽轮机构的主动件是_____，它以等速做_____运动，具有_____槽的槽轮是从动件，由它来完成间歇运动。

274. 槽轮的静止可靠性和不能反转，是通过槽轮与曲柄的_____实现的。

275. 不论是外啮合还是内啮合的槽轮机构，_____总是从动件，_____总是主动件。

276. 间歇齿轮机构在传动中，存在着严重的_____，所以只能用在低速和轻载的场合。

三、判断

277. 当机构的极位夹角 $\theta=0°$ 时，机构无急回特性。　　　　　　（　　）

278. 机构是否存在死点位置与机构取哪个构件为原动件无关。　　　（　　）

279. 在摆动导杆机构中，当导杆为主动件时，机构有死点位置。　　（　　）

280. 在曲柄摇杆机构中，当取摇杆为主动件时，机构有死点位置。　　　　（　　）

281. 压力角就是主动件所受驱动力的方向线与该点速度的方向线之间的夹角。（　　）

282. 机构的极位夹角是衡量机构急回特性的重要指标。极位夹角越大，则机构的急回特性越明显。　　　　　　　　　　　　　　　　　　　　　　　　　　　　（　　）

283. 压力角是衡量机构传力性能的重要指标。　　　　　　　　　　　　（　　）

284. 压力角越大，则机构传力性能越差。　　　　　　　　　　　　　　（　　）

285. 平面连杆机构的基本形式是铰链四杆机构。　　　　　　　　　　　（　　）

286. 曲柄和连杆都是连架杆。　　　　　　　　　　　　　　　　　　　（　　）

287. 平面四杆机构都有曲柄。　　　　　　　　　　　　　　　　　　　（　　）

288. 在曲柄摇杆机构中，曲柄和连杆共线处就是死点位置。　　　　　　（　　）

289. 铰链四杆机构的曲柄存在条件是：连架杆或机架中必有一个是最短杆；最短杆与最长杆的长度之和小于或等于其余两杆的长度之和。　　　　　　　　　　（　　）

290. 铰链四杆机构都有摇杆这个构件。　　　　　　　　　　　　　　　（　　）

291. 铰链四杆机构都有连杆和静件。　　　　　　　　　　　　　　　　（　　）

292. 在平面连杆机构中，只要以最短杆作为固定机架，就能得到双曲柄机构。（　　）

293. 只有以曲柄摇杆机构的最短杆作为固定机架，才能得到双曲柄机构。（　　）

294. 在平面四杆机构中，只要两个连架杆都能绕机架上的铰链做整周转动，就必然是双曲柄机构。　　　　　　　　　　　　　　　　　　　　　　　　　　　（　　）

295. 曲柄的极位夹角 θ 越大，机构的急回特性系数 K 也越大，机构的急回特性也越显著。　　　　　　　　　　　　　　　　　　　　　　　　　　　　　　（　　）

296. 导杆机构与曲柄滑块机构在结构原理上的区别就在于选择不同构件作为固定机架。　　　　　　　　　　　　　　　　　　　　　　　　　　　　　　　（　　）

297. 曲柄滑块机构当滑块在做往复运动时，不会出现急回运动。　　　　（　　）

298. 导杆机构中导杆的往复运动有急回特性。　　　　　　　　　　　　（　　）

299. 利用选择不同构件作为固定机架的方法，可以把曲柄摇杆机构改变成双摇杆机构。　　　　　　　　　　　　　　　　　　　　　　　　　　　　　　　（　　）

300. 利用改变构件之间相对长度的方法，可以把曲柄摇杆机构改变成双摇杆机构。　　　　　　　　　　　　　　　　　　　　　　　　　　　　　　　　　（　　）

301. 在平面四杆机构中，凡是能把转动运动转换成往复运动的机构，都会有急回运动特性。　　　　　　　　　　　　　　　　　　　　　　　　　　　　　　（　　）

302. 曲柄摇杆机构以曲柄为原动件时不会出现死点。　　　　　　　　　（　　）

303. 最长杆为机架时不可能存在双曲柄机构。　　　　　　　　　　　　（　　）

304. 对于曲柄摇杆机构的摇杆，在两极限位置之间的夹角 ψ 叫作摇杆的摆角。（　　）

305. 在有曲柄的平面连杆机构中，曲柄的极位夹角 θ 可以等于 $0°$，也可以大于 $0°$。　　　　　　　　　　　　　　　　　　　　　　　　　　　　　　（　　）

306. 在曲柄和连杆同时存在的平面连杆机构中，只要曲柄和连杆共线，这个位置就是曲柄的死点位置。　　　　　　　　　　　　　　　　　　　　　　　　　（　　）

307. 在平面连杆机构中，连杆和曲柄是同时存在的，即有曲柄就有连杆。（　　）

308. 有曲柄的四杆机构，就存在着出现死点位置的基本条件。　　　　　（　　）

309. 有曲柄的四杆机构，就存在着产生急回运动特性的基本条件。　　　（　　）

310. 机构的急回特性系数 K 的值，是根据极位夹角 θ 的大小，通过公式求得的。

　　　　　　　　　　　　　　　　　　　　　　　　　　　　　　　　　（　　）

311. 极位夹角 θ 的大小，是根据急回特性系数 K 值，通过公式求得的。而 K 值是设计时事先确定的。 （　　）

312. 利用曲柄摇杆机构，可以把等速转动运动转变成具有急回特性的往复摆动运动或者没有急回特性的往复摆动运动。 （　　）

313. 只有曲柄摇杆机构，才能把等速旋转运动转变成往复摆动运动。 （　　）

314. 曲柄滑块机构，能把主动件的等速旋转运动，转变成从动件的直线往复运动。 （　　）

315. 通过选择铰链四杆机构的不同构件作为机构的固定机架，能使机构的形式发生演变。 （　　）

316. 铰链四杆机构形式的改变，只能通过选择不同构件作为机构的固定机架来实现。 （　　）

317. 铰链四杆机构形式的演变，都是通过对某些构件之间相对长度的改变而达到的。 （　　）

318. 通过对铰链四杆机构某些构件之间相对长度的改变，也能够起到对机构形式的演化作用。 （　　）

319. 当曲柄摇杆机构把往复摆动运动转变成旋转运动时，曲柄与连杆共线的位置就是曲柄的死点位置。 （　　）

320. 当曲柄摇杆机构把旋转运动转变成往复摆动运动时，曲柄与连杆共线的位置，就是曲柄的死点位置。 （　　）

321. 曲柄在死点位置的运动方向与原先的运动方向相同。 （　　）

322. 在实际生产中，机构的死点位置对工作都是不利的，处处都要考虑克服。 （　　）

323. 死点位置在传动机构和锁紧机构中所起的作用相同，但带给机构的后果是不同的。 （　　）

324. 曲柄摇杆机构，双曲柄机构和双摇杆机构，它们都具有产生死点位置和急回运动特性的可能。 （　　）

325. 曲柄摇杆机构和曲柄滑块机构产生死点位置的条件是相同的。 （　　）

326. 曲柄滑块机构和摆动导杆机构产生急回运动的条件是相同的。 （　　）

327. 传动机构出现死点位置和急回运动，对机构的工作都是不利的。 （　　）

328. 铰链四杆机构中，若取最短杆作机架，则为双曲柄机构。 （　　）

329. 对心曲柄滑块机构都具有急回特性。 （　　）

330. 在铰链四杆机构中，固定最短杆的邻边可得曲柄摇杆机构。 （　　）

331. 四杆机构中，压力角越大则机构的传力性能越好。 （　　）

332. 任何一种曲柄滑块机构，当曲柄为原动件时，它的行程速比系数 $K=1$。 （　　）

333. 在摆动导杆机构中，当取曲柄为原动件时，机构无死点位置；而当取导杆为原动件时，则机构有两个死点位置。 （　　）

334. 在曲柄滑块机构中，只要原动件是滑块，就必然有死点存在。 （　　）

335. 在铰链四杆机构中，凡是双曲柄机构，其杆长关系必须满足：最短杆与最长杆杆长之和大于其他两杆杆长之和。 （　　）

336. 铰链四杆机构是由平面低副组成的四杆机构。 （　　）

337. 任何平面四杆机构出现死点时，都是不利的，因此应设法避免。 （　　）

338. 平面四杆机构有无急回特性取决于极位夹角是否大于零。 （　　）

339. 在曲柄摇杆机构中，当以曲柄为原动件时，最小传动角 $\gamma_{\min}$ 可能出现在曲柄与机

架两个共线位置之一处。（ ）

340. 在偏置曲柄滑块机构中，当以曲柄为原动件时，最小传动角 $\gamma_{\min}$ 可能出现在曲柄与机架（即滑块的导路）相平行的位置。（ ）

341. 摆动导杆机构不存在急回特性。（ ）

342. 平面连杆机构中，从动件同连杆两次共线的位置出现最小传动角。（ ）

343. 双摇杆机构不会出现死点位置。（ ）

344. 一个凸轮只有一种预定的运动规律。（ ）

345. 凸轮在机构中经常是主动件。（ ）

346. 从动件的运动规律是受凸轮轮廓曲线控制的，所以，凸轮的实际工作要求一定要按凸轮现有轮廓曲线制订。（ ）

347. 凸轮轮廓曲线是根据实际要求而拟定的。（ ）

348. 盘形凸轮的行程是与基圆半径成正比的，基圆半径越大，行程也越大。（ ）

349. 盘形凸轮的压力角与行程成正比，行程越大，压力角也越大。（ ）

350. 盘形凸轮的结构尺寸与基圆半径成正比。（ ）

351. 当基圆半径一定时，盘形凸轮的压力角与行程的大小成正比。（ ）

352. 当凸轮的行程大小一定时，盘形凸轮的压力角与基圆半径成正比。（ ）

353. 在圆柱面上开有曲线凹槽轮廓的圆柱凸轮只适用于滚子式从动杆。（ ）

354. 由于盘形凸轮制造方便，所以最适用于较大行程的传动。（ ）

355. 适合尖顶式从动杆工作的轮廓曲线，也必然适合于滚子式从动杆工作。（ ）

356. 凸轮轮廓线上某点的压力角，是该点的法线方向与速度方向之间的夹角。（ ）

357. 凸轮轮廓曲线上各点的压力角是不变的。（ ）

358. 使用滚子从动杆的凸轮机构，滚子半径的大小，对机构的预定运动规律是有影响的。（ ）

359. 选择滚子从动杆滚子的半径时，必须使滚子半径小于凸轮实际轮廓曲线外凸部分的最小曲率半径。（ ）

360. 压力角的大小影响从动杆的运动规律。（ ）

361. 压力角的大小影响从动杆的正常工作和凸轮机构的传动效率。（ ）

362. 滚子从动杆的滚子半径选用得过小，将会使运动规律"失真"。（ ）

363. 由于凸轮的轮廓曲线可以随意确定，所以从动杆的运动规律可以任意拟订。（ ）

364. 滚子从动杆凸轮机构的凸轮实际轮廓曲线和理论轮廓曲线是一条。（ ）

365. 盘形凸轮的理论轮廓曲线与实际轮廓曲线是否相同，取决于所采用的从动杆的形式。（ ）

366. 凸轮的基圆尺寸越大，推动从动杆的有效分力也越大。（ ）

367. 采用尖顶式从动杆的凸轮，是没有理论轮廓曲线的。（ ）

368. 当凸轮的压力角增大到临界值时，不论从动杆是什么形式的运动，都会出现自锁。（ ）

369. 在确定凸轮基圆半径的尺寸时，首先应考虑凸轮的外形尺寸不能过大，而后再考虑对压力角的影响。（ ）

370. 凸轮机构的主要功能是将凸轮的连续运动（移动或转动）转变成从动件的按一定规律的往复移动或摆动。（ ）

371. 等加速等减速运动规律会引起柔性冲击，因而这种运动规律适用于中速、轻载的

凸轮。 （   ）

372. 凸轮机构易于实现各种预定的运动，且结构简单、紧凑，便于设计。 （   ）

373. 对于同一种从动件运动规律，使用不同类型的从动件所设计出来的凸轮的实际轮廓是相同的。 （   ）

374. 设计凸轮机构时，为减小压力角，基圆半径应该尽量取小一点。 （   ）

375. 能实现间歇运动要求的机构，不一定都是间歇运动机构。 （   ）

376. 间歇运动机构的主动件，无论在何时也不能变成从动件。 （   ）

377. 能使从动件得到周期性的时停、时动的机构，都是间歇运动机构。 （   ）

378. 棘轮机构必须具有止回棘爪。 （   ）

379. 单向间歇运动的棘轮机构，必须要有止回棘爪。 （   ）

380. 凡是棘爪以往复摆动运动来推动棘轮做间歇运动的棘轮机构，都是单向间歇运动的。 （   ）

381. 棘轮机构只能用在要求间歇运动的场合。 （   ）

382. 止回棘爪是机构中的主动件。 （   ）

383. 棘轮机构的主动件是棘轮。 （   ）

384. 与双向式对称棘爪相配合的棘轮，其齿槽必定是梯形槽。 （   ）

385. 齿槽为梯形槽的棘轮，必然要与双向式对称棘爪相配合组成棘轮机构。 （   ）

386. 槽轮机构的主动件是槽轮。 （   ）

387. 不论是内啮合还是外啮合的槽轮机构，其槽轮的槽形都是径向的。 （   ）

388. 外啮合槽轮机构的槽轮是从动件，而内啮合槽轮机构槽轮是主动件。 （   ）

389. 棘轮机构和槽轮机构的主动件，都是做往复摆动运动的。 （   ）

四、改错

390. 平面连杆机构是由一些刚性构件用低副相互连接而成的机构。

391. 常把曲柄摇杆机构的曲柄和连杆叫作连架杆。

392. 死点位置和急回运动是铰链四杆机构的两个运动特点。

393. 把铰链四杆机构的最短杆作为固定机架，就可以得到双曲柄机构。

394. 曲柄机构也能产生急回运动。

395. 双摇杆机构也能出现急回现象。

396. 各种双曲杆机构全都有死点位置。

397. 死点位置和急回运动这两种运动特性，是曲柄摇杆机构的两个连架杆在运动中同时产生的。

398. 曲柄滑块机构和导杆机构的不同之处，就是由于曲柄的选择。

399. 槽轮转角的大小是能够改变的。

400. 间歇运动机构能将主动件的连续运动转换成从动件的任意停止和动作的间歇运动。

401. 棘轮机构的主动件是棘轮，从动件是棘爪。

402. 棘轮机构能将主动件的直线往复运动，转换成从动件的间歇运动。

403. 棘轮机构的止回棘爪是主动件。

404. 双向式棘轮机构的棘轮的齿形是锯齿形的，而棘爪必须是对称的。

405. 锁止圆弧的作用是可以保证棘轮的静止可靠和防止棘轮反转。

406. 槽轮转角的大小可以通过改变曲柄的长度来实现。

407. 槽轮机构的主动件是槽轮。

408. 槽轮的槽形都是轴向的。

409. 槽轮机构主动件具有锁止凹弧。

410. 单向运动的棘轮，其转角大小的调节只能利用调节曲柄的长度来实现，不能使用调位遮板。

五、问答

411. 什么是曲柄？什么是摇杆？铰链四杆机构的曲柄存在条件是什么？

412. 铰链四杆机构有哪几种基本形式？

413. 什么叫铰链四杆机构的传动角和压力角？压力角的大小对连杆机构的工作有何影响？

414. 什么叫行程速比系数？如何判断机构有无急回运动？

415. 平面连杆机构和铰链四杆机构有什么不同？

416. 双曲柄机构是怎样形成的？

417. 双摇杆机构是怎样形成的？

418. 试述曲柄滑块机构的演化与由来。

419. 导杆机构是怎样演化来的？

420. 曲柄滑块机构中，滑块的移动距离根据什么计算？

421. 写出曲柄摇杆机构中，摇杆急回特性系数的计算式。

422. 曲柄摇杆机构中，摇杆为什么会产生急回运动？

423. 已知急回特性系数，如何求得曲柄的极位夹角？

424. 平面连杆机构中，哪些机构在什么情况下才能出现急回运动？

425. 曲柄摇杆机构有什么运动特点？

426. 在什么情况下曲柄滑块机构才会有急回运动？

427. 曲柄滑块机构都有什么特点？

428. 试述摆动导杆机构的运动特点。

429. 曲柄滑块机构与导杆机构在构成上有何异同？

430. 铰链四杆机构中存在双曲柄的条件是什么？

431. 如何定义压力角？

432. 何谓行程速比系数？对心曲柄滑块机构行程速比系数等于多少？

433. 简述凸轮的优缺点。

434. 在凸轮机构中常用的推杆运动规律有哪些？

435. 在设计直动滚子推杆盘形凸轮机构的工作廓线时发现压力角超过许用值，且廓线出现变尖现象，用什么方法如何解决？

436. 设计哪种类型的凸轮机构时可能出现运动失真？当出现运动失真时应考虑用什么方法消除？

437. 为什么在等加速等减速运动规律中，一定既要有等加速段又要有等减速段？

438. 如果滚子从动件盘形凸轮机构的实际轮廓线变尖或相交，可以采取哪些办法来解决？

439. 什么是间歇运动？有哪些机构能实现间歇运动？

440. 棘轮机构与槽轮机构都是间歇运动机构，它们各有什么特点？

441. 棘轮机构和槽轮机构均可用来实现从动轴的单向间歇运动，但在具体的使用选择上又有什么不同？

六、计算

442. 如题 442 图所示，已知四杆机构各构件的长度为 $l_{AB} = 240\text{mm}$，$l_{BC} = 600\text{mm}$，

$l_{CD}=400$mm，$l_{DA}=500$mm。试问：（1）当取杆4为机架时，是否有曲柄存在？（2）若各杆长度不变，能否以选不同杆为机架的办法获得双曲柄机构和双摇杆机构？如何获得？

443. 题443图示为一偏置曲柄滑块机构，试求杆AB为曲柄的条件。若偏距$e=0$，则杆AB为曲柄的条件又如何？

444. 如题444图所示，已知四杆机构各构件的长度为$l_{AB}=160$mm，$l_{BC}=260$mm，$l_{CD}=200$mm，$l_{DA}=80$mm；构件AB为原动件，沿顺时针方向均匀回转，试确定：

（1）四杆机构$ABCD$的类型；

（2）该四杆机构的最小传动角$\gamma_{\min}$；

（3）滑块F的行程速比系数K。

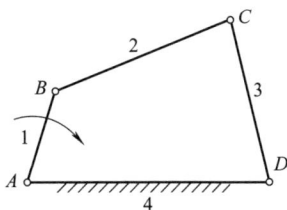
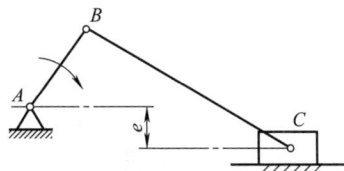
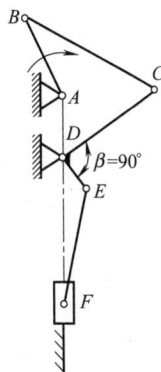

题442图　　　题443图　　　题444图

445. 如题445图所示为某直动推杆盘形凸轮机构的推杆速度线图，要求：（1）定性地画出其加速度和位移线图；（2）说明此种运动规律的名称及特点（v、a的大小及冲击的性质）；（3）说明此种运动规律的适用场合。

446. 已知题446图中所示的直动平底推杆盘形凸轮机构，凸轮为$R=30$mm的偏心圆盘，$AO=20$mm，试求：

（1）基圆半径和升程；

（2）推程运动角、回程运动角、远休止角和近休止角；

（3）凸轮机构的最大压力角和最小压力角；

（4）推杆的位移s、速度v和加速度a的方程；

（5）若凸轮以$\omega=10$r/s回转，当AO成水平位置时推杆的速度。

447. 如题447图所示为偏置直动尖顶推杆盘形凸轮机构，凸轮廓线为渐开线，渐开线

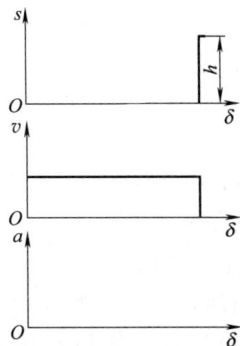
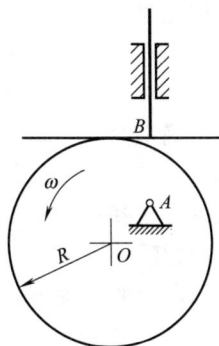
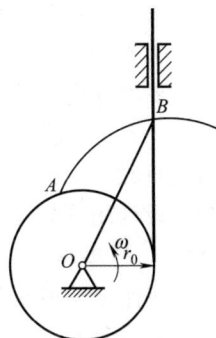

题445图　　　题446图　　　题447图

的基圆半径 $r_0=40mm$，凸轮以 $\omega=20r/s$ 逆时针旋转。试求：

(1) 在 B 点接触时推杆的速度 v_B；

(2) 推杆的运动规律（推程）；

(3) 凸轮机构在 B 点接触时的压力角；

(4) 试分析该凸轮机构在推程开始时有无冲击？是哪种冲击？

第4章 齿轮与蜗杆传动练习题

一、选择

448. 高速重载齿轮传动，当润滑不良时，最可能出现的失效形式是（ ）。

(A) 齿面胶合 (B) 齿面疲劳点蚀 (C) 齿面磨损 (D) 轮齿疲劳折断

449. 对于开式齿轮传动，在工程设计中，一般（ ）。

(A) 按接触强度设计齿轮尺寸，再校核弯曲强度

(B) 按弯曲强度设计齿轮尺寸，再校核接触强度

(C) 只需按接触强度设计 (D) 只需按弯曲强度设计

450. 一对标准直齿圆柱齿轮，若 $z_1=18$，$z_2=72$，则这对齿轮的弯曲应力（ ）。

(A) $\sigma_{F1}>\sigma_{F2}$ (B) $\sigma_{F1}<\sigma_{F2}$ (C) $\sigma_{F1}=\sigma_{F2}$ (D) $\sigma_{F1}\leqslant\sigma_{F2}$

451. 对于齿面硬度 $\leqslant$350HBS 的闭式钢制齿轮传动，其主要失效形式为（ ）。

(A) 轮齿疲劳折断 (B) 齿面磨损 (C) 齿面疲劳点蚀 (D) 齿面胶合

452. 齿轮传动引起附加动载荷和冲击振动的根本原因是（ ）。

(A) 齿面误差 (B) 周节误差 (C) 基节误差 (D) 中心距误差

453. 一减速齿轮传动，小齿轮1选用45钢调质；大齿轮2选用45钢正火，它们的齿面接触应力（ ）。

(A) $\sigma_{H1}>\sigma_{H2}$ (B) $\sigma_{H1}<\sigma_{H2}$ (C) $\sigma_{H1}=\sigma_{H2}$ (D) $\sigma_{H1}\leqslant\sigma_{H2}$

454. 对于硬度 $\leqslant$350HBS 的闭式齿轮传动，设计时一般（ ）。

(A) 先按接触强度计算 (B) 先按弯曲强度计算

(C) 先按磨损条件计算 (D) 先按胶合条件计算

455. 设计一对减速软齿面齿轮传动时，从等强度要求出发，进行大、小齿轮的硬度选择时，应使（ ）。

(A) 两者硬度相等 (B) 小齿轮硬度高于大齿轮硬度

(C) 大齿轮硬度高于小齿轮硬度 (D) 小齿轮采用硬齿面，大齿轮采用软齿面

456. 直齿圆锥齿轮的强度计算的依据是（ ）。

(A) 大端当量圆柱齿轮 (B) 平均分度圆柱齿轮

(C) 平均分度圆处的当量圆柱齿轮 (D) 小端当量圆柱齿轮

457. 一对标准渐开线圆柱齿轮要正确啮合，它们的（ ）必须相等。

(A) 直径 d (B) 模数 m (C) 齿宽 b (D) 齿数 z

458. 设计闭式软齿面直齿轮传动时，选择齿数 z_1 的原则是（ ）。

(A) z_1 越多越好 (B) z_1 越少越好 (C) $z_1\geqslant17$，不产生根切即可

(D) 在保证轮齿有足够的抗弯疲劳强度的前提下，齿数选多些有利

459. 在设计闭式硬齿面齿轮传动中，直径一定时应取较少的齿数，使模数增大以（ ）。

（A）提高齿面接触强度　　　　　　　　　（B）提高轮齿的抗弯曲疲劳强度

（C）减少加工切削量，提高生产率　　　　（D）提高抗塑性变形能力

460. 在直齿圆柱齿轮设计中，若中心距保持不变，而增大模数，则可以（　　）。

（A）提高齿面的接触强度　　　　　　　　（B）提高轮齿的弯曲强度

（C）弯曲与接触强度均可提高　　　　　　（D）弯曲与接触强度均不变

461. 轮齿的弯曲强度，当（　　），则齿根弯曲强度增大。

（A）模数不变，增多齿数时　　　　　　　（B）模数不变，增大中心距时

（C）模数不变，增大直径时　　　　　　　（D）齿数不变，增大模数时

462. 为了提高齿轮传动的接触强度，可采取（　　）的方法。

（A）闭式传动　　　　　　　　　　　　　（B）增大传动中心距

（C）减少齿数　　　　　　　　　　　　　（D）增大模数

463. 圆柱齿轮传动中，当齿轮的直径一定时，减小齿轮的模数、增加齿轮的齿数，则可以（　　）。

（A）提高齿轮的弯曲强度　　　　　　　　（B）提高齿面的接触强度

（C）改善齿轮传动的平稳性　　　　　　　（D）减少齿轮的塑性变形

464. 轮齿弯曲强度计算中的齿形系数 Y_{Fa} 与（　　）无关。

（A）齿数 z　　　　　　　　　　　　　　（B）变位系数 x

（C）模数 m　　　　　　　　　　　　　　（D）斜齿轮的螺旋角 β

465. 标准直齿圆柱齿轮传动的弯曲疲劳强度计算中，齿形系数 Y_{Fa} 只取决于（　　）。

（A）模数 m　　　　　　　　　　　　　　（B）齿数 z

（C）分度圆直径 d　　　　　　　　　　　（D）齿宽系数 φ_d

466. 一对圆柱齿轮，通常把小齿轮的齿宽做得比大齿轮宽一些，其主要原因是（　　）。

（A）使传动平稳　　　　　　　　　　　　（B）提高传动效率

（C）提高齿面接触强度　　　　　　　　　（D）便于安装，保证接触线长度

467. 齿轮在（　　）情况下容易发生胶合失效。

（A）高速、轻载　　（B）低速、轻载　　（C）高速、重载　　（D）低速、重载

468. 一对圆柱齿轮传动，小齿轮分度圆直径 d_1＝50mm，齿宽 b_1＝55mm；大齿轮分度圆直径 d_2＝90mm，齿宽 b_2＝50mm；则齿宽系数 φ_d 为（　　）。

（A）1.1　　　　　（B）5/9　　　　　　（C）1　　　　　　　（D）1.3

469. 齿轮传动在以下几种工况中（　　）的齿宽系数 φ_d 可取大些。

（A）悬臂布置　　　　　　　　　　　　　（B）不对称布置

（C）对称布置　　　　　　　　　　　　　（D）同轴式减速器布置

470. 设计一传递动力的闭式软齿面钢制齿轮，精度为 7 级。若想在中心距 a 和传动比 i 不变的条件下，提高齿面接触强度的最有效的方法是（　　）。

（A）增大模数（相应地减少齿数）　　　　（B）提高主、从动轮的齿面硬度

（C）提高加工精度　　　　　　　　　　　（D）增大齿根圆角半径

471. 两个标准直齿圆柱齿轮，齿轮 1 的模数 m_1＝5mm，z_1＝25；齿轮 2 的模数 m_2＝3mm，z_2＝40；此时它们的齿形系数（　　）。

（A）$Y_{Fa1} < Y_{Fa2}$　　（B）$Y_{Fa1} > Y_{Fa2}$　　（C）$Y_{Fa1} = Y_{Fa2}$　　（D）$Y_{Fa1} \leqslant Y_{Fa2}$

472. 斜齿圆柱齿轮的动载荷系数 K 和相同尺寸精度的直齿圆柱齿轮相比较是（　　）的。

（A）相等　　　　　（B）较小　　　　　　（C）较大　　　　　（D）可能大也可能小

473. 下列（　　）的措施，可以降低齿轮传动的齿面载荷分布系数 K_β。

(A) 降低齿面粗糙度   (B) 提高轴系刚度

(C) 增加齿轮宽度   (D) 增大端面重合度

474. 齿轮设计中，对齿面硬度≤350HBS 的齿轮传动，选取小齿轮 1 和大齿轮 2 的齿面硬度时，应使（   ）。

(A) $HBS_1 = HBS_2$ (B) $HBS_1 \leqslant HBS_2$

(C) $HBS_1 > HBS_2$ (D) $HBS_1 = HBS_2 +$ （30～50）

475. 斜齿圆柱齿轮的齿数 z 与模数 m_n 不变，若增大螺旋角 β，则分度圆直径 d_1（   ）。

(A) 增大   (B) 减小   (C) 不变   (D) 不一定增大或减小

476. 对于齿面硬度≤350HBS 的齿轮传动，当大、小齿轮均采用 45 钢时，一般采取的热处理方式为（   ）。

(A) 小齿轮淬火，大齿轮调质   (B) 小齿轮淬火，大齿轮正火

(C) 小齿轮调质，大齿轮正火   (D) 小齿轮正火，大齿轮调质

477. 一对圆柱齿轮传动中，当齿面产生疲劳点蚀时，通常发生在（   ）。

(A) 靠近齿顶处   (B) 靠近齿根处

(C) 靠近节线的齿顶部分   (D) 靠近节线的齿根部分

478. 一对圆柱齿轮传动，当其他条件不变时，仅将齿轮传动所受的载荷增为原载荷的 4 倍，其齿面接触应力（   ）。

(A) 不变   (B) 增为原应力的 2 倍

(C) 增为原应力的 4 倍   (D) 增为原应力的 16 倍

479. 两个齿轮的材料的热处理方式、齿宽、齿数均相同，但模数不同，$m_1 = 2mm$，$m_2 = 4mm$，它们的弯曲承载能力为（   ）。

(A) 相同   (B) m_2 的齿轮比 m_1 的齿轮大

(C) 与模数无关   (D) m_1 的齿轮比 m_2 的齿轮大

480. 以下（   ）的做法不能提高齿轮传动的齿面接触承载能力。

(A) d 不变而增大模数   (B) 改善材料

(C) 增大齿宽   (D) 增大齿数以增大 d

481. 齿轮设计时，当因齿数选择过多而使直径增大时，若其他条件相同，则它的弯曲承载能力（   ）。

(A) 呈线性地增加   (B) 不呈线性但有所增加

(C) 呈线性地减小   (D) 不呈线性但有所减小

482. 直齿锥齿轮强度计算时，是以（   ）为计算依据的。

(A) 大端当量直齿锥齿轮   (B) 齿宽中点处的直齿圆柱齿轮

(C) 齿宽中点处的当量直齿圆柱齿轮   (D) 小端当量直齿锥齿轮

483. 渐开线标准齿轮的根切现象发生在（   ）。

(A) 模数较大时   (B) 模数较小时   (C) 齿数较少时   (D) 齿数较多时

484. 今有 4 个标准直齿圆柱齿轮，已知齿数 $z_1 = 20$，$z_2 = 40$，$z_3 = 60$，$z_4 = 80$，$m_1 = 4mm$，$m_2 = 3mm$，$m_3 = 2mm$，$m_4 = 2mm$，则齿形系数最大的为（   ）。

(A) Y_{Fa1} (B) Y_{Fa2} (C) Y_{Fa3} (D) Y_{Fa4}

485. 一对减速齿轮传动中，若保持分度圆直径 d_1 不变，而减少齿数和增大模数，其齿面接触应力将（   ）。

(A) 增大   (B) 减小   (C) 保持不变   (D) 略有减小

486. 一对直齿锥齿轮两齿轮的齿宽为 b_1、b_2，设计时应取（　　）。

(A) $b_1 > b_2$　　　　　　　　　　　(B) $b_1 = b_2$

(C) $b_1 < b_2$　　　　　　　　　　　(D) $b_1 = b_2 + (30 \sim 50)\text{mm}$

487. 设计齿轮传动时，若保持传动比 i 和齿数和 $z_\Sigma = z_1 + z_2$ 不变，而增大模数 m，则齿轮的（　　）。

(A) 弯曲强度提高，接触强度提高　　　(B) 弯曲强度不变，接触强度提高

(C) 弯曲强度与接触强度均不变　　　　(D) 弯曲强度提高，接触强度不变

488. 开式齿轮传动的主要失效形式是（　　）。

(A) 齿面磨损引起轮齿折断　　　　　　(B) 齿面点蚀

(C) 齿面胶合　　　　　　　　　　　　(D) 齿面塑性变形

489. 设计闭式软齿面齿轮传动时，当小齿轮分度圆直径保证时，应多取齿数、减小模数以（　　）。

(A) 提高接触强度　　(B) 提高弯曲强度　　(C) 减少加工切削量

490. 润滑良好的闭式软齿面齿轮传动常见的失效形式为（　　）。

(A) 齿面磨损　　　(B) 齿面点蚀　　　(C) 齿面胶合　　　(D) 齿面塑性变形

491. 圆柱齿轮传动，当齿轮直径不变，而减小模数时，可以（　　）。

(A) 提高轮齿的弯曲强度　　　　　　　(B) 提高轮齿的接触强度

(C) 提高轮齿的静强度　　　　　　　　(D) 改善传递的平稳性

492. 齿轮传动中，轮齿齿面的疲劳点蚀破坏，通常首先发生在（　　）。

(A) 接近齿顶处　　　　　　　　　　　(B) 接近齿根处

(C) 靠近节线的齿顶处　　　　　　　　(D) 靠近节线的齿根部分

493. 以下几点中，（　　）不是齿轮传动的优点。

(A) 传动精度高　　(B) 传动效率高　　(C) 结构紧凑　　(D) 成本低

494. 开式齿轮传动，应保证齿根弯曲应力 $\sigma_F < [\sigma_F]$，主要是为了避免齿轮的（　　）失效。

(A) 齿轮折断　　(B) 齿面磨损　　(C) 齿面胶合　　(D) 齿面点蚀

495. 锥齿轮弯曲强度计算中的齿形系数 Y_{Fa} 是按（　　）确定的。

(A) 齿数 z　　(B) $z/\cos^2\delta$　　(C) $z/\cos\delta$　　(D) $z^2/\cos\delta$

496. 下列措施中，（　　）不利于提高齿轮轮齿抗疲劳折断能力。

(A) 减轻加工损伤　　　　　　　　　　(B) 减小齿面粗糙度

(C) 表面强化处理　　　　　　　　　　(D) 减小齿根过渡曲线半径

497. 下列措施中（　　）对防止和减轻齿面胶合不利。

(A) 降低齿高　　　　　　　　　　　　(B) 在润滑油中加极压添加剂

(C) 降低齿面硬度　　　　　　　　　　(D) 改善散热条件

498. 为了提高齿轮的抗点蚀能力，可以采取（　　）的方法。

(A) 闭式传动　　　　　　　　　　　　(B) 加大传动的中心距

(C) 减少齿轮的齿数，增大齿轮的模数　(D) 提高大、小齿轮齿面硬度差

499. 闭式软齿面齿轮设计中，小齿轮齿数的选择应（　　）。

(A) 以不根切为原则，选少些　　　　　(B) 选多少都可以

(C) 在保证齿根弯曲强度的前提下，选多些

500. 齿轮抗弯曲计算中的齿形系数反映了（　　）对轮齿抗弯强度的影响。

(A) 轮齿的形状　　(B) 轮齿的大小　　(C) 齿面硬度　　(D) 齿面粗糙度

501. 航空领域使用的齿轮，要求质量小、传递功率大和可靠性高。因此，常用的材料是（　　）。

(A) 铸铁　　　　　(B) 铸钢　　　　　(C) 高性能合金钢 (D) 工程塑料

502. 在圆柱齿轮传动中，材料与齿宽系数、齿数比、工作情况等一定情况下，轮齿的接触强度主要取决于（　　），而弯曲强度主要取决于（　　）。

(A) 模数　　　　　(B) 齿数　　　　　(C) 中心距　　　　(D) 压力角

503. 斜齿圆柱齿轮，螺旋角取得越大，则（　　）。

(A) 传动平稳性越好，轴向分力越小　　　(B) 传动平稳性越差，轴向分力越小

(C) 传动平稳性越好，轴向分力越大　　　(D) 传动平稳性越差，轴向分力越大

504. 一对相啮合的圆柱齿轮 $z_1 > z_2$，$b_1 > b_2$，其接触应力的大小是（　　）。

(A) $\sigma_{H1} < \sigma_{H2}$　　　　　　　　　　(B) $\sigma_{H1} > \sigma_{H2}$

(C) $\sigma_{H1} = \sigma_{H2}$　　　　　　　　　　(D) 可能相等也可能不相等

505. 一对标准圆柱齿轮传动，已知 $z_1 = 20$，$z_2 = 50$，它们的齿形系数是（　　）。

(A) $Y_{F1} < Y_{F2}$　　　(B) $Y_{F1} = Y_{F2}$　　　(C) $Y_{F1} > Y_{F2}$

它们的齿根弯曲应力是（　　）。

(A) $\sigma_{F1} > \sigma_{F2}$　　　(B) $\sigma_{F1} = \sigma_{F2}$　　　(C) $\sigma_{F1} < \sigma_{F2}$

它们的齿面接触应力是（　　）。

(A) $\sigma_{H1} > \sigma_{H2}$　　　(B) $\sigma_{H1} = \sigma_{H2}$　　　(C) $\sigma_{H1} < \sigma_{H2}$

506. 在确定计算齿轮的极限应力时，对于无限寿命，其寿命系数 K_{FN} 或 F_{HN}（　　）。

(A) ＞1　　　　　(B) ＝1　　　　　(C) ＜1

507. 在齿轮传动中，为了减小动载系数 K_V，可以采取的措施有（　　）。

(A) 提高齿轮的制造精度　　　　　(B) 减小齿轮平均单位载荷

(C) 减小外加载荷的变化幅度　　　　(D) 降低齿轮的圆周速度

508. 软齿面闭式齿轮传动最常见的失效形式是（　　）；而开式齿轮传动最常见的失效形式是（　　）。

(A) 齿根折断　　　(B) 齿面点蚀　　　(C) 齿面磨损　　　(D) 齿面胶合

(E) 塑性变形

509. 直齿圆柱齿轮与斜齿圆柱齿轮相比，其承载能力和传动平稳性（　　）。

(A) 直齿轮好　　　(B) 斜齿轮好　　　(C) 两者一样

510. 齿轮传动设计中，选择小轮齿数 z 的原则是（　　）。

(A) 在保证不根切的条件下，尽量选少齿

(B) 在保证不根切的条件下，尽量选多齿

(C) 在保证弯曲强度所需条件下，尽量选少齿

(D) 在保证弯曲强度所需条件下，尽量选多齿

511. 对开式齿轮传动，强度计算主要针对（　　）破坏。

(A) 磨损　　　　　(B) 折断　　　　　(C) 胶合　　　　　(D) 都不是

512. 如果齿轮的模数、转速和传递的功率不变，增加齿轮的直径，则齿轮的（　　）。

(A) 接触强度减小　(B) 弯曲强度增加　(C) 接触强度增大 (D) 都不是

513. 对于圆柱齿轮传动，当保持齿轮的直径不变而减小模数时，可以（　　）。

(A) 改善传递的平稳性　　　　　(B) 提高轮齿的弯曲强度

(C) 提高轮齿的接触强度　　　　(D) 提高轮齿的静强度

514.对于闭式软齿面齿轮传动，在润滑良好的条件下，最常见的失效形式为（　　）。

(A) 齿面塑性变形　(B) 齿面磨损　　　(C) 齿面点蚀　　　(D) 齿面胶合

515.选择齿轮的结构形式和毛坯获得的方法与（　　）有关。

(A) 齿圈宽度　　　　　　　　　(B) 齿轮直径

(C) 齿轮在轴上的位置　　　　　(D) 齿轮的精度

516.斜齿圆柱齿轮齿数、模数不变，螺旋角加大，则分度圆直径（　　）。

(A) 加大　　　(B) 减小　　　(C) 不变　　　(D) 不一定

517.为减小齿轮的动载系数 K_V，可（　　）。

(A) 保持传动比不变，减少两轮齿数　(B) 将两齿轮做成变位齿轮

(C) 对轮齿进行齿顶修缘　　　　　　(D) 增加齿宽

518.斜齿圆柱齿轮，螺旋角取得大些，则传动的平稳性将（　　）。

(A) 越低　　　　　　　　　(B) 越高

(C) 没有影响　　　　　　　(D) 没有确定的变化趋势

519.低速重载软齿面齿轮传动的主要失效形式是（　　）。

(A) 轮齿折断　　(B) 齿面塑性变形　(C) 齿面磨损　(D) 齿面胶合

520.齿轮因齿数多而使其直径增加时，若其他条件相同，则它的弯曲承载能力（　　），

(A) 呈线性增加　(B) 不呈线性增加　(C) 呈线性减小　(D) 不呈线性减小

521.设计一对齿轮传动时，若保持传动比和齿数不变而增大模数，则齿轮的（　　）。

(A) 弯曲强度提高，接触强度提高　(B) 弯曲强度不变，接触强度提高

(C) 弯曲强度不变，接触强度不变　(D) 弯曲强度提高，接触强度不变

522.蜗杆传动较为理想的材料是（　　）。

(A) 钢和铸铁　　(B) 钢和青铜　　(C) 钢和铝合金　(D) 钢和钢

523.在标准蜗杆传动中，模数不变提高蜗杆直径系数，将使蜗杆的刚度（　　）。

(A) 提高　　　　　　　　　(B) 降低

(C) 不变　　　　　　　　　(D) 可能增加，可能降低

524.蜗杆传动中，当其他条件相同时，增加蜗杆的头数，则传动效率（　　）。

(A) 降低　　　　　　　　　(B) 提高

(C) 不变　　　　　　　　　(D) 可能提高，可能降低

525.为了提高蜗杆的刚度应（　　）。

(A) 增大蜗杆直径系数值　　　(B) 采用高强度合金钢作蜗杆材料

(C) 增加蜗杆硬度

526.蜗杆传动中，齿面在节点处的相对滑动速度为（　　）。

(A) $v_1/\sin\gamma$　　(B) $v_1/\cos\gamma$　　(C) $v_1/\tan\gamma$　　(D) $v_1\tan\gamma$

527.选择蜗杆头数 z_1 时，从增大传动比方面来看，宜选择 z_1（　　）；从提高效率方面来看，宜选择 z_1（　　）；从制造方面来看，宜选择 z_1（　　）。

(A) 大些　　　(B) 小些

528.对于一般传递动力的闭式蜗杆传动，其选择蜗轮材料的主要依据是（　　）。

(A) 齿面滑动速度　　　　　(B) 蜗杆传动效率

(C) 配对蜗杆的齿面硬度　　(D) 蜗杆传动的载荷大小

529.计算蜗杆传动比时，公式（　　）是错误的。

(A) $i=\dfrac{\omega_1}{\omega_2}$　　(B) $i=\dfrac{n_1}{n_2}$　　(C) $i=\dfrac{d_2}{d_1}$　　(D) $i=\dfrac{z_2}{z_1}$

530. 在蜗杆传动强度计算中，若蜗轮材料是铸铁或铝铁青铜，则其许用应力与（　　　）有关。

(A) 蜗轮铸造方法　　　　　　　　　　(B) 蜗轮是双向受载还是单向受载

(C) 应力循环次数 N　　　　　　　　　(D) 齿面间相对滑动速度

531. 闭式蜗杆传动失效的主要形式是（　　　）。

(A) 齿面塑性变形　　(B) 磨损　　　　(C) 胶合　　　　(D) 点蚀

532. 蜗杆常用的材料是（　　　）。

(A) HT150　　　　(B) ZCuSn10P1　　　(C) 45 钢　　　(D) GCr15

533. 对闭式蜗杆传动进行热平衡计算，其主要目的是（　　　）。

(A) 防止润滑油受热后外溢，造成环境污染

(B) 防止润滑油黏度过高使润滑条件恶化

(C) 防止蜗轮材料在高温下力学性能下降

(D) 防止蜗杆蜗轮发生热变形后正确啮合受到破坏

534. 在蜗杆传动设计中，除规定模数标准化外，还规定蜗杆直径 D_1 的选取标准，其目的是（　　　）。

(A) 限制加工蜗杆的刀具数量

(B) 限制加工蜗轮的刀具数量并便于刀具的标准化

(C) 为了装配方便　　　　　　　　　　(D) 为了提高加工精度

535. 对于普通圆柱蜗杆传动，下列说法错误的是（　　　）。

(A) 传动比不等于蜗轮与蜗杆分度圆直径比

(B) 蜗杆直径系数 q 越小，则蜗杆刚度越大

(C) 在蜗轮端面内模数和压力角为标准值

(D) 蜗杆头数 z_1 增大时，传动效率提高

536. 在蜗杆传动中，轮齿承载能力计算主要是针对（　　　）来进行的。

(A) 蜗杆齿面接触强度和蜗轮齿根弯曲强度

(B) 蜗杆齿根弯曲强度和蜗轮齿面接触强度

(C) 蜗杆齿面接触强度和蜗杆齿根弯曲强度

(D) 蜗轮齿面接触强度和蜗轮齿根弯曲强度

537. 蜗杆传动的材料配对为钢制蜗杆（表面淬火）与青铜蜗轮，因此在动力传动中应当由（　　　）的强度来决定蜗杆传动的承载能力。

(A) 蜗杆　　　　　(B) 蜗轮　　　　　(C) 蜗杆或蜗轮　(D) 蜗杆和蜗轮

538. 为了提高蜗杆传动的效率，在润滑良好的条件下，最有效的措施是采用（　　　）。

(A) 单头蜗杆　　　　　　　　　　　　(B) 多头蜗杆

(C) 大直径系数的蜗杆　　　　　　　　(D) 提高蜗杆转速

539. 蜗杆传动中，将蜗杆分度圆直径 d_1 定为标准值是为了（　　　）。

(A) 使中心距也标准化　　　　　　　　(B) 为了避免蜗杆刚度过小

(C) 为了提高加工效率

(D) 为了减少蜗轮滚刀的数目，便于刀具标准化

540. 在润滑良好的情况下，耐磨性最好的蜗轮材料是（　　　）。

(A) 铸铁　　　　(B) 无锡青铜　　　　(C) 锡青铜　　　(D) 黄铜

541. 为了提高蜗杆传动效率，在润滑良好条件下，最有效的是采用（　　　）的方法。

(A) 单头蜗杆　　　　　　　　　　　　(B) 多头蜗杆

(C) 大直径系数蜗杆 (D) 提高蜗杆转速

542. 欲设计效率较高的蜗杆传动，（ ）是无用的。

(A) 增加蜗杆头数 (B) 增大直径系数 (C) 采用圆弧面蜗杆

543. 在标准蜗杆传动中，蜗杆头数 z_1 一定时，若增大蜗杆直径系数，将使传动效率（ ）。

(A) 降低 (B) 提高

(C) 不变 (D) 可能提高也可能降低

544. 多级传动设计中，为提高啮合效率，通常将蜗杆传动布置在（ ）。

(A) 高速级 (B) 中速级 (C) 低速级 (D) 哪一级都可以

545. 标准蜗杆传动中，蜗杆头数一定时，增加蜗杆直径系数，啮合效率（ ）。

(A) 增加 (B) 减小

(C) 不变 (D) 可能增加也可能减小

546. 蜗轮-蜗杆传动通常需作热平衡计算的主要原因在于（ ）。

(A) 传动比较大 (B) 传力比较大

(C) 蜗轮材料较软 (D) 传动效率较低

547. 其他条件相同时，若增加蜗杆头数，则蜗杆传动的相对滑动速度（ ）。

(A) 增加 (B) 减小 (C) 保持不变 (D) 变化趋势不确定

548. 与齿轮传动相比较，（ ）不能作为蜗杆传动的优点。

(A) 传动平稳、噪声小 (B) 传动效率高

(C) 可产生自锁 (D) 传动比大

549. 阿基米德圆柱蜗杆与蜗轮传动的（ ）模数，应符合标准值。

(A) 法面 (B) 端面 (C) 中间平面

550. 在蜗杆传动中，对于滑动速度 $v_1 \geq 3m/s$ 的重要传动，应采用（ ）材料作蜗轮齿圈。

(A) ZCuSn10P1 (B) HT200 (C) 45 钢调质

(D) 20CrMnTi 渗碳淬火

551. 蜗杆直径系数（ ）。

(A) $q=d_1/m$ (B) $q=d_1 m$ (C) $q=a/d_1$ (D) $q=am$

552. 在蜗杆传动中，当其他条件相同时，减少蜗杆头数 z_1 则（ ）。

(A) 有利于蜗杆加工 (B) 有利于提高蜗杆刚度

(C) 有利于实现自锁 (D) 有利于提高传动效率

553. 闭式蜗杆传动的主要失效形式是（ ）。

(A) 蜗杆断裂 (B) 蜗轮轮齿折断

(C) 磨粒磨损 (D) 胶合、疲劳点蚀

554. 一对渐开线齿轮啮合能够连续传动的条件是（ ）。

(A) 重合度小于 1 (B) 重合度大于 1

(C) 重合度大于或等于 1 (D) 重合度小于或等于 1

555. 斜齿圆柱齿轮的模数、压力角、齿顶高系数均有端面和法面之分，一般均规定（ ）的参数为标准值。

(A) 法面 (B) 端面

(C) 法面且与螺旋角旋向有关 (D) 端面且与螺旋角旋向有关

556. 若忽略摩擦，一对渐开线齿廓啮合时，齿廓间作用力沿着（ ）方向。

(A) 齿廓公切线 (B) 节圆公切线 (C) 中心线 (D) 基圆内公切线

557. 渐开线齿轮传动的轴承磨损后，中心距变大，这时传动比将（　　）。

(A) 增大　　　　　　(B) 减小　　　　　　(C) 不变

558. 两渐开线标准直齿圆柱齿轮啮合，当中心距增加时，两齿轮的分度圆半径（　　）。

(A) 增加　　　　　　(B) 减小　　　　　　(C) 不变

559. 齿轮根切的现象易发生在（　　）的场合。

(A) 模数较大　　　　(B) 模数较小　　　　(C) 齿数较少　　　　(D) 齿数较多

560. 蜗杆传动中蜗杆的标准面为（　　）。

(A) 端面　　　　　　(B) 法面　　　　　　(C) 轴面

561. 下面各题基于题561图中所示的减速器。

(1) 如果齿轮4为右旋，则齿轮2、齿轮3所受的轴向力的方向分别为（　　）。

(A) 向上、向上　　　(B) 向上、向下　　　(C) 向下、向上　　　(D) 向下、向下

(2) 若希望抵消部分轴Ⅱ的轴向力，则齿轮3的旋向、轴向力的方向分别为（　　）。

(A) 左旋、向上　　　(B) 左旋、向下　　　(C) 右旋、向上　　　(D) 右旋、向下

(3) 轴Ⅱ和轴Ⅲ的转向分别为（　　）。

(A) 轴Ⅱ向左、轴Ⅲ向左　　　　　　　　(B) 轴Ⅱ向左、轴Ⅲ向右

(C) 轴Ⅱ向右、轴Ⅲ向左　　　　　　　　(D) 轴Ⅱ向右、轴Ⅲ向右

562. 下面各题基于题562图中所示的由圆锥齿轮和斜齿圆柱齿轮组成的传动系统。已知：Ⅰ轴为输入轴，转向如图所示。

(1) 各齿轮的转向为（　　）。

(A) 齿轮2向左、齿轮4向左　　　　　　　(B) 齿轮2向左、齿轮4向右

(C) 齿轮2向右、齿轮4向左　　　　　　　(D) 齿轮2向右、齿轮4向右

(2) 齿轮3和齿轮4的旋向为（　　）。

(A) 齿轮3左旋、齿轮4左旋　　　　　　　(B) 齿轮3左旋、齿轮4右旋

(C) 齿轮3右旋、齿轮4左旋　　　　　　　(D) 齿轮3右旋、齿轮4右旋

(3) 齿轮2和齿轮3的轴向力分别是（　　）。

(A) 齿轮2向上、齿轮3向上　　　　　　　(B) 齿轮2向上、齿轮3向下

(C) 齿轮2向下、齿轮3向上　　　　　　　(D) 齿轮2向下、齿轮3向下

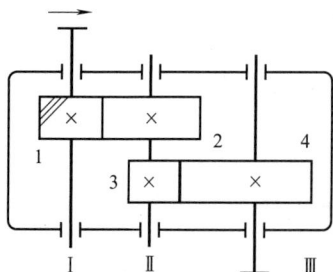

题 561 图

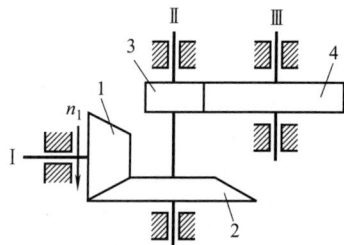

题 562 图

563. 下面各题基于题563图中所示的蜗杆传动和圆锥齿轮传动的组合。蜗杆为主动轮，已知输出轴上的锥齿轮 z_4 的转向 n。欲使中间轴上的轴向力能部分抵消，试确定：

(1) 蜗杆轴、中间轴的转向分别为（　　）。

(A) 顺时针、向下　　　　　　　(B) 顺时针、向上

(C) 逆时针、向下　　　　　　　(D) 逆时针、向上

(2) 蜗轮轮齿的旋向、齿轮3的轴向力的方向分别为（　　）。

（A）左旋、向左　　（B）左旋、向右　　　（C）右旋、向左　（D）右旋、向右

（3）蜗杆轴向力和圆周力方向分别是（　　）。

（A）指出纸面、向右　　　　　　　　　（B）指出纸面、向左

（C）指入纸面、向右　　　　　　　　　（D）指入纸面、向左

564. 下面各题基于题 564 图所示的传动系统，其中，1 为蜗杆，2 为蜗轮，3 和 4 为斜齿圆柱齿轮，5 和 6 为直齿锥齿轮。若蜗杆主动，要求输出齿轮 6 的回转方向如图所示。若要使 Ⅱ、Ⅲ 轴上所受轴向力互相抵消一部分，试确定：

（1）蜗杆、齿轮 3 的螺旋线方向分别为（　　）。

（A）左旋、左旋　　（B）左旋、右旋　　　（C）右旋、左旋　（D）左旋、右旋

（2）蜗杆 1 转向、轴向力方向分别为（　　）。

（A）顺时针、指入　　　　　　　　　　（B）顺时针、指出

（C）逆时针、指入　　　　　　　　　　（D）逆时针、指出

（3）齿轮 4 轴向力方向、转向分别为（　　）。

（A）向左、向下　　（B）向右、向下　　　（C）向左、向上　（D）向右、向上

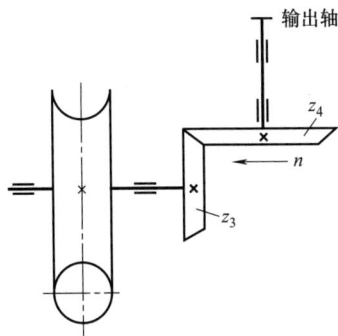

题 563 图

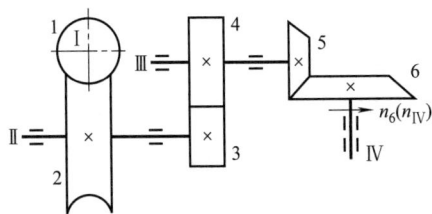

题 564 图

565. 以下各题来自下面的内容：有一电动绞车，采用如题 565 图所示的传动方案，齿轮 1 和 2 为闭式直齿圆柱齿轮传动，蜗杆 3 和蜗轮 4 为开式传动。采用 4 个联轴器将 6 根轴连接，把运动和动力传递到卷筒，实现提升重物 W 的目的。

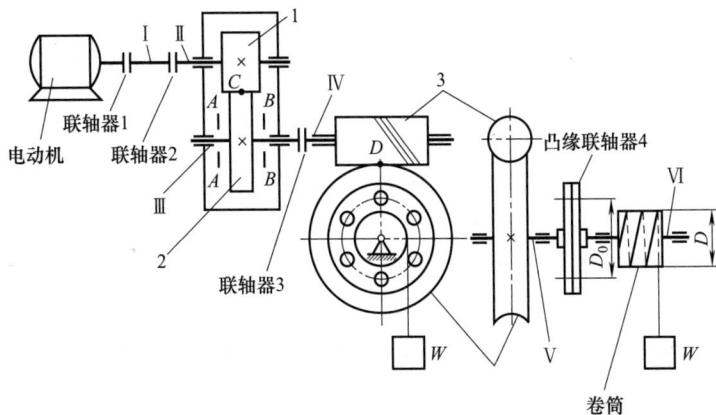

题 565 图

（1）Ⅰ轴是（　　）。

（A）转动心轴　　（B）固定心轴　　　（C）转轴　　（D）传动轴

（2）Ⅲ轴 *A-A* 截面上（　　）。

（A）只作用扭转剪应力　　　　　　　（B）既作用扭转剪应力，又作用弯曲应力

（C）只作用弯曲应力　　　　　　　　（D）作用力不确定

（3）Ⅲ轴 *B-B* 截面上（　　）。

（A）只作用扭转剪应力　　　　　　　（B）既作用扭转剪应力，又作用弯曲应力

（C）只作用弯曲应力　　　　　　　　（D）作用力不确定

（4）图中使重物 *W* 上升时，在主视图中蜗杆的轴向力和圆周力方向分别是（　　）。

（A）轴向力水平向右、圆周力指出纸面　　（B）轴向力水平向右、圆周力指入纸面

（C）轴向力水平向左、圆周力指出纸面　　（D）轴向力水平向左、圆周力指入纸面

（5）图中使重物 *W* 上升时，在主视图中电动机转向和蜗轮旋向分别是（　　）。

（A）电动机转向向上、蜗轮左旋　　　（B）电动机转向向下、蜗轮右旋

（C）电动机转向向上、蜗轮右旋　　　（D）电动机转向向下、蜗轮左旋

（6）如果不用联轴器 3，使Ⅲ轴和Ⅳ轴合并为同一根轴，当重物 *W* 上升时，为了使该轴受力合理，则齿轮 1 旋向和齿轮 2 轴向力方向分别为（　　）。

（A）齿轮 1 右旋、齿轮 2 轴向力水平向右

（B）齿轮 1 右旋、齿轮 2 轴向力水平向左

（C）齿轮 1 左旋、齿轮 2 轴向力水平向左

（D）齿轮 1 左旋、齿轮 2 轴向力水平向右

二、填空

566. 齿轮的齿形系数 Y_{Fa} 的大小与_____无关，主要取决于_____。

567. 斜齿圆柱齿轮传动中，螺旋角 β 过小会使得_____，β 过大又会使得_____。在设计过程中，β 的值应为_____值，_____可以通过调整 β 来进行调整。

568. 齿轮传动中，齿面点蚀一般易出现在轮齿的_____处．轮齿折断易出现在轮齿的_____处。

569. 一对直齿圆柱齿轮传动比 $i>1$，大小齿轮在啮合处的接触应力是_____；如大、小齿轮的材料及热处理相同，则其许用接触应力_____，两轮的接触疲劳强度_____。

570. 直齿圆柱齿轮作接触强度计算时，取_____处的接触应力为计算依据，其载荷由_____对轮齿承担。

571. 设计一对减速软齿面齿轮时，从等强度要求出发，大小齿轮的硬度选择应使_____齿轮硬度高些。

572. 斜齿圆柱齿轮的法面模数与端面模数的关系为_____（写出关系式）。

573. 对于闭式软齿面齿轮传动，主要按_____进行设计，而按_____进行校核，这时影响齿轮强度的最主要几何参数是_____。

574. 齿轮传动强度计算中，齿形系数 Y_{Fa} 值，直齿圆柱齿轮按_____选取，而斜齿圆柱齿轮按_____选取。

575. 在齿轮传动中，若一对齿轮采用软齿面，则小齿轮的材料硬度比大齿轮的硬度高_____HBS。

576. 多级齿轮传动减速器中传递的功率是一定的，但由于低速级轴的转速_____而使得该轴传递的扭矩_____，所以低速级轴的直径要比高速级轴的直径粗得多。

577. 软齿面圆柱齿轮传动时，取小齿轮的齿面硬度_____大齿轮的齿面硬度；小齿轮的齿宽_____大齿轮的齿宽。

578. 对于一般渐开线圆柱齿轮传动，其齿面接触疲劳强度的计算应以_____处的接触应力作为计算应力。

579. 减小齿轮动载荷的主要措施有_____和_____。

580. 在斜齿圆柱齿轮设计中，应取_____模数为标准值；而在直齿圆锥齿轮设计中，应取_____模数为标准值。

581. 闭式软齿面齿轮通常用_____进行设计，用_____进行校核。

582. 直齿锥齿轮传动常用于_____轴间的运动传递。

583. 一对斜齿轮正确啮合的条件是_____，_____，_____。

584. 直齿锥齿轮强度计算时，是以_____当量圆柱齿轮为计算依据。

585. 圆柱齿轮设计计算中的齿宽系数，是_____齿轮的齿宽与_____齿轮的分度圆直径之比。

586. 采用正角度变位齿轮传动可以使齿轮的接触强度_____，弯曲强度_____。

587. 在单向转动的齿轮上，由于齿轮的弯曲疲劳强度不够所产生的疲劳裂纹，一般容易发生在轮齿的_____。

588. 一对标准圆柱齿轮传动中，两轮齿面接触强度相同的条件是_____。

589. 斜齿圆柱齿轮传动的齿形系数与_____、_____和_____有关，而与_____无关。

590. 当设计圆柱齿轮传动时，在齿数、齿宽、材料不变的条件下，_____可提高齿面接触疲劳强度。

591. 在圆柱齿轮传动中，当齿轮直径不变而减小模数时，对轮齿弯曲强度、接触强度及传动的工作平稳性的影响分别_____、_____、_____。

592. 人字齿轮传动中产生的轴向力可以_____，故对支承轴承无影响。

593. 一对齿根弯曲强度裕度较大的齿轮传动，如果中心距、齿宽、传动比保持不变，增大齿轮齿数将能改善传动的_____性，并能_____金属切削量，减小磨损和胶合的可能性，而其_____疲劳强度不会降低。

594. 一般开式齿轮传动中的主要失效形式是_____和_____。

595. 一般闭式齿轮传动中的主要失效形式是_____和_____。

596. 开式齿轮的设计准则是_____。

597. 对于开式齿轮传动，虽然主要失效形式是_____，但目前尚无成熟可靠的_____计算方法，故按_____强度计算。这时影响齿轮强度的主要几何参数是_____。

598. 高速重载齿轮传动，当润滑不良时最可能出现的失效形式是_____。

599. 在齿轮传动中，齿面疲劳点蚀是由于_____的反复作用引起的，点蚀通常首先出现在_____。

600. 一对齿轮啮合时，其大、小齿轮的接触应力是_____；而其许用接触应力是_____的；小齿轮的弯曲应力与大齿轮的弯曲应力一般也是_____。

601. 设计闭式硬齿面齿轮传动时，当直径 d_1 一定时，应取_____的齿数 z_1，使_____增大，以提高轮齿的弯曲强度。

602. 一对圆柱齿轮，通常把小齿轮的齿宽做得比大齿轮宽一些，其主要原因是_____。

603. 一对圆柱齿轮传动，小齿轮分度圆直径 $d_1 = 50$mm，齿宽 $b_1 = 55$mm；大齿轮分度圆直径 $d_2 = 90$mm，齿宽 $b_2 = 50$mm，则齿宽系数 $\varphi_d = $_____。

604. 今有两个标准直齿圆柱齿轮，齿轮 1 的模数 $m_1 = 5mm$，$z_1 = 25$；齿轮 2 的模数 $m_2 = 3mm$，$z_1 = 40$。此时它们的齿形系数 Y_{Fa1} _____ Y_{Fa2}。

605. 斜齿圆柱齿轮的动载荷系数 K_V 和相同尺寸精度的直齿圆柱齿轮相比较是 _____ 的。

606. 一对圆柱齿轮传动，当其他条件不变时，仅将齿轮传动所受的载荷增为原载荷的 4 倍，其齿面接触应力将增为原应力的 _____ 倍。

607. 设计齿轮传动时，若保持传动比 i 与齿数和 $z_\Sigma = z_1 + z_2$ 不变，而增大模数 m，则齿轮的弯曲强度 _____，接触强度 _____。

608. 直齿圆柱齿轮传动的正确啮合条件是 _____。

609. 标准渐开线直齿圆锥齿轮的标准模数和压力角定义在 _____ 端。

610. 渐开线在基圆上的压力角等于 _____。

611. 渐开线齿廓上最大压力角在 _____ 圆上。

612. 限制蜗杆的直径系数 q 是为了 _____。

613. 圆柱蜗杆传动中，当蜗杆主动时，其传动啮合效率为 _____，蜗杆的头数 z 越多，效率 _____；蜗杆传动的自锁条件为 _____，蜗杆的头数越小，越容易 _____。

614. 蜗杆传动的主要失效形式为 _____、_____ 和 _____，提高蜗杆传动承载能力的措施有变位 _____ 和 _____ 等。

615. 蜗杆传动中蜗杆的螺旋线力向与蜗轮的螺旋线方向 _____；蜗杆的 _____ 模数为标准模数，蜗轮的 _____ 压力角为标准压力角；蜗杆的 _____ 直径为标准直径。

616. 当两轴线 _____ 时，可采用蜗杆传动。

617. 在润滑良好的条件下，为提高蜗杆传动的效率，应采用 _____ 蜗杆。

618. 对闭式蜗杆传动，通常是按 _____ 强度进行设计，而按 _____ 强度进行校核；对于开式蜗杆传动，则通常只需按 _____ 强度进行设计。

619. 在蜗杆传动中，蜗杆头数越少，则传动效率越 _____，自锁性越 _____，一般蜗杆头数常取 $z_1 =$ _____。

620. 在蜗杆传动中，产生自锁的条件是 _____。

621. 在蜗杆传动中，蜗轮螺旋线的方向与蜗杆螺旋线的旋向应该为 _____。

三、改错

622. 渐开线上各点的曲率半径都相等。

623. 渐开线的形状取决于分度圆直径的大小。

624. 在基圆的内部也能产生渐开线。

625. 内齿轮的齿形轮廓线就是在基圆内产生的渐开线。

626. 轮齿的形状与压力角的大小无关。

627. 压力角的大小与轮齿的形状有关。

628. 当模数一定时，齿数越少，齿轮的几何尺寸越大，齿形的渐开线曲率越小，齿廓曲线越趋于平直。

629. 变位齿轮是标准齿轮。

630. 高度变位齿轮传动的变位系数之和等于 1。

四、判断

631. 渐开线上各点的曲率半径都是相等的。 ( )

632. 渐开线的形状与基圆的大小无关。 ( )

633. 渐开线上任意一点的法线不可能都与基圆相切。 （　　）

634. 渐开线上各点的压力角是不相等的，越远离基圆压力角越小，基圆上的压力角最大。 （　　）

635. 齿轮的标准压力角和标准模数都在分度圆上。 （　　）

636. 分度圆上压力角的变化，对齿廓的形状有影响。 （　　）

637. 两齿轮间的距离叫中心距。 （　　）

638. 内齿轮的齿顶圆在分度圆以外，齿根圆在分度圆以内。 （　　）

639. 标准斜齿圆柱齿轮的正确啮合条件是：两齿轮的端面模数和压力角相等，螺旋角相等，螺旋方向相反。 （　　）

640. 斜齿圆柱齿轮计算基本参数是：标准模数、标准压力角、齿数和螺旋角。 （　　）

641. 标准直齿圆锥齿轮，规定以小端的几何参数为标准值。 （　　）

642. 圆锥齿轮的正确啮合条件是：两齿轮的小端模数和压力角分别相等。 （　　）

643. 直齿圆柱标准齿轮的正确啮合条件是：只要两齿轮模数相等即可。 （　　）

644. 计算直齿圆柱标准齿轮的必需条件是：只需要模数和齿数就可以。 （　　）

645. 斜齿轮传动的平稳性和同时参加啮合的齿数，都比直齿轮高，所以斜齿轮多用于高速传动。 （　　）

646. 相同模数和相同压力角，但不同齿数的两个齿轮，可以使用同一把齿轮刀具进行加工。 （　　）

647. 齿轮加工中是否产生根切现象，主要取决于齿轮齿数。 （　　）

648. 齿数越多越容易出现根切。 （　　）

649. 为了便于装配，通常取小齿轮的宽度比大齿轮的宽度大 5～10mm。 （　　）

650. 用范成法加工标准齿轮时，为了不产生根切现象，规定最小齿数不得小于 17。 （　　）

651. 齿轮传动不宜用于两轴间距离大的场合。 （　　）

652. 渐开线齿轮啮合时，啮合角恒等于节圆压力角。 （　　）

653. 由制造、安装误差导致中心距改变时，渐开线齿轮不能保证瞬时传动比不变。 （　　）

654. 渐开线的形状只取决于基圆的大小。 （　　）

655. 节圆是一对齿轮相啮合时才存在的量。 （　　）

656. 分度圆是计量齿轮各部分尺寸的基准。 （　　）

657. 按齿面接触疲劳强度设计计算齿轮传动时，若两齿轮的许用接触应力 $[\sigma]_{H1} \neq [\sigma]_{H2}$，在计算公式中应代入大者进行计算。 （　　）

658. 一对标准直齿圆柱齿轮，若 $z_1 = 18$，$z_2 = 72$，则这对齿轮的弯曲应力 $\sigma_{F1} < \sigma_{F2}$。 （　　）

659. 闭式软齿面齿轮传动设计中，小齿轮齿数的选择应以不根切为原则，选少些。 （　　）

660. 一对齿轮啮合时，相互作用的轮齿上受的接触应力大小相等。 （　　）

661. 直齿圆锥齿轮的标准模数是大端模数。 （　　）

662. 直齿圆锥齿轮的齿形系数与模数无关。 （　　）

663. 为减小减速器的结构尺寸，在设计齿轮传动时，应尽量采用硬齿面齿轮。 （　　）

664. 直齿圆锥齿轮，轮齿的弯曲强度计算应以小端面为准。 （　　）

665. 开式齿轮传动中，齿面点蚀不常见。 （　　）

666. 直齿锥齿轮的强度计算是在轮齿小端进行。 （　　）

667. 经过热处理的齿面是硬齿面，未经热处理的齿面是软齿面。 （　　）

668. 直齿圆锥齿轮的模数是以大端为基础的，所以其强度计算也应以大端为基础。 （　　）

669. 齿轮传动中，当实际中心距≠标准中心距时，可采用改变斜齿圆柱齿轮螺旋角的方法来满足中心距要求。 （　　）

670. 直齿圆柱齿轮传动中节圆与分度圆永远相等。 （　　）

671. 斜齿轮的端面模数大于法面模数。 （　　）

672. 润滑良好的闭式软齿面齿轮，齿面点蚀失效不是设计中考虑的主要失效形式。 （　　）

673. 一对相互啮合的齿轮，如果两齿轮的材料和热处理情况均相同，则它们的工作接触应力和许用接触应力均相等。 （　　）

674. 对于软齿面闭式齿轮传动，若弯曲强度校核不足，较好的解决办法是保持 d_1 和 b 不变，而减少齿数，增大模数。

675. 齿轮传动在高速重载情况下，且散热条件不好时，其齿轮的主要失效形式为齿面塑性变形。 （　　）

676. 齿轮传动中，经过热处理的齿面称为硬齿面，而未经热处理的齿面称为软齿面。 （　　）

677. 动载系数 K_V 是考虑主、从动齿轮啮合振动产生的内部附加动载荷对齿轮载荷的影响系数。 （　　）

678. 对于单向转动的齿轮，由于齿轮的弯曲疲劳强度不够所产生的疲劳裂纹，一般产生在受压侧的齿根部分。 （　　）

679. 在开式齿轮传动中，应该根据齿轮的接触疲劳强度设计。 （　　）

680. 标准渐开线齿轮的齿形系数大小与模数有关，与齿数无关。 （　　）

681. 一对直齿圆柱齿轮传动，在齿顶到齿根各点接触时，齿面的法向力 F_n 是相同的。 （　　）

682. 蜗杆机构的传动比不等于蜗轮蜗杆的直径比。 （　　）

683. 同一对渐开线圆柱齿轮，当安装的中心距改变时传动比保持不变。 （　　）

684. 重合度大于等于1时，两直齿圆柱齿轮才能正确啮合。 （　　）

685. 渐开线直齿圆柱齿轮的分度圆与节圆相等。 （　　）

686. 斜齿圆柱齿轮的法面压力角大于端面压力角。 （　　）

687. 加工负变位齿轮时，齿条刀具的分度线应向远离轮坯的方向移动。 （　　）

688. 渐开线上任意一点的法线必切于基圆。 （　　）

689. 锥齿轮的当量齿数为 $z_V = z \cos^3 \delta$。 （　　）

690. 蜗杆蜗轮正确啮合时，二者螺旋线的旋向必须相同。 （　　）

691. 渐开线齿廓上各点的曲率半径处处不等，基圆处的曲率半径为 r_b。 （　　）

692. 渐开线齿廓上某点的曲率半径就是该点的回转半径。 （　　）

693. 在直齿圆柱齿轮传动中，齿厚和齿槽宽相等的圆一定是分度圆。 （　　）

694. 满足正确啮合条件的大、小直齿圆柱齿轮的齿形必须相同。 （　　）

695. 渐开线标准直齿圆柱齿轮 A，分别同时与齿轮 B、C 啮合传动，则齿轮 A 上的分度圆只有一个，但节圆可以有两个。 （　　）

696. 两对标准安装的渐开线标准直齿圆柱齿轮，各轮齿数和压力角均对应相等，第一

对齿轮的模数 $m = 4\text{mm}$，第二对齿轮的模数 $m = 5\text{mm}$，则第二对齿轮传动的重合度必定大于第一对齿轮的重合度。 （　　）

697. 齿数、模数分别对应相同的一对渐开线直齿圆柱齿轮传动和一对斜齿圆柱齿轮传动，后者的重合度比前者要大。 （　　）

698. 蜗杆传动的正确啮合条件之一是蜗杆的端面模数与蜗轮的端面模数相等。 （　　）

699. 在蜗杆传动中，由于蜗轮的工作次数较少，因此采用强度较低的有色金属材料。 （　　）

700. 蜗杆传动中，其他条件相同，若增加蜗杆头数，则齿面相对滑动速度提高。 （　　）

701. 蜗杆传动中，如果模数和蜗杆头数一定，增加蜗杆分度圆直径，将使传动效率降低，蜗杆刚度提高。 （　　）

702. 设计蜗杆传动时，为了提高传动效率，可以增加蜗杆的头数。 （　　）

703. 在蜗杆传动比 $i = z_2/z_1$ 中，蜗杆头数 z_1 相当于齿数，因此其分度圆直径 $d_2 = z_2 m$。 （　　）

704. 蜗杆传动中，蜗轮法面模数和压力角是标准值。 （　　）

705. 为提高蜗杆轴的刚度，应增大蜗杆的直径系数 q。 （　　）

五、问答

706. 解释下列名词：分度圆、节圆、基圆、压力角、啮合角、啮合线、重合度。

707. 在什么条件下分度圆与节圆重合？在什么条件下压力角与啮合角相等？

708. 渐开线齿轮正确啮合与连续传动的条件是什么？

709. 为什么要限制最少齿数？对于 $\alpha = 20°$ 正常齿制直齿圆柱齿轮和斜齿圆柱齿轮的 $Z_{\min}$ 各等于多少？

710. 齿轮传动的主要失效形式有哪些？开式、闭式齿轮传动的失效形式有什么不同？设计准则通常是按哪些失效形式制订的？

711. 齿根弯曲疲劳裂纹首先发生在危险截面的哪一边？为什么？为提高轮齿抗弯曲疲劳折断的能力，可采取哪些措施？

712. 齿轮为什么会产生齿面点蚀与剥落？点蚀首先发生在什么部位？为什么？防止点蚀有哪些措施？

713. 齿轮在什么情况下发生胶合？采取哪些措施可以提高齿面抗胶合能力？

714. 为什么开式齿轮齿面严重磨损，而一般不会出现齿面点蚀？对开式齿轮传动，如何减轻齿面磨损？

715. 为什么一对软齿面齿轮的材料与热处理硬度不应完全相同？这时大、小齿轮的硬度差值为多少才合适？硬齿面是否也要求硬度差？

716. 齿轮传动的失效形式有哪些？如何建立齿轮传动的计算准则？简述各种失效发生的部位、发生的原因及防止失效的常用措施。

717. 常用齿轮材料有哪些？各用于什么场合？

718. 分析直齿圆柱齿轮传动、斜齿圆柱齿轮传动和直齿圆锥齿轮传动三种传动工作时受力的不同。

719. 齿轮设计中，为何引入动载系数 K_V？试述减小动载荷的方法。

720. 影响齿轮啮合时载荷分布不均匀的因素有哪些？采取什么措施可使载荷分布均匀？

721. 直齿圆柱齿轮进行弯曲疲劳强度计算时，其危险截面是如何确定的？

722. 齿形系数 Y_{Fa} 与模数有关吗？有哪些因素影响 Y_{Fa} 的大小？

723. 试述齿宽系数 φ_d 的定义。选择 φ_d 时考虑哪些因素？

724. 一对钢制标准直齿圆柱齿轮，$z_1＝19$，$z_2＝88$。试问哪个齿轮所受的接触应力大？哪个齿轮所受的弯曲应力大？

725. 一对钢制（45钢调质，硬度为280HBS）标准齿轮和一对铸铁齿轮（HT300，硬度为230HBS），两对齿轮的尺寸、参数及传递载荷相同。试问哪对齿轮所受的接触应力大？哪对齿轮的接触疲劳强度高？为什么？

726. 为什么设计齿轮时所选齿宽系数 φ_d 既不能太大，又不能太小？

727. 在设计闭式软齿面标准直齿圆柱齿轮传动时，若 φ_d 与 $[\sigma_H]$ 不变，主要应增大齿轮的什么几何参数，才能提高齿轮的接触强度？并简述其理由。

728. 一对渐开线圆柱直齿轮，若中心距、传动比和其他条件不变，仅改变齿轮的齿数，试问对弯曲强度各有何影响？

729. 一对圆柱齿轮的实际齿宽为什么做成不相等？哪个齿轮的齿宽大？在强度计算公式中的齿宽 b 应以哪个齿轮的齿宽代入？为什么？锥齿轮的齿宽是否也是这样？

730. 在选择齿轮传动比时，为什么锥齿轮的传动比常比圆柱齿轮选得小些？为什么斜齿圆柱齿轮的传动比又可比直齿圆柱齿轮选得大些？

731. 一对直齿圆柱齿轮传动中，大、小齿轮抗弯曲疲劳强度相等的条件是什么？

732. 一对直齿圆柱齿轮传动中，大、小齿轮抗接触疲劳强度相等的条件是什么？

733. 有两对齿轮，模数 m 及中心距 a 不同，其余参数都相同。试问它们的接触疲劳强度是否相同？如果模数不同，而对应的节圆直径相同，又将怎样？

734. 一对齿轮传动中，大、小齿轮的接触应力是否相等？如大、小齿轮的材料及热处理情况相同，它们的许用接触应力是否相等？如许用接触应力相等，则大、小齿轮的接触疲劳强度是否相等？

735. 在二级圆柱齿轮传动中，如其中一级为斜齿圆柱齿轮传动，另一级为直齿锥齿轮传动。试问斜齿轮传动应布置在高速级还是低速级？为什么？

736. 要设计一个由直齿圆柱齿轮、斜齿圆柱齿轮和直齿锥齿轮组成的多级传动，它们之间的顺序应如何安排才合理？为什么？

737. 要求设计传动比 $i＝3$ 的标准直齿圆柱齿轮，选择齿数 $z_1＝12$，$z_2＝36$，行不行？为什么？

738. 现设计出一标准直齿圆柱齿轮（正常齿），其参数为：$m＝3.8$，$z_1＝12$，$\alpha＝23°$。试问：

（1）是否合理，为什么？（2）若不合理，请提出改正意见。

739. 设计一对闭式齿轮传动。先按接触强度进行设计，校核时发现弯曲疲劳强度不够，请至少提出两条改进意见，并简述其理由。

740. 在齿轮设计中，选择齿数时应考虑哪些因素？

741. 为什么锥齿轮的轴向力 F_a 的方向恒指向该轮的大端？

742. 在闭式软齿面圆柱齿轮传动中，在保证弯曲强度的前提下，齿数 z_1 选多些有利，试简述其理由。

743. 斜齿圆柱齿轮传动中螺旋角 β 的大小对传动有何影响，其值通常限制在什么范围？

744. 蜗杆传动有哪些基本特点？

745. 蜗杆传动以哪一个平面内的参数和尺寸为标准？这样做有什么好处？

746. 蜗杆传动的传动比是 $i＝d_2/d_1$ 吗？为什么？

747. 蜗杆传动具有哪些特点？它为什么要进行热平衡计算？若热平衡计算不合要求怎么办？

748. 采用什么措施可以节约蜗轮所用的铜材？

749. 蜗杆传动中，蜗杆所受的圆周力 F_{t1} 与蜗轮所受的圆周力 F_{t2} 是否相等？

750. 蜗杆传动中，蜗杆所受的轴向力 F_{a1} 与蜗轮所受的轴向力 F_{a2} 是否相等？

751. 蜗杆传动中为何常用蜗杆为主动件？蜗轮能否作主动件？为什么？

752. 影响蜗杆传动效率的主要因素有哪些？导程角 γ 的大小对效率有何影响？

753. 试述蜗杆传动的失效形式。

六、计算

754. 若已知一对标准安装的直齿圆柱齿轮的中心距 $a=189\mathrm{mm}$，传动比 $i=3.5$，小齿轮齿数 $z_1=21$，试求这对齿轮的 m、d_1、d_2、d_{a2}、d_{f2}、p。

755. 两个标准直齿圆柱齿轮，已知 $z_1=22$，$z_2=98$，小齿轮齿顶圆直径 $d_{a1}=240\mathrm{mm}$，大齿轮全齿高 $h=22.5\mathrm{mm}$，试判断这两个齿轮能否正确啮合传动。

756. 已知一对外啮合正常齿标准斜齿圆柱齿轮传动的中心距 $a=200\mathrm{mm}$，法面模数 $m_n=2\mathrm{mm}$，法面压力角 $\alpha_n=20°$，齿数 $z_1=30$，$z_2=166$，试计算该对齿轮的端面模数 m_t，分度圆直径 d_1、d_2，齿根圆直径 d_{f1}、d_{f2} 和螺旋角 β。

757. 在一个中心距 $a=155\mathrm{mm}$ 的旧减速器箱体内，配上一对齿数为 $z_1=23$，$z_2=76$，模数 $m_n=3\mathrm{mm}$ 的斜齿圆柱齿轮，试问这对齿轮的螺旋角 β 应为多少？

758. 设计某装置的单级斜齿圆柱齿轮减速器，已知输入功率 $P_1=5.5\mathrm{kW}$，转速 $n_1=480\mathrm{r/min}$，$n_2=150\mathrm{r/min}$，初选参数：$z_1=28$，$z_2=120$，齿宽系数 $\varphi_d=1.1$，按齿面接触疲劳强度计算得小齿轮分度圆直径 $d_1=70.13\mathrm{mm}$。求：

(1) 法面模数 m_n；

(2) 中心距 a（取整数）；

(3) 螺旋角 β；

(4) 小齿轮和大齿轮的齿宽 b_1 和 b_2。

759. 试按中心距 $a=150\mathrm{mm}$，齿数比 $u=3/2$，选择一对 $m=4\mathrm{mm}$ 的标准直齿圆柱齿轮，组成单级减速箱的传动齿轮。

(1) 确定齿轮的齿数 z_1、z_2；

(2) 若传递的转矩 $T=4.5\times10^6\mathrm{N\cdot mm}$，求标准安装时啮合处的圆周力、径向力和法向力。

760. 一对标准直齿圆柱齿轮传动，已知：$z_1=23$，$z_2=45$，小轮材料为 40Cr，大轮材料为 45 钢，齿形系数 $Y_{Fa1}=2.69$，$Y_{Fa2}=2.35$，应力校正系数 $Y_{Sa1}=1.575$，$Y_{Sa2}=1.68$，许用应力 $[\sigma]_{H1}=600\mathrm{MPa}$，$[\sigma]_{H2}=500\mathrm{MPa}$，$[\sigma]_{F1}=179\mathrm{MPa}$，$[\sigma]_{F2}=114\mathrm{MPa}$。试问：

(1) 哪个齿轮接触强度小？

(2) 哪个齿轮的弯曲强度小？

七、分析

761. 某展开式二级斜齿圆柱齿轮传动中，齿轮 4 转动方向如题 761 图所示，已知Ⅰ轴为输入轴，齿轮 4 为右旋齿。为使中间轴Ⅱ所受的轴向力抵消一部分，试在图中标出：

(1) 各轮的轮齿旋向；

(2) 各轮轴向力 F_{a1}、F_{a2}、F_{a3}、F_{a4} 的方向。

762. 题 762 图为直齿圆锥齿轮和斜齿圆柱齿轮组成的两级传动装置，动力由轴Ⅰ输入，轴Ⅲ输出，Ⅲ轴的转向如图中箭头所示，试分析：

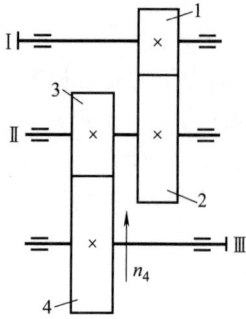

题 761 图

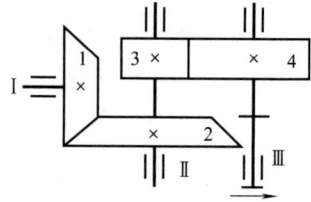

题 762 图

（1）在图中画出各轮的转向；

（2）为使中间轴Ⅱ所受的轴向力可以抵消一部分，确定斜齿轮 3 和 4 的螺旋方向；

（3）画出圆锥齿轮 2 和斜齿轮 3 所受各分力的方向。

763. 采用受力简图的平面图表示方法标出题 763 图所给两图中各齿轮的受力，已知齿轮 1 为主动，其转向如图中所示。

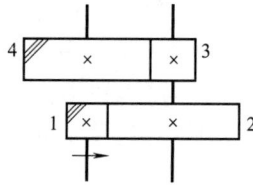   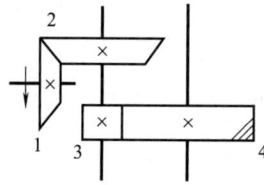

(a)   (b)

题 763 图

764. 如题 764 图所示的二级斜齿圆柱齿轮减速器，齿轮 4 为右旋；轴Ⅰ的转向如图所示，试求：

（1）轴Ⅱ、Ⅲ的转向（标于图上）；

（2）为使轴Ⅱ的轴承所承受的轴向力小，确定各齿轮的螺旋线方向（标于图上）；

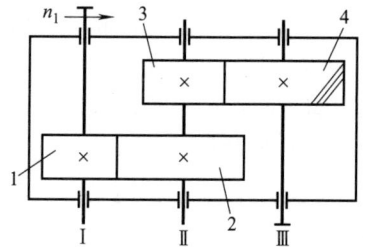

题 764 图

（3）齿轮 2、3 所受各分力的方向（标于图上）。

765. 如题 765 图所示为一标准蜗杆传动，蜗杆主动，转矩 $T_1 = 25000$N·mm，模数 $m = 4$mm，压力角 $\alpha = 20°$，头数 $z_1 = 2$，直径系数 $q = 10$，蜗轮齿数 $z_2 = 54$，传动的啮合效率 $\eta = 0.75$。试确定：

（1）蜗轮的转向；

（2）作用在蜗杆、蜗轮上的各力的大小及方向。

766. 如题 766 图所示，蜗杆主动 $T_1 = 20$N·m，$m = 4$mm，$z_1 = 2$，$d_2 = 50$mm，蜗轮齿数 $z_2 = 50$，传动的啮合效率 $\eta = 0.75$，试确定：

（1）蜗轮的转向；

（2）蜗杆与蜗轮上作用力的大小和方向。

767. 如题 767 图所示为一蜗杆与斜齿轮组合轮系，已知斜齿轮 A 的旋向与转向如图所示。

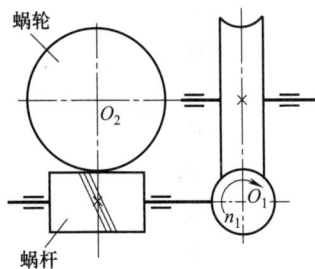

题 765 图

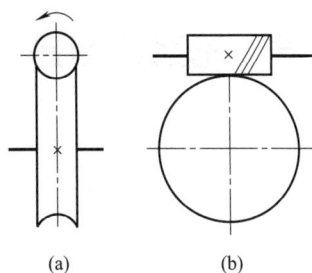

题 766 图

（1）为使中间轴的轴向力相反，试确定蜗轮旋向及蜗杆转向；

（2）标出 a 点的各受力方向。

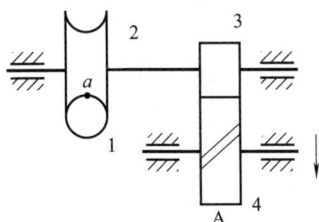

题 767 图

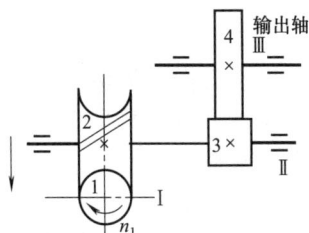

题 768 图

768. 如题 768 图所示为蜗轮蜗杆与斜齿轮的组合传动。已知蜗杆 1 的转向 n_1，蜗轮 2 的轮齿旋向如图所示，要求 Ⅱ 轴上两轮所受的轴向力能相互抵消一部分。请在图上啮合点处标 F_{r1}、F_{t2}、F_{a3}、F_{a4} 的方向，并在图上标出齿轮 4 的转动方向及其轮齿旋向。

769. 如题 769 图所示为某手动简单起重设备，按图示方向转动蜗杆，提升重物 G。

（1）试求：蜗杆与蜗轮螺旋线方向；

（2）在图上标出啮合点所受诸力的方向；

（3）若蜗杆自锁，反转手柄使重物下降，求蜗轮上作用力方向的变化。

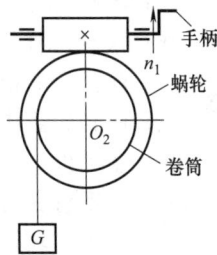

题 769 图

770. 在题 770 图中，标出未注明的蜗杆（或蜗轮）的螺旋线旋向及蜗杆或蜗轮的转向，并绘出蜗杆或蜗轮啮合点作用力的方向（用 3 个分力表示）。

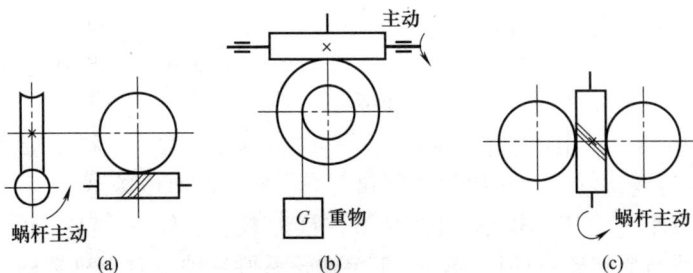

题 770 图

第5章 轮系练习题

一、选择

771. 对平面定轴轮系，两齿轮转向关系可用它们之间的（　　）次数来判定。

(A) 内啮合 　　　(B) 外啮合 　　　(C) 总啮合 　　　(D) 内外啮合差的

772. 行星轮系由（　　）、（　　）和（　　）三种基本构件组成。

(A) 主动轮、中心轮、系杆 　　　　　　(B) 行星轮、从动轮、转臂

(C) 行星轮、中心轮、系杆 　　　　　　(D) 太阳轮、中心轮、行星架

773. 在定轴轮系中，每一个齿轮的回转轴线都是（　　）的。

(A) 相对运动确定 　(B) 相对固定 　(C) 运动确定 　(D) 固定

774. 惰轮对（　　）并无影响，但却能改变从动轮的（　　）。

(A) 传动比的大小、转动方向 　　　　　(B) 传动比、转动方向

(C) 转动方向、传动比 　　　　　　　　(D) 转动方向、传动比的大小

775. 如果在齿轮传动中，其中有一个齿轮和它的（　　）绕另一个（　　）旋转，则这轮系就叫周转轮系。

(A) 轴线、轴线 　(B) 轴线、齿轮 　(C) 轴线、太阳轮 (D) 卫星轮、太阳轮

776. 轮系中（　　）两轮（　　）之比，称为轮系的传动比。

(A) 指定、转速 　(B) 指定、齿数 　(C) 首末、转速 　(D) 首末、齿数

777. 一对齿轮的传动比，若考虑两轮旋转方向的同异，可写成 $i =$（　　）。

(A) $+z_2/z_1$ 　(B) $+z_1/z_2$ 　(C) $-z_2/z_1$ 　(D) $-z_1/z_2$

778. 定轴轮系的传动比，等于组成该轮系的所有（　　）轮齿数连乘积与所有（　　）轮齿数连乘积之比。

(A) 末轮、首轮 　　　　　　　　　　　(B) 主动轮、从动轮

(C) 首轮、末轮 　　　　　　　　　　　(D) 从动轮、主动轮

779. 周转轮系中只有一个（　　）的轮系称为行星轮系。

(A) 主动件 　　　(B) 从动件 　　　(C) 太阳轮 　　　(D) 转臂

780. 轮系可获得（　　）的传动比，并可作（　　）距离的传动。

(A) 较小、较远 　(B) 较大、较远 　(C) 较大、较近 　(D) 较小、较近

781. 轮系可以实现（　　）要求。

(A) 只变速不变向 (B) 不变速只变向 (C) 变速和变向 (D) 不变速也不变向

782. 轮系可以（　　）运动，也可以（　　）运动。

(A) 转动、移动 　(B) 合成、转动 　(C) 转动、移动 　(D) 合成、分解

783. 差动轮系的主要结构特点是有（　　）。

(A) 1个主动件 　(B) 1个被动件 　(C) 2个从动件 　(D) 2个主动件

784. 周转轮系结构尺寸（　　），质量较（　　）。

(A) 紧凑、轻 　　(B) 紧凑、重 　　(C) 适中、轻 　　(D) 适中、重

785 周转轮系可获得（　　）的传动比和（　　）的功率传递。

(A) 较小、较小 　(B) 较小、较大 　(C) 较大、较小 　(D) 较大、较大

786. 定轴轮系与周转轮系的区别，在于定轴轮系所有轴相对于机架的位置都是固定的；周转轮系是指轮系中有一个齿轮的轴线绕另一轴线转动的轮系。此句中错误的是（　　）。

(A) 所有轴 　　　(B) 机架 　　　　(C) 有一个 　　　(D) 绕另一轴

787. 行星轮系和差动轮系的区别是：当周转轮系的两个中心轮都能转动时（自由度为1）称为差动轮系。若固定其中一个中心轮，则称为行星轮系。此句中错误的是（　　）。

（A）两个　　　　　　（B）中心轮　　　　　（C）自由度为1　　（D）固定

788. 差动轮系是指自由度（　　）。

（A）为1的周转轮系（B）为2的定轴轮系（C）为2的周转轮系

789. 周转轮系的传动比计算应用了转化机构的概念。对应周转轮系的转化机构乃是（　　）。

（A）定轴轮系　　　　（B）行星轮系　　　　（C）混合轮系　　　（D）差动轮系

790. 行星轮系是指自由度（　　）。

（A）为1的周转轮系（B）为1的定轴轮系（C）为2的周转轮系

791. 周转轮系中若两个中心轮都不固定，该轮系是（　　）；其给系统一个$-\omega_H$后所得到的转化轮系是（　　）。

（A）差动轮系　　　　（B）行星轮系　　　　（C）复合轮系　　　（D）定轴轮系

792. 平面定轴轮系增加一个惰轮后（　　）。

（A）只改变从动轮的旋转方向、不改变轮系传动比的大小

（B）改变从动轮的旋转方向、改变轮系传动比的大小

（C）只改变轮系传动比的大小、不改变从动轮的旋转方向

二、填空

793. 由若干对齿轮组成的齿轮机构称为_____。

794. 根据轮系中齿轮的几何轴线是否固定，可将轮系分为_____轮系、_____轮系和_____轮系三种。

795. 对平面定轴轮系，始末两齿轮转向关系可用传动比计算公式中的符号_____来判定。

796. 行星轮系由_____、_____和_____三种基本构件组成。

797. 在定轴轮系中，每一个齿轮的回转轴都是_____的。

798. 惰轮对_____并无影响，但却能改变从动轮的_____方向。

799. 如果在齿轮传动中，其中有一个齿轮和它的_____绕另一个_____旋转，则这轮系就叫周转轮系。

800. 旋转齿轮的几何轴线位置均_____的轮系，称为定轴轮系。

801. 轮系中_____两轮_____之比，称为轮系的传动比。

802. 加惰轮的轮系只能改变_____的旋转方向，不能改变轮系的_____。

803. 一对齿轮的传动比，若考虑两轮旋转方向的异同，可写$i=\dfrac{n_1}{n_2}=\pm$_____。

804. 定轴轮系的传动比，等于组成该轮系的所有_____轮齿数连乘积与所有_____轮齿数连乘积之比。

805. 在周转轮系中，凡具有_____几何轴线的齿轮，称中心轮；凡具有_____几何轴线的齿轮，称为行星轮；支持行星轮并和它一起绕固定几何轴线旋转的构件，称为_____。

806. 周转轮系中，只有一个_____时的轮系称为行星轮系。

807. 轮系可获得_____的传动比，并可做_____距离的传动。

808. 轮系可以实现_____要求和_____要求。

809. 轮系可以_____运动，也可以_____运动。

810. 采用周转轮系可将两个独立运动_____为一个运动，或将一个独立的运动_____成两个独立的运动。

811. 差动轮系的主要结构特点，是有两个_____。

812. 周转轮系结构尺寸_____，质量较_____。

813. 周转轮系可获得_____的传动比和_____的功率传递。

814. 所谓定轴轮系是指_____。

三、判断

815. 轮系可分为定轴轮系、周转轮系和混合轮系三种。 （　　）

816. 旋转齿轮的几何轴线位置非全部固定的轮系，称之为周转轮系。 （　　）

817. 至少有一个齿轮和它的几何轴线绕另一个齿轮旋转的轮系，称为定轴轮系。

（　　）

818. 定轴轮系首末两轮转速之比，等于组成该轮系的所有从动齿轮齿数连乘积与所有主动齿轮齿数连乘积之比。 （　　）

819. 在周转轮系中，凡具有旋转几何轴线的齿轮，就称为中心轮。 （　　）

820. 在周转轮系中，凡具有固定几何轴线的齿轮，就称为行星轮。 （　　）

821. 定轴轮系可以把旋转运动转变成直线运动。 （　　）

822. 轮系传动比的计算，不但要确定其数值，还要确定输入、输出轴之间的运动关系，表示出它们的转向关系。 （　　）

823. 对空间定轴轮系，其始末两齿轮转向关系可用传动比计算方式中的 $(-1)^m$ 的符号来判定。 （　　）

824. 计算行星轮系的传动比时，把行星轮系转化为一假想的定轴轮系，即可用定轴轮系的方法解决行星轮系的问题。 （　　）

825. 定轴轮系和行星轮系的主要区别，在于系杆是否转动。 （　　）

826. 轮系可分为定轴轮系和周转轮系两种。 （　　）

827. 定轴轮系的传动比等于各对齿轮传动比的连乘积。 （　　）

828. 周转轮系的传动比等于各对齿轮传动比的连乘积。 （　　）

四、问答

829. 指出定轴轮系与周转轮系的区别。

830. 传动比的符号表示什么意义？

831. 如何确定轮系的转向关系？

832. 何谓惰轮？它在轮系中有何作用？

833. 行星轮系和差动轮系有何区别？

834. 为什么要引入转化轮系？

835. 如何把复合轮系分解为简单的轮系？

836. 为什么要应用轮系？试举出几个应用轮系的实例？

837. 定轴轮系的传动比如何计算？式中 $(-1)^m$ 有什么意义？

838. 定轴轮系末端的转向怎样判别？

五、计算

839. 一提升装置如题 839 图所示。其中 $z_1=20$，$z_2=50$，$z_{2'}=16$，$z_3=30$，$z_{3'}=1$，$z_4=40$，$z_{4'}=18$，$z_5=52$。试求传动比 i_{15}，并指出当提升重物时手柄的转向。

840. 一提升装置中 $z_1=16$，$z_2=32$，$z_{2'}=20$，$z_3=40$，$z_{3'}=2$，$z_4=40$。且齿轮 1 的

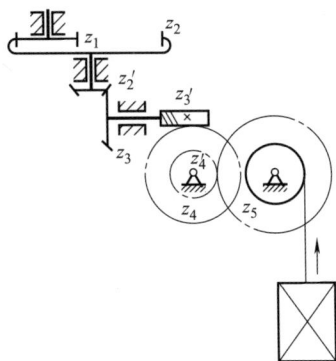

题 839 图

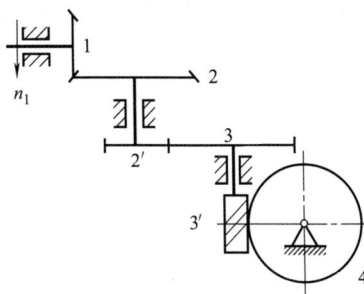

题 840 图

转速为 $n_1 = 1000 \mathrm{r/min}$，转向如题 840 图所示，试求齿轮 4 的转速和转向。

841. 已知蜗杆 1 为双头左旋蜗杆，转向如题 841 图所示，蜗轮 2 的齿数 $z_2 = 50$，蜗杆 $2'$ 为单头右旋蜗杆，蜗轮 3 的齿数 $z_3 = 40$，其余各齿轮齿数为 $z_{3'} = 30$，$z_4 = 20$，$z_{4'} = 26$，$z_5 = 18$，$z_{5'} = 28$，$z_6 = 16$，$z_7 = 18$。试求：（1）分别确定蜗轮 2、蜗轮 3 的轮齿螺旋线方向及转向 n_2、n_3；（2）计算传动比 i_{17}；（3）确定齿轮 7 转向。

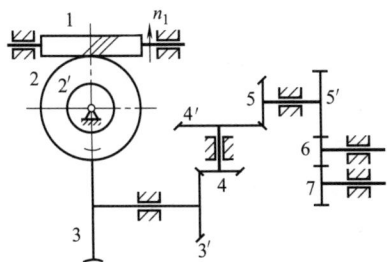

题 841 图

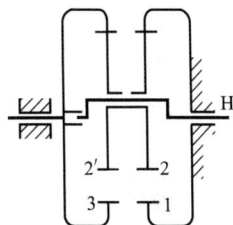

题 842 图

842. 在如题 842 图所示的行星轮系中，已知 $z_1 = 63$，$z_2 = 56$，$z_{2'} = 55$，$z_3 = 62$，求传动比 i_{H_3}。

843. 一差动轮系如题 843 图所示。已知 $z_1 = 18$，$z_2 = 24$，$z_3 = 72$；轮 1 和轮 3 的转速为 $n_1 = 100 \mathrm{r/min}$，$n_2 = 400 \mathrm{r/min}$，转向如图所示。试求 n_H 和 i_{1H}。

844. 如题 844 图所示，已知各齿轮齿数 $z_1 = 100$，$z_2 = 99$，$z_{2'} = 100$，$z_3 = 101$。试求 i_{H1}。

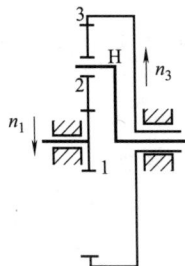

题 843 图

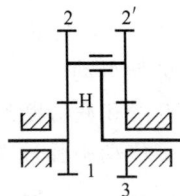

题 844 图

第6章 带与链传动练习题

一、选择

845. V带的楔角等于（　　）。

(A) $40°$ (B) $35°$ (C) $30°$ (D) $20°$

846. V带带轮的轮槽角（　　）$40°$。

(A) 大于   (B) 等于   (C) 小于

847. 带传动采用张紧轮的目的是（　　）。

(A) 减轻带的弹性滑动   (B) 提高带的寿命

(C) 改变带的运动方向   (D) 调节带的初拉力

848. 与齿轮传动和链传动相比，带传动的主要优点是（　　）。

(A) 工作平稳，无噪声   (B) 传动的重量轻

(C) 摩擦损失小，效率高   (D) 寿命较长

849. V带的参数中，（　　）尚未标准化。

(A) 截面尺寸   (B) 长度

(C) 楔角   (D) 带厚度与小带轮直径的比值

850. 在各种带传动中，（　　）应用最广泛。

(A) 平带传动   (B) V带传动   (C) 多楔带传动   (D) 圆带传动

851. 用（　　）的方法来提高带传动传递的功率是不合适的。

(A) 增大初拉力   (B) 增大中心距

(C) 增加带轮表面粗糙度   (D) 增大小带轮直径

852. 带传动中，两带轮与带的摩擦因数相同，直径不等，如有打滑则先发生在（　　）轮上。

(A) 大   (B) 小   (C) 两带   (D) 不一定哪个

853. 采用张紧轮调节带传动中带的张紧力时，张紧轮应安装在（　　）。

(A) 紧边外侧，靠近小带轮处   (B) 紧边内侧，靠近小带轮处

(C) 松边外侧，靠近大带轮处   (D) 松边内侧，靠近大带轮处

854. 带传动正常工作时，紧边拉力 F_1 和松边拉力 F_2 满足的关系为（　　）。

(A) $F_1 = F_2$ (B) $F_1 - F_2 = F_e$ (C) $F_1/F_2 = e^{f\alpha}$ (D) $F_1 = F_2 = F_0$

855. 带传动中，V带的型号是根据（　　）选择的。

(A) 小带轮直径   (B) 转速

(C) 计算功率和小带轮转速   (D) 传递功率

856. 要求单根V带所传递的功率不超过该单根V带允许传递的功率 P_0，这样带传动不会产生（　　）失效。

(A) 弹性滑动   (B) 打滑   (C) 疲劳断裂

(D) 打滑和疲劳断裂   (E) 弹性滑动和疲劳断裂

857. 带传动中弹性滑动的大小随着有效拉力的增大而（　　）。

(A) 增大   (B) 减小   (C) 不变

858. 工作条件与型号一定的V带，其弯曲应力随小带轮直径的增大而（　　）。

(A) 减小   (B) 增大   (C) 无影响

859. V 带带轮的最小直径 d_1 取决于（　　　）。

(A) 带的型号　　　(B) 带的速度　　　(C) 主动轮速度　　(D) 带轮结构尺寸

860. V 带传动和平带传动相比，V 带传动的主要优点是（　　　）。

(A) 在传递相同功率条件下，传动尺寸小　　(B) 传动效率高

(C) 带的寿命长　　　　　　　　　　　　　(D) 带的价格便宜

861. 带传动的中心距与小带轮的直径一定时，若增大传动比，则小带轮上的包角（　　　）。

(A) 减小　　　　　　(B) 增大　　　　　　(C) 不变

862. 带传动的传动比与小带轮的直径一定时，若增大中心距，则小带轮上的包角（　　　）。

(A) 减小　　　　　　(B) 增大　　　　　　(C) 不变

863. 一般 V 带传动的主要失效形式是带的（　　　）及带的（　　　）。

(A) 松弛　　　(B) 颤动　　　(C) 疲劳破坏　　　(D) 弹性滑动　　　(E) 打滑

864. 若传动的几何参数保持不变，仅把带速提高到原来的两倍，则 V 带所能传递的功率将（　　　）。

(A) 低于原来的 2 倍　　　　　　　　(B) 等于原来的 2 倍

(C) 大于原来的 2 倍

865. 带传动不能保证正确的传动比，其原因是（　　　）。

(A) 带容易变形和磨损　　　　　　(B) 带在带轮上打滑

(C) 带的弹性滑动　　　　　　　　(D) 带的材料不遵守胡克定律

866. 带传动的设计准则为（　　　）。

(A) 保证带传动时，带不被拉断

(B) 保证带传动在不打滑条件下，带不磨损

(C) 保证带在不打滑条件下，具有足够的疲劳强度

867. 带传动中的弹性滑动是（　　　）。

(A) 允许出现的，但可以避免

(B) 不允许出现的，如出现应视为失效

(C) 肯定出现的，但在设计中不必考虑

(D) 肯定出现的，在设计中要考虑这一因素

868. 带传动是依靠（　　　）来传递运动和功率的。

(A) 带与带轮接触面之间的正压力　　(B) 带与带轮接触面之间的摩擦力

(C) 带的紧边拉力　　　　　　　　　(D) 带的松边拉力

869. 带张紧的目的是（　　　）。

(A) 减轻带的弹性滑动　　　　　　(B) 提高带的寿命

(C) 改变带的运动方向　　　　　　(D) 使带具有一定的初拉力

870. 一定型号 V 带内弯曲应力的大小，与（　　　）成反比关系。

(A) 带的线速度　　　　　　　　　(B) 带轮的直径

(C) 带轮上的包角　　　　　　　　(D) 传动比

871. 一定型号 V 带中的离心拉应力，与带的线速度（　　　）。

(A) 的平方成正比　　(B) 的平方成反比　　(C) 成正比　　　(D) 成反比

872. 带传动在工作时，假定小带轮为主动轮，则带内应力的最大值发生在带（　　　）。

(A) 进入大带轮处　　　　　　　　(B) 紧边进入小带轮处

（C）离开大带轮处 （D）离开小带轮处

873. 带传动在工作中产生弹性滑动的原因是（　　　）。

（A）带与带轮之间的摩擦因数较小 （B）带绕过带轮产生了离心力

（C）带的弹性与紧边和松边存在拉力差 （D）带传递的中心距大

874. 滚子链传动中，滚子的作用是（　　　）。

（A）缓和冲击 （B）减小套筒与轮齿间的磨损

（C）提高链的破坏载荷 （D）保证链条与轮齿间的良好啮合

875. 链传动中，链条数常采用偶数，这是为了使链传动（　　　）。

（A）工作平稳 （B）链条与链轮轮齿磨损均匀

（C）提高传动效率 （D）避免采用过渡链节

876. 为了避免链条上某些链节和链轮上的某些齿重复啮合，（　　　），以保证链节磨损均匀。

（A）链节数和链轮齿数均要取奇数 （B）链节数和链轮齿数均要取偶数

（C）链节数取奇数，链轮齿数取偶数 （D）链节数取偶数，链轮齿数取奇数

877. 链传动中，传动比过大，则链在小链轮上的包角过小。包角过小的缺点是（　　　）。

（A）同时啮合的齿数少，链条和轮齿的磨损快，容易出现跳齿

（B）链条易被拉断，承载能力低

（C）传动的运动不均匀性和动载荷大

（D）链条铰链易胶合

878. 链传动的合理链长应（　　　）。

（A）取链节距长度的偶数倍 （B）取链节距长度的奇数倍

（C）取任意值 （D）按链轮齿数来决定链长

879. 链传动的瞬时传动比是（　　　），平均传动比是（　　　）。

（A）随机变化的 （B）有规律变化的 （C）恒定不变的

880. 应用标准套筒滚子链传动的许用功率曲线，必须根据（　　　）来选择链条的型号和润滑方法。

（A）链条的圆周力和传递功率 （B）小链轮的转速和计算功率

（C）链条的圆周力和计算功率 （D）链条的速度和计算功率

881. 链条的节数宜采用（　　　）。

（A）奇数 （B）偶数 （C）5 的倍数 （D）10 的倍数

882. 链传动的大链轮齿数不宜过多是因为要（　　　）。

（A）减少速度波动 （B）避免运动的不均匀性

（C）避免传动比过大 （D）避免磨损导致过早掉链

883. 设计链传动时，为了降低动载荷，一般采用（　　　）。

（A）较多的链轮齿数 z 和较小的链节距 p

（B）较少的链轮齿数 z 和较小的链节距 p

（C）较多的链轮齿数 z 和较大的链节距 p

（D）较少的链轮齿数 z 和较大的链节距 p

884. 为提高链传动使用寿命，防止过早脱链，当节距 p 一定时，链轮齿数应（　　　）。

（A）增大 （B）减小 （C）不变

885. 链的节距 p 的大小，反映了链条和链轮齿各部分尺寸的大小。在一定条件下，链的节距越大，承载能力（　　　）。

(A) 越高　　　　　　(B) 越低　　　　　　(C) 不变

886. 链传动中限制链轮的最小齿数，其目的是（　　）；限制链轮的最大齿数，其目的是（　　）。

(A) 保证链的强度　　　　　　　　(B) 保证链传动的平稳性

(C) 限制传动比的选择　　　　　　(D) 防止跳齿

887. 与带传动相比较，链传动的优点是（　　）。

(A) 工作平稳、无噪声　　　　　　(B) 寿命长

(C) 制造费用低　　　　　　　　　(D) 能保持准确的瞬时传动比

888. 链传动中，链节数取偶数，链轮齿数为奇数，最好互为质数，这是为了（　　）。

(A) 磨损均匀　　　　　　　　　　(B) 具有抗冲击能力

(C) 减少磨损与胶合　　　　　　　(D) 使瞬时传动比为定值

889. 与齿轮传动相比较，链传动的优点是（　　）。

(A) 传动效率高　　　　　　　　　(B) 工作平稳、无噪声

(C) 承载能力大　　　　　　　　　(D) 能传递的中心距大

二、填空

890. 当带有打滑趋势时，带传动的有效拉力达到_____，而带传动的最大有效拉力取决于_____、摩擦因数、_____三个因素。

891. 带传动的设计准则是保证带_____，并具有一定的_____。

892. 在同样条件下，带传动产生的摩擦力比平带传动大得多，原因是 V 带在接触面上所受的_____大于平带。

893. V 带传动的主要失效形式是_____和_____。

894. 皮带传动中，预紧力过小，则带与带轮间的_____减小，皮带传动易出现_____现象而导致传动失效。

895. 带传动中，打滑多发生在_____轮上。刚开始打滑时紧边拉力与松边拉力的关系为_____。

896. 带传动中，带上受的三种应力是_____、_____和_____。最大应力等于_____，它发生在_____处，若带的许用应力小于它，将导致带的_____失效。

897. 带传动中，带中的最小应力发生在_____，最大应力发生在_____。

898. 在带传动中，弹性滑动是_____避免的，打滑是_____避免的。

899. V 带传动是靠带与带轮接触面间的_____力工作的。V 带的工作面是_____面。

900. 在设计 V 带传动时，V 带的型号是根据_____和_____选取的。

901. 链传动的_____速比是不变的，_____速比是变化的。

902. 链传动中，链节数常取_____，而链齿数常采用_____。

903. 链传动设计时，链条节数应优先选择为_____，这主要是为了避免采用_____，防止受到附加弯矩的作用降低其承载能力。

904. 链传动中大链轮的齿数_____，越容易发生_____。

三、判断

905. 带的弹性滑动使传动比不准确，传动效率低，带磨损加快，因此在设计中应避免带出现弹性滑动。　　　　　　　　　　　　　　　　　　　　　　（　　）

906. 在传动系统中，皮带传动往往放在高速级是因为它可以传递较大的转矩。（　　）

907. 在带传动的载荷稳定不变时，其弹性滑动等于零。（　　）

908. 带传动中的弹性滑动不可避免的原因是瞬时传动比不稳定。（　　）

909. V带传动中其他条件相同时，小带轮包角越大，承载能力越大。（　　）

910. 带传动中，带的离心拉应力与带轮直径有关。（　　）

911. 弹性滑动对带传动性能的影响是：传动比不准确，主、从动轮的圆周速度不等，传动效率低，带的磨损加快，温度升高。因而弹性滑动是种失效形式。（　　）

912. 带传动的弹性打滑是由带的预紧力不够引起的。（　　）

913. 当带传动的传递功率过大引起打滑时，松边拉力为零。（　　）

914. V带的公称长度是指它的内周长。（　　）

915. 若带传动的初拉力一定，增大摩擦因数和包角都可提高带传动的极限摩擦力。（　　）

916. 传递功率一定时，带传动的速度过低，会使有效拉力加大，所需带的根数过多。（　　）

917. 带传动在工作时产生弹性滑动是由于传动过载。（　　）

918. 为了避免打滑，可将带轮上与带接触的表面加工得粗糙些以增大摩擦。（　　）

919. V带传动的效率比平带传动的效率高，所以V带应用更为广泛。（　　）

920. 在传动比不变的条件下，当V带传动的中心距较大时，小带轮的包角就较大，因而承载能力也较大。（　　）

921. V带传动的小带轮包角越大，承载能力越小。（　　）

922. V带传动传递功率最大时松边拉力为最小值。（　　）

923. 带传动中，V带中的应力是对称循环变应力。（　　）

924. 在V带传动中，若带轮直径、带的型号、带的材质、根数及转速均不变，则中心距越大，其承载能力也越大。（　　）

925. 链传动中，当一根链的链节数为偶数时需采用过渡链节。（　　）

926. 链传动的运动不均匀性是造成瞬时传动比不恒定的原因。（　　）

927. 链传动的平均传动比恒定不变。（　　）

928. 链传动设计时，链条的型号是通过抗拉强度计算公式而确定的。（　　）

929. 旧自行车上链条容易脱落的主要原因是链条磨损后链节增大，以及大链轮齿数过多。（　　）

930. 由于链传动是啮合传动，所以它对轴产生的压力比带传动大得多。（　　）

931. 旧自行车的后链轮（小链轮）比前链轮（大链轮）容易脱链。（　　）

932. 链传动设计要解决的一个主要问题是消除其运动的不均匀性。（　　）

933. 链传动的链节数最好取为偶数。（　　）

934. 在一定转速下，要减轻链传动的运动不均匀性的动载荷，应减小链条节距、增加链轮齿数。（　　）

四、问答

935. 包角对传动有什么影响？为什么只考察小带轮包角？

936. 什么是弹性滑动？什么是打滑？在工作中是否都能避免？为什么？

937. 提高单根V带承载能力的途径有哪些？

938. 带传动的失效形式和设计准则是什么？

939. 为什么一般机械制造业中广泛采用V带传动？

940. 带传动允许的最大有效拉力与哪些因素有关？

941. 带在工作时受到哪些应力？如何分布？从应力分布情况说明哪些问题？

942. 在 V 带传动中，为什么带的张紧力不能过大或过小？张紧轮一般布置在什么位置？

943. 与平带传动相比，V 带传动有何优缺点？

944. 普通 V 带有哪几种型号？

945. 与带传动相比较，链传动有哪些优缺点？

946. 链传动的主要失效形式是什么？设计准则是什么？

947. 为什么小链轮的齿数不能选择得过少，而大链轮的齿数又不能选择得过多？

948. 链传动的传动比写成 $i=z_2/z_1=n_1/n_2=d_2/d_1$ 是否正确？为什么？

949. 链传动为什么会发生脱链现象？

950. 链速一定时，链轮齿数的大小与链节距的大小对链传动动载荷的大小有什么影响？

951. 为避免采用过渡链节，链节数常取奇数还是偶数？相应的链轮齿数宜取奇数还是偶数？为什么？

952. 链传动为什么要张紧？常用张紧方法有哪些？

953. 为什么自行车通常采用链传动而不采用其他形式的传动？

五、计算

954. 已知 V 带传递的实际功率 $P=7\text{kW}$，带速 $v=10\text{m/s}$，紧边拉力是松边拉力的 2 倍。试求圆周力 F_e 和紧边拉力 F_1 的值。

955. V 带传动所传递的功率 $P=7.5\text{kW}$，带速 $v=10\text{m/s}$，现测得张紧力 $F_0=1125\text{N}$。试求紧边拉力 F_1 和松边拉力 F_2。

六、分析

956. 如题 956 图所示，采用张紧轮将带张紧，小带轮为主动轮。在图（a）～图（h）所示的 8 种张紧轮的布置方式中，指出哪些是合理的？哪些是不合理的？为什么？（注：最小轮为张紧轮。）

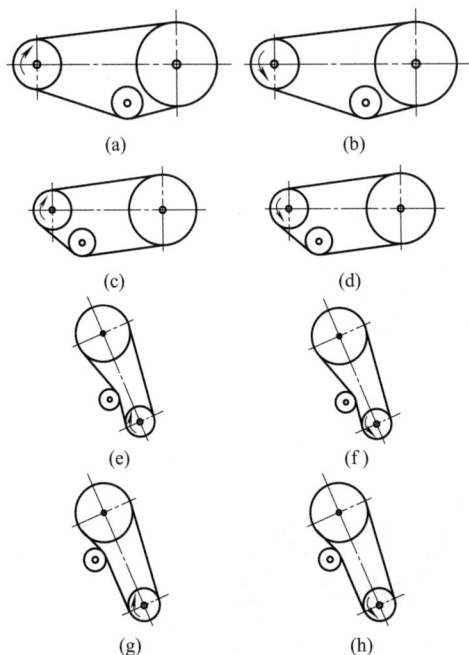

题 956 图

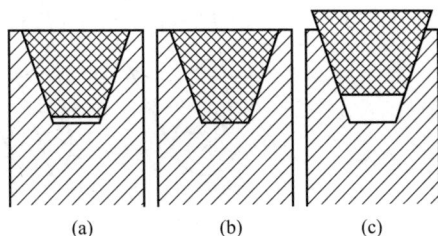

题 957 图

957. 如题 957 图所示 V 带在轮槽中有三种位置，试指出哪一种位置正确。

958. 带式输送机拟采用电动机＋带＋两级齿轮减速方式驱动。其中，（1）电动机→带→两级齿轮减速→输送带；（2）电动机→两级齿轮减速→带→输送带。你认为哪种方案较合理，试分析并说明原因。

959. 如题 959 图所示，图（a）为减速带传动，图（b）为增速带传动，中心距相同。设带轮直径 $d_1=d_4$，$d_2=d_3$，带轮 1 和带轮 3 为主动轮，它们的转速均为 n。其他条件相同情况下，试分析：（1）哪种传动装置传递的圆周力大？为什么？

（2）哪种传动装置传递的功率大？为什么？

（3）哪种传动装置的带寿命长？为什么？

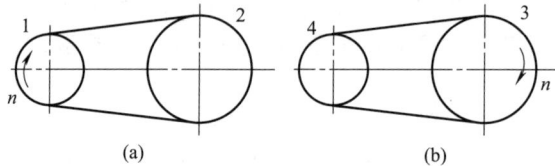

题 959 图

960. 在题 960 图所示的带式运输机的传动方案中，V 带传动中的小带轮直径为 140mm，大带轮直径为 280mm。现为了提高生产率，拟在输送带驱动轮的扭矩为 1000N·m 的条件下，将其转速由 80r/mm 提高到约 120r/mm。如电动机、直齿轮、锥齿轮的承载能力足够，有人建议把大带轮的直径减小为 190mm，其余不变，这个建议对带传动来说是否合理？为什么？是否有其他合理、简便的方法？

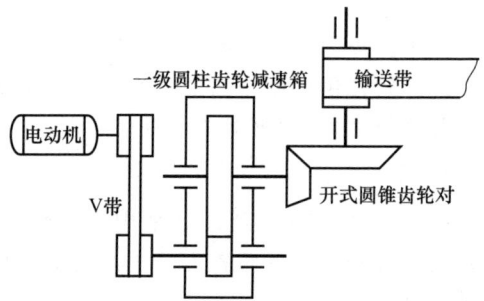

题 960 图

961. 有两种传动：（1）电动机→链传动→齿轮传动；（2）电动机→齿轮传动→V 带传动。一输送带欲用两种方式之一组成的减速装置传动，试指出各自存在的问题，分析其原因，并提出改进的措施。

962. 如题 962 图所示链传动的布置形式，小链轮为主动轮。在图（a）～图（f）所示的布置方式中，指出哪些是合理的，哪些是不合理的，为什么？注：最小轮为张紧轮。

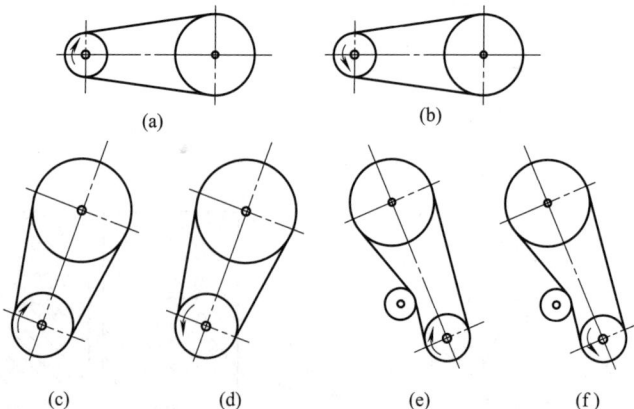

题 962 图

第 7 章　螺纹连接练习题

一、选择

963. 用于连接的螺纹牙形为三角形，这是因为三角形螺纹（　　）。

（A）牙根强度高，自锁性能好　　　　　（B）传动效率高

（C）防振性能好　　　　　　　　　　　（D）自锁性能差

964. 对于连接用螺纹，主要要求连接可靠，自锁性能好，故常选用（　　）。

（A）升角小、单线三角形螺纹　　　　　（B）升角大、双线三角形螺纹

（C）升角小、单线梯形螺纹　　　　　　（D）升角大、双线矩形螺纹

965. 用于薄壁零件连接的螺纹，应采用（　　）。

（A）三角形细牙螺纹　　　　　　　　　（B）梯形螺纹

（C）锯齿形螺纹　　　　　　　　　　　（D）多线的三角形粗牙螺纹

966. 当铰制孔用螺栓组承受横向载荷或旋转力矩时，该螺栓组中的螺栓（　　）。

（A）必受剪切力作用　　　　　　　　　（B）必受拉力作用

（C）同时受到剪切与拉伸作用　　　　　（D）既可能受剪切作用，也可能受挤压作用

967. 计算紧螺栓连接的拉伸强度时，考虑到拉伸与扭转的复合作用，应将拉伸载荷增加到原来的（　　）倍。

（A）1.1　　　　　（B）1.3　　　　　（C）1.25　　　　　（D）0.3

968. 采用普通螺栓连接的凸缘联轴器，在传递转矩时，（　　）。

（A）螺栓的横截面受剪切作用　　　　　（B）螺栓与螺栓孔配合面受挤压作用

（C）螺栓同时受剪切与挤压作用　　　　（D）螺栓受拉伸与扭转作用

969. 在螺栓连接中，有时在一个螺栓上采用双螺母，其目的是（　　）。

（A）提高强度　　　　　　　　　　　　（B）提高刚度

（C）防松　　　　　　　　　　　　　　（D）减小每圈螺纹牙上的受力

970. 在同一螺栓组中，螺栓的材料、直径和长度均应相同，这是为了（　　）。

（A）受力均匀　　（B）便于装配　　（C）外形美观　　（D）降低成本

971. 不控制预紧力时，螺栓的安全系数选择与其直径有关，是因为（　　）。

（A）直径小，易过载　　　　　　　　　（B）直径小，不易控制预紧力

（C）直径大，材料缺陷多　　　　　　　（D）直径大，安全

972. 紧螺栓连接在按拉伸强度计算时，应将拉伸载荷增加到原来的 1.3 倍，这是考虑了（　　）的影响。

（A）螺纹的应力集中　　　　　　　　　（B）扭转切应力作用

（C）安全因素　　　　　　　　　　　　（D）载荷变化与冲击

973. 预紧力为 F' 的单个紧螺栓连接，受到轴向的载荷 F 作用后，螺栓受到的总拉力 F_Σ（　　）$F'+F$。

（A）大于　　　　　（B）等于　　　　　（C）小于　　　　　（D）大于或等于

974. 若要提高受轴向变载荷作用的紧螺栓的疲劳强度，则可（　　）。

（A）在被连接件间加橡胶垫片　　　　　（B）增大螺栓长度

（C）采用精制螺栓　　　　　　　　　　（D）加防松装置

975. 有一单个紧螺栓连接，要求被连接件结合面不分离，已知螺栓与被连接件的刚度相同，螺栓的预紧力为 F'，当对连接施加轴向载荷，使螺栓的轴向工作载荷 F 与预紧力 F'

相等时，则（   ）。

(A) 被连接件发生分离，连接失效　　　　(B) 被连接件将发生分离，连接不可靠

(C) 连接可靠，但不能再继续加载

(D) 连接可靠，只要螺栓强度足够，就可继续加载，直到轴向工作载荷 F 接近但小于预紧力 F' 的 2 倍

976. 采用螺纹连接时，若被连接件总厚度较大，且材料较软，强度较低，需要经常装拆的情况下一般采用（   ）连接。

(A) 螺栓连接　　(B) 双头螺柱连接　　(C) 螺钉连接　　(D) 地脚螺栓连接

977. 螺纹副在摩擦因数一定时，螺纹的牙型角越大，则（   ）。

(A) 当量摩擦因数越小，自锁性能越好　　(B) 当量摩擦因数越小，自锁性能越差

(C) 当量摩擦因数越大，自锁性能越差　　(D) 当量摩擦因数越大，自锁性能越好

978. 当轴上安装的零件要承受轴向力时，采用（   ）来轴向定位所能承受的轴向力较大。

(A) 圆螺母　　(B) 紧定螺钉　　(C) 弹性挡圈　　(D) 弹性垫片

979. 螺栓组受转矩作用时，该螺栓组的螺栓（   ）。

(A) 必受剪切作用　　　　　　　　(B) 必受拉伸作用

(C) 同时受剪切和拉伸作用　　　　(D) 既可能受剪切作用，也可能受拉伸作用

980. 对于普通螺栓连接，在拧紧螺母时，螺栓所受的载荷是（   ）。

(A) 拉力　　(B) 扭矩　　(C) 压力　　(D) 拉力和扭矩

981. 普通螺栓受横向工作载荷时，主要靠（   ）来承担横向载荷。

(A) 挤压力　　(B) 摩擦力　　(C) 剪切力　　(D) 离心力

982. 螺纹连接防松的根本问题在于（   ）。

(A) 增加螺纹连接的轴向力　　　　(B) 增加螺纹连接的横向力

(C) 防止螺纹副的相对转动　　　　(D) 增加螺纹连接的刚度

983. 为提高螺栓连接的疲劳强度，应（   ）。

(A) 减小螺栓刚度，增大被连接件刚度　　(B) 同时减小螺栓与被连接件的刚度

(C) 增大螺栓的刚度　　　　　　　　　　(D) 同时增大螺栓与被连接件的刚度

984. 双头螺柱连接和螺钉连接均用于被连接件较厚而不宜钻通孔的场合，其中双头螺柱连接用于（   ）的场合；而螺钉连接则用于（   ）的场合。

(A) 容易拆卸　　(B) 经常拆卸　　(C) 不容易拆卸　　(D) 不经常拆卸

985. 为连接承受横向工作载荷的两块薄钢板，一般采用的螺纹连接类型应是（   ）。

(A) 螺栓连接　　(B) 双头螺柱连接　　(C) 螺钉连接　　(D) 紧定螺钉连接

986. 螺栓连接防松的根本在于防止（   ）的相对转动。

(A) 螺栓和螺母之间　　　　　　(B) 螺栓和被连接件之间

(C) 螺母和被连接件之间　　　　(D) 被连接件和被连接件之间

987. 设计紧连接螺栓时，其直径越小，则许用安全系数应取得越大，即许用应力取得越小。这是由于直径越小，（   ）。

(A) 螺纹部分的应力集中越严重　　(B) 加工螺纹时越容易产生缺陷

(C) 拧紧时越容易拧断　　　　　　(D) 材料的力学性能越不易保证

二、填空

988. 三角形螺纹的牙形角 $\alpha=$ _____，适用于_____；而梯形螺纹的牙形角 $\alpha=$ _____，适用于_____。

989. 螺旋副的自锁条件是_____。

990. 螺纹连接防松的实质是_____。

991. 普通紧螺栓连接受横向载荷作用，则螺栓中受_____应力和_____应力的作用。

992. 被连接件受横向载荷作用时，若采用普通螺栓连接，则螺栓受_____载荷作用，可能发生的失效形式为_____。

993. 采用凸台或沉头座孔作为螺栓头或螺母的支承面是为了_____。

994. 在螺栓连接中，当螺栓轴线与被连接件支承面不垂直时，螺栓中将产生附加_____应力。

995. 螺纹连接防松，按其防松原理可分为_____防松、_____防松和_____防松。

996. 普通螺纹连接承受横向外载荷时，依靠_____承载，螺栓本身受_____作用，可能的失效形式为_____。

997. 采用螺纹连接时，若被连接件总厚度较大，且材料较软，强度较低，需要经常装拆的情况下一般宜用_____连接；在不需要经常装拆的情况下，宜采用_____连接。

998. 标记为螺栓 M16×80 的六角头螺栓，16 代表_____，80 代表_____。

999. 螺纹的公称直径是指螺纹的_____径，螺纹的升角是指螺纹_____径处的升角。

1000. 压力容器的紧螺栓连接中，若螺栓的预紧力和容器的压强不变，而仅将凸缘间的铜垫片换成橡胶垫片，则螺栓所受的总拉力_____和连接的紧密性_____。

1001. 受轴向载荷的紧螺栓连接形式有_____和_____两种。

三、判断

1002. 受横向载荷的紧螺栓连接主要是靠被连接件接合面之间的摩擦来承受横向载荷的。　　　　　　　　　　　　　　　　　　　　　　　　　（　　）

1003. 螺栓组受转矩作用时，螺栓同时受剪切和拉伸作用。　　　（　　）

1004. 受轴向变载荷的普通螺栓紧连接结构中，在两个被连接件之间加入橡胶垫片，可以提高螺栓的疲劳强度。　　　　　　　　　　　　　　　　　　　（　　）

1005. 减小螺栓和螺母的螺距变化差可以改善螺纹牙间的载荷分配不均匀的程度。　　　　　　　　　　　　　　　　　　　　　　　　　　　　　（　　）

1006. 当螺纹公称直径、牙形角、螺纹线数相同时，细牙螺纹的自锁性比粗牙螺纹的自锁性好。　　　　　　　　　　　　　　　　　　　　　　　　　（　　）

1007. 在螺纹连接中，采用加高螺母以增加旋合圈数的办法对提高螺栓的强度并没有多少作用。　　　　　　　　　　　　　　　　　　　　　　　　　（　　）

1008. 对受轴向载荷的普通螺栓连接适当预紧可以提高螺栓的抗疲劳强度。　（　　）

1009. 为了提高轴向变载荷螺栓连接的疲劳强度，可以增加螺栓刚度。　（　　）

1010. 只要螺纹副具有自锁性，即螺纹升角小于当量摩擦角，则在任何情况下都无须考虑防松。　　　　　　　　　　　　　　　　　　　　　　　　　（　　）

1011. 在受翻转（倾覆）力矩作用的螺栓组连接中，螺栓的位置应尽量远离接合面的几何形心。　　　　　　　　　　　　　　　　　　　　　　　　　（　　）

四、问答

1012. 螺纹连接有哪些基本类型？各有何特点？各适用于什么场合？

1013. 螺纹的主要类型有哪几种？如何合理选用？

1014. 普通螺栓连接和铰制孔用螺栓连接结构上各有何特点？当这两种连接在承受横向载荷时，螺栓各受什么力作用？

1015. 何为松螺栓连接？何为紧螺栓连接？它们的强度计算有何区别？

1016. 对承受横向载荷的紧螺栓连接采用普通螺栓时，强度计算公式中为什么要将预紧力提高到原来的1.3倍来计算？采用铰制孔用螺栓时是否也要这样做？为什么？

1017. 在承受横向载荷的紧螺栓连接中，螺栓是否一定受剪切作用？为什么？

1018. 螺栓的受力与被连接件承受的载荷有什么联系，又有什么区别？

1019. 为什么螺纹连接常需要防松？按防松原理，螺纹连接的防松方法可分为哪几类？试举例说明。

五、计算

1020. 普通螺栓组连接的方案如题1020图所示，已知：载荷 $F_\Sigma = 12000\text{N}$，尺寸 $l = 400\text{mm}$，$a = 100\text{mm}$。

(1) 分别比较两个方案中受力最大螺栓的横向力；

(2) 试比较哪种螺栓布置方案合理。

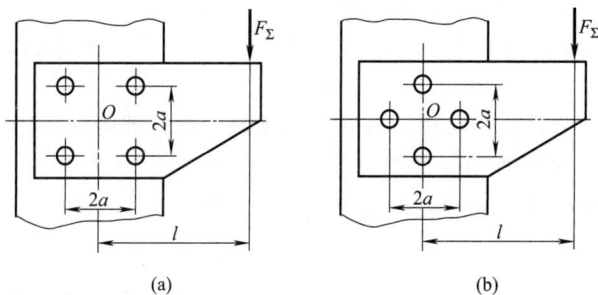

题 1020 图

第8章　轴及其连接件练习题

一、选择

1021. 工作时只承受弯矩、不传递转矩的轴，称为（　　）。

（A）心轴　　　　　（B）转轴　　　　　（C）传动轴　　　　（D）曲轴

1022. 采用（　　）的措施不能有效地改善轴的刚度。

（A）改用高强度合金钢　　　　　　　（B）改变轴的直径

（C）改变轴的支承位置　　　　　　　（D）改变轴的结构

1023. 按弯扭合成计算轴的应力时，要引入系数 α，此 α 是考虑（　　）。

（A）轴上键槽削弱轴的强度

（B）合成正应力与切应力时的折算系数

（C）正应力与切应力的循环特性不同的系数

（D）正应力与切应力方向不同

1024. 转动的轴，受不变的载荷，其所受的弯曲应力的性质为（　　）。

（A）脉动循环　　　（B）对称循环　　　（C）静应力　　　（D）非对称循环

1025. 对于受对称循环转矩的转轴。计算弯矩（或称当量弯矩）$M_e = \sqrt{M^2 + (\alpha T)^2}$，

修正系数 α 应取（　　）。

(A) $\alpha \approx 0.3$　　　　(B) $\alpha \approx 0.6$　　　　(C) $\alpha \approx 1$　　　　(D) $\alpha \approx 1.3$

1026. 根据轴的承载情况，（　　）的轴称为转轴。

(A) 既承受弯矩又承受转矩　　　　(B) 只承受弯矩不承受转矩

(C) 不承受弯矩只承受转矩　　　　(D) 承受较大轴向载荷

1027. 优质碳素钢经调质处理的轴，验算刚度时发现不足，正确的改进方法是（　　）。

(A) 加大直径　　　　(B) 改用合金钢

(C) 改变热处理方法　　　　(D) 降低表面粗糙度值

1028. 对轴进行表面强化处理，可以提高轴的（　　）。

(A) 静强度　　　　(B) 刚度　　　　(C) 疲劳强度　　　　(D) 耐冲击性能

1029. 在进行轴的疲劳强度计算时，若同一截面上有几个应力集中源，则应力集中系数应取（　　）。

(A) 其中较大值　　　　(B) 各应力集中系数

(C) 平均值　　　　(D) 其中较小值

1030. 在轴的设计中，采用轴环的目的是（　　）。

(A) 作为轴加工时的定位面　　　　(B) 为了提高轴的刚度

(C) 使轴上零件获得轴向定位　　　　(D) 为了提高轴的强度

1031. 为了提高轴的刚度，一般采用的措施是（　　）。

(A) 采用合金钢　　　　(B) 表面强化处理

(C) 增大轴的直径　　　　(D) 降低应力集中

1032. 自行车的前、中、后轴（　　）。

(A) 都是转动心轴　　　　(B) 都是转轴

(C) 分别是固定心轴、转轴和固定心轴　　　　(D) 分别是转轴、转动心轴和固定心轴

1033. 当轴上安装的零件要承受轴向力时，采用（　　）来进行轴向固定，所能承受的轴向力较大。

(A) 圆螺母　　　　(B) 紧定螺钉　　　　(C) 弹性挡圈　　　　(D) 锁紧挡圈

1034. 增大轴在截面变化处的过渡圆角半径，可以（　　）。

(A) 使零件的轴向定位比较可靠　　　　(B) 降低应力集中，提高轴的疲劳强度

(C) 使轴的加工方便　　　　(D) 提高轴的刚度

1035. 在进行轴的结构设计时，按计算公式估算出来的直径是按轴（　　）来计算的，而在轴的强度校核当中，轴的计算应力是按轴（　　）计算的。

(A) 受弯　　　　(B) 受扭　　　　(C) 受拉　　　　(D) 弯扭合成

1036. 按照承受的载荷来分，工作中既承受弯矩又承受扭矩的轴称为（　　），只承受弯矩不承受扭矩的轴称为（　　）。

(A) 心轴　　　　(B) 转轴　　　　(C) 传动轴

1037. 为提高轴的疲劳强度，应优先采用（　　）的方法。

(A) 选择好的材料　　　　(B) 增大直径　　　　(C) 减小应力集中

1038. 为了不过于严重削弱轴和轮毂的强度，两个切向键最好布置成（　　）。

(A) 在轴的同一母线上　　　　(B) 180°

(C) 120°～130°　　　　(D) 90°

1039. 平键 B20×80 中，20×80 是表示（　　）。

(A) 键宽×轴径　　　　(B) 键高×轴径　　　　(C) 键宽×键长　　　　(D) 键宽×键高

1040. 能构成紧连接的两种键是（　　）。

（A）楔键和半圆键

（B）半圆键和切向键

（C）楔键和切向键

（D）平键和楔键

1041. 一般采用（　　）加工 B 型普通平键的键槽。

（A）指状铣刀　　（B）盘形铣刀　　（C）插刀　　（D）车刀

1042. 设计键连接时，键的截面尺寸 $b \times h$ 通常根据（　　）从标准中选择。

（A）传递转矩的大小

（B）传递功率的大小

（C）轴的直径

（D）轴的长度

1043. 平键连接能传递的最大扭矩为 T，现要传递的扭矩为 $1.5T$，则应（　　）。

（A）安装一对平键

（B）键宽 b 增大到 1.5 倍

（C）键长 L 增大到 1.5 倍

（D）键高 h 增大到 1.5 倍

1044. 花键连接的主要缺点是（　　）。

（A）应力集中

（B）成本高

（C）对中性与导向性差

（D）对轴削弱

1045. 在下列轴一级连接中，定心精度最高的是（　　）。

（A）平键连接　　（B）半圆键连接　　（C）楔键连接　　（D）花键连接

1046. 平键长度主要根据（　　）选择，然后按失效形式校核强度。

（A）传递转矩大小　　（B）轴的直径　　（C）轮毂长度　　（D）传递功率大小

1047. 当半圆键连接采用双键时，两键应（　　）布置。

（A）在周向相隔 90°

（B）在周向相隔 120°

（C）在周向相隔 180°

（D）在轴向沿同一直线

1048. 对于采用常见的组合和按标准选取尺寸的平键静连接，主要失效形式是（　　），动连接的主要失效形式则是（　　）。

（A）工作面的压溃

（B）工作面过度磨损

（C）键被剪断

（D）键被弯断

1049. 一般情况下平键连接的对中性精度（　　）花键连接。

（A）相同于

（B）低于

（C）高于

（D）可能高于、低于或相同于

1050. 设计键连接的几项主要内容是：（1）按轮毂长度选择键长度；（2）按使用要求选择键的类型；（3）按轴的直径查标准选择键的剖面尺寸；（4）对键进行必要的强度校核。具体设计时一般顺序是（　　）。

（A）（2）→（1）→（3）→（4）

（B）（2）→（3）→（1）→（4）

（C）（1）→（3）→（2）→（4）

（D）（3）→（4）→（2）→（1）

1051. 为了楔键装拆方便，在（　　）上制出（　　）的斜度。

（A）轴上键槽的底面

（B）轮毂上键槽的底面

（C）键的侧面

（D）1∶100

（E）1∶50

（F）1∶10

1052. 半圆键连接的主要优点是（　　），其键槽多采用（　　）加工。

（A）键对轴的削弱较小

（B）工艺性好、键槽加工方便

（C）指状铣刀（指形铣刀）

（D）圆盘铣刀

1053. 两级圆柱齿轮减速器的中间轴上有两个转矩方向相反的齿轮，这两个齿轮宜装在（　　）。

（A）同一母线上的两个键上 （B）同一个键上

（C）周向间隔 180°的两个键上 （D）周向间隔 120°的两个键上

1054.（ ）不能用作轴向固定。

（A）平键连接 （B）销连接 （C）螺钉连接 （D）过盈连接

1055. 普通平键连接的主要用途是使轴与轮毂之间（ ）。

（A）沿轴向固定并传递轴向力 （B）沿轴向可作相对滑动并具有导向作用

（C）安装与拆卸方便 （D）沿周向固定并传递转矩

1056. 键的剖面尺寸通常是根据（ ）从标准中选取。

（A）传递的转矩 （B）传递的功率 （C）轮毂的长度 （D）轴的直径

1057. 标准平键的承载能力取决于（ ）。

（A）键的剪切强度 （B）键的弯曲强度

（C）键连接工作表面挤压强度 （D）轮毂的挤压强度

1058. 花键连接的强度取决于（ ）强度。

（A）齿根弯曲 （B）齿根剪切 （C）齿侧挤压 （D）齿侧接触

1059. 普通平键的横截面尺寸通常是根据（ ），按标准选择。

（A）轴的直径 （B）传递转矩的大小

（C）轮毂长度 （D）传递功率的大小

1060. 当轴作单向回转时，平键的工作面在（ ），楔键的工作面在键的（ ）。

（A）上下两面 （B）上表面或下表面

（C）一侧面 （D）两侧面

1061. 两根被连接轴之间存在较大的径向偏移时，可采用（ ）联轴器。

（A）齿轮 （B）凸缘 （C）套筒

1062. 离合器与联轴器的不同点为（ ）。

（A）过载保护 （B）可以将两轴的运动和载荷随时脱离和接合

（C）补偿两轴间的位移

1063. 自行车飞轮内采用的是（ ）离合器，因而可蹬车，可滑行，还可回链。

（A）牙嵌 （B）摩擦 （C）超越 （D）安全

1064. 下列联轴器属于弹性联轴器的是（ ）。

（A）万向联轴器 （B）齿轮联轴器 （C）轮胎联轴器 （D）凸缘联轴器

1065. 十字轴式万向联轴器允许两轴间最大夹角 α 可达（ ）。

（A）45° （B）10° （C）60°

1066. 在有较大冲击和振动载荷的场合，应优先选用（ ）。

（A）夹壳联轴器 （B）凸缘联轴器

（C）套筒联轴器 （D）弹性套柱销联轴器

1067. 齿轮联轴器适用于（ ）。

（A）转矩小、转速高处 （B）转矩大、转速低处

（C）转矩小、转速低处

1068. 弹性套柱销联轴器，其刚度特征只属于（ ）。

（A）定刚度 （B）变刚度 （C）既可以是定刚度也可以是变刚度

1069. 齿式联轴器属于（ ）。

（A）刚性联轴器 （B）无弹性元件的挠性联轴器

（C）有弹性元件的联轴器

1070. （　　）联轴器是弹性联轴器的一种。

（A）凸缘 　　　　（B）齿轮 　　　　（C）万向 　　　　（D）尼龙柱销

1071. 下列4种联轴器，能补偿两轴相对位移，且可缓和冲击、吸收振动的是（　　）。

（A）凸缘联轴器 　　　　　　　　（B）齿轮联轴器

（C）万向联轴器 　　　　　　　　（D）弹性套柱销联轴器

1072. 单个万向联轴器的主要缺点是（　　）。

（A）结构复杂 　　　　　　　　　（B）能传递的转矩很小

（C）从动轴角速度有周期性变化

1073. 多盘摩擦离合器的内摩擦盘有时做成碟形，这是为了（　　）。

（A）减轻盘的磨损 　　　　　　　（B）提高盘的刚性

（C）使离合器分离迅速 　　　　　（D）增大当量摩擦因数

1074. 在载荷具有冲击、振动且轴的转速较高、刚度较小时，一般选用（　　）。

（A）刚性固定式联轴器 　　　　　（B）刚性可移式联轴器

（C）弹性联轴器 　　　　　　　　（D）安全联轴器

1075. 使用（　　）时，只能在低速或停车后离合，否则会产生强烈冲击，甚至损坏离合器。

（A）摩擦离合器 　　　　　　　　（B）牙嵌离合器

（C）安全离合器 　　　　　　　　（D）超越（定向）离合器

1076. （　　）离合器接合最不稳定。

（A）牙嵌 　　　　（B）摩擦 　　　　（C）安全 　　　　（D）离心

1077. 下列3种安全离合器中，（　　）在过载引起离合器分离以后，必须更换零件才能恢复连接。

（A）摩擦式安全离合器 　　　　　（B）销钉式安全离合器

（C）牙嵌式安全离合器

1078. 对低速、刚性大的短轴，常选用的联轴器为（　　）。

（A）刚性固定式联轴器 　　　　　（B）刚性可移式联轴器

（C）弹性联轴器 　　　　　　　　（D）安全联轴器

1079. 联轴器与离合器的主要作用是（　　）。

（A）缓冲、减振 　　　　　　　　（B）传递运动和转矩

（C）防止机器发生过载 　　　　　（D）补偿两轴的不同心或热膨胀

1080. 挠性联轴器中的弹性元件都具有（　　）的功能。

（A）对中 　　　　（B）减磨 　　　　（C）缓冲和减振 　　（D）装配很方便

二、填空

1081. 四驱汽车的后轮轴是_____轴，前轮轴是_____轴。

1082. 为了使轴上零件与轴肩紧密贴合，应保证轴的圆角半径_____轴上零件的圆角半径或倒角 C。

1083. 传动轴所受的载荷是_____。

1084. 在平键连接中，静连接应校核_____强度；动连接应校核_____强度。

1085. 在平键连接工作时，是靠_____和_____侧面的挤压传递转矩的。

1086. 花键连接的主要失效形式，对静连接是_____，对动连接是_____。

1087. _____键连接，既可传递转矩，又可承受单向轴向载荷，但容易破坏轴与轮毂的对中性。

1088. 平键连接中的静连接的主要失效形式为_____，动连接的主要失效形式为_____；所以通常只进行键连接的_____强度或_____计算。

1089. 半圆键的_____为工作面，当需要用两个半圆键时，一般布置在轴的_____。

1090. 普通平键的工作面是_____，其剖面尺寸 $b \times h$ 是根据_____从标准中选取的。

1091. 平键连接中，_____面是工作面；楔形键连接中，_____是工作面。平键连接中，_____用于动连接。

1092. 在键连接中，_____和_____用于动连接。当轴向移动距离较大时，宜采用_____，其失效形式为_____。

1093. 花键按齿形分为_____、_____、_____三种花键。

1094. 当轴上零件需在轴上做距离较短的相对滑动，且传递转矩不大时，应用_____键连接；当传递转矩较大，且对中性要求高时，应用_____键连接。

1095. 普通平键标记键 16×100 中，16 代表_____，100 代表_____，它的型号是_____型。它常用作轴毂连接的_____向固定。

1096. 平键的长度通常由_____确定，横截面尺寸通常由_____确定。

1097. 平键分为_____、_____和_____三种。

1098. 按键头部形状普通平键分为_____、_____和_____。

1099. 普通平键用于_____连接，导向键和滑键用于_____连接。

1100. 考虑轮毂与轴之间是否有相对运动，半圆键用于_____连接，楔键用于_____连接。

1101. 按工作原理，操纵式离合器主要分为_____、_____和_____三类。

1102. 用联轴器连接的两轴_____分开；而用离合器连接的两轴在机器工作时_____。

1103. 可移式联轴器按其组成中是否具有弹性元件，可分为_____联轴器和_____联轴器两大类。

1104. 两轴线易对中、无相对位移的轴宜选_____联轴器；两轴线不易对中、有相对位移的长轴宜选_____联轴器；启动频繁、正反转多变、使用寿命要求长的大功率重型机械宜选_____联轴器；启动频繁、经常正反转、受较大冲击载荷的高速轴宜选_____联轴器。

1105. 牙嵌离合器只能在_____或_____时进行接合。

1106. 摩擦离合器靠_____来传递扭矩，两轴可在_____时实现接合或分离。

1107. 若轴的转速较高，要求能补偿两轴的相对位移时，应用_____联轴器；若要求能缓冲吸振，应用_____联轴器。

1108. 传递两相交轴间运动而又要求轴间夹角经常变化时，可以采用_____联轴器。

1109. 刚性联轴器的主要缺点有_____、_____。

三、判断

1110. 对所有的轴都应当先用扭矩估算轴径，再按弯扭合成校核轴的危险截面。（　　）

1111. 按弯扭合成计算轴的应力时，要引入系数 α，这 α 是考虑正应力与切应力的循环特性不同的系数。　（　　）

1112. 设计轴时，若计算发现安全系数 $s < [s]$，说明强度不够，必须提高轴的强度。
（　　）

1113. 轴的最大应力出现在轴段最大弯矩处的表面上。（　　）

1114. 设计轴时，应该先做结构设计，然后再进行强度校核。　　　　　（　）

1115. 转动的轴，受不变的载荷，其所受的弯曲应力的性质为脉动循环。　（　）

1116. 因为细长轴的变形较大，所以有时需要校核其刚度。　　　　　　（　）

1117. 轴的计算弯矩最大处为轴的危险截面，应按此截面进行强度计算。　（　）

1118. 承受弯矩的转轴容易发生疲劳断裂，是由于其最大弯曲应力超过材料的强度极限。　　　　　　　　　　　　　　　　　　　　　　　　　　　（　）

1119. 实际的轴多做成阶梯形，主要是为了减轻轴的重量，降低制造费用。（　）

1120. 按扭转强度条件计算轴的受扭段的最小直径时，没有考虑弯矩的影响。（　）

1121. 由汽车前桥到后桥的那根转动着的轴是一根转轴。　　　　　　　（　）

1122. 为提高某轴的刚度，一般采用的措施是用合金钢代替碳钢。　　　（　）

1123. 轴的结构设计中，一般应尽量避免轴截面形状的突然变化。宜采用较大的过渡圆角，也可以改用内圆角、凹凸圆角。　　　　　　　　　　　　　　（　）

1124. 减速器输出轴的直径应大于输入轴的直径。　　　　　　　　　　（　）

1125. 轴的计算弯矩最大处可能是危险截面，必须进行强度校核。　　　（　）

1126. 轴的强度计算中，安全系数校核就是疲劳强度校核，即计入应力集中、表面状态和尺寸影响以后的精确校核。　　　　　　　　　　　　　　　　　（　）

1127. 平键连接的一个优点是轴与轮毂的对中性好。　　　　　　　　　（　）

1128. 进行普通平键的设计时，当采用两个按 $180°$ 对称布置的平键时，强度比采用一个平键要大。　　　　　　　　　　　　　　　　　　　　　　　（　）

1129. 在平键连接中，平键的两侧面是工作面。　　　　　　　　　　　（　）

1130. 花键连接通常用于要求轴与轮毂严格对中的场合。　　　　　　　（　）

1131. 按标准选择的普通平键的主要失效形式是剪断。　　　　　　　　（　）

1132. 两端为圆形的平键槽用圆盘形铣刀加工。　　　　　　　　　　　（　）

1133. 平键连接一般应按不被剪断而进行剪切强度计算。　　　　　　　（　）

1134. 普通平键（静连接）工作时，键的主要失效形式为键被压溃或剪断。（　）

1135. 普通平键的定心精度高于花键的定心精度。　　　　　　　　　　（　）

1136. 切向键是由两个斜度为 $1:100$ 的单边倾斜楔键组成的。　　　　（　）

1137. $45°$ 渐开线花键应用于薄壁零件的轴毂连接。　　　　　　　　　（　）

1138. 导向键的失效形式主要是剪断。　　　　　　　　　　　　　　　（　）

1139. 滑键的主要失效形式不是磨损而是键槽侧面的压溃。　　　　　　（　）

1140. 在一轴上开有双平键键槽（成 $180°$ 布置），如此轴的直径等于一花键轴的外径（大径），则后者对轴的削弱比较严重。　　　　　　　　　　　　　（　）

1141. 楔键因为具有斜度所以能传递双向轴向力。　　　　　　　　　　（　）

1142. 楔键连接不可以用于高速转动零件的连接。　　　　　　　　　　（　）

1143. 切向键适用于高速轻载的轴毂连接。　　　　　　　　　　　　　（　）

1144. 平键连接中轴槽与键的配合分为松的和紧的，对于前者因为工作面压强小，所以承载能力在相同条件下就大一些。　　　　　　　　　　　　　　　（　）

1145. $45°$ 渐开线花键只按齿侧定心。　　　　　　　　　　　　　　　（　）

1146. 楔键由于带有斜度，打入键槽的轴毂间有摩擦力，因此它只是靠轴与孔之间的摩擦传递转矩的。　　　　　　　　　　　　　　　　　　　　　　（　）

1147. 传递双向转矩时应选用两个对称布置的切向键（即两键在轴上位置相隔 $180°$）。
　　　　　　　　　　　　　　　　　　　　　　　　　　　　　　　（　）

1148. 齿轮联轴器属于可移式刚性联轴器。 （ ）

1149. 矿山机械和重型机械中，低速、重载、不易对中处常用的联轴器是凸缘联轴器。

（ ）

1150. 低速、重载、不易对中处最好使用弹性套柱销联轴器。 （ ）

1151. 挠性联轴器可以分为无弹性元件、金属弹性元件、非金属弹性元件挠性联轴器 3 种。 （ ）

1152. 联轴器和离合器都是使两轴既能连接又能分离的部件。 （ ）

1153. 固定式刚性联轴器适用于两轴对中不好的场合。 （ ）

1154. 圆盘摩擦离合器靠主、从动摩擦盘的接触表面间产生的摩擦力矩来传递转矩。

（ ）

1155. 离心离合器的工作原理是利用离心力的作用，当主轴达到一定转速时，能自动与从动轴接合或者能自动与从动轴分开。 （ ）

1156. 摩擦安全离合器和摩擦离合器相比较，最主要的不同点在于摩擦安全离合器工作时更为安全可靠。 （ ）

1157. 联轴器主要用于把两轴连接在一起，机器运转时不能将两轴分离，只有在机器停车并将连接拆开后，两轴才能分离。 （ ）

1158. 联轴器和离合器主要用来连接两轴。用离合器时要经拆卸才能把两轴分开，用联轴器时则无须拆卸就能使两轴分离或接合。 （ ）

1159. 刚性联轴器在安装时要求两轴严格对中，而挠性联轴器在安装时则不必考虑对中问题。 （ ）

四、问答

1160. 按承受载荷的不同，轴分为哪几类？各有何特点？请各举 2～3 个实例。

1161. 轴的常用材料有哪些？应如何选用？

1162. 在齿轮减速器中，为什么低速轴轴径要比高速轴轴径大很多？

1163. 转轴所受弯曲应力的性质如何？其所受扭转应力的性质又怎样考虑？

1164. 转轴设计时为什么不能先按弯扭合成强度计算，然后再进行结构设计，而必须按初估直径、结构设计、弯扭合成强度验算三个步骤来进行？

1165. 轴的结构设计任务是什么？轴的结构设计应满足哪些要求？

1166. 轴上零件的周向和轴向固定方式有哪些？各适用于什么场合？

1167. 试分析自行车的前轴、中轴、后轴的受载情况，判断它们各属于哪类轴？

1168. 为提高轴的刚度，把轴的材料由 45 钢改为合金钢是否可行？为什么？

1169. 轴的计算当量弯矩公式 $M_e = \sqrt{M^2 + (\alpha T)^2}$ 中，应力校正系数 α 的含义是什么？如何取值？

1170. 影响轴的疲劳强度的因素有哪些？在设计轴的过程中，当疲劳强度不够时，应采取哪些措施使其满足强度要求？

1171. 如何选取普通平键的尺寸 $b \times h \times L$？

1172. 平键与楔键的工作原理有何差异？

1173. 与平键连接相比，花键连接具有哪些特点？

1174. 普通平键的工作面是哪个面？普通平键连接的失效形式有哪些？平键的 $b \times h$ 如何确定？

1175. 与平键连接相比较，花键连接有哪些优点？

1176. 键连接的主要用途是什么？楔键连接和平键连接有什么区别？

1177. 花键连接的类型有哪几种？各有何定心方式？

1178. 试按顺序叙述设计键连接的主要步骤。

1179. 单键连接时如果强度不够应采取什么措施？若采用双键，对平键和楔键而言，分别应该如何布置？

1180. 联轴器与离合器的工作原理有何相同点和不同点？

1181. 试说明齿式联轴器为什么能够补偿两轴间轴线的综合偏移量？

1182. 联轴器所连两轴轴线的位移形式有哪些？

1183. 万向联轴器有何特点？成对安装时应注意什么问题？

1184. 凸缘联轴器有哪几种对中方法？各种对中方法的特点是什么？

1185. 弹性套柱销联轴器与弹性柱销联轴器在结构和性能方面有何异同之处？

1186. 试说明多盘摩擦离合器为什么要限制摩擦盘的数目？

1187. 联轴器、离合器和制动器的功用有何异同？各用在机械的什么场合？

1188. 为什么有的联轴器要求严格对中，而有的联轴器则可以允许有较大的综合位移？

1189. 试比较牙嵌离合器和摩擦离合器的特点和应用。

1190. 带式制动器与块式制动器有何不同？各适用于什么场合？

五、计算

1191. 已知某传动轴传递的功率为 40kW，转速 $n=1000$r/min，如果轴上的剪切应力不许超过 40MPa，求该轴的直径是多少？

1192. 已知某传动轴直径 $d=35$mm，转速 $n=1450$r/min，如果轴上的剪切应力不许超过 55MPa，问该轴能传递多少功率？

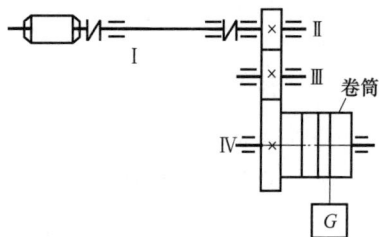

题 1193 图

1193. 试分析题 1193 图所示卷扬机中各轴所受的载荷，并由此判定各轴的类型（轴的自重、轴承中的摩擦均不计）。

1194. 已知某齿轮用一个 A 型平键（键尺寸 $b\times h\times L=16$mm$\times10$mm$\times80$mm）与轴相连接，轴的直径 $d=50$mm，轴、键和轮毂材料的许用挤压应力 σ_P 分别为 120MPa、100MPa 和 80MPa。试求此键连接所能传递的最大转矩 T（单位 N·m）。若需传递转矩为 900N·m，此连接应作如何改进？

1195. 一齿轮装在轴上，采用 A 型普通平键连接。齿轮、轴、键均用 45 钢，轴径 $d=80$mm，键的宽度 $b=22$mm，高度 $h=14$mm，轮毂长度 $L=95$mm，传递转矩 $T=2000$N·m，工作中有轻微冲击，键、轴、轮毂的材料都是钢，需要挤压应力 $[\sigma_P]=100$MPa，试验算连接的强度。

第 9 章　轴承练习题

一、选择

1196. 下述的材料中是轴承合金（巴氏合金）的为（　　）。

(A) 20CrMnTi　　(B) 38CrMnMo　　(C) ZSnSb11Cu6 (D) ZCuSn10P1

1197. 校核 pv 值的目的是防止滑动轴承的（　　）。

（A）点蚀破坏　　　（B）疲劳破坏　　　（C）过热胶合　　　（D）过度磨损

1198. 巴氏合金是用来制造（　　　）的。

（A）单层金属轴瓦　　　　　　　　　　（B）双层或多层金属轴瓦

（C）含油轴承轴瓦　　　　　　　　　　（D）非金属轴瓦

1199. 在滑动轴承材料中，（　　　）通常只用作双金属轴瓦的表层材料。

（A）铸铁　　　　　　　　　　　　　　（B）巴氏合金

（C）铸造锡磷青铜　　　　　　　　　　（D）铸造黄铜

1200. 在（　　　）情况下，滑动轴承润滑油的黏度不应选得较高。

（A）重载　　　　　　　　　　　　　　（B）高速

（C）工作温度高　　　　　　　　　　　（D）承受变载荷或振动冲击载荷

1201. 温度升高时，润滑油的黏度（　　　）。

（A）随之升高　　　　　　　　　　　　（B）保持不变

（C）随之降低　　　　　　　　　　　　（D）可能升高也可能降低

1202. 下列各种机械设备中，（　　　）只宜采用滑动轴承。

（A）中、小型减速器齿轮轴　　　　　　（B）电动机转子

（C）铁道机车车辆轴　　　　　　　　　（D）大型水轮机主轴

1203. 两相对滑动的接触表面，依靠吸附油膜进行润滑的摩擦状态称为（　　　）。

（A）液体摩擦　　　（B）半液体摩擦　　　（C）混合摩擦　　　（D）边界摩擦

1204. 与滚动轴承相比较，下述各点中，（　　　）不能作为滑动轴承的优点。

（A）径向尺寸小　　　　　　　　　　　（B）间隙小、旋转精度高

（C）运转平稳、噪声低　　　　　　　　（D）可用于高速情况下

1205. 径向滑动轴承的直径增大 1 倍，长径比不变，载荷及转速不变，则轴承 pv 值为原来的（　　　）倍。

（A）2　　　　　（B）1/2　　　　　（C）4　　　　　（D）1/4

1206. 若转轴在载荷作用下弯曲较大或轴承座不能保证良好的同轴度，要选用类型代号为（　　　）的轴承。

（A）1 或 2　　　（B）3 或 7　　　（C）8 或 N　　　（D）6 或 NA

1207. 一根轴只用来传递转矩，因轴较长采用 3 个支点固定在水泥基础上，各支点轴承应选用（　　　）。

（A）深沟球轴承　　　　　　　　　　　（B）调心球轴承

（C）圆柱滚子轴承　　　　　　　　　　（D）调心滚子轴承

1208. 滚动轴承内圈与轴颈、外圈与座孔的配合（　　　）。

（A）均为基轴制　　　（B）前者为基轴制，后者为基孔制

（C）均为基孔制　　　（D）前者为基孔制，后者为基轴制

1209. 为保证轴承内圈与轴肩端面接触良好，轴承的圆角半径 r 与轴肩处圆角半径 r_1 应满足（　　　）的关系。

（A）$r = r_1$　　　（B）$r > r_1$　　　（C）$r < r_1$　　　（D）$r \leqslant r_1$

1210. （　　　）不宜用来同时承受径向载荷和轴向载荷。

（A）圆锥滚子轴承　　（B）角接触球轴承　　（C）深沟球轴承　　（D）圆柱滚子轴承

1211. （　　　）只能承受轴向载荷。

（A）圆锥滚子轴承　　（B）推力球轴承　　（C）滚针轴承　　（D）调心球轴承

1212. （　　　）通常应成对使用。

（A）深沟球轴承　　（B）圆锥滚子轴承　　（C）推力球轴承　（D）圆柱滚子轴承

1213. 跨距较大并承受较大径向载荷的起重机卷筒轴轴承应选用（　　）。

（A）深沟球轴承　　　　　　　　　（B）圆锥滚子轴承

（C）调心滚子轴承　　　　　　　　（D）圆柱滚子轴承

1214. 滚动轴承的额定寿命是指同一批轴承中（　　）的轴承能达到的寿命。

（A）99％　　　　　　（B）90％　　　　　　（C）95％　　　　　　（D）50％

1215. （　　）适用于多支点轴、弯曲刚度小的轴及难以精确对中的支承。

（A）深沟球轴承　　　　　　　　　（B）圆锥滚子轴承

（C）角接触球轴承　　　　　　　　（D）调心轴承

1216. 某轮系的中间齿轮（惰轮）通过一滚动轴承固定在不转的心轴上，轴承内、外圈的配合应满足（　　）。

（A）内圈与心轴较紧、外圈与齿轮较松　　（B）内圈与心轴较松、外圈与齿轮较紧

（C）内圈、外圈配合均较紧　　　　　　　（D）内圈、外圈配合均较松

1217. 滚动轴承的代号由前置代号、基本代号和后置代号组成，其中基本代号表示（　　）。

（A）轴承的类型、结构和尺寸　　　（B）轴承组件

（C）轴承内部结构变化和轴承公差等级　（D）轴承游隙和配置

1218. 滚动轴承的类型代号由（　　）表示。

（A）数字　　　　　（B）数字或字母　　　（C）字母　　　　　（D）数字加字母

1219. 角接触球轴承承受轴向载荷的能力，随接触角 α 的增大而（　　）。

（A）增大　　　　　（B）减小　　　　　　（C）不变

（D）增大或减小随轴承型号而定

1220. 在滚动轴承当中，能承受较大的径向和轴向载荷的轴承是（　　），适合做轴向游动的轴承是（　　）。

（A）深沟球轴承　　　　　　　　　（B）角接触球轴承

（C）圆锥滚子轴承　　　　　　　　（D）圆柱滚子轴承

1221. 只能承受轴向载荷的滚动轴承的类型代号为（　　）。

（A）"7"型　　　　　（B）"2"型　　　　　（C）"6"型　　　　　（D）"5"型

1222. 滚动轴承寿命计算公式 $L_h = \dfrac{10^6}{60n}\left(\dfrac{f_T C}{f_P P}\right)^{\varepsilon}$，$\varepsilon$ 为寿命系数，对于球轴承 $\varepsilon =$（　　），对于滚子轴承 $\varepsilon =$（　　）。

（A）1　　　　　　　（B）3　　　　　　　（C）1/3　　　　　　（D）10/3

1223. 对滚动轴承进行密封，不能起到（　　）的作用。

（A）防止外界灰尘侵入　　　　　　（B）降低运转噪声

（C）阻止润滑剂外漏　　　　　　　（D）阻止箱体内的润滑油流入轴承

1224. 同一根轴的两端支承，虽然承受载荷不等，但常用一对相同型号的滚动轴承，这是因为除了（　　）以外的下述其余3点理由。

（A）采用同型号的一对轴承，采购方便

（B）安装两轴承的轴孔直径相同，加工方便

（C）安装轴承的两轴颈直径相同，加工方便

（D）一次镗孔能保证两轴承中心线的同轴度，有利于轴承的正常工作

1225. 在进行滚动轴承组合设计时，对支承跨距很长、工作温度变化很大的轴，为适应轴有较大的伸缩变形，应考虑（　　）。

（A）将一端轴承设计成游动的　　　　　（B）采用内部间隙可调整的轴承

（C）采用内部间隙不可调整的轴承　　　（D）轴颈与轴承内圈采用很松的配合

1226．以下各滚动轴承中，轴承公差等级最高的是（　　　），承受径向载荷能力最大的是（　　　）。

（A）N207/P4　　（B）6207/P2　　　（C）5207/P6

1227．以下各滚动轴承中，承受径向载荷能力最大的是（　　　），能允许的极限转速最高的是（　　　）。

（A）N309/P2　　（B）6209　　　（C）30209　　　（D）6309

1228．判别下列轴承能承受载荷的方向：6310 可承受（　　　）；7310 可承受（　　　）；30310 可承受（　　　）；5310 可承受（　　　）；N310 可承受（　　　）。

（A）径向载荷　　　（B）轴向载荷　　　（C）径向载荷与单向轴向载荷

（D）径向载荷和双向轴向载荷

1229．滚动轴承基本额定动载荷所对应的基本额定寿命是（　　　）次。

（A）10^7　　（B）25×10^7　　　（C）10^6　　　（D）5×10^6

1230．在良好的润滑和密封条件下，滚动轴承的主要失效形式是（　　　）。

（A）塑性变形　　　（B）胶合　　　（C）磨损　　　（D）疲劳点蚀

1231．代号为 7212AC 的滚动轴承，对它的承载情况描述最准确的是（　　　）。

（A）只能承受径向载荷　　　　　　　（B）单个轴承能承受双向轴向载荷

（C）只能承受轴向载荷　　　　　　　（D）能同时承受径向载荷和单向轴向载荷

1232．下列 4 种型号的滚动轴承中，只能承受径向载荷的是（　　　）。

（A）6208　　（B）N208　　　（C）3208　　　（D）51208

1233．推力球轴承不适用高转速的轴，这是因为高速时（　　　），从而使轴承寿命严重缩短。

（A）冲击过大　　　　　　　　　　　（B）滚动体离心力过大

（C）圆周速度过大　　　　　　　　　（D）滚动体阻力过大

1234．对于载荷不大、多支点的支承，宜选用（　　　）。

（A）深沟球轴承　　　　　　　　　　（B）调心球轴承

（C）角接触球轴承　　　　　　　　　（D）圆锥滚子轴承

1235．下列滚动轴承公差等级代号中，等级最高的是（　　　）。

（A）/P0　　（B）/P2　　　（C）/P5　　　（D）/P6x

1236．按基本额定动载荷选定的滚动轴承，在预定的使用期限内其破坏率最大为（　　　）。

（A）1%　　（B）5%　　　（C）10%　　　（D）50%

1237．滚动轴承的基本额定动载荷是指（　　　）。

（A）该轴承实际寿命为 10^6 转时所能承受的载荷

（B）该轴承基本额定寿命为 10^6 转时所能承受的最大载荷

（C）一批同型号轴承平均寿命为 10^6 转时所能承受的载荷

1238．当滚动轴承同时承受较大径向力和轴向力，转速较低而轴的刚度较大时，使用（　　　）较为适宜。

（A）深沟球轴承　　　　　　　　　　（B）角接触球轴承

（C）圆柱滚子轴承　　　　　　　　　（D）圆锥滚子轴承

1239．当滚动轴承主要承受径向力，轴向力很小，转速较高而轴的刚度较差时，可考虑选用（　　　）。

（A）深沟球轴承 　　（B）角接触球轴承 　　（C）调心球轴承 　（D）调心滚子轴承

1240. 轴承 6308/C3 相应的类型、尺寸系列、内径、公差等级和游隙组别是（　　　）。

（A）内径 40mm，窄轻系列，3 级公差，0 组游隙的深沟球轴承

（B）内径 40mm，窄中系列，3 级公差，0 组游隙的深沟球轴承

（C）内径 40mm，窄轻系列，0 级公差，3 组游隙的深沟球轴承

（D）内径 40mm，窄中系列，0 级公差，3 组游隙的深沟球轴承

1241. 轴承 7214B 相应的内径、尺寸系列、接触角、公差等级和游隙组别是（　　　）。

（A）内径 70mm，02 尺寸系列，接触角为 0°，0 级公差，0 组游隙的角接触球轴承

（B）内径 70mm，02 尺寸系列，接触角为 15°，0 级公差，0 组游隙的角接触球轴承

（C）内径 70mm，02 尺寸系列，接触角为 25°，0 级公差，0 组游隙的角接触球轴承

（D）内径 70mm，02 尺寸系列，接触角为 40°，0 级公差，0 组游隙的角接触球轴承

1242. 轴承 7305/P3，对该标记描述正确的是（　　　）。

（A）角接触球轴承，3 组游隙 　　　　　　（B）圆锥滚子轴承，3 级公差

（C）角接触球轴承，3 级公差 　　　　　　（D）圆锥滚子轴承，3 组游隙

1243. 按国家标准 GB/T 292—2023 规定，代号为 30318 的滚动轴承类型为（　　　）。

（A）角接触球轴承 　（B）圆锥滚子轴承 　（C）深沟球轴承 　（D）单列推力球轴承

1244. 轴承 7404AC 公称接触角是（　　　）。

（A）25° 　　　　　　（B）15° 　　　　　　（C）20° 　　　　　　（D）40°

1245. 一角接触轴承，内径 85mm，宽度系列 0，直径系列 3，接触角 15°，公差等级为 6 级，游隙 2 组，其代号为（　　　）。

（A）7317B/P62 　　（B）7317AC/P6/C2 　（C）7317C/P6/C2 　（D）7317C/P62

1246. 深沟球轴承，内径 100mm，宽度系列 0，直径系列 2，公差等级为 0 级，游隙 0 组，其代号为（　　　）。

（A）60220 　　　　　（B）6220/P0 　　　　（C）60220/P0 　　　（D）6220

1247. 6312/P4 的含义为（　　　）

（A）调心滚子轴承，公差等级 4 级，内径 60mm

（B）调心滚子轴承，公差等级 6 级，内径 40mm

（C）深沟球轴承，公差等级 6 级，内径 40mm

（D）深沟球轴承，公差等级 4 级，内径 60mm

二、填空

1248. 不完全液体润滑滑动轴承验算比压 p 是为了避免_____；验算 pv 值是为了防止_____。

1249. 不完全液体润滑滑动轴承的主要失效形式是_____，在设计时应验算的公式为_____、_____。

1250. 滑动轴承的润滑作用是减少_____，提高_____，轴瓦的油槽应该开在_____载荷的部位。

1251. 宽径比较大的滑动轴承（$B/d > 1.5$），为避免因轴的挠曲而引起轴承"边缘接触"，造成轴承早期磨损，可采用_____轴承。

1252. 滚动轴承的主要失效形式是_____和_____。

1253. 按额定动载荷计算选用的滚动轴承，在预定使用期限内，其失效概率最大是_____。

1254. 对于不转、转速极低或摆动的轴承，常发生塑性变形破坏，轴承尺寸主要按

_____计算确定。

1255. 对于回转的滚动轴承，常发生疲劳点蚀破坏，轴承尺寸主要按_____计算确定。

1256. 滚动轴承轴系支点轴向固定的结构形式有_____、_____和_____。

1257. 滚动轴承轴系支点轴向固定结构中，双支点单向固定方式常用在_____或_____情况下。

1258. 其他条件不变，把球轴承上的当量动载荷增加 1 倍，则该轴承的基本额定寿命是原来的_____倍。

1259. 圆锥滚子轴承承受轴向载荷的能力取决于轴承的_____。

1260. 滚动轴承内、外圈轴线的夹角称为偏转角，各类轴承对允许的偏转角都有一定的限制。允许的偏转角越大，则轴承的_____性能越好。

1261. 滚动轴承的内圈与轴径的配合采用_____制，外圈与座孔的配件采用_____制。

1262. 滚动轴承的基本额定动载荷是指_____。某轴承在基本额定动载荷的作用下的基本额定寿命为_____。

1263. 其他条件不变，把球轴承上的基本额定动载荷增加 1 倍，则该轴承的基本额定寿命是原来的_____倍。

1264. 滚动轴承按其承受载荷方向及接触角不同，可分为主要承受径向载荷的_____轴承和主要承受轴向载荷的_____轴承。

1265. 在动轴承轴系设计中，一端双向固定而另一端游动的固定方式常用在_____或_____情况下。

1266. 在基本额定动载荷作用下，滚动轴承可以工作_____转而不发生点蚀，其可靠度为_____。

1267. 滑动轴承轴瓦常用的材料有_____、_____等。而滚动轴承的内、外圈常用材料为_____，保持架常用_____材料。

1268. 当轴上的轴承的跨距较短，且温差较小时，支承部件应用_____形式；当轴上的轴承的跨距较长，且温差较大时，支承部件应用_____形式。

三、判断

1269. 流体动压滑动轴承当中，轴的转速越高，油膜承载能力越高。（　　）

1270. 非液体摩擦滑动轴承的主要失效形式是点蚀。（　　）

1271. 非液体摩擦滑动轴承设计中验算比压（压强）p 的目的是限制轴承发热。（　　）

1272. 欲提高液体动压滑动轴承的工作转速，应提高其润滑油的黏度。（　　）

1273. 滑动轴承设计中，适当选用较大的宽径比可以提高承载能力。（　　）

1274. 滑动轴承轴瓦上的油沟，应开在非承载区。（　　）

1275. 滚动轴承的公称接触角越大，承受轴向载荷的能力就越大。（　　）

1276. 采用滚动轴承轴向预紧措施的主要目的是提高轴承的承载能力。（　　）

1277. 滚动轴承的基本额定载荷是指一批相同的轴承的寿命的平均值。（　　）

1278. 滚动轴承的精度要比滑动轴承的精度低。（　　）

1279. 滚动轴承的失效形式有 3 种：磨粒磨损、过度塑性变形、疲劳点蚀。其中最常见的一种是磨粒磨损。（　　）

1280. 型号为 7210 的滚动轴承，表示其类型为角接触球轴承。（　　）

1281. 滚动轴承的基本额定寿命是指可靠度为 90% 的轴承寿命。（　　）

1282. 公称接触角 $\alpha=0°$ 的深沟球轴承，只能承受纯径向载荷。　　　　　　（　　）

1283. 角接触球轴承的派生轴向力 S 是由其支承的轴上的轴向载荷引起的。　（　　）

1284. 轴上只作用有径向力时，角接触球轴承就不会受轴向力的作用。　　　（　　）

1285. 滚动轴承内座圈与轴颈的配合，通常采用基轴制。　　　　　　　　　（　　）

四、问答

1286. 滑动轴承的摩擦状态有哪几种？它们的主要区别如何？

1287. 滑动轴承的主要失效形式有哪些？

1288. 在机械设备中为何广泛采用滚动轴承？

1289. 向心角接触轴承为什么要成对使用、反面安装？

1290. 进行轴承组合设计时，两支点受力不同，有时相差还较大，为何常选用尺寸相同的轴承？

1291. 为何调心轴承要成对使用，并安装在两个支点上？

1292. 推力轴承为何不适宜高速？

1293. 以径向接触轴承为例，说明轴承内、外圈为何采用松紧不同的配合？

1294. 为什么轴承采用脂润滑时，润滑脂不能充满整个轴承空间？

1295. 试分析正装和反装对简支梁和悬臂梁用圆锥滚子轴承支承的轴系的刚度有何影响？

1296. 试分析角接触球轴承和推力球轴承在承受径向载荷、轴向载荷和允许极限转速方面有何不同？

1297. 说明几种滚动轴承外圈固定方式（至少四种）。

1298. 滚动轴承转速增大 1 倍，轴承寿命改变多少？载荷增大 1 倍，轴承寿命改变多少？

1299. 选择滚动轴承类型时应考虑哪些问题？

1300. 滚动轴承失效的主要形式是什么？应怎样采取相应的设计准则？

五、计算

1301. 对一批 60 个滚动轴承做寿命试验，按其基本额定动载荷加载，试验机主轴转速 $n=2000\text{r/min}$。已知该批滚动轴承为正品，当试验时间进行到 10h 30min 时，有几个滚动轴承已经失效？

1302. 某轴两端装有两个圆锥滚子轴承，如题 1302 图所示，已知轴承所受载荷：径向力 $R_1=3200\text{N}$，$R_2=1600\text{N}$。轴向外载荷 $F_{a1}=1000\text{N}$，$F_{a2}=200\text{N}$，载荷平稳（$f_P=1$），问：

(1) 每个轴承的轴向载荷各为多少？

(2) 每个轴承上的当量动载荷各为多少？

(3) 哪个轴承寿命短？（注：$S=R/(2y)$，$e=0.37$，$y=1.6$，当 $A/R>e$ 时，$x=0.4$，$y=1.6$；当 $A/R<e$ 时，$x=1$，$y=0$）

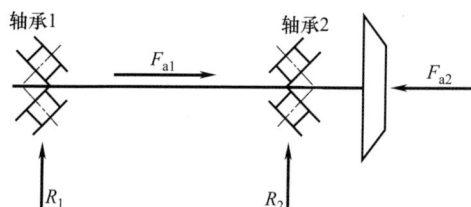

题 1302 图

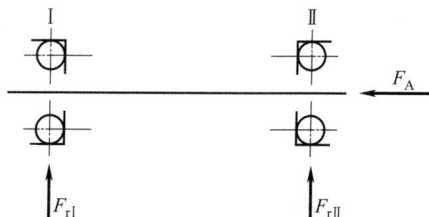

题 1303 图

1303. 一对角接触球轴承反安装（背对背安装）。已知：径向力 $F_{r\text{I}}=6750\text{N}$，$F_{r\text{II}}=5700\text{N}$，外部轴向力 $F_A=3000\text{N}$，方向如题 1303 图所示，试求两轴承的当量动载荷 P_I、P_II 并判断哪个轴承寿命短些。注：内部轴向力 $F_s=0.7F_r$，$e=0.68$，$x=0.41$，$y=0.87$。

1304. 一深沟球轴承 6204 承受径向力 $R=4\text{kN}$，载荷平稳；转速 $n=960\text{r/min}$，室温下工作，试求该轴承的额定寿命，并说明能达到或超过此寿命的概率。若载荷改为 $R=2\text{kN}$，轴承的额定寿命是多少？

1305. 如题 1305 图所示为一对 7209C 轴承，承受径向负荷 $R_1=8\text{kN}$，$R_2=5\text{kN}$，试求当轴上作用的轴向负荷为 $F_A=2\text{kN}$，轴承所受的轴向负荷 A_1 与 A_2。

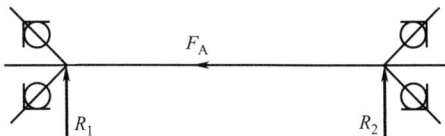

题 1305 图

第 10 章　机械装置的润滑与密封练习题

一、选择

1306. 闪点是表示润滑油蒸发性的指标，闪点越高，说明（　　）。
(A) 润滑油的使用安全性越好　　　　(B) 着火危险性越大
(C) 越容易蒸发，动力性能越好　　　(D) 越不易蒸发，动力性能越不好

1307. 在重载、高速机械轴颈或轴承中，润滑部位宜采用（　　）。
(A) 油环润滑　　(B) 压力润滑　　(C) 芯捻润滑　　(D) 油雾润滑

1308. 速度在 2m/s 左右的开式齿轮、半开式齿轮，宜采用（　　）。
(A) 黏度较高的润滑油，不加抗氧化剂
(B) 黏度较高的润滑油，加抗氧化剂
(C) 一般黏度的润滑油，加抗氧化剂、抗泡沫剂
(D) 加油性或极压添加剂的润滑脂

1309. 密封类型有：①毛毡圈密封；②皮碗密封；③挡油环密封；④迷宫式密封。其中属于接触式密封的有（　　）。
(A) 1 种　　　　(B) 2 种　　　　(C) 3 种　　　　(D) 4 种

1310. 黏度大的润滑油适用于（　　）的情况。
(A) 低速重载　　　　　　　　　　　(B) 高速轻载
(C) 工作温度低　　　　　　　　　　(D) 工作性能及安装精度要求高

1311. 轴承在露天、潮湿的环境下工作，从适用性和经济性出发，应选用的润滑剂为（　　）。
(A) 钙基润滑脂　　(B) 钠基润滑脂　　(C) 锂基润滑脂　　(D) 固体润滑剂

1312. 有一机器在 $-20\sim120℃$ 温度范围内工作，且工作环境中经常有水蒸气，则其轴承应选用的润滑剂为（　　）。
(A) 钙基润滑脂　　(B) 钠基润滑脂　　(C) 锂基润滑脂　　(D) 固体润滑剂

1313. 间歇供油适用的工作情况为（　　）。
(A) 轻载低速　　　　　　　　　　　(B) 重载高速
(C) 工作环境恶劣且转速　　　　　　(D) 加油困难或要求清洁的场合

1314. 选用滚动轴承润滑方式的主要依据是（　　）。
(A) 轴承的大小　　(B) 承载大小　　(C) 轴颈圆周速　　(D) d_n 值

1315. 已知一离心泵的非液体摩擦滑动轴承，轴颈直径 $d=50\text{mm}$，轴承宽度 $B=$

60mm，承受径向载荷 $F_r = 2500\text{N}$，轴转速 $n = 1430\text{r/min}$。应选定润滑剂的种类和润滑方法为（　　）。

(A) 钙基润滑脂、润滑脂杯

(B) 钠基润滑脂、润滑脂杯

(C) 润滑油、针阀式注油杯

(D) 润滑油、飞溅式

二、问答

1316. 常用滚动轴承的接触式密封和非接触式密封的结构形式有哪些？

1317. 润滑脂和润滑油相比有何特点？常用润滑脂润滑方式有几种？

第 11 章　TRIZ 创新原理练习题

一、单项选择

1318. TRIZ 的含义是（　　）。

A. 发明问题解决理论　　　　　　　　B. 发明问题解决算法

C. 发明过程解决理论　　　　　　　　D. 发明过程解决算法

1319. 解决 TRIZ 中的物理冲突，会用到的工具是（　　）。

A. 39 个标准工程参数　　　　　　　　B. 分离原理

C. 76 个标准解　　　　　　　　　　　D. 冲突解决矩阵

1320. 根据现代 TRIZ 解决物理冲突的分离原理，折叠自行车的发明是利用了（　　）原理。

A. 空间分离　　　　　　　　　　　　B. 时间分离

C. 系统级的分离　　　　　　　　　　D. 整体与部分的分离

1321. 作为 TRIZ 解决问题的主要工具之一，理想解应该不具备的特点是（　　）。

A. 保持原系统的优点　　　　　　　　B. 消除了原系统的不足

C. 使系统变得更复杂　　　　　　　　D. 没有引入新的缺陷

1322. TRIZ 中，通常利用冲突矩阵和发明原理解决（　　）。

A. 概念冲突　　　　　　　　　　　　B. 管理冲突

C. 物理冲突　　　　　　　　　　　　D. 技术冲突

1323. 用狗叫唤的声音，而不用真正的狗来报警，利用了 40 个发明原理中的（　　）原理。

A. 分离　　　　　　　　　　　　　　B. 反馈

C. 有效作用的连续性　　　　　　　　D. 预补偿

1324. 用刀剁肉不如绞肉机效率高，是因为绞肉机相较挥刀剁肉应用了（　　）发明原理。

A. 嵌套　　　　　　　　　　　　　　B. 机械系统替代

C. 气动或液压　　　　　　　　　　　D. 有效作用连续性

1325. 为了方便定义技术冲突，G. S. Altshuller 通过对大量专利文献的分析后，陆续总结出（　　）个通用技术参数。

A. 40　　　　　　B. 76　　　　　　C. 39　　　　　　D. 50

1326. X 射线的发现属于（　　）级创新。

A. 1　　　　　　B. 2　　　　　　C. 3　　　　　　D. 4　　　　　　E. 5

1327. 以下对冲突矩阵的特征描述正确的是（　　）。

A. 冲突矩阵可以用来解决物理冲突

B. 冲突矩阵像乘法口诀表一样，是一种三角形的矩阵

C. 冲突矩阵是 TRIZ 中唯一解决问题的方法

D. 通过冲突矩阵查到的推荐的方法可能解决不了相应的技术冲突

二、多项选择

1328. 现代 TRIZ 中用于解决物理冲突的分离原理包含（   ）。

A. 空间分离原理   B. 时间分离原理   C. 基于条件的分离原理

D. 整体与部分的分离原理   E. 基于资源的分离原理

F. 基于约束的分类原理

1329. 以下属于全局理想化模式的有（   ）。

A. 通用化   B. 系统禁止   C. 功能禁止   D. 原理改变

1330. 以下（   ）是 40 个发明原理中"分割"的应用方式。

A. 曹冲称象   B. 行政区域划分   C. 七色彩虹   D. 红绿灯

1331. "跑步机"是利用了 40 个发明原理中的（   ）。

A. 预操作   B. 动态化   C. 等势性   D. 反向

1332. 40 个发明原理中的参数变化包括（   ）。

A. 改变对象的物理状态   B. 改变浓度或密度

C. 改变柔性   D. 改变温度

三、判断

1333. 物理冲突使用四个分离原理来解决。（   ）

1334. 冲突矩阵一般是用来解决技术冲突的。（   ）

1335. 十字路口的红绿灯运用了解决物理冲突的时间分离原理。（   ）

1336. STC 算子方法中 S、T、C 分别代表尺寸、时间、成本。（   ）

1337. 为了减轻重量，将汽车的发动机盖子材料改为铝合金，此为 3 级创新。（   ）

1338. 九窗口法就是建议不要在当前系统中寻找解决问题的方法。（   ）

1339. 为了便于运输，家具出厂都是模块化的，运输到目的地再组装，这一过程运用的发明原理是"分离"。（   ）

1340. IFR 消除了原系统的不足，没有使系统变得更复杂，没有引入新的不足。（   ）

1341. 技术系统是以实现功能为目的，不同元件相互作用、相互影响组成的整体。（   ）

1342. 技术系统进化模式在不同的工业部门及不同的科学领域重复出现体现了创新的规律性。（   ）

机械结构练习题

一、选择

1343. 题 1343 图中属于机械防松的是（   ）。

1344. 题 1344 图所示结构中既能实现轴向定位，又能实现周向定位的是（   ）。

1345. 从铸造工艺的角度来看题 1345 图所示结构合理的是（   ）。

1346. 从安装的角度来看题 1346 图所示结构合理的是（   ）。

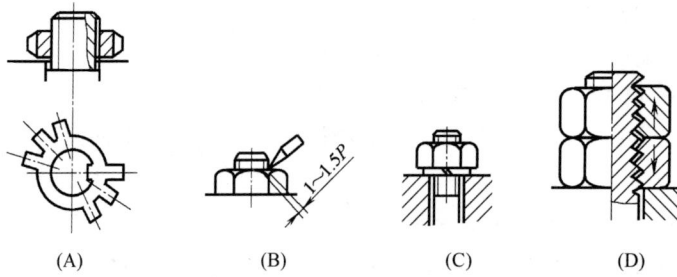

题 1343 图

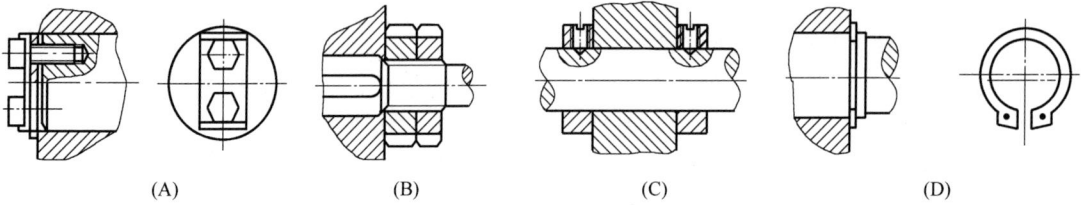

题 1344 图

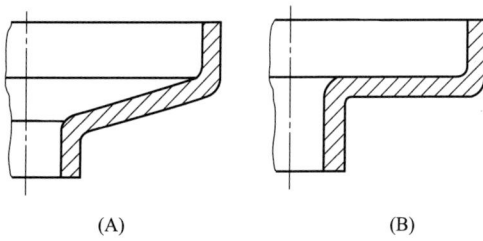

题 1345 图

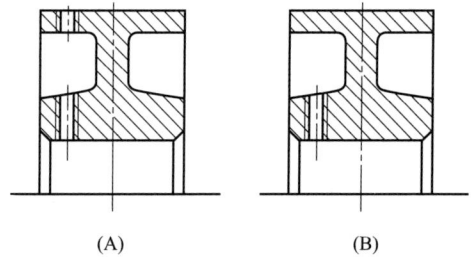

题 1346 图

1347. 从安装的角度来看题 1347 图所示结构合理的是 （　　）。

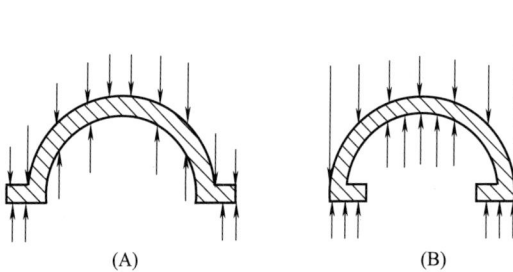

题 1347 图

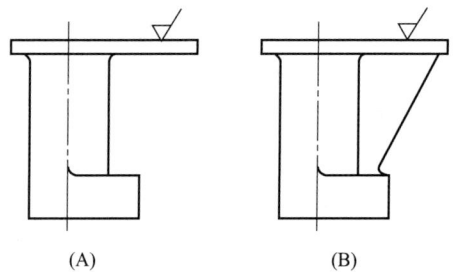

题 1348 图

1348. 从受力的角度来看题 1348 图所示结构合理的是 （　　）。

1349. 从加工工艺的角度来看题 1349 图所示结构合理的是 （　　）。

1350. 从受力的角度来看题 1350 图所示铸铁结构合理的是 （　　）。

1351. 从安装的角度来看题 1351 图所示结构合理的是 （　　）。

1352. 从加工工艺的角度来看题 1352 图所示结构合理的是 （　　）。

1353. 从铸造的角度来看题 1353 图所示结构合理的是 （　　）。

1354. 从定位的角度来看题 1354 图所示结构合理的是 （　　）。

1355. 从装拆的角度来看题 1355 图所示结构合理的是 （　　）。

1356. 从加工和装拆的角度来看题 1356 图所示结构合理的是 （　　）。

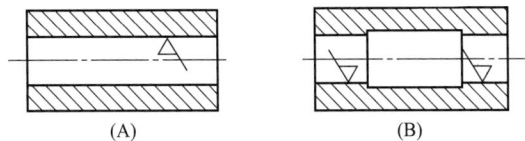

题 1349 图

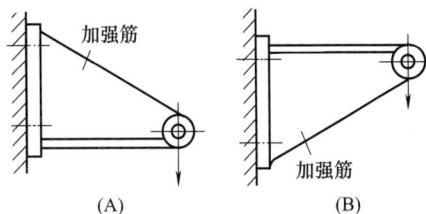

题 1350 图

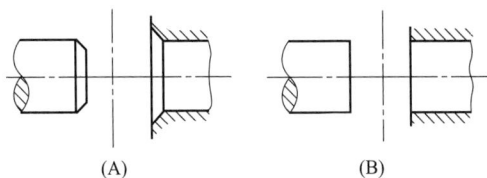

题 1351 图

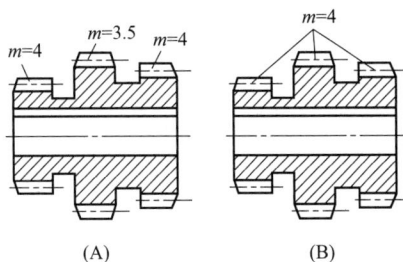

题 1352 图

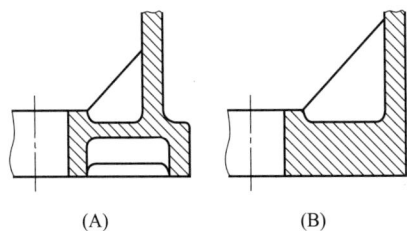

题 1353 图

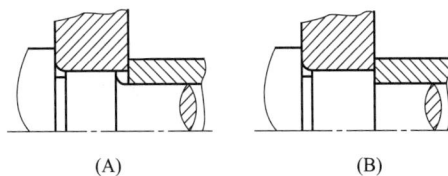

题 1354 图

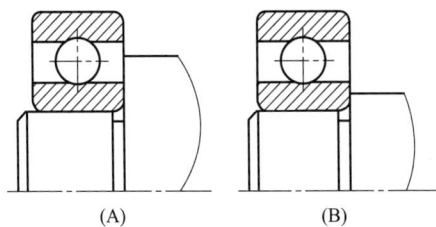

题 1355 图

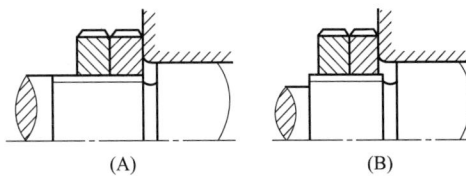

题 1356 图

1357. 从加工的角度来看题 1357 图所示结构不合理的是（   ）。

1358. 从加工量的角度来看题 1358 图所示结构合理的是（   ）。

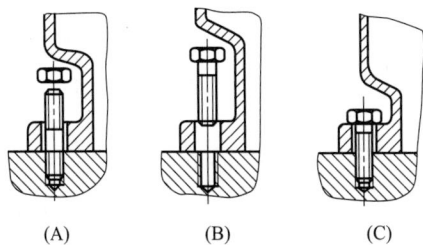

题 1357 图

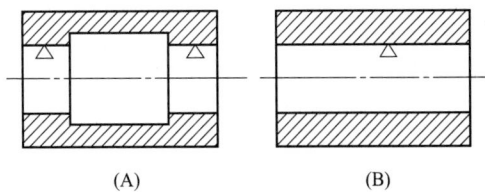

题 1358 图

1359. 从加工工艺的角度来看题 1359 图所示结构合理的是（　　）。

1360. 从加工工艺的角度来看题 1360 图所示结构合理的是（　　）。

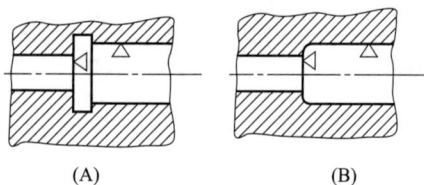

（A）　　　　　　（B）

题 1359 图

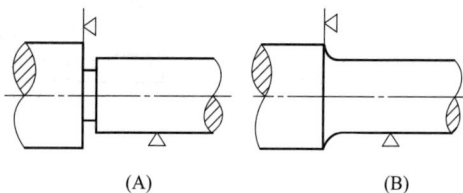

（A）　　　　　　（B）

题 1360 图

1361. 从加工工艺的角度来看题 1361 图所示结构合理的是（　　）。

1362. 从加工工艺的角度来看题 1362 图所示结构合理的是（　　）。

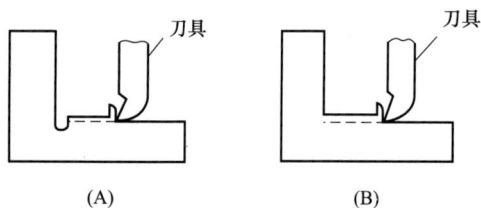

（A）　　　　　　（B）

题 1361 图

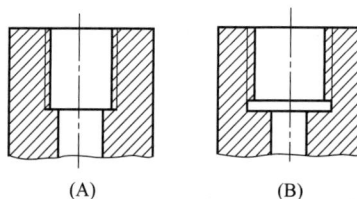

（A）　　　　　　（B）

题 1362 图

1363. 从加工工艺的角度来看题 1363 图所示结构合理的是（　　）。

1364. 从挺杆受力的角度来看题 1364 图所示结构合理的是（　　）。

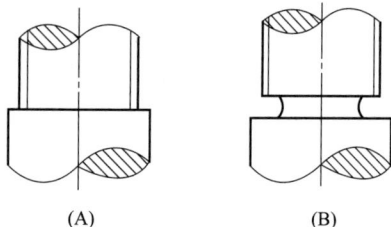

（A）　　　　　　（B）

题 1363 图

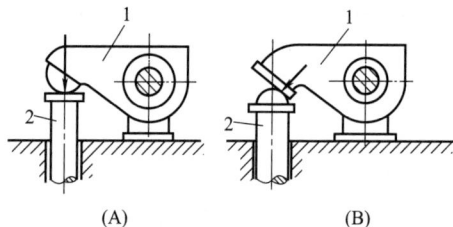

（A）　　　　　　（B）

题 1364 图

1365. 从接触应力较小的角度来看题 1365 图所示结构合理的是（　　）。

1366. 题 1366 图所示结构合理的是（　　）。

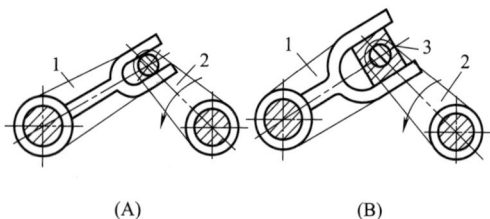

（A）　　　　　　（B）

题 1365 图

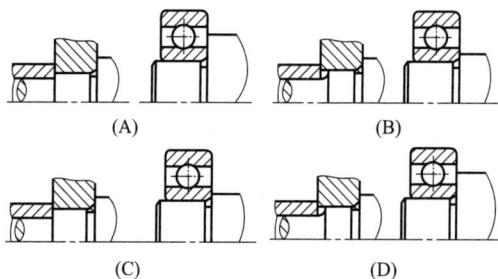

（A）　　　　　　（B）

（C）　　　　　　（D）

题 1366 图

二、分析问答

1367. 指出题 1367 图的楔键连接结构中的错误，并提出改正措施。若图中为平键结构，说明错误。

1368. 题 1368 图所示为滑键连接,图中有哪些错误?

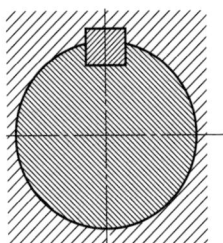

题 1367 图

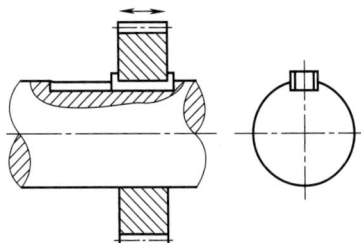

题 1368 图

1369. 题 1369 图所示的两种键槽结构哪个合理?为什么?

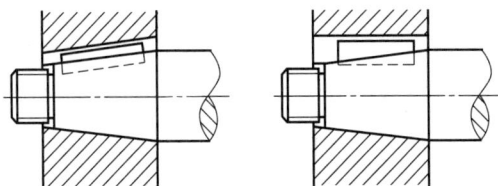

(a)   (b)

题 1369 图

1370. 说明并改正题 1370 图中的错误之处。
1371. 说明并改正题 1371 图中的错误之处。
1372. 说明并改正题 1372 图中的错误之处。
1373. 说明并改正题 1373 图中的错误之处。
1374. 说明并改正题 1374 图中的错误之处。

题 1370 图   题 1371 图   题 1372 图   题 1373 图   题 1374 图

1375. 试指出如题 1375 图所示的轴系零部件结构中的错误,并说明错误原因。注意:
(1) 轴承部件采用两端固定式支承,轴承采用油脂润滑;
(2) 同类错误按 1 处计;
(3) 指出 6 处错误即可,将错误处圈出并引出编号,并在图下做简单说明;
(4) 若多于 6 处,且其中有错误答案时,按错误计算。

1376. 如题 1376 图所示为下置式蜗杆减速器中蜗轮与轴及轴承的组合结构。蜗轮用油润滑,轴承用脂润滑。试改正该图中的错误,并画出正确的结构图。

1377. 如题 1377 图所示为斜齿轮、轴、轴承组合结构图。斜齿轮用油润滑,轴承用脂润滑。试改正该图中的错误,并画出正确的结构图。

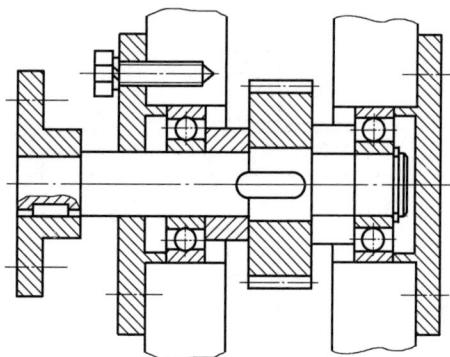

题 1375 图

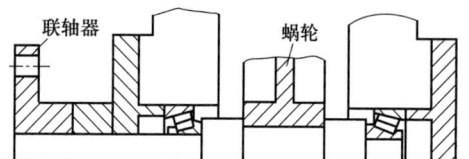

题 1376 图

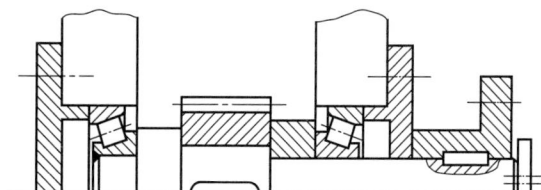

题 1377 图

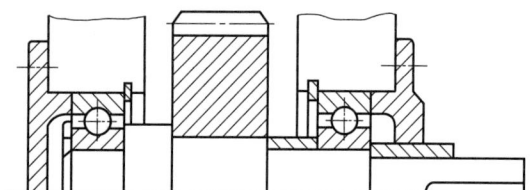

题 1378 图

1378. 改正题 1378 图中的结构设计错误和不合理之处（不涉及强度）。

1379. 指出题 1379 图的轴系结构中的错误或不合理之处，简要说明理由，并改正（齿轮箱内齿轮为油润滑，轴承为脂润滑）。

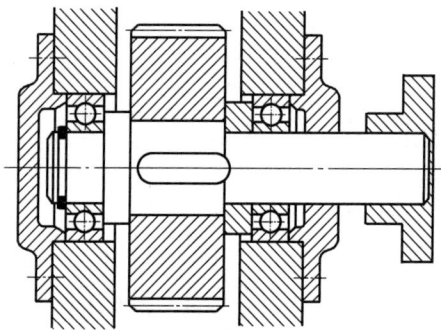

题 1379 图

1380. 分析题 1380 图的轴系结构的错误，说明错误原因，并画出正确结构。

1381. 题 1381 图为斜齿轮、轴、轴承组合结构图。齿轮用油润滑，轴承用脂润滑，指出该结构设计的错误。要求：

（1）在图中用序号标注设计错误处；

（2）按序号列出错误，并用文字提出改正建议；

（3）不必在图中改正。

1382. 说明并改正题 1382 图中的错误之处。

1383. 说明并改正题 1383 图中的错误之处。

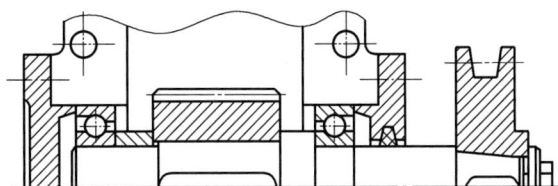

题 1380 图

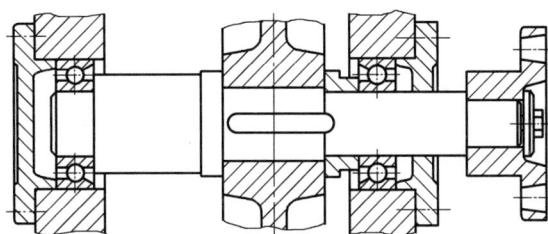

题 1381 图

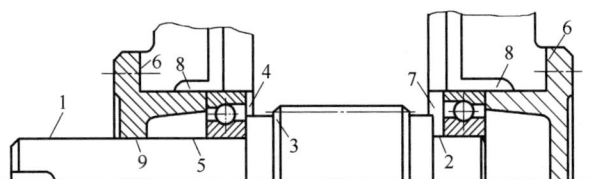

题 1382 图

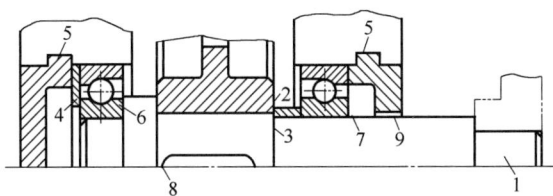

题 1383 图

参 考 文 献

[1] 王喆，刘美华. 机械设计基础：少学时 [M]. 6 版. 北京：机械工业出版社，2019.

[2] 王大康，李德才. 机械设计基础 [M]. 5 版. 北京：机械工业出版社，2024.

[3] 金鑫，岳勇. 机械设计基础 [M]. 北京：机械工业出版社，2023.

[4] 李正峰，杜春宽. 机械设计基础 [M]. 3 版. 北京：化学工业出版社，2023.

[5] 鄢利群，高路. 机械设计基础 [M]. 2 版. 北京：化学工业出版社，2016.

[6] 胡家秀. 机械设计基础 [M]. 3 版. 北京：机械工业出版社，2017.

[7] 李威，王小群. 机械设计基础 [M]. 2 版. 北京：机械工业出版社，2009.

[8] 唐昌松. 机械设计基础 [M]. 北京：机械工业出版社，2014.

[9] 黄平. 机械设计基础习题集 [M]. 北京：清华大学出版社，2016.

[10] 李继庆，李育锡. 机械设计基础 [M]. 2 版. 北京：高等教育出版社，2006.

[11] 秦伟. 机械设计基础：非机类 [M]. 北京：机械工业出版社，2004.

[12] 程光蕴. 机械设计基础学习指导书 [M]. 4 版. 北京：高等教育出版社，1999.

[13] 杨可桢，程光蕴，李仲生. 机械设计基础 [M]. 5 版. 北京：高等教育出版社，2006.

[14] 张鄂. 机械设计学习指导：重点难点及典型题精解 [M]. 西安：西安交通大学出版社，2002.

[15] 濮良贵，纪名刚. 机械设计学习指南 [M]. 4 版. 北京：高等教育出版社，2001.

[16] 陈立德. 机械设计基础 [M]. 2 版. 北京：高等教育出版社，2008.

[17] 谢里阳. 现代机械设计方法 [M]. 北京：机械工业出版社，2010.

[18] 赵敏，史晓凌，段海波. TRIZ 入门及实践 [M]. 北京：科学出版社，2009.

[19] 沈萌红. TRIZ 理论及机械创新实践 [M]. 北京：机械工业出版社，2012.

[20] 陈光. 创新思维与方法：TRIZ 的理论与应用 [M]. 北京：科学出版社，2011.